图 7-3 有机茶数码防伪标签

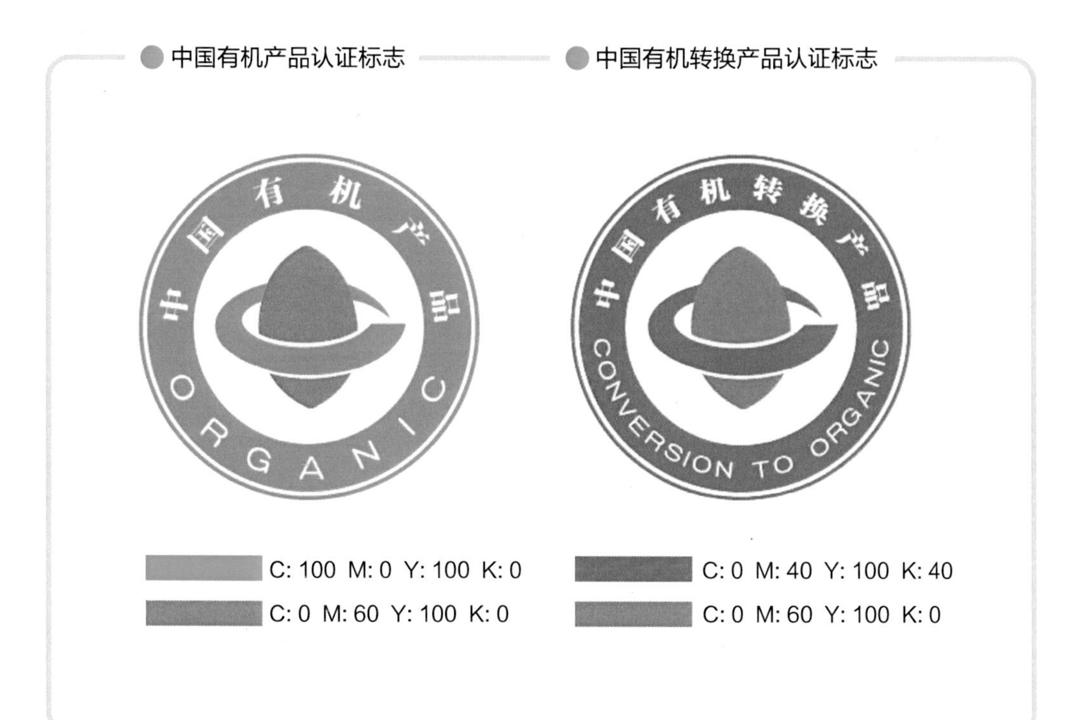

## B.2 共同体标识样式

Español
AGRICULTURA ECOLÓGICA
Čeština
EKOLOGICKÉ ZEMĚDĚLSTVÍ
Dansk
ØKOLOGISK JORDBRUG
Deutsch
BIOLOGISCHE LANDWIRTSCHAFT
Deutsch
ÖKOLOGISCHER LANDBAU
Eesti Keel
MAHEPÕLLUMAJANDUS
Eesti Keel
ÖKOLOOGILINE PÕLLUMAJANDUS
Ελλαδα
ΒΙΟΛΟΓΙΚΗ ΓΕΩΡΓΙΑ
English
ORGANIC FARMING
Français
AGRICULTURE BIOLOGIQUE
Italiano
AGRICOLTURA BIOLOGICA
Latviešu valoda
BIOLOĢISKĀ LAUKSAIMNIECĪBA
Lietuvių kalba
EKOLOGINIS ŽEMĖS ŪKIS
Magyar
ÖKOLÓGIAI GAZDÁLKODÁS
Malti
AGRIKULTURA ORGANIKA

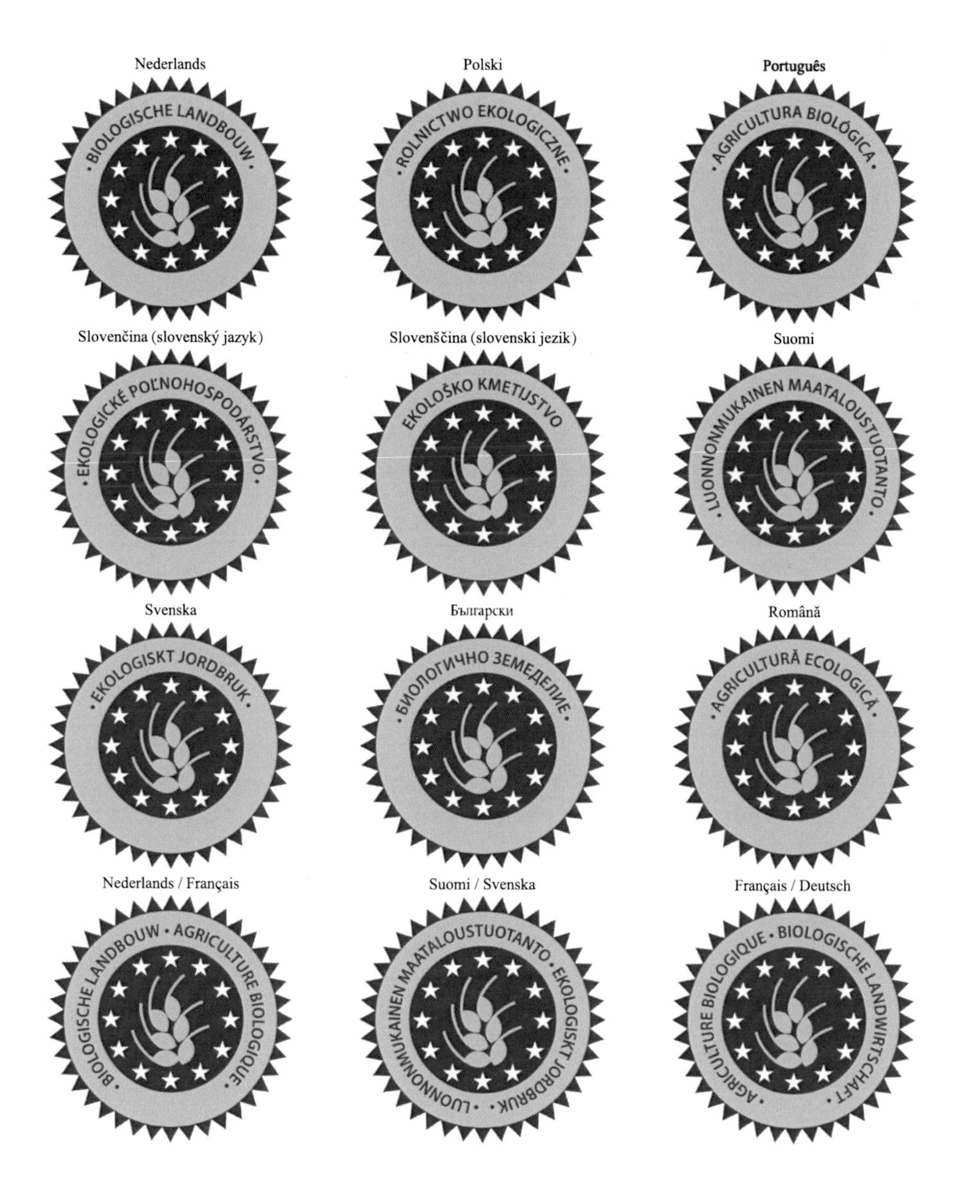
Nederlands
BIOLOGISCHE LANDBOUW
Polski
ROLNICTWO EKOLOGICZNE
Português
AGRICULTURA BIOLÓGICA
Slovenčina (slovenský jazyk)
EKOLOGICKÉ POĽNOHOSPODÁRSTVO
Slovenščina (slovenski jezik)
EKOLOŠKO KMETIJSTVO
Suomi
LUONNONMUKAINEN MAATALOUSTUOTANTO
Svenska
EKOLOGISKT JORDBRUK
Български
БИОЛОГИЧНО ЗЕМЕДЕЛИЕ
Română
AGRICULTURĂ ECOLOGICĂ
Nederlands / Français
BIOLOGISCHE LANDBOUW · AGRICULTURE BIOLOGIQUE
Suomi / Svenska
LUONNONMUKAINEN MAATALOUSTUOTANTO · EKOLOGISKT JORDBRUK
Français / Deutsch
AGRICULTURE BIOLOGIQUE · BIOLOGISCHE LANDWIRTSCHAFT

## 2.3 与背景色有反差

彩色背景下的标识

## 2.6 尺寸缩小

（a）对于单一说明的标识：直径最小为20mm。

20mm

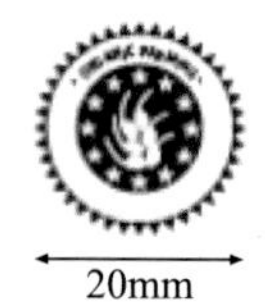

20mm

（b）两个说明结合的标识：直径最小为40mm。

40mm

40mm

# 有机茶生产大全

黎星辉　傅尚文　主编

化学工业出版社
·北京·

本书由南京农业大学和中国农业科学院茶叶研究所、中农质量认证中心牵头组织国内有机茶生产技术和认证专家历时两年编写而成，内容包括有机茶概论、有机茶生产标准与规范、有机茶园基地建设、有机茶园土壤管理和施肥、有机茶园病虫草害的防治、有机茶的加工与包装和储运、有机茶销售要求、有机茶认证与标志管理、典型茶类有机茶生产技术等8章；同时收录了有机茶和有机产品相关的国内标准、国际标准、中国有机产品认证法规规章以及有机产品认证机构等信息。

本书通俗易懂、简明实用，操作性强，可供茶叶质量管理干部、茶农、茶厂工人、茶叶店营业员学习，也可供农业部门茶叶管理、科研、技术推广等单位和个人参考。

**图书在版编目（CIP）数据**

有机茶生产大全/黎星辉，傅尚文主编. —北京：化学工业出版社，2012.5（2023.8重印）
ISBN 978-7-122-14040-1

Ⅰ. 有… Ⅱ. ①黎…②傅… Ⅲ. 无污染茶园-生产技术 Ⅳ. S571.1

中国版本图书馆CIP数据核字（2012）第072777号

---

责任编辑：李　丽　　　　文字编辑：李　瑾
责任校对：陈　静　　　　装帧设计：关　飞

---

出版发行：化学工业出版社（北京市东城区青年湖南街13号　邮政编码100011）
印　　装：北京建宏印刷有限公司
710mm×1000mm　1/16　印张23¼　彩插2　字数471千字
2023年8月北京第1版第3次印刷

---

购书咨询：010-64518888　　　　售后服务：010-64518899
网　　址：http://www.cip.com.cn
凡购买本书，如有缺损质量问题，本社销售中心负责调换。

---

**定　　价：89.00元**

# 编写人员名单


主　　编：黎星辉　南京农业大学教授、博士生导师
江苏省博士后科研工作站站长
苏州市现代生态茶业工程技术研究中心主任
现代茶叶产业技术体系岗位科学家
傅尚文　中国农业科学院茶叶研究所研究员
中农质量认证中心常务副主任

副 主 编：舒爱民　中国农业科学院茶叶研究所副研究员
中农质量认证中心认证部主任
房婉萍　南京农业大学副教授
陈　暄　南京农业大学副教授
王玉花　南京农业大学副教授

其他编写人员（排名不分先后）
杨柳霞　中国普洱茶研究院院长、研究员
现代茶叶产业技术体系综合试验站站长
廖万有　安徽省茶叶研究所研究员
现代茶叶产业技术体系岗位科学家
齐桂年　四川农业大学教授、博士生导师
黄启为　南京农业大学教授
王秀萍　福建省茶叶研究所副研究员
邬志祥　中国农业科学院茶叶研究所副研究员
中农质量认证中心检测部主任
张　优　中国农业科学院茶叶研究所副研究员
中农质量认证中心发展部主任
陈常颂　福建省茶叶研究所副研究员
现代茶叶产业技术体系岗位科学家
庄　静　南京农业大学教授
郭华伟　中国农业科学院茶叶研究所助理研究员
沈星荣　中国农业科学院茶叶研究所农艺师
王东辉　中国农业科学院茶叶研究所助理研究员
汪秋红　中国农业科学院茶叶研究所实习研究员
黎　谋　苏州市现代生态茶业工程技术研究中心副主任
赵振军　南京农业大学博士后
曾　亮　南京农业大学博士后

# 前言

有机农业在世界范围内蓬勃兴起，对改善生态环境、发展可持续农业产生了非常积极的影响。20世纪80年代，有机茶首先在斯里兰卡生产，中国有机茶始于20世纪90年代，也是我国第一个有机农产品，由此揭开中国有机农业和有机茶的发展序幕。

有机茶生产作为一种在生产过程中不使用化学合成物质、采用环境资源有益技术为特征的生产体系，正逐渐成为提高茶叶质量和竞争力、保护生态环境、节约自然资源的重要生产方式，受到各级政府和部门、企业和茶农的广泛重视。有机茶不是简单的不打农药、不施化肥的茶叶，也不是传统农业在茶叶生产中的翻版，有机茶生产是一项注重过程控制的全新系统工程，有机茶生产的发展必将推动茶叶安全生产技术和管理的进步，推动茶叶加工厂的技术改造和加工设备的更新换代。

在现代茶叶产业技术体系、江苏省科技特派员计划、江苏高校优势学科建设工程、江苏省科技支撑计划、江苏省农业科技入户工程、南京市茶叶标准化高效生产技术协作组的支持下，本书由南京农业大学、中国农业科学院茶叶研究所、中农质量认证中心、四川农业大学、中国普洱茶研究院、福建省茶叶研究所、安徽省茶叶研究所、江苏省博士后科研工作站、苏州市现代生态茶业工程技术研究中心的有机茶生产技术专家和有机茶认证专家联合编著。书中汇集了有机茶研究的新成果，主要包括有机茶概念、有机茶生产标准与规范、有机茶基地建设、有机茶园土壤与施肥管理、有机茶园病虫草害防治、有机茶加工与包装和储运、有机茶销售要求、有机茶认证与标志管理、典型茶类有机茶生产技术等内容。

有机农业涉及学科多、领域广，有机茶是一种新兴茶叶生产方式的产物，需要在实践中不断地认识，囿于作者水平和研究程度的限制，书中难免存在不妥之处，恳请读者批评指正。

**编著者**

**2012年4月**

目录

# 第一章
# 有机茶概论

## 一、有机茶概念

有机茶是按照有机农业理念进行生产的一种有机产品。

有机产品是指来自于有机农业生产体系，根据有机农业生产要求和相应标准生产、加工、销售，并通过独立的有机产品认证机构认证，供人类消费、动物食用的产品。有机产品的主体是有机食品，如粮食、蔬菜、水果、茶、奶制品、畜禽产品、蜂蜜、水产品、调料等食品；除有机食品外，还有有机化妆品、纺织品、林产品、皮革、动物饲料、生物农药、有机肥料等，统称为有机产品。有机产品必须同时具备四个条件：①原料必须来自已经建立或正在建立的有机农业生产体系，或采用有机方式采集的野生天然产品；②产品在整个生产过程中必须严格遵循有机产品的加工、包装、储藏、运输等要求；③生产者在有机产品的生产和流通过程中，有完善的跟踪审查体系和完整的生产和销售的档案记录；④必须通过独立的有机产品认证机构的认证审查。

有机食品是指在生产和加工过程中不使用人工合成的农药、化肥、激素、食品添加剂等物质，不使用转基因技术的一类真正源于自然、富营养、高品质的环保型安全食品，包括粮食、蔬菜、水果、奶制品、畜禽产品、水产品、蜂产品及调料等。有机食品这一名词是从英文 organic food 直译过来的，在其他语言中也有叫生态或生物食品的（日本称自然食品）。有机食品需要满足 5 个基本要求：①原料必须来自已经或正在建立的有机农业生产体系，或是采用有机方式采集的野生天然产品；②在整个生产过程中必须严格遵循有机食品加工、包装、储存、运输标准；③必须有完善的全过程质量控制和跟踪审核体系，并有完整的记录档案；④其生产过程不应污染环境和破坏生态，而应有利于环境与生态的持续发展；⑤必须获得独立的有资质的认证机构的认证。

有机农业（organic agriculture）是指遵照特定的农业生产原则，在生产中不采用基因工程获得的生物及其产物，不使用化学合成的农药、化肥、生长调节剂、饲料添加剂等物质，遵循自然规律和生态学原理，协调种植业和养殖业的平衡，采用一系列可持续发展的农业技术以维持持续稳定的农业生产体系的一种农业生产方式。联合国食品法典委员会（CAC）对有机农业做出了肯定：有机农业是促进和加强农业生态系统的健康，包括生物多样性、生物循环和土壤生物活动的整体生产管理系统；有机农业生产系统基于明确和严格的生产标准，致力于实现具有社会、生态和经济持续性最佳化的农业生态系统；有机农业强调因地制宜，优先采用当地农业生产投入物，尽可能地使用农艺、生物和机械方法，避免使用合成肥料和农药。总而言之，有机农业生产系统是基于土壤、植物、动物、人类、生态系统和环境之间的动态相互作用的原则，主要依靠当地可利用的资源，提高自然中的生物循环。国内外有机农业的实践表明，有机农业耕作系统比其他农业系统更具竞争力。有机生产体系在使不利影响达到最小化的同时，可以向社会提供优质健康的农产品。

有机茶是在原料生产过程中遵循自然规律和生态学原理，采取有益于生态和环境的可持续发展的农业技术，不使用合成的农药、肥料及生长调节剂等物质，在加工过程中不使用合成的食品添加剂的茶叶及相关产品。也就是说，有机茶原料的产地必须符合 NY 5199—2002《有机茶产地环境条件》，生产按 NY/T 5197—2002《有机茶生产技术规程》操作，加工符合 NY/T 5198—2002《有机茶加工技术规程》，产品达到 NY 5196—2002《有机茶》的要求。有机茶对环境、生产、加工和销售环节都有严格的要求。它完全不同于野生茶、无公害茶和绿色食品茶。根据有机茶农业行业标准，有机茶园生态环境是友好型的，栽培管理环保、低碳、高效，加工过程是安全无污染的，流通过程实行标志管理可追溯，因此有机茶是一种安全、环保、优质、时尚的饮品。

## 二、我国生产有机茶的相关政策、法规和标准

作为中国第一个有机农产品，有机茶、有机农业的概念引入我国已有 20 多年的时间，有机茶、有机农业在中国得到各级政府和相关部门的大力支持。2002 年 8 月，《国务院关于加强新阶段“菜篮子”工作的通知》（国发［2002］15 号）明确要求，规范“绿色食品”、“有机食品”及“无公害农产品”等认证认可和认证标识。2008 年中共中央国务院一号文件《中共中央国务院关于积极发展现代农业扎实推进社会主义新农村建设的若干意见》，在“二、加快农业基础建设，提高现代农业的设施装备水平”中指出“鼓励发展循环农业、生态农业，有条件的地方可加快发展有机农业”。2008 年 10 月，中共中央十七届三中全会做出了《关于推进农村改革发展若干重大问题的决定》，提出“支持发展绿色食品和有机食品”。2009 年中共中央国务院一号文件《中共中央国务院关于 2009 年促进农业稳定发展农民持续增收的若干意见》指出：严格农产品质量安全全程监控，支持建设有机农产品生产基地。积极推进茶叶等园艺产品集约化、设施化生产。

2010年中共中央国务院一号文件《中共中央国务院关于加大统筹城乡发展力度，进一步夯实农业农村发展基础的若干意见》，在“提高现代农业装备水平，促进农业发展方式转变”方面明确：积极发展无公害农产品、绿色食品、有机农产品。

国家环境保护总局（SEPA）是中国第一个涉及有机食品行业管理工作的政府部门。2001年6月19日，国家环保总局正式发布了“有机食品认证管理办法”，该办法适用于在中国境内从事有机认证的所有中国和外国有机认证机构和所有从事有机生产、加工和贸易的单位和个人。从1999年开始，SEPA邀请了农业、环境、林业和水产业多领域的专家讨论和制定了“有机食品生产和加工技术规范”于2001年年底颁布实施。

2002年7月农业部制定并发布了有机茶农业行业标准NY 5199—2002《有机茶产地环境条件》、NY/T 5197—2002《有机茶生产技术规程》、NY/T 5198—2002《有机茶加工技术规程》和NY 5196—2002《有机茶》，我国第一个有机食品的标准诞生，标志着我国有机农业正式进入实施阶段。2002年7月，农业部《全面推进“无公害食品行动计划”的实施意见》（农市发［2002］12号）指出：绿色食品、有机食品作为农产品质量认证体系的重要组成部分，要按照“政府引导、市场运作”的发展方向，加快认证进程，扩大认证覆盖面，提高市场占有率。这是我国关于发展有机食品的第一个政府文件，宣布正式启动我国的有机农业战略；国家把有机食品纳入到无公害食品行动计划的管理之中，提倡发展有机农业。2003年8月，农业部《关于进一步加强茶叶质量安全管理的通知》（农市发［2003］7号）指出：要加快无公害茶叶产地认定及产品认证工作进程，大力发展无公害茶、绿色食品茶和有机茶，培育品牌产品。2004年12月农业部《关于进一步加强农产品质量安全管理工作的意见》（农市发［2004］15号）要求，认真开展农产品质量安全认证工作，要尽快形成以无公害农产品认证为主体，以绿色食品、有机食品及农业投入品认证为补充的认证体系和工作格局。

2005年8月，农业部《关于发展无公害农产品绿色食品有机农产品的意见》（农市发［2005］11号）指出：“有机农产品是扩大农产品出口的有效手段，坚持以国际市场需求为导向，按照国际通行做法，逐步从产品认证向基地认证为主体的全程管理转变，立足国情，发挥农业资源优势和特色，因地制宜地发展有机农产品”。

2003年2月，国家认证认可监督管理委员会、国家质量监督检验检疫总局、国家工商行政管理总局、对外贸易经济合作部、农业部、国家经济贸易委员会、卫生部、国家环境保护总局、国家标准化管理委员会等九部委联合发布了《关于建立农产品认证认可工作体系实施意见》（国认注联［2003］15号）：坚持国务院确定的统一规划、强化监管、规范市场、提高效能和与国际接轨的认证认可工作原则，在国家认证认可监督管理委员会统一管理、监督、综合协调和各有关方面共同实施的工作机制下，建立并完善我国农产品认证认可工作体系，提高农产品认证评价的一致性和有效性，促进农产品等“菜篮子”产品的质量卫生安全水平的提高，为农业结构调整、增加农民收入、改善我国生态环境、扩大农产品出口创汇服务。2004年国家质量监督检验检疫总局发布了《有机产品认证管理办法》；2005年国家质量监督检验检疫总局和国家标准化管理委员会正式发布国家标准《有机产品》（GB/T 19630—2005），国家认证认可监督管理委员会发布了《有机产品认证实施规则》。

2004年6月，商务部、科技部、财政部、铁道部、交通部、卫生部、工商总局、质检总局、环保总局、食品药品监管局、认监委等联合发布了《关于积极推进有机食品产业发展的若干意见》（商运发［2004］327号）：①提高认识，明确目标，进一步加快推进有机食品产业的发展。②加强监测，严格执法，加强有机食品生产环境条件的管理。③强化认证活动的监督管理，确保有机食品认证活动有序、规范地进行。④积极引导，促进有机食品服务和消费市场的健康成长。⑤加强部门合作，共同推进有机食品的发展。

有机茶开发初期主要参照国外有机农产品标准进行开发，1999年中国农业科学院茶叶研究所制定了《有机茶颁证标准》，首次向茶叶行业引入了国际有机农业运动联盟的基本准则；2000年浙江省技术监督局发布了浙江省地方标准《有机茶》DB 33/T 266—2000；2002年7月农业部发布了农业行业标准NY 5199—2002《有机茶产地环境条件》、NY/T 5197—2002《有机茶生产技术规程》、NY/T 5198—2002《有机茶加工技术规程》和NY 5196—2002《有机茶》；有机茶农业行业标准体系由NY 5196—2002《有机茶》、NY/T 5198—2002《有机茶加工技术规程》、NY 5199—2002《有机茶产地环境条件》和NY/T 5197—2002《有机茶生产技术规程》4个标准构成，详细说明了有机茶产地、产品、包装和销售全过程的要求。NY 5196—2002实际上是有机茶的产品标准，在这个标准中规定了有机茶的范围、定义、要求、试验方法、检验规则、标志、标签、包装、储藏、运输和销售，有机茶的农药残留量要低于仪器的检测限，随着生产的变化增加检测农药的品种；还规定了大、小包装净含量负偏差值。在NY 5199—2002《有机茶产地环境条件》标准中，要求有机茶产地应选择在水土保持良好、生物多样性指数高、远离污染源和具有较强的可持续生产能力的农业生产区域。同时要求有机茶园与常规农业生产区域之间应有明显的边界和一定宽度的隔离带，提出了茶园环境空气质量、土壤环境质量和空气质量指标要求。NY/T 5198—2002《有机茶加工技术规程》提出了原料、辅料、加工厂、加工设备、加工人员、加工方法、质量管理及跟踪的要求。这个标准是有机茶加工认证的依据，加工的原料和辅料必须来自有机农业生产体系。在当前条件下，一些配料无法得到有机产品时，允许使用不超过总重量5%的常规配料。要求加工厂的环境、厂房和设备不得污染加工产品，特别防止燃料和重金属的污染。加工时不得添加人工合成的添加剂，也不得采用离子辐射方法加工；加工厂人员应通过健康检查，加工厂应有卫生行政部门颁发的卫生许可证；同时要求做好各项加工记录，建立质量跟踪体系。NY/T 5197—2002《有机茶生产技术规程》规定了有机茶生产的基本要求，包括园地选择，基地规划与建设，土壤管理和施肥，病、虫和草害防治，茶树修剪和采摘以及常规茶园向有机茶园的转换方法与时间等。在茶树病虫害防治中，采用农业、物理和生物方法，规定了允许使用的生物源农药如微生物源农药、动物源农药、植物源农药和矿物源农药的种类。这套标准是在广泛搜集和参考了国内外有机农业、有机食品和茶叶有关的标准、科研成果、生产经验的基础上，制定的农业行业标准，各项指标科学、先进、可操作性强。

从 2003 年年底开始，中国国家认证认可监督管理委员会（CNCA）即组织环保、农业、质检、食品等行业的专家开始了“有机产品国家标准”的起草工作，起草小组始终坚持从有利于发展国内和国际有机产品市场出发，既考虑我国的实际情况，又合理借鉴了国际有机农业运动联盟（IFOAM）基本标准、联合国食品法典委员会（CODEX）标准、欧盟的 EU 2092/91 法规（标准）、美国的 NOP 标准，以及日本的有机 JAS 标准，该标准 GB/T 19630—2005《有机产品》于 2005 年 1 月 19 日正式发布，2005 年 4 月 1 日正式实施，该标准由四个部分组成，即 GB/T 19630.1—2005《有机产品　第 1 部分：生产》（包括作物种植、畜禽养殖、水产养殖、蜜蜂和蜂产品）、GB/T 19630.2—2005《有机产品　第 2 部分：加工》、GB/T 19630.3—2005《有机产品　第 3 部分：标识与销售》以及 GB/T 16930.4—2005《有机产品　第 4 部分：管理体系》。

2011 年 12 月 5 日，国家质量监督检验检疫总局和国家标准化管理委员会发布了修订后的《有机产品》系列国家标准，并于 2012 年 3 月 1 日起实施。2011 年版《有机产品认证实施规则》和《有机产品》国家标准的特点为：①严字当头，生产、认证、监管更加严格。一是生产、加工和标识、销售标准更加严格。比如同一生产单元内一年生植物不能进行平行生产，生产和加工过程中允许使用的投入物质增加了使用限定条件，使用标准附录之外的投入物质需由国家进行评估，转换期间不能使用认证标志，有机产品中不能检出任何禁用物质残留，销售产品需使用销售证并建立“一品一码”的追溯体系，销售场所不能进行二次分装、加贴标识等。二是认证程序更加严格规范。如增加了可以委托人申请条件和提交资料，加严了对环境监测（检测）的要求，现场检查需覆盖所有生产活动的范围，规定对产品所有生产季均需现场检查，对所有认证产品都要进行产品检测，认证活动需提前报告监督部门，认证证书由信息系统统一赋号，增加了证书撤销、暂停、注销的条款等。三是监管更加严格，处罚更加严厉。细化了监督管理部门的责任，明确了飞行检查、产品检测、对销售的产品进行检查等监督手段，加强对认证活动全过程的监督管理。加强对认证机构、获证组织的违法行为的处罚，增加对进口有机产品违规行为的处罚规定，解决了有机产品认证行政执法中执法依据不足的问题。对获证企业不诚信、严重违规等行为加大处罚力度，在 1～5 年内认证机构不能再次受理其认证申请。②可操作性增强，统一尺度/认证程序要求更加细化，如《有机产品认证实施规则》从原来的七章 3500 字，增加到 10 章

7000字，修订增加了再认证、证书管理、投入品评估等内容，可操作性大大增强。对原先由认证机构自由裁量的内容进行统一要求，如转换期不得缩短，对所有产品均需进行检测，统一环境检测要求，撤销和注销的证书不得以任何理由恢复等。③建立了有机产品追溯体系。要求有机产品认证机构须充分利用现代成熟的防伪、追溯和信息化技术，结合国家认监委统一的编码规则要求，在有机产品认证标志编码前应当注明“有机码”字样，并赋予每枚认证标志唯一的编码，同时鼓励有机产品认证机构在此基础上进一步采取更为严格的防伪、追溯技术手段，确保本机构发放的每枚有机产品认证标志能够从市场溯源到所对应的每张有机产品认证证书、获证产品和生产企业，做到信息可追溯、标识可防伪、数量可控制。同时开发具有统一赋号、网络查询功能的有机产品认证信息采集和认证标志溯源系统，通过国家认监委官方网站等渠道实时公布有机产品认证信息，并可查询、验证。④引入风险分析和风险管理概念。把风险评估和风险管理作为开展有机产品认证活动和监督管理、加强科学性和权威性的重要手段，在《有机产品认证管理办法》、《有机产品认证实施规则》中多次提及风险评估。认证机构在现场检查、产品抽样检测、证后监督中应依据产品生产、加工工艺和方法、企业管理体系稳定性、当地诚信水平等判定有机生产、加工风险并采取相应措施。监督管理部门建立风险监测和预警制度，依据风险评估对有机产品认证活动实施监管，并根据风险等级对相关产品、地域进行风险预警。

有机茶生产不仅要符合GB/T 19630.1—2011《有机产品　第1部分：生产》中的作物种植、野生植物采集及其产品的运输、储藏、包装部分的要求，同时还必须符合GB/T 19630.2—2011《有机产品　第2部分：加工》、GB/T 19630.3—2011《有机产品　第3部分：标识与销售》和GB/T 16930.4—2011《有机产品　第4部分：管理体系》的要求。因此，GB/T 19630—2011《有机产品》成为有机茶生产与认证的国家标准，而NY 5196—2002《有机茶》、NY/T 5198—2002《有机茶加工技术规程》、NY 5199—2002《有机茶产地环境条件》和NY/T 5197—2002《有机茶生产技术规程》成为有机茶生产的行业标准，有机茶是我国唯一有行业标准的有机农产品。

## 三、中国有机茶生产的历史与现状

有机茶生产是20世纪80年代始于斯里兰卡，随后在印度、肯尼亚等国家相继出现了有机茶茶园。在国际有机食品市场的推动下，1990年浙江省临安县东坑、裴后茶场首获荷兰SKAL机构有机认证，并由浙江省茶叶进出口公司第一次将中国有机茶出口到欧洲，标志着中国有机农业的正式起步。中国悠久的传统农业生产为有机茶生产奠定了良好的基础，尤其是中国茶园大部分都分布在生态良好、风光秀丽、山清水秀、污染较少的山区和半山区，这为开发有机茶生产创造了良好的环境条件。

由于有机茶生产在保护环境和改善品质的价值不能通过其最终产品直观地反映出来，因此，作为有机生产系统的产品，应有某种特殊标志以区别于常规产品。为了保证有机茶产品的质量，维护生产者和消费者的权益，适应国内外茶叶市场的变化和需求，中国农业科学院茶叶研究所依托该所的技术力量、优势和农业部茶叶质量检测中心的检验能力，参考国际惯例和通行作法，开展有机茶认证工作，1999年3月成立了“中国农业科学院茶叶研究所有机茶研究与发展中心(OTRDC)”，OTRDC成立以后，在当时国内没有有机茶和有机产品标准的情况下，根据国际有机农业运动联盟（IFOAM）基本标准的准则和我国茶叶生产的实际情况，引用和参照有关的国内外标准，制定了“OTRDC有机茶颁证标准”并通过专家审定。培训并建立了一支综合素质较高的有机检查员队伍，按照IFOAM标准、参照认证机构规定和茶叶行业的实际情况，制定建立了一套较为完善的、与国际通行做法接轨的有机茶的认证体系和认证程序，成立了一个在茶叶行业中有代表性的颁证委员会，并将其尝试于有机茶的认证实践，将有机茶产品推向市场，逐步发展有机茶生产。

有机茶生产作为一种在生产过程中不使用化学合成物质、采用环境资源有益技术为特征的生产体系，正逐渐成为提高茶叶质量和竞争力、保护生态环境、节约自然资源的重要生产方式，受到各级政府和部门、企业和茶农的广泛重视。近几年，经过各界多方共同努力，特别是在全国“无公害食品行动计划”的部署下，尤其是在2002年农业部发布和实施《有机茶》等4个农业行业标准以来，有机茶的开发步伐明显加快。由于有机茶显著的经济效益、生态效益和社会效益，对中国茶叶整个产业产生了较大影响，有机茶逐渐引起茶叶界及各级政府的重视，浙江、江西、湖北、四川、云南、安徽、湖南、福建、贵州、广东、重庆等茶叶主产省和直辖市先后起动“有机茶工程”，制定了有机茶的发展规划，进一步加速和促进了中国有机茶的发展。浙江、湖北、四川、安徽、福建、云南、江西、湖南、江苏、广东、广西、河南、山东、陕西、甘肃、贵州、重庆、西藏、上海、海南等省（市），都先后生产和销售有机茶，涌现了北京更香茶叶有限公司、湖南茶叶总公司、江西大彰山绿色集团、义乌道人峰茶厂、宁海望府茶叶有限公司、四川心道有机茶有限公司、四川叙府茶业有限公司和安徽新安源有机茶公司等一批有机茶生产销售企业，产品出口到欧洲、美国、日本、韩国、马来西亚、新加坡等国家和地区，其价格比普通茶高出50%左右，经济效益十分明显。

中国农业发展进入新阶段以后，现代农业建设步伐明显加快，发展有机食品，体现了高产、优质、高效、生态安全等现代农业发展的基本目标和方向。在中国农村改革开放30周年之际，中共中央十七届三中全会做出了《关于推进农村改革发展若干重大问题的决定》，提出“支持发展绿色食品和有机食品”，进一步明确了有机食品产业发展的政策导向。

开发有机茶的意义不仅就这一类产品满足市场需求，其更重要的意义在于通过有机农业生产方式，提高茶农科学、合理地使用化肥和农药的意识，改善茶园生态状况，促进茶叶生产和消费无公害化，从整体上推动提高茶叶卫生质量水平，带动茶业相关产业的发展；带来生物多样性以及其他环境服务方面的益处，促进茶业可持续发展，同时也加快了广大茶区低碳农业生产的进程。

各级地方政府积极推进以有机茶为代表的有机农业，浙江、江苏、湖北、云南等省配套相应的鼓励发展政策，一些地方政府除了制定相应的优惠政策外，还配套一定的扶持方案发展有机茶，形成政府引导、企业自主发展的良好态势。中国有机茶之乡——浙江省武义县、安徽省休宁县、浙江省建德市、云南省思茅区，中国富锌富硒有机茶之乡——贵州省凤冈县，中国高山生态有机茶之乡——贵州省纳雍县，中国有机绿茶之乡——四川省马边县，有机茶园区——四川省洪雅县，有机茶标准化生产示范区：江西省婺源县、浙江省义乌市、江西省上犹县、安徽省休宁县、安徽省泾县、广西区昭平县、广西区乐业县、湖南省茶业公司等区域性有机茶基地就比较有特色。据不完全统计，到 2011 年 12 月底中国有机茶园面积（含有机转换）已超过 4.5 万公顷，有机茶产量达 3.5 万吨，认证的企业超过 700 家。其中由中农质量认证中心（原中国农业科学院茶叶研究所有机茶研究与发展中心，OTRDC）认证的有机茶园（含转换）就有 2.5 万多公顷，有机茶（含转换）产量达 10000 多吨，认证的企业超过 400 家。有机茶已得到广大茶叶爱好者的认可，它已成为当前茶叶生产发展新的经济增长点，并逐步向规模化、标准化和产业化方向发展。

## 四、中国有机茶技术研究和技术推广

有机茶生产要求禁止使用人工合成的农药、化肥、除草剂和生长调节剂等物质，需要生产者运用一系列相关的有机农业技术来保证生产与开发的顺利进行。有机茶生产作为环境友好型、资源节约型、产品安全型农业生产方式，不同于传统农业的生产观念，强调遵循自然法则和可持续发展的理念，更加注重生态环境保护、生物多样性发展，在生产加工过程中不使用化学合成物质，最终实现人与自然的和谐发展。但有机茶不是传统农业的翻板，而是传统农业和现代科技的结合和升华，在有机茶生产基地建设、栽培、加工、储运等过程中都必须在传统农业基础上引用先进的现代科学技术与之结合。近年来，随着我国有机茶生产的发展，为实现有机茶生产能够做到有机、优质、高产和可持续发展的目标，许多科研单位和大中专院校等都开展了多方面的研究，取得了可喜的成果，许多生产单位也进行了大胆的实践，积累了很丰富的经验。这些技术成果和经验都是传统农业和现代科技结合的产物，具有丰富的科技内涵和应用价值，在有机茶生产中应因地制宜地大力采用。

1997 年，南京环境科学研究所有机食品发展中心（OFDC）在中德合作技术公司（GTZ）的支持（400万马克）下实施“中国贫困地区的有机农业发展项目”，与国外专家、地方机构和农民生产者合作在安徽大别山贫困山区开展了为期6年的有机农业扶贫工作。1998年，浙江省“三农五方”科研推广项目“有机茶关键技术研究和基地建设”，由浙江省农业厅委托中国农业省科学院茶叶研究所主持，项目为期3年。同年，安徽省霍山县得到荷兰王国政府2000万荷兰盾的无偿援助，加上中国政府配套资金，开始了为期5年的中荷扶贫项目“有机茶综合开发”。2006～2010年，中国农业科学院茶叶研究所（简称中国农科院茶研究）承担了浙江省“三农五方”科技协作项目“复合生态模式有机茶园区关键技术研究及关联技术集成示范”。中国农业科学院茶叶研究所、中国农业大学、湖北省农业厅和湖北省农业科学院果树茶叶研究所、福建农林大学、广西壮族自治区农业厅、湖南农业大学、云南省农业科学院茶业研究所等相继实施了有机茶相关技术方面的课题和项目研究。经过不懈努力，在茶园病虫害的综合防治、种养结合、有机茶专用肥、生物农药的研制、物理防治新型技术等方面都取得了一些研究成果。

为将科研成果转化为生产力，中国农科院茶叶研究所有机茶研究与发展中心（OTRDC）和南京环球有机食品研究咨询中心（OFRC）等国内有机农业咨询机构一起，在各地农业部门、环保部门的支持下，通过开展科技培训、技术服务、出版科普读物、发放宣传材料，以及与地方、企业项目合作等多种途径，将有机茶生产技术研究成果推广到生产实践中去，为产业的发展提供了技术保障。

有机茶生产中研究和推广的主要技术如下。

**1. 种植和养殖结合，复合生态茶园技术**

有机茶园要求施肥“就地取材，就地处理，就地施用”的基本准则，提倡种养结合，建立生物物质循环链，确保有机茶园生态平衡，保持有机茶的可持续发展。“草·畜·肥·茶”生态模式成功地应用于有机茶园，利用山草杂粮养猪、羊等牲畜，畜禽粪便发酵后沼液中含有茶树生产所需要的有机质成分，可用于茶园培肥，沼渣作为基质成分可用于饲养蚯蚓，沼气是很好的低碳清洁能源。

利用山区丰富的山草资源，或者种植绿肥牧草，在茶园养殖鸡、鹅、兔等家禽和家畜，不仅能够为茶园提供有机肥源，而且能明显减轻有机茶园中的杂草危害和虫害，另外还能增加一定的经济效益。中国农业科学院茶叶研究所2008～2009年在浙江省上虞市进行有机茶园养鸡试验，自养鸡后养殖区基本无草，而非养殖区内杂草最高达20.5kg/m²，最低5.5kg/m²，说明在茶园内养鸡可明显降低杂草的危害，大大降低了茶园的除草成本；对基地进行了生物多样性调查，调查结果表明，养殖区1和养殖区2的生物多样性指数H′分别为2.5225和2.4249，两个区域的生态稳定性相似，高于非养殖区的1.7182，说明养殖区的生态较非养殖区的好。

## 2. 茶园绿肥种植技术

种植绿肥是有机茶园改良土壤、提高肥力和解决肥源的重要措施，也是改善有机茶园生态条件、增加生物多样性、防止水土流失的重要手段，对于有机茶生产有着十分重要的意义。

茶树行间间作绿肥，提高了地表覆盖率，能够减缓地表径流，早期杭州茶叶试验场和祁门茶叶研究所进行茶园种植绿肥试验，试验结果表明，坡度为5°～10°的1年生幼龄茶园在间作豆科绿肥后，土壤冲刷量比不间作的约减少80%，所以幼龄茶园间作绿肥是防止水土流失的重要措施。另外，由于增加了地表覆盖，幼龄茶园间作夏绿肥可以起到遮阴、降温的作用，间作冬绿肥可以起到保温、防冻的作用，因此，间作绿肥的措施对于改善环境、提高茶苗的成活率效果十分明显。豆科绿肥根部有根瘤菌共生，通过生物固氮作用可以固定空气中的氮气供茶树生长所需，自主解决肥源。绿肥的根系生长，可以改良茶树根部的土壤环境，促进土壤疏松，增加有机质。作者在浙江上虞和余姚的有机茶园的绿肥试验表明，不论是禾本科绿肥还是豆科绿肥，对于改良茶园土壤和促进茶树生长都有十分显著的效果，土壤中的全氮、有效氮、有效磷、有效钾以及有机质含量均高于对照区。对于有机茶园绿肥的利用方式，从试验结果看，以割后深埋的方式效果最好，绿肥分解速度快，根层土壤含水量高，对茶树生长最有利。

为解决有机茶园氮素需求高的问题，选择绿肥首先应考虑选择固氮能力强的豆科作物，虫害多的可考虑选择一些对虫害有驱赶性作用的非豆科作物。对于1～2年幼龄有机茶园，可选择匍匐型的或者矮生的豆科绿肥，既能保护水土，又不妨碍茶苗生长；对于2～3年生的有机茶园，尽量选择速生的和早熟的绿肥，避免与茶树发生竞争；对于茶树行间空间小，不宜间作绿肥的成龄茶园，可以单独开辟绿肥基地，或者充分利用茶园周边的零星地头种植绿肥；对于坡地或梯地有机茶园，可以选择紫穗槐、爬地兰等多年生的绿肥，种于梯壁可以保梯护坎，效果也十分明显。

## 3. 茶园铺草技术

茶园铺草对于有机茶生产是一项重要的技术。①草料有机质含量高，养分含量丰富均匀，因此茶园铺草可以提高土壤肥力，对于增加土壤营养、促进微生物繁殖、加速土壤熟化都十分有利。②茶园铺草可以抑制杂草生长。幼龄茶园和生长势差树冠幅度小的茶园，行间空间大可为杂草生长提供良好条件，茶园行间铺草，杂草受铺草抑制，见不到阳光，可抑制杂草的生长。③茶园铺草可以防止水土流失。④茶园铺草可以稳定土壤的热变化，夏天可防止土壤水分蒸发，具有抗旱保墒的作用，冬天可保暖防止冻害。此外，茶园铺草后，还可降低采茶期间采茶人员对土壤的镇压强度，起到保护土体良好构型的作用。茶园行间铺草一举多得，成为有机茶园最重要的土壤管理措施。

#### 4. 生物源、矿物源农药的研制与应用

20世纪80年代，中国农科院茶研所就开始探索和研究茶园病虫害的生物防治技术。经过多年的试验和推广，先后成功研制出茶尺蠖、茶毛虫核型多角体病毒（NPV）、茶尺蠖病毒Bt混剂、茶毛虫病毒Bt混剂、韦伯虫座孢菌剂等微生物杀虫剂用于有机茶园虫害的防治。

茶尺蠖、茶毛虫核型多角体病毒（NPV）是采用茶鲜叶饲养健康幼虫—病毒大量繁殖、幼虫取食病毒后感染死亡—收集虫尸提纯病毒—从虫尸中提取病毒的生产流程方法进行批量生产。生产提取的病毒分别对茶尺蠖、茶毛虫防治有高效，对人、畜绝对安全。茶尺蠖、茶毛虫病毒水剂及其Bt混剂，对茶尺蠖的室内毒效与田间防治效果，至蛹期死亡率均在90%以上。

除了研制生物农药在茶园虫害防治上取得成果外，在利用微生物对茶树病害防治研究上取得了突破性进展，如安徽农业大学通过多次试验，从茶树的叶面分离出对茶赤叶斑病菌等多种有害菌有抑制作用的芽孢杆菌，正进行制剂的开发以用于茶树病害的防治。

以天然矿物原料为主要成分的矿物源农药也逐步得到开发应用，在茶园中使用的主要品种是石硫合剂和矿物油。石硫合剂是一种无机硫杀菌剂，兼有杀螨和杀虫的作用。石硫合剂是用生石灰、硫黄和水熬制而成的红褐色透明液体，有效成分为“多硫化钙”。当石硫合剂喷洒在植物上时多硫化钙可杀菌，它分解产生的硫黄也可杀死病菌和害虫，并对病菌和害虫体表面具有侵蚀作用，可杀死病菌和蜡质层较厚的介壳虫与卵。石硫合剂目前在茶园中主要用于冬季封园，可防治多种越冬病虫，在有机茶园中得到广泛使用。矿物油原来通常只是在植物的休眠期才使用，现在新类型的矿物油，由于在许多作物上越来越表现出它的安全性，因此可用于植物的整个生长期。新型的精炼的矿物油一般是从石油分离出的轻型的油，使用在植物上后能快速挥发，大大提高了植物的安全系数。矿物油主要通过窒息作用来防治害虫，同时具有穿透害虫的卵壳、干扰其新陈代谢和呼吸系统的作用，可以杀灭害虫的卵。矿物油还具有影响害虫取食的作用，在不杀死害虫的条件下，起到保护植物的功能。在茶园中，矿物油可用于防治茶园螨类和一些固定为害的害虫（如介壳虫和黑刺粉虱等），同时对茶园病害也有一定的预防作用。

#### 5. 昆虫化学信息素防治病虫害技术

20世纪90年代，中国农科院茶研所就启动了茶树、害虫、天敌间的化学通信机制的研究，对假眼小绿叶蝉、茶蚜、黑刺粉虱等一些茶树害虫的化学信息素进行分离和鉴定实验，探索昆虫与茶树及天敌间的通信效应。之后，韩宝瑜等通过研究昆虫的趋色性，发现素馨黄色对黑刺粉虱、油菜花黄对茶蚜、芽绿色对假眼小绿叶蝉有较强的引诱作用，通过“糊胶色板+信息物质”对茶树害虫的叠加诱集效应，研制出昆虫信息素诱捕器。昆虫信息素诱捕器为黄色或绿色长方形，

剂量微小，使用简单，能强烈地调节昆虫行为，诱捕害虫效果显著。使用时挂在高1.3m左右的小竹秆上，用量约为300片/$hm^2$，可诱捕假眼小绿叶蝉、黑刺粉虱等害虫2万～4万头，早期使用1次，基本可控制全年四代害虫的发生，95%茶树害虫能被消灭。这种防治方法无污染，符合茶园害虫无害化防治的发展方向，在浙江、安徽、江苏、云南等茶区示范应用20多万亩次，经济、生态和社会效益十分显著。

目前已分离出的害虫信息素诱捕剂有黑刺粉虱信息素诱捕剂、假眼小绿叶蝉信息素诱捕剂、茶蚜信息素诱捕剂等，天敌信息素诱集剂有绒茧蜂等寄生蜂信息素诱集剂，害虫信息素诱捕器和诱虫板等技术产品已经开始应用于生产实践。昆虫信息素的研究成功与应用，为我国有机茶园虫害防治开辟了一条新的途径，应用前景十分广阔。

## 五、我国有机茶生产的现有模式和评价

有机茶是我国第一个有机农产品，从1990年有机茶在我国开始生产以来，我国有机茶生产出现了许多生产模式，其中包括公司型、公司加基地型、茶农合作社（协会）型等模式。这些生产模式不仅提升了中国茶叶的质量安全水平，同时一些有机茶的管理模式在茶叶生产中也得到广泛应用。

目前有机茶生产主流是以公司自行开发有机茶，有机茶基地、加工厂和销售体系、产品品牌与企业标准均由公司自有，建有一套有机茶管理体系，直接申请有机茶认证。这种模式的优点是以市场为导向，产销灵活，有机茶理念易于贯彻，有机茶生产、加工管理方便，一体化经营，产品质量较稳定，货源有保障，经济效益较好；难点是投资开发有机茶成本高，投资时间长，规模难以做大。

由于有机茶生产是一个系统工程，需要一定资金、一定的生产规范和一定的生产管理模式才能运行，而以小农户为主的茶叶个体经营者不适合进行有机茶开发。为了山区开发有机茶生产，一些小农户出于自愿，逐步向茶叶生产大户、茶叶公司靠拢，逐步形成“公司+基地+农户”和有机茶专业合作社等集约化生产经营模式，通过契约把广大茶农组织起来，统一标准、生产、加工、管理、营销、认证，发挥当地整体优势，提高市场竞争能力，促进产业化发展。

公司加基地模式是由有机茶贸易公司与一些有机茶生产基地通过合同或协议形式组成的合作体。公司根据贸易的需要与生产者签订供货合同，由公司申请有机茶认证。这种模式由贸易公司作为主体，联合一批生产者，优点是能组织较多的有机茶生产者，容易扩大规模，满足大批量供货的需求，形成区域效应，带动一方茶叶经济的发展，像浙江更香有机茶开发有限责任公司、湖南省茶业有限公司等均是这种模式。这种模式申请有机茶认证的公司要有较强的组织能力，统一管理生产者，各生产者执行同样的操作规程，按同一个标准加工，做到各基地生产协调一致。

近年来，农业生产中出现了一种新的模式，在农村家庭承包经营基础上，由农民自发组织起来的合作社或协会形式，即由同类农产品的生产经营者或者同类农业生产经营服务的提供者、利用者，自愿联合、民主管理的互助性经济组织。为了支持、引导中国农民专业合作社的发展，规范农民专业合作社的组织和行为，保护农民专业合作社及其成员的合法权益，促进农业和农村经济的发展，十届全国人大常委会第二十四次会议于2006年10月31日通过了《中华人民共和国农民专业合作社法》，于2007年7月1日起施行。由于我国大部分茶区已将茶园按人均面积分配到农户，这些农户通常面积较小，无法一家一户进行有机茶的生产，往往采取自愿的方式，加入有机茶协会或合作社，协会或合作社制定有机茶生产章程，农户自觉遵守有机茶生产管理章程，严格控制茶园的投入物，并互相监督茶叶的生产过程，按有机茶要求管理茶园，生产鲜叶，协会组织建立有机茶加工厂，集中加工，并由协会或合作社提出有机茶认证，共同使用有机茶标志，销售所获得的效益按协会成员所占的股份分享，如云南双江县亥公村有机茶专业合作社等。其特点是将分散的农户组织成具有一定规模的生产实体，提高了茶叶产业的组织化和规模化程度，适应当前茶业发展的趋势。协会或合作社形式是一种新生事物，各农户对有机茶的理解不太一致，管理起来难度更大。

由于我国茶区分布辽阔，各地生产、经济、文化和社会状况不一致，因此，各地有机茶生产模式要因地制宜地进行组建。

## 六、有机茶发展的特点与市场展望

有机茶的开发使许多企业增效、农民增收，激活了区域茶叶经济的效益，一批知名企业和著名的有机茶产地也应运而生。有机茶的开发引入了持续发展的理念，强调了遵从自然法则，更加注重生态环境与生物多样性的保护。改变了传统的茶叶生产观念，更加注重环境、生态、安全和质量等方面的问题。最终实现人与自然的和谐发展。中国有机茶生产发展快速，成效显著，效果明显。

随着我国加入世界贸易组织，茶叶进入国际市场所遭遇的关税壁垒将逐渐消失。但是，近年来不少国家对茶叶进口设置了非关税壁垒，如特别是对茶叶中农药残留有着非常严格的限制，而且呈现越来越严格的趋势。我国茶叶出口欧盟国家，农残有时成了瓶颈性的障碍。这种市场变化给有机茶出口提供了很好的机遇和空间。

同时，随着生活水平的提高，人们健康意识和环保意识增强，有机茶的国内市场前景非常广阔。随着“无公害食品行动计划”的实施，对农产品和食品的要求，特别是卫生指标的要求也越来越严格，法规和监控体系越来越健全，为有机茶、无公害茶消费提供了良好的环境。消费者几年前对有机茶一无所知，现正在逐步认识和接受。

从事有机茶开发不仅可以获得较高的经济效益，而且具有良好的市场前景。

有机茶因其健康安全的特性，在中国问世以后一直受到广大茶叶爱好者的关注。一些有远见卓识的茶商抓住这一商机，积极启动有机茶市场。如北京更香茶叶有限公司积极启动北京市场，不仅壮大了公司实力，同时也带动整个北京有机茶市场的发展。

我国有机茶产量每年有所增加，但其总量还不到我国茶叶总产量的2%，由于市场的发育程度与消费习惯等原因，我国有机茶基本上是内销和外贸各占50%左右，与总体茶产业内销占75%的市场份额相比，有机茶在国内的销售与消费比重非常小。但目前除北京市之外，全国其他大中城市有机茶市场启动缓慢，如上海、天津、广州等有机茶专卖店还不多，上海市最大的茶叶市场还没有一家获认证的有机茶专卖店和专柜，就是有机茶园面积最大的浙江省其有机茶专卖店也寥寥无几，一些超市的茶叶专柜中很难找到有机茶，全国各大城市的一些茶馆、茶楼和茶吧等更没有为顾客提供有机茶。目前，除北京市外，有机茶大多都是通过内部以企业和政府采购的方式进行销售，这种方式的销售自然不可能形成市场“气候”，不可能更有力地推动有机茶快速发展。

有机茶市场开发应重视和培育国内消费市场，企业必须根据自己产品的特色选择合适的营销沟通手段，加大有机茶知识的普及，提高有机茶的市场认知度；对于许多有机茶叶产区，应从原有的单纯卖茶叶转型为卖生态有机理念，从原有的单打独斗转型到资源整合，推动我国有机茶产业的持续健康发展。

国内有机茶市场虽难题多，但潜力巨大。建议国内众多茶叶社团和媒体结合茶文化等多种活动，大力宣传有机农业理念，提高民众对有机茶的认识度和信誉度，扩大国内有机茶的消费，加大国内有机茶市场的开发力度。一些茶馆、茶楼、茶吧等公众饮茶场所要设立有机茶包厢，提供有机茶消费。另外，茶叶经销商要学习北京有机茶市场的开发经验，在中国东部的长三角地区、南部的珠三角地区、西部的成渝等大城市开拓有机茶市场，全面带动中国有机茶内销市场，这不仅可促进企业自身发展，也会为中国的有机茶生产注入活力。

# 第二章 有机茶生产标准与规范

## 一、有机茶生产的特点和管理原则

有机茶是指在原料生产过程中遵循自然规律和生态学原理，采取有益于生态和环境的可持续发展的农业技术，不使用合成的农药、肥料及生长调节剂等物质，在加工过程中不使用合成的食品添加剂生产茶叶及相关产品。根据《有机产品》GB/T 19630.1～19630.4—2011和农业部发布的NY 5196—2002《有机茶》、NY/T 5198—2002《有机茶加工技术规程》、NY 5199—2002《有机茶产地环境条件》和NY/T 5197—2002《有机茶生产技术规程》这些有机茶行业标准，有机茶的生产具有下列特点。

### （一）生产环境要求高

有机茶的产地环境要求选择在生态条件良好、远离各种污染源，并具有可持续生产能力的农业生产区域。具体来说，要求茶园基地所处的环境空气清新，土壤中铅、汞、镉、砷和铬等重金属元素和六六六、DDT等农残的含量应在规定的范围内，茶园灌溉用水要求干净、符合灌溉用水的要求；茶园与交通干线、工厂和城镇之间应保持一定的距离，附近及上风口或河流的上游没有污染源。有机茶生产不仅对茶园生产环境要求高，对加工厂的环境也要严格要求，如要求周边环境不能影响茶叶的质量，要求加工厂离开垃圾场、医院200m以上，离开经常喷洒化学农药的农田100m以上，离开交通主干道20m以上，离开排放三废的工业企业500m以上。

### （二）生产技术要求高

有机茶原料必须来自于有机茶园或有机转换茶园，在生产过程中不允许使用任何人工合成的农药、化肥、植物生长调节剂和除草剂等禁用物质。提倡采用来自天然的和物质不断循环的有机农业内部的方式培肥土壤；采用生态调控、农业技术措施和物理等方式控制病虫害的危害；提高生物多样性、保持良好的生态环境、降低生产环境污染。同时在茶叶生产过程中强调采用清洁化生产技术，合理使用能源，降低资源消耗，从而确保有机茶的产品质量。

### （三）生产过程具有可追溯性

有机茶生产坚持“从茶园到茶杯”的全程质量控制，无论是茶叶生产、加工、销售，均要按相应的标准和规范操作，每个过程均要有详细的记录，记录内容包括茶园投入物、原料的收获、加工产品的质量和数量、产品的流转和废弃物的处理等。终端产品有可追溯性，产品出现了问题，可找到根源。这只有在生产管理的每个程序上都不出差错才能做到，才能保证有机茶的质量安全。

### （四）产品实行标志管理

有机茶要求在产地符合 NY 5199—2002《有机茶产地环境条件》、生产符合 NY/T 5197—2002《有机茶生产技术规程》、加工符合 NY/T 5198—2002《有机茶加工技术规程》、产品达到 GB/T 19630.1～19630.4—2011《有机产品》标准后，并经第三方认证机构认证后加以确认，产品才能使用有机产品标志加以标识，并依法实行严格的标准管理。

有机茶的管理原则就是全过程的质量管理原则。农业行业标准 NY 5196—2002《有机茶》、NY/T 5198—2002《有机茶加工技术规程》、NY 5199—2002《有机茶产地环境条件》、NY/T 5197—2002《有机茶生产技术规程》和《有机产品　第一部分：生产》（GB/T 19630.1—2011）、《有机产品　第 2 部分：加工》（GB/T 19630.2—2011）、《有机产品　第 3 部分：标识与销售》（GB/T 19630.3—2011）和《有机产品　第 4 部分：管理体系》（GB/T 19630.4—2011），这几个标准都规定了有机茶从产地到产品乃至到包装和销售全过程的质量管理要求。

## 二、国外有机产品（有机茶）生产的标准与规范

有机茶出口以欧盟、日本、美国等发达国家为主，其中蒸青茶主要出口日本，有机大宗绿茶和有机名优茶在欧盟、日本、美国也有一定的市场份额。一些主要茶叶进口地区和国家如欧盟、日本、美国、德国等，都已建立并形成了相对完善和规范的包括茶叶在内的有机产品生产的标准与规范，它们的共同特点是：实现“从农田到餐桌”的全过程管理，但均没有单独的有机茶生产、加工、销售和认证标准。

国外的有机产品生产标准和规范主要有三大类：国际标准、地区标准、国家标准。

目前有代表性的国际标准主要有两项。一是1972年由英国、瑞典、南非、美国和法国5国成立了“国际有机农业运动联盟（IFOAM）”，推动世界范围内有机农业和有机食品的发展，该组织属民间团体，其宗旨是建立一个在生态上、环境上和社会上持续发展的农业。现在世界已有115个国家和地区的600多个团体或个人加入该组织。1978年IFOAM制定并首次发布了关于有机生产与加工的基本标准（IBS）。二是联合国食品法典委员会标准“有机食品生产、加工、标识和销售指南”（CAC/GL 32—1999），该指南在2001年经过修改，包括了畜禽养殖和蜂产品的内容，值得指出的是，这两项国际标准为有关国家制定有机标准提供了基础性的框架。见表2-1。

**表2-1 IFOAM基本标准、CAC指南和欧盟法规2092/91的主要区别**

| 项目 | IFOAM基本标准2002年版(IFOAM有机生产和加工标准的一部分) | CAC有机指南1999/2001 | 欧盟有关有机生产食品法规2092/91(及其修订内容)和1804/99 |
|---|---|---|---|
| 范围 | 食用和非食用,包括鱼、纺织品(新草案)等 | 主要是食用 | 食用和非食用 |
| 转换期 | 农场和农场单位收获前至少一年,多年生的2年 | 农场和农场单位收获前至少2年,多年生的3年 | 农场和农场单位收获前至少2年,多年生的3年 |
| 肥料 | 名单比较一致,对新增投入品标准明确 | 名单比较一致。工厂化农业禁止使用粪肥 | 名单比较一致,工厂化农业禁止使用粪肥 |
| 害虫和病害防治 | 类似 | 类似 | 类似 |
| 基因修饰产品 | 禁止使用 | 禁止使用 | 禁止使用 |
| 动物养殖 | 相对详细,形成一个国家组织框架 | 比前者详细 | 非常详细的法规,特别是对家禽 |
| 加工 | 详细添加物、加工辅料标准目录 | 对标准进一步发展,对动物产品有严格限制目录 | 少许进步,仍未对动物产品做出规定 |
| 标签 | 第二年起允许使用转换标志。含量超过95%可进行全部标识,含量超过70%可强调标识,含量少于70%只能在成分中列出 | 第二年起允许使用转换标志。含量超过95%可使用全部标识,超过75%只能在成分中列出。只能在国家水平上使用 | 第二年起允许使用转换标志。含量超过95%可使用全部标识,超过75%只能在成分中列出 |

地区的有机产品标准主要以欧盟法规2092/91为代表。1991年欧盟制定了EU Regulation EEC2092/91“关于有机农产品生产和标识的条例”，规定了有机农产品生产和加工要求，同时该条例对有机农产品生产、标识、检查体系以及从第三国进口包括在欧盟内部自由流通等进行了规范。在1999年欧盟又对该条例作了重要的补充：①增加了有机畜禽生产、有机蜜蜂和蜂产品生产的标准（EEC 1840/

1999)；②增加了对基因工程生物及其产品的控制。欧盟 2092/91 法规对消费者和生产者都提供了重要保护。从 1993 年起，欧盟所有国家都实施了这一法规。1999 年 12 月，欧盟决定为有机产品制定一个标志。这个标志可使用在所有受 2092/91 法规管理的商品上。

美国有机食品的生产标准是在 2000 年由美国农业部 USDA 发布，并在 2002 年 10 月正式生效，简称《NOP 有机农业条例》（以下简称 NOP）。该标准确立对有机生产生鲜及加工农业食品（包括作物和牲畜）的制造和加工的相应标准。依据 NOP，有机食品原料在生长、处理和加工方式上，均不同于按惯例生产的食品。要取得有机资格，作物的培育不能选用遗传工程、致电离辐射、合成成分或污泥制作的化肥，或最传统的杀虫剂。为帮助消费者识别其购买食品的有机质含量，USDA 采取了严格的标注标准。只有最低含有 95% 有机材料生产的产品才能显示 USDA 有机图章。有机成分少于 70% 的产品可在其产品侧面列出有机生产成分，但不可以在包装的正面声称是有机食品。如果供应商令人误解地标注一个产品，违反一次规定可被处以高达 11000 美元的罚款。在一个产品被标注为有机之前，要由一位政府认可的证明人检查农场，确认所有的农艺实践符合 USDA 有机标准。在将有机食品送往超市和餐馆之前，处理或加工有机食品的公司，也要通过 USDA 认可的证明人鉴定。当寻求获得证明时，申请者必须提供有机系统计划，即在生产、记录保持程序，以及所采取的防止有机与无机产品混合方面实际操作的详细规范。NOP 不应用于任何非农业产品，如有机健康和美容产品。

德国是当今世界上最大的有机食品生产国和消费国。在欧洲，德国的有机食品消费值占欧洲生产或进口的有机食品值的一半以上。鉴于有机农业在环保、健康以及持续发展上的重要性，德国和其他欧盟国家一样，非常重视有机食品的发展。根据欧盟委员会有关“生态农业和农产品及食品的 2092/91 条例”，德国专门成立了有机农业组织联合体——“有机农业工作组”（AGL）负责制定德国的有机农业实施细则，建立自己的有机农业标准体系，明确有机农业生产中允许的投入，明确怎样对生产、加工、营销环节进行管理和监督，以及从非欧盟国家进口有机食品的要求。目前，德国执行 2092/91 条例的有机农业认证机构共有 59 家。AGL 曾与德国中央农产品营销委员会合作开发了全国统一的有机食品标记，申请使用有机标记的农户或加工企业需要与有机标记协会签订一个许可合同。德国有机农业的标准不仅有产品标准，而且有比较详细、操作性强的生产环节标准。如对由常规农业转为有机农业生产，必须经历 2～3 年的过渡期，进入过渡期后不能使用任何化学肥料及药品。对作物的布局如豆科作物的比重、休闲田的比重等，畜禽的饲养环境如每畜（禽）生存空间大小等都有具体的规定。德国的有机农业检测由独立的监测机构执行，大部分监测机构为私营，政府对监测机构进行批准和管理。监测机构通过监测站独立进行质检工作，并提交检测报告。监测机构按照欧盟有机农业的标准对有机农业企业进行检查，监测机构与有机农场主或有关企业实行双向选择，然后签订检查合同，每年至少检查一次。监测机构的检查主要是过程检查，对产品也可进行抽样检查，主要检查企业的生产规模、仓储条件、原料进货渠道、畜禽饲养条件、企业的生产档案记录等。有机农产品销售必须在包装上标明监测机构的代码，对不符合有机生产标准的产品，不允许作为有机产品销售。

德国在发展有机农业的具体管理和生产程序上建立了完善的管理体系，政府、协会、农民等各部门的职责明确。政府主要负责制定法令、法规和标准，批准质量认证机构进行各个环节的质量检查验定，对农户所从事有机农业生产的规模和主要产品进行核准，并按此发放相关的有机农业生产补助。有机农业协会是德国有机农业发展极为重要的因素，一般发展有机农业的农户都依托一个或两个有机农业协会。有机农业协会与政府有机农业推广工作互为补充，由农户自发组织的有机农业协会负责新会员的入会申请、为会员提供相关的技术培训、开展相关产品的市场营销、会员农产品生产的管理与质量控制等。农户自发并自愿地按照有关标准进行生产，相对于政府的工作而言，协会的工作更加细致、具体。主要负责新成员的入会申请，协会成员的组织管理、监督、抽样检查、技术咨询、市场营销等工作。

法国的有机农业称为生物农业。法国“自然和进步”农产品协会于1972年制定了第一批有关有机农场好农产品的标准，1981年有机农业通过立法，政府对有机农产品实行严格的登记制度，1985年带有AB（即生物农业）标记的农产品上市销售。法国的有机农业组织有：“自然和进步”农产品协会、生物农业国家联盟、生物农业和农产品转化欧洲工会，这三个组织为法国农业部的合作机构，其职责是共同制定标准，进行有机产品的认证和质量检查。

日本分别在2000年1月20日以日本农林水产省第59号通告《日本有机农产品生产标准》、第60号通告《日本有机农产品加工食品标准》，2000年6月9日第818号通告《有机农产品加工食品制造者的认证技术标准》、第819号通告《有机农产品生产过程管理者的认证技术标准》、第820号通告《有机农产品及有机农产品加工食品的分装者的认证技术标准》的形式发布了该国的有机产品系列标准，简称JAS法。

## 三、中国有机茶生产的标准与规范

国内有机茶生产的标准与规范按发布的时间顺序主要为：1999年中国农科院茶研所制定了有机茶认证标准；2000年浙江省技术监督局发布了浙江省有机茶标准；2002年7月农业部发布了有机茶农业行业标准，2004年国家质量监督检验检疫总局发布了有机产品认证管理办法，2005年国家质量监督检验检疫总局和国家标准化管理委员会正式发布有机产品国家标准，国家认证认可监督管理委员发布了有机产品认证实施规则，这些标准和相关法律法规的要求构成了有机茶的认证标准和规范。

目前有机茶所执行的标准主要为：《有机产品》GB/T 19630.1～19630.4—2011、《有机茶》系列标准，以及有机茶必须符合的所加工茶类的相应标准（包括相应茶类的产品包装、原产地地域产品标准等）。

2002年由中国农科院茶研所和农业部茶叶质量监督检验测试中心制定的农业行业有机茶系列标准公布实施，共有4个标准，分别是NY 5196—2002《有机茶》，NY/T 5198—2002《有机茶加工技术规程》，NY 5199—2002《有机茶产地环境条件》和NY/T 5197—2002《有机茶生产技术规程》。这4个标准组成有机茶的完整标准体系，其中NY 5196—2002《有机茶》是有机茶的产品标准，在这个标准中规定了有机茶的范围、定义、要求、试验方法、检验规则、标志、标签、包装、储藏、运输和销售，有机茶的卫生指标，规定了大、小包装净含量负偏差值。NY/T 5197—2002《有机茶生产技术规程》是生产技术规程，规定了有机茶生产的基本要求，包括园地选择，基地规划与建设，土壤管理和施肥，病、虫和草害防治，茶树修剪和采摘以及常规茶园向有机茶园的转换等。NY/T 5198—2002《有机茶加工技术规程》对有机茶加工技术规程提出了原料、辅料、加工厂、加工设备、加工人员、加工方法、质量管理及跟踪等方面的要求。NY 5199—2002《有机茶产地环境条件》是对有机茶产地环境的要求，要求有机茶园应选择在水土保持良好、生物多样性指数高、远离污染源和具有较强的可持续生产能力的农业生产区域，同时要求有机茶园与常规农业生产区域之间应有明显的边界和一定宽度的隔离带，并提出了茶园环境空气质量、土壤环境质量和空气质量指标要求。这4个标准组成了有机茶的完整的标准体系，规定了有机茶从产地到产品乃至到包装和销售全过程的要求。

随着有机食品的发展，包括有机茶在内的有机食品法规和监督管理体系也相继建立，由中国认证认可监督管理委员会组织起草，由国家质量监督检验检疫总局和国家标准化管理委员会正式发布，并于2005年4月1日起正式实施的《有机产品》标准由四个部分组成，实质上体现了有机产品的四个特征，是一个通用型标准，适合于在该标准所定义的所有有机产品。该标准是有机产品生产加工的基础，是进行有机产品生产加工的指导原则。因此，标准不仅规定了有机产品生产加工过程、技术要求、生产资料的输入等内容，而且也对生产者、管理者的行为进行了规定；标准不仅提出了产品质量应该达到的标准，而且为产品达标提供了先进的生产方式和生产技术指导；标准分为四个部分，分别提出了有机产品的生产（GB/T 19630.1—2005）、加工（GB/T 19630.2—2005）、标识与销售（GB/T19630.3—2005）和管理体系（GB/T 19630.4—2005）的通用规范和要求；标准涵盖了农作物种植、食用菌栽培、野生植物采集、畜禽养殖、水产养殖、蜜蜂养殖以及棉花和蚕丝纤维的生产、加工、储藏、运输和销售的全过程。从本质上来说《有机产品》标准是对一种特定生产加工体系的共性要求，它并不针对某个单个品种和类别，而《有机产品》标准则通过过程控制来保证产品质量。事实上，有机产品和常规产品虽然在质量上存在差异，但是一般在外观上不能显现出来，人们也无法从产品的外观判断产品是否为有机产品。因此，标准始终强调生产加工过程而不是产品本身。标准中还有资料性附录，是对有机生产和加工中使用上述附录以外的物质的评估准则。通过评估，可以及时了解投入品的安全性。

随着人民生活水平的提高和公众对食品安全的关注，有机产品成为部分人群的消费热点，有机产品价值逐渐得到市场认可，开展、扩大有机产品生产也成为一些企业经济效益增长的重要途径。发展有机农业，充分利用有机产品认证手段，在我国食品和农产品出口中为保障食品安全、破除国际贸易壁垒、增加产品附加值、提高农民收入等方面发挥了基础作用。2005年版《有机产品认证管理办法》、《有机产品认证实施规则》及《有机产品》国家标准等规章、标准的发布实施，对我国统一有机产品生产、认证和贸易发挥了重大作用，推进了有机农业生产模式和产业技术的研究和发展，促进了有机产业从业者素质的不断提高，为资源节约和生态环境保护做出了贡献。

然而，随着我国有机产业的发展，由于商业竞争激烈、少数企业缺乏诚信等原因，一些问题也开始凸现，主要表现为：①有机产品假冒成本低，消费者识别困难，作为有机产品身份识别重要依据的有机产品标志防伪、追溯性差，消费者又难以辨别真伪，且加施数量及对象难于控制，这个问题已成为媒体和公众关注的热点；②有机产品认证制度和标准有待完善，对一些条款不够严格、具体，给一些不法分子可乘之机；③一些企业仅将获得有机产品认证作为市场营销的手段，而忽视了应当持续符合认证要求的责任；④存在夸大、虚假宣传行为，少数企业和商家缺失诚信，将“有机”作为营销噱头，进行不实的宣传推销；⑤流通领域的监管还需加强，部分销售供应商擅自加贴有机产品标志、二次分装，致使假冒有机产品在市场上客观存在。同时，近年主要发达国家完成了有机产品法规标准的新一轮修订，如欧盟2009年开始实施新的有机产品认证法规和实施细则，日本2005～2006年对JAS法规进行了修订，美国也对其NOP有机法规进行了系列的修改，为满足国际互认和与国际接轨的需要，我国相关规则和标准也需进行相应修订。2008年，国家认监委向国家标准化管理委员会提出GB/T 19630—2005《有机产品》标准的修订计划，国家认监委组织国内相关认证机构、研究机构和专家成立了起草工作组，根据我国有机农业发展中存在的问题和收集到的修改意见，对国际标准和发达国家有机农业的法规和标准进行了翻译和整理，对我国有机产品标准需求进行了调研，在充分研究的基础上，完成了新版《有机产品》国家标准的修订工作。同时国家认监委还修订了《有机产品认证实施规则》，并发布《有机产品认证目录》，与新版《有机产品》国家标准于2012年3月1日起正式实施。

由于有机茶既有食品的属性，又有农产品的特性，因此，按照目前国内所颁布的法律，涉及有机茶的法律有三部：《中华人民共和国产品质量法》、《中华人民共和国食品安全法》、《中华人民共和国农产品质量安全法》。另外，由国家质量监督检验检疫总局发布的《有机产品认证管理办法》自 2005 年 4 月 1 日起施行。它是由国务院行政部门发布的条例，该条例的第三条规定：在中华人民共和国境内从事有机产品认证活动以及有机产品生产、加工、销售活动，应当遵守本办法。

# 第三章
# 有机茶园基地建设

## 一、有机茶园生产条件

开展有机茶生产需要具备以下 6 个条件。

### （一）生态条件

有机产品国家标准和有机茶行业标准规定了有机茶生产产地的环境条件，特别对生产的土壤、水源、空气质量有一定的量化要求，只要茶园地处远离城市、远离村庄、远离交通干线、远离厂矿，处于群山之中、森林怀抱之下，其土壤、水源、空气的质量一般都能达到规定要求，具有这些生态条件地方的茶园，可以发展有机茶生产，但最终能否达到要求仍要经有关部门检测才能定论。

国家标准 GB/T 19630.1—2011《有机产品　第 1 部分：生产》对有机茶园的土壤、空气、水源有如下规定。

**1. 土壤**

有机茶园土壤环境质量应符合表 3-1 的要求。

**表 3-1　有机茶园土壤环境质量标准**　　单位：mg/kg

| 项目 | pH<6.5 | pH=6.5～7.5 |
|---|---|---|
| 镉 | ≤0.30 | ≤0.60 |
| 汞 | ≤0.30 | ≤0.50 |
| 砷 | ≤40 | ≤30 |
| 铜 | ≤50 | ≤100 |
| 铅 | ≤250 | ≤300 |
| 铬 | ≤150 | ≤200 |
| 锌 | ≤200 | ≤250 |

续表

| 项目 | pH＜6.5 | pH＝6.5～7.5 |
| --- | --- | --- |
| 镍 | ≤40 | ≤50 |
| 六六六 | ≤0.50 | |
| 滴滴涕 | ≤0.50 | |

注：1. 金属铬（主要是三价）和砷均按元素量计，适用于阳离子交换量＞5cmol（＋）/kg 的土壤；若≤5cmol（＋）/kg，其标准值为表内数值的半数。

2. 六六六为四种异构体总量，滴滴涕为四种衍生物总量。

## 2. 空气

有机茶园环境空气质量应符合表 3-2 的要求。

**表 3-2 有机茶园环境空气质量标准**

| 污染物名称 | 取值时间 | 二级标准 | 浓度单位 |
| --- | --- | --- | --- |
| 二氧化硫 $SO_2$ | 年平均 | 0.06 | $mg/m^3$（标准状态） |
| | 日平均 | 0.15 | |
| | 1h 平均 | 0.50 | |
| 总悬浮颗粒物 TSP | 年平均 | 0.20 | |
| | 日平均 | 0.30 | |
| 可吸入颗粒物 $PM_{10}$ | 年平均 | 0.10 | |
| | 日平均 | 0.15 | |
| 二氧化氮 $NO_2$ | 年平均 | 0.08 | |
| | 日平均 | 0.12 | |
| | 1h 平均 | 0.24 | |
| 一氧化碳 CO | 日平均 | 4.00 | |
| | 1h 平均 | 10.00 | |
| 臭氧 $O_3$ | 1h 平均 | 0.20 | |
| 铅 Pb | 季平均 | 1.50 | $\mu g/m^3$（标准状态） |
| | 年平均 | 1.00 | |
| 苯并[a]芘 B[a]P | 日平均 | 0.01 | |
| 氟化物 F | 日平均 | 7① | $\mu g/(dm^2 \cdot 天)$ |
| | 1h 平均 | 20① | |
| | 月平均 | 1.8② | |
| | 植物生长季平均 | 1.2② | |

① 用于城市地区。

② 适用于蚕桑区。

**3. 灌溉水**

有机茶园灌溉水应符合表3-3的要求。

**表3-3 茶园灌溉用水水质基本控制项目标准值**

| 序号 | 项目类别 | | 作物种类-旱作 |
|---|---|---|---|
| 1 | 五日生化需氧量/(mg/L) | ≤ | 100 |
| 2 | 化学需氧量/(mg/L) | ≤ | 200 |
| 3 | 悬浮物/(mg/L) | ≤ | 100 |
| 4 | 阴离子表面活性剂/(mg/L) | ≤ | 8 |
| 5 | 水温/℃ | ≤ | 35 |
| 6 | pH值 | | 5.5～8.5 |
| 7 | 全盐量/(mg/L) | ≤ | $1000^{C}$(非盐碱土地区),$2000^{C}$(盐碱土地区) |
| 8 | 氯化物/(mg/L) | ≤ | 350 |
| 9 | 硫化物/(mg/L) | ≤ | 1 |
| 10 | 总汞/(mg/L) | ≤ | 0.001 |
| 11 | 镉/(mg/L) | ≤ | 0.01 |
| 12 | 总砷/(mg/L) | ≤ | 0.1 |
| 13 | 铬(六价)/(mg/L) | ≤ | 0.1 |
| 14 | 铅/(mg/L) | ≤ | 0.2 |
| 15 | 粪大肠菌群数/(个/100mL) | ≤ | 4000 |
| 16 | 蛔虫卵数(个/L) | ≤ | 2 |
| 备注 | C:具有一定的水利灌排设施,能保证一定的排水和地下水径流条件的地区,或有一定淡水资源能满足冲洗土体中盐分的地区,农田灌溉水质盐全量指标可以适当放宽。 | | |

## (二)加工条件

有机茶生产是个系统工程，有机茶园生产的茶叶原料，需要加工成有机茶产品才能满足市场需求。有机产品国家标准和有机茶农业行业标准对有机茶加工技术规程作了具体规定，要求工厂卫生清洁、环境优良、工艺规范、设备齐全良好等。对于山区老的茶叶加工厂达不到《有机茶加工技术规程》中有关要求的，要进行有机生产必须重建、改建和改造等。

### （三）市场条件

市场是生产的动力，发展有机茶生产必须有有机茶市场。随着人们生活水平的提高和消费意识的增强，广大茶叶爱好者不仅注重茶叶品质，更注重于茶叶的安全性。由于各地区条件不同，人们消费意识的增强程度是不同的，有许多地方还不知道什么是有机茶。只有开拓有机茶市场、疏通有机茶销售渠道才能更大规模地开展有机茶生产。

### （四）组织条件

有机茶生产要有一定规模，要组织起来进行统一的集中生产、经营和管理，否则无法进行有机茶生产。我国茶园多数属于承包到户，对于这些产茶地区要从事有机茶生产，必须具备把茶农重新组织起来的条件。目前我国仍有不少国有和集体所有的茶园仍是进行集中生产统一管理的，这些茶园开展有机茶生产具有良好的组织条件。

### （五）经济条件

开展有机茶生产，从有机茶园基地建设、茶园管理、茶厂改造、设备购置、样品检测、认证等都需要投入，虽然开展有机茶生产回报率比较高，但前期投入也比较大，开展有机茶的地方和单位必须具备一定的经济实力，只有具备一定资金来源的地方才能开展有机茶生产。

### （六）人才条件

有机茶生产是一项专一性很强的生产方式，从基地选择、茶园管理、茶叶加工、储运、销售等都有专门规定，无论是从事有机茶生产的组织者、生产者都必须具备有机茶的专门知识才能开展工作。所有从事有机茶生产的单位的主要管理者和组织者要经过培训和学习才能开展工作。

## 二、有机茶基地选择

### （一）基地选择要求

有机茶园基地必须符合有机茶生态环境质量标准，即远离城市和工业区以及村庄与交通要道，防止城乡垃圾、灰尘、废水、废气及过多人为活动给茶园带来的污染；周围林木繁茂，具有生物多样性；空气清新，水质纯净；土壤未受污染、土质肥沃的园地。具体的要求是：①有机茶产地应远离城市工业区、城镇、居民生活区和交通干线，有机茶产地应水土保持良好，有机茶园周围林木繁茂，生物多样性指数高，远离污染源和具有较强的可持续生产能力。基地附近及上风口、河道上游无明显的和潜在的污染源。以保证有机茶园不受污染。②有机茶园与常规农业生产区域之间应有明显的隔离带，以保证有机茶园不受污染。隔离带以山和自然植被等天然屏障为宜，也可以是人工营造的树林和农作物。农作物应按有机农业生产方式栽培。③茶园土壤背景环境质量应符合规定要求，理化性状较好，潜在肥力水平要高，最好是香灰土、黑沙土、油沙土等的茶园；且茶园最近3年没有用过化肥、农药和除草剂等人工合成的化学物质，或没有超标的化学肥料、农药、重金属污染。生产基地的空气清新，生物植被丰富，周围有较丰富的有机肥源。④生产基地的生产者、经营者具有良好的生产技术基础；规模较大的基地，周围还要有充足的劳力资源和清洁的水资源。⑤茶园要适当集中，有一定面积，种植规范，生长良好，病虫害少。⑥茶园周边生态良好，多林木，生物多样性丰富。

### （二）基地选择方法

选择有机茶基地的方法很多，常用的有查验资料、现场查看地形、取样分析、走访群众。

## 三、新建有机茶基地规划和建设

### （一）规划

对选择好的新垦基地或决定有机转换的基地，还应对当地的气候、农业资源和社会经济状况等开展调查，然后根据有机农业的原则与有机茶生产标准要求，进行因地制宜地全面规划，制订出具体的发展实施方案。综合分析基地的地形地貌和有关条件，因地制宜地设置茶场（厂）部、种茶区（块）、道路、排水、蓄水、灌溉水利系统，以及防护林带、绿化区、养殖业和多种经营用地等。

#### 1. 茶园规划

**（1）道路系统的设置**　为使茶园管理和运输方便，根据整体布局，需设置主干道和次干道，并互相连接成道路网。缓坡丘陵地可设在岗顶，坡度较大的山地，干道设在坡脚，支道与步道按“S”形绕山开筑。禁止陡坡茶园开设直上直下的道路，避免水土冲刷。平地的干道、支道等应尽量设置成直线形，以减少占地面积，提高劳动效率。

**（2）排蓄水系统的设置** 园地范围内的沟、渠等水利系统设置，应与道路网紧密配合，以水土保持为中心，做到小雨不出园，中雨、大雨时能蓄能排。有条件的应建立茶园移动式喷灌系统，保证茶树生长具有适宜的水肥条件。

在茶园与山林或农田交界处应修建隔离沟，茶园路边、坡地、沟边应植树种草，茶园内根据地势应修建竹节沟（或鱼鳞坑）、蓄水池等，建成保水、保土、保肥的“三保”茶园。

在每片茶园附近应修建一个积肥坑（池），平时不断堆积各种有机物料（如杂草、秸秆、畜粪、绿肥等），腐熟后，供茶园施用。

**（3）隔离沟** 在茶园上方与山林交界的地方，横向设置隔离沟，隔绝雨水径流，两端与天然沟渠相连。

**（4）纵沟** 顺坡设置，可利用原有溪沟，排除茶园中多余的地面水。

**（5）横沟** 与茶行平行设置。坡地茶园每隔 10～15 行开一条横沟，以蓄积雨水浸润茶地，并排泄多余的雨水入纵沟。

**2. 茶园地块划分**

一般以不超过 0.67$hm^2$（10 亩[1]）为宜，茶行长度以不超过 50m 为宜。

## （二）开垦

有机农业强调的不仅是产品的有机完整性，其另一个目标就是保护生态环境。所以有机茶园的开垦过程中应避免对土壤和作物的污染及生态破坏，应制订有效的生态保护计划，采用植树种草、秸秆覆盖、不同作物间作等方法避免土壤裸露，控制水土流失，防止土壤沙化和盐碱化；应建立害虫天敌的栖息地和保护带，保护生物多样性。禁止毁林、毁草、开荒发展有机种植。

有机茶园开垦应注意水土保持，在土壤和水资源的利用上，应充分考虑资源的可持续利用。根据不同坡度和地形，选择适宜的时期、方法和施工技术。

**1. 初垦**

基地选定后，要清除附着物，规划和修筑好道路和排蓄水系统：道路的设置应保证主干道宽 3m 以上，支道便于机械化操作；排蓄水系统的设置要与茶园道路相协调，同时坡地茶园的上界应建好山水隔离沟，地下水位高处应开筑排水沟，易造成水土冲刷处应修筑水土拦截沟；坡度在 15°以下的缓坡等高开垦；坡度在 15°以上的山坡地，应修筑梯面宽 2m 以上等高式阔幅梯地。开垦深度在 60cm 以上，破除土壤中硬塥层、网纹层和犁底等障碍层。

---

[1] 1 亩＝1/15$hm^2$，全书余同。

**2. 复垦**

复垦深度要求50cm以上，方法可采用分层全垦，也可采用在茶树种植行幅度100cm范围内进行深沟撩壕；熟地的复垦，应把底层土翻上，最好是再加一层生泥；结合复垦要分层施入底肥，要求每公顷施用厩肥40～60t或油粕1.5t，或相应其他适用的有机肥料。

## （三）生态建设

生态建设是有机茶园基地建设的重要项目之一，主要内容如下。

**1. 改善茶园小气候，促进茶园的生物多样性**

在发展新茶园和改造低产茶园时，应因地制宜地有目的地保留部分林木植被，在山顶、山坡梯田之间应保留一定数量的自然植被。茶园四周营造防护林带。在低纬度、低海拔区茶园中适当种植豆科植物和遮阴树，可以增加土壤肥力，减少水土流失与风蚀，改善小气候，提高茶叶质量。每亩种植5～8株。随茶园地势海拔提高，遮阴程度要相应减少。连片种植超过20hm$^2$的茶园应有自然植被或人工绿化带穿插其中，在主要道路、沟渠边和工厂、房舍等周边地段均应多种植适宜的树木，实行林、灌、草结合。有计划地在基地周边的上风口营造防护林带，尽量保护好基地中的生物栖息地，既改善茶树的生长环境，又能更多更好地利用光、热、水、气、肥等自然资源，增加基地的生物多样性，美化茶场（厂）的环境，可获得较高的生物生产力。

有机农业的一项重要原则就是要充分发挥农业生态系统的自然调节能力，以提高土壤肥力，控制病、虫、草害。生物越是多样性，自然调节的能力就越强，生物越是单调，自然调节能力就越弱，因为生物是土壤肥力形成的因素之一，它依靠生物的吸收、回归而不断丰富和平衡土壤营养元素和有机质，生物越是多样吸收和回归的土壤营养元素也就越是多样，有机质的组成成分也越是多样，这样可以在不采用人工化肥的条件下保持和提高土壤肥力。另外，在正常的有机茶园生态系统中，茶园的害虫和益虫的密度都是不断变化的，它们之间是相生相克、此消彼长的关系。害虫是有机茶园生态系统中固有的组成部分，是益虫的食物。因此有机茶园的病虫害防治原则首先在于茶园的生态环境应当模拟自然的生态环境，采取适当的农业措施，丰富茶园的生物群落，促进生物的多样性，建立合理的茶叶生长体系和生态环境。提高茶园生产系统内自然生物防治的能力，从而抑制病虫害的爆发。

有机茶园的杂草也是一样，杂草虽是茶树生长的劲敌，但是杂草可提高土壤生物活力、可防止水土流失、可提高土壤有机质等，杂草与杂草之间有相互竞争和相互制约的作用。有机茶园要保持多品种的杂草，以达到以草治草的目的，防止单一杂草而造成草荒。

新茶园建设应当避免单块茶园面积过大，在地块周边设置天敌的栖息地，提供天敌活动、产卵和寄居的场所，有目的地保留茶园周边原有的植物和生物群落，提高生物多样性和自然控制能力，避免由于茶园单一环境造成的生物多样性缺乏。

**2. 水土保持，防止冲刷**

处于丘陵山区的茶园，水土流失现象较严重。对这种坡地茶园应修筑水平梯田，降低坡度，实行等高种植和合理密植，对梯地茶园梯壁上的杂草要以割代锄，或在梯壁上种绿肥、护坡植物或可供茶农食用和当地销售的经济作物，如豆类、花生、姜等。同时推广茶园铺草，地表覆盖有机物，利用山草、残茬或刈割绿肥等铺在茶园行间，试行减耕与免耕，减弱地面土壤侵蚀，增加水分渗透，稳定土壤温度与湿度，增加土壤肥力与生物活性，促进茶树生育旺盛。

**3. 禁用化学合成物质**

在茶叶生产技术管理过程中禁止使用一切化学合成物质，杜绝与清除污染源，保护基地的生态环境。

**4. 发展有机畜牧业和养殖业**

在有条件的生产基地茶场，应发展有机畜牧业和养殖业。利用禽畜粪还田，或在茶园中直接养羊、养鸡等，协调生态，达到茶、林、牧生态效应的良性循环，促进有机茶生产发展。重视生产基地生物栖息地的保护，促进各类动物、植物及微生物种群的繁衍发展。茶场内多样性植物与栖息地的覆盖面积占茶场总面积的比例应在5%～10%。

**5. 设置边界与缓冲区**

在有机茶基地茶园与常规农业园地交界处，应有足够宽度的缓冲区或隔离带(隔离带宽度不得小于9m)，以自然山地、河流、植被等作为天然屏障，也可用人工树林或作物隔离。若在隔离带上种植作物，必须按有机方式栽培。对基地周围原有的林木，要严格实行保护，使它成为基地的一道防护林带。若基地周围原有林木稀少，要营造防护林带。

**6. 建立绿肥基地**

充分利用地边、沟边、塘边、路边及零星地角种植多年生绿肥。对不适宜种茶的地块，规划成绿肥专用基地。既可改善生态环境，又能解决肥源问题。

## （四）茶树品种与种植

**1. 品种适宜**

品种应选适应当地气候、土壤的茶类，并对当地主要病虫害有较强的抗性。

加强不同遗传特性品种的搭配。

**2. 来源可靠**

种子和苗木应来自有机农业生产系统，但在有机生产的初始阶段无法得到认证的有机种子和苗木时，可使用经未禁用物质处理的常规种子与苗木。

**3. 种苗符合标准**

种苗质量应符合 GB 11767 中规定的 1 级、2 级标准。

**4. 禁用基因种苗**

禁止使用基因工程繁育的种子和苗木。

**5. 科学种植**

采用单行或双行条栽方式种植，坡地茶园等高种植。种植前施足有机底肥，深度为 30～40cm。

**(1) 单行条栽** 150cm×33cm，每丛定植 2～3 株，每 667m$^2$（1 亩）1333 丛（约 4000 株）。

**(2) 双行条栽** 160cm×40cm×33cm，每丛定植 2～3 株，每 667m$^2$（1 亩）2522 丛（约 6200 株）。

## （五）幼龄茶园管理

幼龄茶园管理主要指茶苗种植至三龄期这段时间的管理，一般为 2～3 年。该龄茶树不管是地上部分还是地下部分长势均较弱，环境因素影响较大，尤其表现为抵御自然灾害能力不强，重点抓住“水、肥、荫”要素进行管理。

**1. 肥水管理**

茶苗种后第一年，主要工作是保苗，在苗木成活之前不需要施肥，管理的重点是浇水、遮阴、除草保苗。茶苗成活后就可进行幼龄期管理，在这段时间里由于树龄小，需肥量不大。随着树龄的增长逐渐增加施肥量。施肥应掌握薄肥勤施的原则，每年追肥 3～4 次，在芽梢萌动前 20 天左右，于幼苗旁 10～20cm 处挖浅沟施入，每次亩施腐熟的人粪尿（1∶4）若干；每年秋冬季施一次有机肥，施肥量：亩施 1000～1500kg 厩肥或饼肥 50～100kg。

**2. 土壤耕作**

有机茶园土壤管理的内容很多。首先是水土保持。因为有机茶园大部分都地处山区和半山区的不同坡地上，特别是幼龄茶园，在雨水较为集中的季节，伴随而来的不同程度的冲刷，容易造成水土流失。如不及时加以制止，即使原来土层很深，由于表土被不断冲刷，有效土层变薄，心土暴露，土壤肥力下降，茶树根裸露，随之，茶叶产量下降，品质变差。跑水、跑肥、跑土的“三跑茶园”是无法保证有机茶持续生产的。防治茶园水土流失的方法很多，其中主要有等高种植，因地制宜修筑梯田，幼龄茶园行间间作绿肥，行间铺草土壤覆盖，开设截水沟、隔离沟，挖建鱼鳞坑及蓄水池等。

**(1) 浅耕松土** 茶园浅耕好处很多，它可以疏松土壤、除灭杂草、消灭土壤病虫、促进土壤熟化、提高土壤有效养分等。一般有机茶园在春茶开采前要结合除春草及清理冬天落下的枯枝落叶进行1次浅耕，深度约10cm左右；春茶结束后因行间受采茶工人的踩踏，表土变得坚实，也要进行一次浅耕松土；6月份以后长江中下游广大茶区正是梅雨季节，杂草生长快，梅雨结束后要结合除梅草进行1次削草浅耕；8～9月份正是秋草开花结实时期，这时及时进行除草对防治第二年杂草生长有重要意义，立秋后也要进行一次浅耕，这时浅耕还可以切断土壤毛管水，对防止根层土壤水分的蒸发，有较好的保墒作用。浅耕可用锄头、二丁耙、四齿耙等茶区茶农通用的耕作工具，也可用不同型号的中耕机进行机耕，一般深度以不超过15cm为宜。

**(2) 深耕** 一般每年只进行一次或隔年进行一次，也可用隔行深耕的方式分两年完成，在每年茶季结束后尽早进行，配合施基肥。一般耕深15～25cm，深耕部位应距茶树远些。

除此之外，有机茶园还可以因地制宜地进行免耕、减耕、行间饲养蚯蚓等，对于酸度不适的茶园还可以适当采用天然矿物白云石粉和硫黄粉等进行改良。对于有积水和湿害的茶园还要因地制宜开设排水沟、截水沟除涝防湿，保证茶树健康正常生长。

**(3) 茶园覆盖** 茶园铺草好处很多，这些好处对有机茶园都是十分重要的。①茶园铺草可以增加土壤有机质，因草料有机质含量高，养分含量丰富多样，彼此互相平衡，有利于土壤生物繁殖、有利于土壤熟化，同时也可增加土壤营养元素，提高土壤肥力水平。②茶园铺草可以抑制杂草生长。幼龄茶园和生长势差树冠幅度小的茶园，行间空间大可为杂草生长提供良好条件，茶园行间铺草，杂草受铺草抑制，见不到阳光，可抑制杂草的生长。据杭州茶叶试验场对丛栽茶园的调查，茶园铺草后在7～8月份内每平方米的杂草总数只有63株，而没有铺草的对照茶园却高达1089株，是铺草茶园的17倍，可见，茶园铺草是以草治草的好方法，也是有机茶园杂草防治的好办法。③茶园铺草可以防止水土流失。茶园铺草后可以减少地表水径流速度，提高水分在地表的滞留时间，增加土壤含水量，减少茶园水土流失。据杭州茶叶试验场试验，坡度为5°不铺草的幼龄茶园，3年平均每年每亩土壤冲刷量高达3277kg，如果行间每年每亩铺干草1500kg，3年平均每年每亩土壤冲刷量减少到只有226.2kg，减少93.1%。坡度为20°的茶园，在不铺草的情况下，3年平均每年每亩土壤冲刷量高达11355.2kg，如果行间每亩铺干草1500kg，3年平均土壤冲刷量只有1603.3kg，减少了85.9%。可见，幼龄茶园铺草对防止水土流失效果良好。④茶园铺草可以稳定土壤的热变化，夏天可防止土壤水分蒸发，具有抗旱保墒作用，冬天可保暖防止冻害。据河南省桐柏茶场茶园铺草试验显示，每年11月份在茶园行间铺干草2000kg，冬季1月份土温比不盖草的提高1～1.3℃；夏季铺草，茶园土温比不铺草的低4～8℃。又据山东日照试验，冬季茶园铺草是防止土壤结冻、减少茶树冻害的良好方法。此外，茶园铺草后，还可降低采茶期间采茶人员对土壤的镇压强度，起到保护土体良好构型的作用。因此，茶园行间铺草可一举多得，是有机茶园最重要的土壤管理措施。所以，有机茶园确实做好土壤铺草工作，便可取得良好的生产效益。

值得注意的是，可作为有机茶园土壤覆盖的有机物料很多，如山草、稻草、麦秆、豆秸、绿肥、蔗渣、薯藤等都可使用。但最好应以山草为主。因它不含农药，没有受到化肥、化学农药等的污染，属于自然生长的天然物。但山草常常带有许多病菌、害虫及种子等，如不加适当处理，往往会把病菌、害虫和草种带入茶园，增加茶树的病虫和杂草等为害，因此，要做必要的处理才可使用。作有机茶园土壤覆盖用的山草处理方法简单：一是暴晒；二是堆腐；三是消毒。

**(1) 暴晒处理** 把收割下来的各种山草先在晒谷场上铺成约30cm厚，让阳光自然暴晒，利用阳光的紫外线杀死病菌，同时一些虫害也因暴晒自然死亡。如已结实的，还要用耙子敲打山草，使山草上的种子脱落后再送到茶园作土壤覆盖物。

**(2) 堆腐处理** 在茶园地边、地角处，用微生物发酵或自制的发酵粉等堆腐，一层山草、喷洒一层菌液，使其发酵，利用堆腐时的高温把病菌、病虫及草子杀死，然后把还没有完全腐解的草料铺到茶园。

**(3) 石灰处理** 在没有日光的阴天或没有微生物发酵和自制发酵液接菌堆腐时，也可以采用石灰水消毒。就是把割下收集的鲜草堆放在茶园地边地角处，然后喷洒5%的石灰水堆放一段时间后再搬到茶园。这样也可减少山草的病菌对茶园的污染。

如果是采用农作物的秸秆，如稻草、麦秆、豆秸、薯藤、甘蔗渣等，要注意这些草料是否来源于常规农田，其中是否含有较高的农药残留，尽量使用比较可靠的秸秆。如果含有大量农药残留的秸秆直接铺入有机茶园，将会给茶园带来农药间接污染，造成严重后果。成龄采摘的有机茶园不能采用喷洒过农药的农作物秸秆，但对于幼龄茶园可以用，因为这些秸秆虽含有一定农药残留，但铺到茶园后在腐烂过程中会逐步降解，待幼龄茶树成龄可采茶时，同时度过茶园的有机转换期，这些农药也可降解得差不多了，不会对茶叶构成太大的污染。

茶园铺草方法应因地制宜地进行。铺草的主要作用是防止水土流失和杂草生长，因此，在造成水土流失严重和杂草生长最旺盛之前铺较好。在长江中下游广大茶区一般在春茶后梅雨前铺较好，秋冬结合深耕翻入茶园作肥料。江北茶区及高山气温低土壤易结冻的茶园，可以在7～8月铺草，待翌年春茶前结合施肥翻入茶园作肥料。新垦移栽幼龄茶园，无论是秋冬10月份移栽或是春天2月底3月初移栽，都必须在移栽结束后立即铺草。

铺草时要有一定厚度，一般要求8cm以上，以铺草后不露土为宜。一般，成龄采摘茶园每亩铺干草不少于2000kg，幼龄茶园不少于3000～4000kg。有条件的则多多益善。

平地茶园可将草料直接撒放在行间，坡地茶园应在铺草料后上面压放一点泥块，以防止草料被水冲走，对刚刚移栽的幼龄茶园，铺草时应把草料紧靠根际，防止根际失水造成死苗，起到保水保苗的作用。总之，有机茶园铺草方法应因地制宜地进行。

**(4) 间作套种**　幼龄茶园耕作空间较大，可以套种2～3季绿肥，在绿肥开花前把茎叶割下埋入土中，一般每季绿肥可割青2～3次。茶园间作绿肥是自力更生解决肥源的一项重要措施，也是利用太阳能转为生物能来提高和保持茶园土壤肥力的一项基本的有机农业技术。它的优点很多，如可以增加茶园行间的绿色覆盖度、减少土壤裸露程度、降低地表径流、增加雨水向土壤深处渗透、减少水土流失。关于间作套种的相关内容在第四章“二、有机茶园间作间养技术”中有详细讲叙，此处不再详叙。

但是应注意，不是所有的有机茶园都能间作绿肥，茶园间作绿肥只限于1～3年生的幼龄茶园、新台刈改造茶园及密度较稀疏的丛栽旧式茶园等，对于条栽成龄采摘茶园因行间空间小，已不能间作绿肥了，这是一个缺陷。为了弥补这一缺陷，成龄采摘茶园要充分利用地边、沟边、路边、塘边、梯边、坎边及其他的零星地角广泛种植绿肥，或者开辟专门的绿肥基地为专业茶园服务，以充分发挥绿肥作物在有机茶生产中的作用。

### 3. 幼年茶树的定型修剪

茶树幼年阶段的定型修剪，是根据顶端生长优势的原理，采用人为的修剪措施，解除顶端优势，促使良好的骨干枝和树冠的形成。对土质佳、肥水管理好且幼树生长快的茶园，可一年定剪二次，分别于春茶前的2～3月间进行一次定剪，于7～8月间再进行一次定剪（但要注意防止高温干旱），生产上采用平剪为宜。第一次定剪，茶苗移栽后当苗高25～30cm以上并有2～3个第一层分枝，且达到此标准的茶苗占75%时，进行定剪，其定剪高度，灌木品种离地15～20cm处开剪，小乔木（半乔木）品种离地25～30cm开剪。第二次定剪，当树高达到35～55cm时，宜在第一次定剪的高度上，再提高15～20cm开剪，即灌木品种离地30～40cm、小乔木品种离地40～50cm开剪。第三次定剪，宜在第二次定剪的基础上再提高10～15cm开剪，此次修剪的目的主要是促进形成采摘面。第四、第五次定剪，依照不同品种的定型高度逐次在前几次修剪的基础上增加5～10cm左右，一般生产上掌握的定剪高度，灌木品种80cm左右，小乔木品种100cm左右。

幼龄期间要贯彻“以养为主，适当打顶”的采养方法，可在茶梢生长达到定剪高度以上时进行打顶，这样既得到高产量，又能促进枝梢成熟健壮，但要坚决防止早采、强采和乱采。

#### 4. 病、虫、草综合防治

遵循“预防为主，综合治理”的方针，从整个生态系统出发，保持茶园生态系统的平衡和生物的多样性，将有害生物控制在允许的经济阈值以下。

**（1）农业防治** 开发新茶园时，选用对当地主要病虫抗性较强的品种；分批、多次采摘新梢，抑制假眼小绿叶蝉、炭疽病等危害芽叶的病虫害；秋末初冬宜结合施基肥，进行茶园深耕，减少翌年在土壤中越冬害虫的种群密度；将茶园根际附近的落叶及表土清理至行间深埋，可有效防治叶病类和在表土中越冬的害虫。

**（2）物理防治** 采用人工捕杀，减轻茶毛虫、茶蚕、蓑蛾类及茶丽纹象甲等害虫危害；利用害虫的趋性，进行灯光诱杀、色板诱杀或异性诱杀；采用机械或人工方法及时清除杂草。

**（3）生物防治** 利用天敌防治害虫，注意保护和利用当地茶园中的草蛉、瓢虫、捕食螨、寄生蜂、食虫鸟等有益生物；利用生物源农药防治，以菌治虫，利用白僵菌 891 防治茶丽纹象甲，利用韦柏虫座孢菌防治黑刺粉虱、椰园蚧，利用茶毛虫病毒制剂“8010”防治茶毛虫等。

**（4）非生产季节宜选用矿物源农药** 秋茶季结束后全园喷施 0.5～1°Bé 石硫合剂封园，以减少越冬病虫基数。

## 四、常规茶园（含荒芜和失管茶园）向有机茶园转换

首次申请认证的茶园要进行有机转换。有机食品是当前世界上在安全性方面要求最高的食品，不可以像其他大宗安全食品那样大面积的推广，对有机农业转换需要有充分的思想准备。转换的意义不仅在于使土壤中的污染物质降解和土壤结构、微生物组成的改善等，也在于建立起完整的有机管理体系，这些都需要时间。所以首次申请认证的茶园必须要进行转换，转换期的开始时间从提交认证申请之日算起，一般不少于 36 个月。新开荒的、长期撂荒的、长期按传统农业方式耕种的或有充分证据证明多年未使用禁用物质的茶园，也应经过至少 12 个月的转换期。转换期内的茶园必须完全按照有机农业的要求进行管理。

### （一）选择和评估

相当于新垦有机茶基地的选择，内容参考新垦有机茶基地选择。

## （二）制订转换计划

应制订出茶园转换的技术要求及其实施方案与进度计划等，制订出较详细的有关生产技术和产品质量管理的计划，为有机茶的开发在技术和管理上打好基础。转换内容与新垦茶园的规划类似。

## （三）转换技术

**1. 常规茶园转换为有机茶园**

常规茶园产地环境条件必须符合农业行业标准 NY 5199—2002《有机茶产地环境条件》。常规茶园成为有机茶园需要经过转换，生产者在转换期间必须完全按农业行业标准 NY/T 5197—2002《有机茶生产技术规程》要求进行管理和操作。茶园的转换期一般为 3 年，但某些已经在按有机茶生产技术规程管理或种植的茶园，如能提供真实的书面证明材料和生产技术档案，则可以缩短转换期。已认证的有机茶园一旦改为常规生产方式，则需要经过转换才有可能重新获得有机认证。在转换计划执行期间，有机认证机构将对其进行检查，若不能达到认证标准要求，将延长转换期。如果因“《有机产品认证实施规则》8.5 中①获证产品质量不符合国家相关法规、标准强制要求或者被检出禁用物质的；②生产、加工过程中使用了有机产品国家标准禁用物质或者受到禁用物质污染的；③虚报、瞒报获证所需信息的；④超范围使用认证标志的”原因被认证机构撤销认证证书，5 年内不得申请有机茶认证。如果因“《有机产品认证实施规则》8.5 中⑤产地(基地)环境质量不符合认证要求的；⑥认证证书暂停期间，认证委托人未采取有效纠正或者（和）纠正措施的；⑦获证产品在认证证书标明的生产、加工场所外进行了再次加工、分装、分割的；⑧对相关方重大投诉未能采取有效处理措施的；⑨获证组织因违反国家农产品、食品安全管理相关法律法规，受到相关行政处罚的；⑩获证组织不接受认证监管部门、认证机构对其实施监督的；⑪认证监管部门责令撤销认证证书的”等原因被认证机构撤销认证证书，1 年内不得申请有机茶认证。

在转换期间，茶园管理按农业行业标准 NY/T 5197—2002《有机茶生产技术规程》要求进行有机种植。不使用任何禁止使用的物质；茶园生产管理者必须有一个明确的、完善的、可操作的转化方案，该方案包括：茶园及其栽培管理前 3 年的历史情况；保护和改善茶园生态环境的技术措施；能持续供应茶园肥料、增加土壤肥力的计划和措施；制订和实施有针对性的防治、减少茶园病、虫、草害的计划及生态改善计划和具体措施等。同时建立完善的农事活动记录档案，包括生产过程中肥料、农药的使用和其他栽培管理措施，并保留所有的农事活动记录档案，供认证机构根据标准和程序进行核查。

另外，在转换期间，对茶园管理人员要进行有机农业和有机茶基本知识的培训和教育，提高员工的基本素质和管理质量。

**2. 荒芜和失管茶园转换为有机茶园**

荒芜和失管茶园由于多年不施化肥和不喷施农药可为开发有机茶生产提供良好条件，但其生态条件，土壤、空气、水源质量是否符合农业行业标准 NY 5199—2002《有机茶产地环境条件》的要求，只有经过有机认证机构的测定和检查，才能确定转换与否。

荒芜和失管 3 年以上，按照农业行业标准 NY/T 5197—2002《有机茶生产技术规程》要求重新改造的茶园，可视为符合有机茶园最低要求而减免转换期限，但是按照 GB/T 1963.1—2011《有机产品　第 1 部分：生产》的要求，新开荒的、撂荒 36 个月以上的或有充分证据证明 36 个月以上未使用该标准禁用物质的茶园，也应经过至少 12 个月的转换期。因此，荒芜和失管茶园如有证据表明多年未使用禁用物质，也应经过至少 12 个月转换期。转换期内的茶园必须完全按照有机农业的要求进行管理。

关于土地使用历史的证明和报道可以作为减少转换期的参考，但必须经过核实，得到认证机构的认可。开发荒地则更是十分严肃的事。国家已经基本禁止开荒多年，因此，如果有申请者要求对新开的荒地实施认证，一般是很难提供出真正的政府出具的证明，所以，即使其他条件再好，没有充分的依据，认证机构也不会接受对“新开荒地”的认证申请。农场历史是决定农场地块有机转换期的关键依据之一，有些申请者为了尽早拿到证书，自行杜撰地块历史，但这是经不起检查和追踪的。不少申请者不重视填写地块历史表，填写内容十分简单。对于那些希望将转换期提前的申请者来说，能否提供真实的、经得起追踪的数据和材料，能否经得起检查员现场的跟踪审核，是决定该农场能否被认证机构认可，缩短转换期的最基本条件。

荒芜和失管茶园达不到 3 年，则必须满足转换 3 年的要求，荒芜和失管的时间可视为转换种植。在转换期间，茶园管理按农业行业标准 NY/T 5197—2002《有机茶生产技术规程》要求进行有机种植。茶园生产管理者必须有一个明确的、完善的、可操作的转转方案，该方案包括：制订和实施有针对性的土壤培肥计划，病、虫、草害防治计划和生态改善计划及措施等；建立完善的农事活动记录档案，包括生产过程中肥料、农药的使用和其他栽培管理措施，并保留所有的农事活动记录档案，供认证机构根据标准和程序进行判别。只有把荒芜茶园和失管茶园转变为有机管理茶园后，才能进行有机认证。

**3. 低产茶园和老茶园改造**

**(1) 树冠改造**　采用不同程度的修剪和培养措施进行树冠更新。修剪时间(包括深修剪、重修剪与台刈等)，以茶树养分积累多和经济效益高的时期为主要依据。如江南茶区以 5 月中旬前后为宜，并同时进行茶园深耕施肥，促进根系的更新与新梢生长，提高茶树更新效果，有利于培养“优化型”树冠。

**（2）园地改造** 主要采用补植缺株、整修梯坎、挑培客土或深耕、铺草、施肥改土，因地制宜地修建园道、排蓄水沟（池）和植树造林，改善茶树的生态环境。部分树势衰老、品质混杂的低产茶园，则宜“换种改植”，重新规划种植无性系良种。

总之，对茶园中原有的树木，只要对茶树生长无不良影响，应当保留并加以护育，使之成为茶园的行道树或遮阴树。茶园中树木稀少的，要适当补种行道树或遮阴树。在山坡上种植茶树，山顶、山谷、溪边须留自然植被，不得开垦或消除。在坡地种植茶树要沿等高线或修梯田进行栽种，对梯地茶园梯壁上的杂草要以割代锄，或在梯壁上种植绿肥、护坡植物，以利于保持水土，保护和增进茶园及其周围环境的生物多样性，维护茶园生态平衡。新建茶园坡度不超过25°。对于面积较大且集中连片的基地，每隔一定面积应保留或设置一些林地。禁止毁坏森林发展有机茶园。发挥茶树良种的优良种性，便于茶园排灌、机械作业和田间日常作业，促进茶叶生产的可持续发展。

**4. 有机茶转换中基地的隔离带建设**

隔离带是指在有机生产区域有可能受到邻近的常规生产区域污染的影响，为保证有机生产地块不受污染，以防止临近常规地块的禁用物质的漂移，在有机和常规生产区域之间设置的缓冲带或物理障碍物。

有机茶基地隔离带的建设应视污染源的强弱、远近、风向等因素而定，只要能有效防止从常规地块或其途径来的污染，无论是缓冲带还是物理障碍都可以接受的。缓冲带可以是一片耕地、一条沟或路、一片丛林或树林，也可以是一片荒地或草地等；物理障碍可以是一堵墙、一个陡坎、一个大棚或一座建筑等。也可以采用将有机茶园外围茶树自然生长的办法来形成隔离带，这在云南、广东和海南等热带地区使用较多，也可以在有机茶园的四周种植一些作物，但这些作物一定要按照有机方式种植和管理，收获的作物也只能作为常规产品销售，并且都需要有可供跟踪的完整记录。

## 五、有机茶基地建设中档案建立与管理

### （一）必要性

有机茶园基地生产建立田间档案，是有机茶生产必不可少的、十分重要的内容。它可以对生产过程进行跟踪审查，田间档案的建立可以明确生产的责任，及时发现不合格的产品，查明原因，提供产品品质证明和有机认证制度要求的技术证据。

## （二）建档内容

**1. 地块分布图**

清楚地显示出茶园各个地块的大小、方位、边界、缓冲区及相邻土地的状况，显示茶树、建筑、树林、溪流、排灌系统等。

**2. 茶园历史记录**

详细列举过去 3 年每个地块每年的投入物（肥料和农药等）及其投入的数量和日期。

**3. 农事活动记录**

农事活动记录是实际生产过程发生事件的详细记录，如施肥、除草、修剪、采摘的日期和形式，投入物记录、天气条件、遇到的问题和其他事项。

**4. 当年投入物记录**

详细记录了外来投入物物品、种类、来源、数量、使用量、日期和地块号等。可以从收据和标签上加以鉴别，记录应和地块号相关联。

**5. 采摘记录**

按地块分别记录采摘日期、数量、鲜叶等级等。采摘记录可以包含在农事活动记录中，也可单独记录。

根据茶叶生产的特点，有机茶生产单位可以建立表格式的农事活动记录、加工记录和销售记录，便于做好有机茶田间档案记录。表 3-4 是一个茶场（园）农事活动记录表的示例。

**表 3-4　茶场（园）农事活动记录表**

| 日 期 | 地块号 | 农事活动名称 | 劳动力（人数） | 负责人 | 执行结果 | 备注 |
|---|---|---|---|---|---|---|
| | | | | | | |
| | | | | | | |
| | | | | | | |

注：农事活动包括铺草、施肥、锄草、修剪、耕作、除虫和采摘等；执行结果包括铺草、施肥数量（每亩）、修剪及耕作面积。

## （三）档案保管

《根据中华人民共和国食品安全法》、《中华人民共和国农产品质量安全法》、《有机产品认证管理办法》和《有机产品》国家标准等的要求，有机茶应当建立认证档案，档案至少保存五年。

## （四）其他

有机茶园中要明确生产基地的位置图，并建立田间档案。绘制生产基地的位置图，可以使检查员通过对产地范围的检查，了解到生产者对产地的所有权和经营权的合法性、申请认证的项目、面积、地块图的完整准确性及小农户的生产情况。生产基地的位置图应按比例绘制且至少包括以下6个方面内容：①种植区域的地块大小、方位、边界、分布情况、缓冲区；②河流、水井和其他水源；③相邻土地及边界土地的利用情况；④原料仓库及集散地布局；⑤隔离区域状况；⑥生产基地内能够表明该基地特征的主要标示物（如建筑、树林、溪流、排灌系统等）。

同时根据具体情况，对一些会给有机生产带来影响的事物，进行标注，如上风向的工厂、附近的交通干道等。位置图的绘制应按一定的比例。当生产状况发生变化时，位置图应及时更新，并能反映出生产的实际状况及变化的情况。

# 第四章 有机茶园土壤管理和施肥

## 一、有机茶园施肥技术

### （一）肥料施用的原则

肥料是茶园优质、高产、高效的物质基础。无论是无公害茶园、绿色食品茶园或有机茶园都要施肥，有机茶园的生产对施肥有更严格的要求。为了防止施肥可能给茶叶、土壤及周边环境造成污染，有机茶园肥料施用要掌握如下准则。

① 禁止施用各种化学合成的肥料。禁止施用城市垃圾、工矿废水、污泥、医院粪便及受农药、化学品、重金属、毒气、病原体污染的各种有机、无机废物。

② 严禁施用未经腐熟的新鲜人粪尿、家禽粪便，如要施用必须按照相关要求进行充分腐熟和无害化处理，以杀灭各种寄生虫卵、病原菌、杂草种子，并不得与茶叶叶面接触，使之符合有机茶生产规定的卫生标准，但出口有机茶基地慎用。

③ 就地取材原则。就地处理，就地施用，有机肥应主要源于本茶场或其他有机农场（或畜场）；遇特殊情况或处于有机转换期或证实有特殊的养分需求时，经认证机构许可可以购入一部分茶场外的肥料。外来农家有机肥经过检测确认符合要求才可使用。外购的商品化有机肥、有机复混肥、活性生物有机肥、有机叶面肥、微生物制剂肥料等，应通过有机认证或经认证机构许可才可使用。

④ 有机肥堆制过程中，允许添加来自自然界的微生物，促进分解、增加养分，但禁止使用转基因生物及其产品。

⑤ 天然矿物肥和生物肥料不得作为茶园中营养循环的替代品，矿物肥料只能作为长效肥料并保持天然成分，禁止采用化学处理提高其溶解性。施用天然矿物肥料，必须查明主、副成分及含量，原产地储运、包装等有关情况，确认属于

无污染、纯天然的物质后方可施用。

⑥ 大力提倡各种间作豆科绿肥、施用草肥及修剪枝叶回园技术。

⑦ 对有理由怀疑存在污染的肥料时，应对其污染因子进行检测。检测合格的肥料应限制其使用量，以防土壤有限物质累积。严格控制矿物肥料的使用，以防止土壤重金属累积。

⑧ 定期对土壤进行监测，建立茶园施肥档案制，如发现是因施肥而使土壤某些指标超标或污染的，必须立即停止施用，并向有关有机认证机构报告，查明原因。

## （二）有机茶园可施用的肥料种类

### 1. 有机茶园允许施用的肥料

**(1) 堆（沤）肥** 指肥料中不含有任何禁止使用的物质，并经过50～70℃高温堆制处理数周。如蘑菇培养废料和蚯蚓培养机质的堆肥。

**(2) 畜禽粪便** 指各种家畜、家禽的粪便，经过堆腐和无害化处理。

**(3) 海肥** 指非化学处理过的各种水产品的下脚料，并要经过堆腐充分腐解。

**(4) 饼肥** 指天然植物种子的油粕，其中茶籽饼、桐籽饼等要经过堆腐，豆籽饼、花生饼、菜籽饼、芝麻饼等饼肥可直接施用（浸出粕不能用）。

**(5) 动物残体或制品** 指未经化学处理过的血粉、鱼粉、骨粉、蹄角粉、皮毛粉、蚕蛹、蚕砂等。

**(6) 绿肥** 春播夏季绿肥，秋播冬季绿肥，坎边多年生绿肥，以豆科绿肥为最好。

**(7) 草肥** 指山草、水草、园草和不施用农药和除草剂的各种农作物秸秆等，最好要经过暴晒、堆、沤后施用。

**(8) 天然矿物和矿产品** 指不受污染和不含有害物质的磷矿粉、钾矿粉、硼酸盐、微量元素、镁矿粉、天然硫黄、石灰石等。

**(9) 有机叶面肥** 指以动、植物为原料，采用生物工程制造的含有各种酶、氨基酸及多种营养元素的肥料，并经有关有机产品认证机构颁证和认可的才可施用。

**(10) 半有机肥料** 指经过无害处理的禽畜粪便加锌、锰、钼、硼、铜等微量元素采用机械造粒而成的肥料。必须经有关有机食品认证机构认证后才可施用。

**(11) 煅烧磷肥** 钙镁磷肥、脱氟磷肥。

**(12) 沼气肥** 指通过沼气发酵后留下的沼气水和肥渣等。

**(13) 发酵废液干燥复合肥** 指以生物发酵工业废液干燥物为原料配以经无害化处理的畜禽粪便、食用菌料脚料混合而成的肥料，必须经过有关有机产品认证机构同意后才可施用。

**2. 有机茶园限制施用肥料**

所谓限制施用是指这些肥料一般可以允许在有机茶园中施用，但要受到条件的限制，即指在一定条件下才可施用，主要如下。

**(1) 人粪尿** 按照相关要求经过充分腐熟和无害化处理。从事出口有机茶的单位，即使按照相关要求进行充分腐熟和无害化处理，也要慎用，事先充分了解进口国在使用人粪尿方面的标准和要求，以免因不符合要求而造成损失。

**(2) 硫肥** 指天然的硫磺矿粉或硫黄，只限于土壤缺硫或土壤酸度过小，pH值大于6.6以上才可施用。

**(3) 铝肥** 主要是指天然的明矾（未复制的硫酸铝钾），只限于土壤偏中性，土壤pH值大于6.6以上，作土壤改良剂时才可施用。

**(4) 微量元素** 指硫酸铜、硫酸锌、硫酸锰、钼酸钠（铵）、硼砂等，只有在缺少确定元素的条件下才可施用，喷洒浓度小于0.01%。最后一次喷肥必须在采茶前20天进行。

## （三）有机茶园禁止使用的肥料

**(1) 化学氮肥** 指化学合成的硫酸铵、尿素、碳酸氢铵、氯化铵、硝酸铵、氨水、硝酸钙、石灰氮等，因为是化学合成非天然物，故不能施用。

**(2) 化学磷肥** 指化学加工的过磷酸钙。因为是化学合成非天然物，故不能施用。

**(3) 化学钾肥** 指化学加工的硫酸钾、氯化钾、硝酸钾等或天然钾矿通过化学方法提炼的各种钾肥，也为非纯天然产品，故也不能施用。

**(4) 化学复合肥** 指化学合成的磷酸一铵、磷酸二铵、磷酸二氢钾、各种复合肥、各种复混肥等，也为非天然产品，故也不能施用。

**(5) 其他化学肥料** 指一切化学合成的其他营养元素肥料，如硫酸镁（土施）、硫酸亚铁等，也为化学合成的非天然物，故也不能使用。

**(6) 工矿企业的化学副产品** 如钢渣磷肥、磷石灰、烟道灰、窑灰钾等，因为是化学加工过程的副产品，并含有较高的重金属和有害物质，故不宜施用。

**(7) 城乡垃圾、淤泥、工厂及城市废水** 含有较复杂的重金属、病毒、细菌及塑料等，易造成茶园污染，故不能施用。

**(8) 合成叶面肥** 指含有化学表面附着剂、渗透剂及合成化学物质的多功能叶面营养液、稀土元素肥料等，因含有化学物质，故不能施用。

**(9) 有机肥** 一切新鲜的人、畜、禽类粪尿及未腐的和未经无害化处理的厩肥等。因其中有草籽、病毒、病菌、虫卵等，易污染土壤和茶叶，故不能施用。

## （四）农家肥的无害化处理

在有机肥料中，尤其是农家有机肥料如人、畜、禽粪便及厩肥等常带有各种病毒、病菌、寄生虫卵，其中较多的有大肠杆菌、沙门杆菌、痢疾杆菌、霍乱杆菌、钩端螺旋体、伤寒杆菌、链球菌等，以及钩虫、蛲虫、蛔虫、鞭虫、绦虫和肝肠病毒等。如一般农家肥的大肠杆菌值高达 $10^5$～$10^7$ 个/g，各种虫卵高达100～10000个/g。这些菌、虫、病毒不仅对人体有较强的传染性，而且在土壤中成活时间也很长，如杆菌可在土壤中成活 20 天至几年时间，蛔虫卵等可存活300～400天，炭疽杆菌芽孢可存活 30 年以上；还有些有机肥如山草、杂草等，常带有各种病虫害的病原体、虫卵和种子等，海肥等常带有对茶树生长有害的物质（如氯离子）等。如果这些肥料没有进行无害化处理，必然会污染茶叶及周边环境。

农家肥无害化处理的方法很多，有化学法、物理法、生物法及综合处理法等，其中生物处理法简单易行、省工省力。可处理有机肥的活性生物菌很多，其中 EM（effective microorganism，微生态制剂）菌使用较多，效果也较好，现介绍生物法中的 EM 处理法和自制发酵催熟粉堆腐法。

### 1. EM 处理法

EM是一种活性很强的好氧和嫌氧有效微生物群，主要是由光合细菌、放线菌、酵母菌、乳酸菌等多种微生物组成，在农业和环保上有着广泛的用途。它具有除臭、杀虫、杀菌、净化环境、促进植物生长等多种功能，用它处理人、畜、禽粪便作堆肥，可以起到无害化作用。其具体做法如下。

① 购买 EM 原液，按表 4-1 配方配制稀释液备用。

表 4-1　堆肥用 EM 稀释液配方

| 物质名称 | 稀释比例 |
|---|---|
| 清水 | 100ml |
| 蜜糖或红砂糖 | 20～40g |
| 米醋 | 100ml |
| 烧酒（含酒精 30%～35%） | 100ml |
| EM | 50ml |

② 将人畜禽粪便风干使含水量约达 30%～40%。

③ 取稻草、玉米秆、青草等物，切成约 1～1.5cm 长的碎片，加少量米糠拌和均匀，作为堆肥时的膨松剂。

④ 将稻草等蓬松物与粪便重量按 1∶10 混合搅拌均匀，并在水泥地上铺成长约 6m、宽约 1.5m、厚约 20～30cm 的肥堆（图 4-1）。

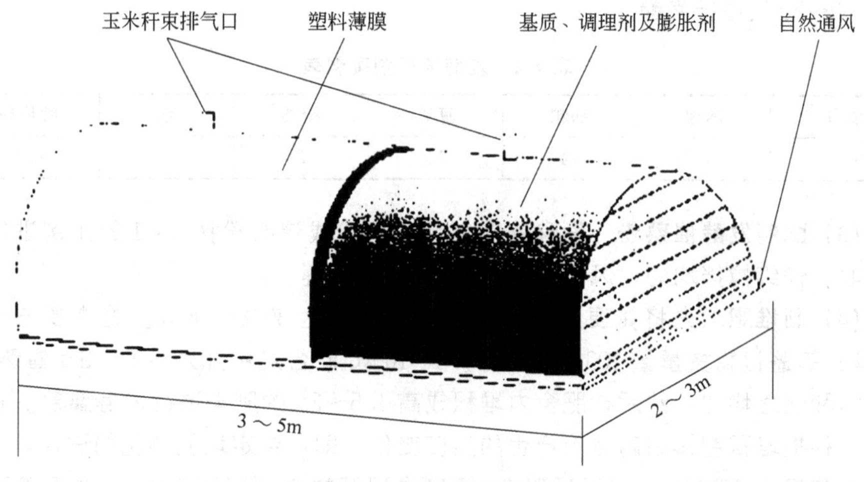


图 4-1 EM 堆肥示意图

⑤ 在肥堆上薄薄地撒上一点米糠或麦麸等物，然后再洒上配备好的 EM 稀释液，每 1000kg 肥料洒 1000～1500ml。

⑥ 然后按同样的方法，上面再铺第 2 层。每一堆肥料约铺 3～5 层。最后上面盖好塑料布使之发酵，当肥料堆内温度升到 50℃以上时翻 1 次。一般要翻动几次才可完成。完成发酵后的肥料堆中长有许多白色的霉毛，并有一种特别的香味，这时就可以施用了。一般夏天要 7～15 天可完成，春天要 15～25 天可完成，冬天要更长时间。水分过多会使堆肥失败，产生恶臭味，各地要根据自己的具体条件反复试验、不断摸索经验才能成功。

**2. 自制发酵催熟粉堆腐法**

如果当地买不到 EM 原液，也可以采用自制发酵催熟粉代替。自制发酵催熟粉配方及堆肥制法如下。

**(1) 原料准备**

米糠：稻米糠、小米糠等各种米糠均可。

油粕：油料作物经榨油后的残渣。如菜籽油粕、花生油粕、蓖麻籽油粕、大豆油粕等均可。

豆渣：制造豆腐等豆制品后的残渣，无论原料是什么豆类，或制造什么豆制品产生的残渣均可。

填充料：草炭粉、风化煤粉、黑炭粉或沸石粉。

酵母粉：市售酵母粉。

糖类：红糖或白糖。

**(2) 按表 4-2 配方配好发酵催熟剂并进行发酵**

具体操作：按表 4-2 配方量，先将糖类添加于水中，搅拌溶解后，加入米糠、油粕、豆渣和酵母粉，再经充分搅拌混合后，堆放于 30℃以上的温度下，保持30～50天进行发酵。

表4-2 发酵催熟剂配料表

| 成分 | 米糠 | 油粕 | 豆渣 | 糖类 | 水 | 酵母粉 |
|---|---|---|---|---|---|---|
| 重量/% | 14.5 | 14 | 13 | 8 | 50 | 0.5 |

**(3) 配制发酵催熟粉** 发酵催熟剂用草炭粉或沸石粉按1∶1的比例进行掺和吸收，仔细搅拌均匀，风干后就制成堆肥催熟粉。

**(4) 制堆肥** 先将粪便风干，使其含水量约达30%～40%。将粪便与稻草（切碎）等蓬松物按重量100∶10混合，每100kg混合肥中加入0.5～1kg催熟粉，充分拌和使之均匀，然后在肥舍内堆积成高1.5～2m的肥堆进行发酵腐熟。在此期间，根据堆积肥料因腐熟而产生的温度变化，即可判定堆肥熟化的进程。

当气温为15℃时，堆积后第3～7日堆积肥料表面以下30cm处的温度可达50～70℃，经过几次翻动，使各部位的堆肥都能得到充分发酵，在高温下充分消毒杀菌，待堆肥的含水量约为30%左右、再后熟3～5天便可施用，堆腐全过程约30～40天即可结束。

这种高温堆腐也可把原粪便中的虫卵、杂草种子等杀死，大肠杆菌、臭气等也可大为减少，达到无害化的目的，但效果比EM堆腐法稍差些。

### 3. 饼肥的无害化处理

饼肥也称油饼。我国油饼种类很多，如大豆饼、花生饼、芝麻饼、菜籽饼、向日葵饼、胡麻饼、茶籽病、桐籽饼、棉籽饼等，如大豆饼含氮（N）高达70g/kg，其他几种饼肥也达到了30～60g/kg，是茶园的好肥料。目前广大茶区各种饼肥施用十分广泛，效果也十分好，尤其是菜籽饼肥价格便宜、来源广泛、养分含量高，一般含氮（N）量达46～55g/kg、含磷（$P_2O_5$）20～28g/kg、含钾（$K_2O$）达12～15g/kg，并且在土壤中腐解时还产生天然类激素物质，刺激茶树根系生长，是茶园较好的有机肥。试验和生产实践都表明，茶园施菜籽饼肥，不仅春茶早发快长，而且产量高、品质好。

由于各种饼肥都是生物体，大多数饼肥不需要经过无害化处理，可直接在有机茶园中施用。有些饼肥可能会含有少量的农药残留物，但施到土壤后由于饼肥发酵分解，可促使农药残留物迅速降解，不会对有机茶造成农药间接危害。但是对于有些饼肥，如桐籽饼含有较高的桐油酸和桐氰，茶籽饼含有较高的茶皂素等，这些有机酸和生物碱对茶树根的生长有一定的负面影响，要经过堆腐发酵处理后才可施用，否则会造成烧根或减低肥效的作用。此外还有一种“再生饼”或者叫“浸出饼”，就是油饼经过化学溶剂处理之后把未榨出的剩余油溶解在溶剂中后进行第二次压榨剩下的渣子，其有效养分含量低，施用效果差，而且是经过化学物处理的，在有机茶园中不能施用。

## （五）施肥方法

### 1. 有机茶园基肥的施用

有机茶园只能施有机肥和天然矿物质肥料，这些肥料主要是作基肥施用，所以施好基肥对有机茶园高产、优质、高效十分重要。

有机茶园在施基肥时必须做到“净、早、深、足、好”5个字。

“净”就是指有机茶园施用的各种有机肥其卫生标准和重金属含量及农药残留必须达标，绝不允许掺合化学合成的肥料，工厂化生产的商品有机肥必须经过有机认证机构认证或认可施用。天然矿物质肥料必须持有检验报告，待确认无害后才可施用。

“早”是指基肥施用时期适当要早。因有机肥养分释放比较迟缓，必须适当早施使其在土壤中早矿化、早释放。早施基肥，可提高茶树对肥料的利用率，能增加对养分的吸收与积累，有利茶树抗寒越冬和春茶新梢的形成和萌发，有利于产量、质量的提高。在长江中下游广大茶区，要力争10月上旬施完。江北和华南茶区因气候不同可适当提前或推迟施肥。

“深”就是要求施肥要有一定的深度。因为茶树是深根系作物，只有根深才能叶茂，而且茶树根系还有明显的向肥性，施基肥必须要利用茶树根系向肥性的特点，把茶根引向深层，扩大根系活动范围和吸收容量，提高茶树在逆境条件下的生存能力，确保安全越冬，这一点对生产有机茶的茶园尤为重要。一般成龄采摘茶园力求做到基肥沟施，深度要超过25cm。幼龄茶园可根据树龄由浅逐步加深，但最浅也要从15cm开始。

“足”是指施用基肥数量要多。有机肥营养元素含量低，只有足够数量的肥料才能满足茶树生长对养分的需求，而且，有机肥作为改土的主要物质，也只有数量多才能达到改土的效果。一般基肥用量不得少于全年用肥量的50%～80%，绝不能让茶树“饿肚子”过冬。那种“基肥不足春肥补”的做法，对春茶所造成的损失是无法弥补的。成龄采摘茶园，如施堆肥每年每亩不得少于1000kg，如施菜籽饼肥每年每亩不得少于200kg。

“好”即指基肥质量要好。所选基肥肥料既要能改良土壤，又要能缓慢地提供茶树营养物质。基肥中多掺些含氮高的有机物，如鱼粉、血粉、蚕蛹、豆籽饼等。

有机茶园不能施化学合成肥料，但可选用天然矿物质肥料，如磷矿粉、云母粉、钙镁磷肥等与有机肥掺合在一起经过堆制后作基肥用，可提高基肥中磷、钾、镁等的含量。有条件的地区和单位，也可根据土壤条件和茶树吸肥特性专门生产一些高质量的有机茶专用肥作基肥施用。

此外，所谓好，当然也指施肥方法得当，施肥时要土肥相融、及时覆土、防止伤根和漏风等。

### 2. 有机茶园追肥

茶树对养分的吸收既具有连续性，又具有阶段性。春茶品质好、产量比例高，是各种有机名优茶生产的黄金季节，也是茶树吸肥最集中的高峰时期。春茶早发、多发的物质基础虽是基肥，但要想春茶快长、多产仅仅依靠基肥的基础养分难以维持春茶迅速生长对养分的集中需求，必须及早追肥。据研究，长江中下游茶区的中小叶种茶树，在2月中下旬地上部虽未萌动，但根系储存物质已水解并向上输送，根系吸收也开始增强。据杭州龙井茶区试验结果显示，在杭州地区3月下旬施春肥，春茶对氮的回收率只有12.6%，而被夏茶回收的却达24.3%。这表明，3月下旬施的春肥大部分没有被春茶新梢生长所吸收，这对任何一种有机名优的茶生产是个重大损失。目前由于春茶市场看好，要求早发、早采、早上市，许多有机茶基地茶园大力推广早芽品种茶树，在生产实践中更要求早施春肥才能起到"催芽"的作用。据田间试验，长江中下游广大茶区有机茶园以2月下旬至3月上旬追施春肥是比较合适的。当然所谓早施也要因地制宜，如早芽种要早施，迟芽种要晚施；阳坡和岗地茶园要先施，阴坡和沟、谷地茶园要后施等。

作春肥的肥料品种最好是速效性强的有机肥，如经过充分腐熟和无害化处理的堆沤肥，人、畜、禽粪肥或沼气池中的废液等，也可用专门生产的有机茶专用追肥。施肥深度可较基肥浅，一般10～15cm即可。

对于采春茶外还采夏、秋茶的茶园，为了满足夏秋茶生长对养分的需求，采完春茶和夏茶后应进行夏、秋茶的追肥，尤其是对于春茶结束后进行各种形式修剪的茶园，修剪后要立即进行追肥。夏肥一般为5月中下旬施用，秋肥要避开"伏旱"施用。夏、秋追肥与春茶催芽肥一样，可施速效有机肥，如沤肥的肥水及沼气液，或施用经过充分熟化的有机肥等。

### 3. 叶面肥的施用

施用叶面肥见效快，施肥效益好，但不是所有的叶面肥和叶面营养液都可在茶园中施用，只有经过有机认证的有机叶面肥和叶面营养液才可在茶园中施用。如发现属缺素症的有机茶园，必须及时采用微量元素肥料，如硫酸锌、硫酸铜、硫酸锰、硫酸镁、钼酸铵、硼酸、硼砂等进行喷施。这些微量元素肥料虽属化学物质，但在有机农业中属限制性施用肥料，在一定条件下仍可施用。其浓度限在0.01%以下，喷施后20天才可采茶。

无论是施有机叶面营养肥或是微量元素肥料，必须注意喷施时间和施用方法。叶面肥应在晴天下午3时后施用，阴天不限，喷施后2天内下雨，必须重新喷施。在喷施时要将叶子正反面都喷湿喷匀，因叶子背面吸收根外肥的强度比叶子正面要强得多，所以要喷洒在叶子背面才更有效果。

## （六）有机茶园肥源的解决

有机茶园大部分都地处高山和远离交通要道的偏僻山区，交通不便，从外地向有机茶园运送有机肥费工费力、成本高。为了降低生产成本，就地取材、广辟肥源、自力更生解决肥源问题，对于高山有机茶园生产是十分重要的。

自力更生解决肥料的方法很多：①要充分利用地边地角广种绿肥；②在茶园周边荒芜地块建立绿肥专用基地；③充分利用山区的山草、枯枝落叶，在地头挖建积肥坑堆制或沤制堆、沤肥；④在茶园附近建立小型畜禽场，种养结合解决肥源问题；⑤直接在有机茶园放养鸡、鹅、兔等食草性动物；⑥除了施肥之外，为了增加土壤有机质，提高土壤肥力，还要充分发挥茶树自身物质循环的优势，大力推广修剪枝叶回归茶园的措施。因为修剪是茶树栽培的重要措施，修剪下来的枝叶有机质含量很高、养分含量丰富，是茶园很好的有机肥源，每年修剪下来的枯枝落叶都要设法归还给土壤，可直接作为肥料深翻入土，也可作为茶园土壤覆盖物铺于土壤表面。这是茶树依靠自身物质循环，自力更生解决有机茶园肥源的一种有效方法，在国外许多生产有机茶的国家已广为推广应用，其经济、易行、有效，要大力推广。

## 二、有机茶园间作间养技术

### （一）有机茶园间作绿肥

茶园间作绿肥是自力更生解决肥源的一项重要措施，也是利用太阳能转为生物能来提高和保持茶园土壤肥力的一项基本有机农业技术。

首先，它可以增加茶园行间的绿色覆盖度、减少土壤裸露程度、降低地表径流、增加雨水向土壤深处渗透、减少水土流失。据杭州茶叶试验场研究，坡度为3°的幼龄茶园行间间种花生后，土壤冲刷量可比原来减少一半。又据安徽祁门茶叶研究所试验，坡度为5°～10°的1年生幼龄茶园间作豆科绿肥后，土壤冲刷量比不间作的约减少80%，所以幼龄茶园间作绿肥是防止水土流失的重要措施。

另外，绿肥根系发达，尤其是豆科绿肥作物有共生的固氮菌，可以固氮，它在行间生长不仅可以促使深处土壤疏松，而且还可增加土壤的有机质，提高氮素含量，加速土壤熟化。

再次，茶园间作绿肥可以改善茶园生态条件，冬绿肥可提高地温，减少茶苗受冻程度，夏绿肥还可起到遮阴、降温的效果。据广东农科院茶叶研究所研究幼龄茶园行间间作夏绿肥试验发现，幼龄茶园间作夏绿肥大绿豆后，在7～9月期间地温比不间作的下降10～15℃，大大减少茶苗的受害率。据江北茶区试验，冬季间作冬绿肥可使地温增加0.6～6℃，茶苗受冻率减少9.8%～16.8%。还有一些茶园梯坎、梯边、沟边、路边等种植的多年生绿肥的固土、防塌、护梯（沟、路）等效果也十分明显。茶园种植绿肥是一项一举多得的高效益措施，也是一项自力更生解决肥料问题的重要措施。绿肥作为纯天然物，对于绿色食品茶园和有机茶园尤为重要，应大力推行。因此，幼龄茶园无论间作春播夏绿肥还是间作秋播冬绿肥，对提高土壤肥力、增加茶叶产量、改善茶叶品质都具有十分明显的效果。如据中国农业科学院茶叶研究所试验，幼龄茶园间作冬季绿肥大荚箭舌豌豆，与不间作茶园相比，土壤有机质增加 7.2%，全氮量增加 60%，有效氮、磷、钾分别增加 2 倍。第 4～5 年后的茶叶产量增加 31.6%，春茶和秋茶的茶叶氨基酸含量分别增加 10%和 60%，而间作春播夏绿肥乌豇豆也获得类似的良好效果，并且得出结果，有机茶园绿肥深埋效果最好，绿肥分解快，根层土壤含水量高，有利于茶树生长。

适合有机茶园种植的绿肥品种很多，在种植时，要根据当地气候条件、土壤特点、茶树品种和种植方式、茶树树龄和绿肥作物本身的生物学特性等因地制宜地选择恰当的品种。有机茶园缺氮是一个大问题，选择绿肥首先应考虑选择固氮能力强的、含氮高的豆科作物，虫害多的茶园可考虑选择一些对虫害有驱赶性的非豆科作物。一般在长江中下游广大茶区，作为种植前先锋作物的绿肥，尽量选择耐瘠、抗旱、根深、植株高大、生长快的豆科绿肥如圣麻、大叶猪屎豆、决明豆、羽扇豆、毛曼豆、田菁、印度豇豆、肥田萝卜等。1～2 年生中小叶种幼龄茶园，尽量选择矮生或匍匐型豆科绿肥，如小绿豆、伏花生、矮生大豆等，既不妨碍茶树生长，又起到水土保持的效果。2～3 年生幼龄茶园可选用早熟、速生的绿肥，如乌豇豆、黑毛豆、泥豆等，可防止茶树与绿肥之间生长竞争的矛盾。对于华南茶区，夏季可选用秆高、叶疏、枝杆呈伞状的山毛豆、木豆等，它既可作肥料又可作茶苗的遮阴物。在长江以北的茶区冬季可选用兰花苕子等，它既可作肥料又起到土壤保温效果。坎边绿肥以选用多年生绿肥为主，长江以北茶区可选种紫穗槐、草木樨；华南茶区可选种爬地木兰、无刺含羞草等；长江中下游广大茶区可选种紫穗槐、知风草、霜落、大叶胡枝子、除虫菊、艾草、雷公藤、鱼藤等。

**1. 春播夏绿肥的种类**

**（1）豇豆**　豇豆为豆科豇豆属 1 年生蔓生草本植物。适宜于长江中下游广大地区种植。喜温暖湿润气候，在 20℃以上温度时生长迅速。生长期短，在浙江、江西、湖南等省 1 年可种两季，耐旱性强。其中乌豇豆的耐旱、耐瘠性最好，株型矮小，与茶树生长矛盾不大。干物质氮（N，下同）、磷（$P_2O_5$，下同）、钾（$K_2O$，下同）的含量分别为 22.0g/kg，8.8g/kg 和 12.0g/kg。

**（2）大叶猪屎豆**　大叶猪屎豆又称响铃豆，为豆科 1 年生或多年生灌木状草本植物。适宜长江中下游地区和华南茶区种植。耐旱、耐瘠性强，有再生能力，1 年可割刈多次，产量高，是茶园理想的夏季先锋作物。此外，在幼龄茶园中间作的还有三尖叶猪屎豆、三圆叶猪屎豆，但由于株型高大，生长易与茶树产生争肥、争水和争光的矛盾。干物质的氮、磷、钾含量分别为 27.1g/kg、3.1g/kg 和 8.0g/kg。

**(3) 柽麻** 柽麻又称太阳麻，为豆科百合属1年生草本植物。株型直立，高2m左右。适宜在长江中下游地区种植，喜温暖湿润气候，适宜生长温度为20～30℃。耐旱又耐涝，但茎叶比大，茎秆木质化程度高，同时因株型高大，可作茶园种植前的先锋作物。干物质的氮、磷、钾含量分别为29.8g/kg、5.0g/kg和11.0g/kg。

**(4) 饭豆** 又称眉豆，豆科豇豆属，1年生草本植物，适宜长江中下游及西南广大茶区引种，比较耐瘠，但植株矮小、产量低，常有藤蔓缠绕茶树，需及时清理，以免影响茶树生长。干物质的氮、磷、钾含量分别为20.5g/kg、4.9g/kg和19.6g/kg。

**(5) 花生** 一年生豆科作物，其抗旱能力强，适宜栽种于沙性土壤，适宜各茶区种植，花生品种较多，以伏花生为最好，营养成分高、株型矮小、保土保水性能强，对春季干旱的江北茶区间作更为适宜。干物质的氮、磷、钾含量分别为44.5g/kg、7.7g/kg和25.5g/kg。

**(6) 大豆** 大豆即黄豆，1年生豆科草本植物。它的经济价值高，一般直播埋青作绿肥用的不很普遍。但其中的乌毛豆、泥豆、野大豆耐瘠、抗性强，作绿肥间作的较多。株型短小，植株叶片肥厚，养分含量丰富，埋青后分解快，是茶园的好绿肥，适宜全国各地种植。干物质的氮、磷、钾含量分别为31g/kg、4g/kg和36g/kg。

**(7) 绿豆** 豆科豇豆属，1年生草本植物，喜温暖湿润气候，生育期间要求有较高的气温，作茶园绿肥的绿豆有小绿豆和大绿豆两种。小绿豆植株矮小，生长期短，产量低，抗逆性差，适于在台刈改造后第一、第二年的茶园中间作，在长江中下游地区种植较普遍。大绿豆植株高大，半匍匐型，抗性强，长势好，生长期长，产量高，为避免生长过旺而影响茶树生长必须及时刈割。干物质的氮、磷、钾含量分别为20.8g/kg、5.2g/kg和39.0g/kg。

### 2. 秋播冬季绿肥

**(1) 紫云英** 紫云英又称红花草子，为豆科1年生或越年生草本植物，株型半直立型，喜凉爽气候，适宜于水分条件优越、肥力水平较高的幼龄茶园中栽培，抗逆性差，最适生长温度15～20℃，1月份平均气温不低于0℃，地区间作，一般都可获得较好的效果。干物质的氮、磷、钾含量分别为27.5g/kg、6.6g/kg和19.1g/kg。

**(2) 金花菜** 即黄花苜蓿，1年生或越年生草本植物，株体半直立型，全国各地茶区都有种植，主要栽培于浙江、安徽、江苏等省。适宜于排水良好的茶园种植，耐寒性较紫云英强。干物质的氮、磷、钾含量分别为32.3g/kg、8.1g/kg和23.8g/kg。

**(3) 苕子** 又称兰花草子，豆科巢菜属，1年生或越年生匍匐草本植物。温度在10～17℃时生长迅速。适宜于在长江以南茶区、华南茶区的一部分高山茶园种植。由于它抗旱、抗寒、耐瘠性强、适应性广，是肥力和水、热条件较差茶园的冬季绿肥的好品种。但它生长期长，并有藤蔓缠绕茶树，会影响茶树生长。间作后必须加强茶园清理，及时埋青。干物质的氮、磷、钾含量分别为 31.1g/kg、7.2g/kg 和 23.8g/kg。

**（4）箭舌豌豆** 又名大巢菜，豆科 1 年生或越年生草本植物。主根明显，根瘤多，生长势强，茎叶丰盛，产量高，并有耐旱、耐寒、耐瘠的特点，适应性也较广。喜凉爽湿润气候，在短期－10℃低温下，可以越冬。呈半匍匐型，保土保水较好。在我国各茶区都可间作。种子含有氢氰酸（HCN），人畜食用过量会中毒。如种子经蒸煮或浸泡脱毒后可食用。干物质的氮、磷、钾含量分别为 28.5g/kg、7.1g/kg 和 18.2g/kg。

**（5）蚕豆** 豆科，1 年生或越年生草本植物，是一种优良的粮、菜、肥兼用作物。株型直立，茎叶水分含量高，肥厚，埋后容易分解。干物质的氮、磷、钾含量分别为 27.5g/kg、6.0g/kg 和 22.5g/kg。

**（6）豌豆** 豆科豌豆属，1 年生或越年生草本植物，是粮、菜、肥兼用作物。全国各茶区都可种植。有白花豌豆和紫花豌豆两种。白花豌豆为早熟种，产量低；紫花豌豆为迟熟种，分枝多，产量高。适宜于冷凉而湿润的气候，种子在 4℃左右即可萌芽，能耐－8～－4℃低温。耐旱、耐瘠、耐酸能力强，是茶园较好的冬季绿肥。干物质的氮、磷、钾含量分别为 27.6g/kg、8.2g/kg 和 28.1g/kg。

**（7）肥田萝卜** 俗称满园花，十字花科萝卜，1 年生或越年生直立草本植物。耐旱、耐瘠力强，对土壤要求不严格，吸磷能力强，产量高，它不仅是茶园种植前较好的先锋作物，而且也可作幼龄茶园的间作绿肥，但抗寒性弱，苗期要保温。干物质的氮、磷、钾含量分别为 28.9g/kg、6.4g/kg 和 36.6g/kg。

**3. 适宜坎边种植的多年生豆科绿肥**

**（1）爬地木兰** 又称木兰，为多年生豆科草本植物。抗性强，耐高温、耐刈割，产量高，适宜于华南茶区种植。株体匍匐型，根系庞大发达，固土能力强，是较好的护梯绿肥。但抗寒性差，在长江中下游地区不能越冬。干物质的氮、磷、钾含量分别为 24.7g/kg、4.2g/kg 和 32.6g/kg。

**（2）紫穗槐** 紫穗槐又称棉槐，多年生豆科灌木。抗干旱、抗瘠性强，株体高大，耐刈割，产量高，养分含量丰富，根系深，固土能力强，能耐低温，适应性广。我国江北产茶省区种植最多，近年来南方产茶省（区）亦有引种，是较好的坎边绿肥。干物质的氮、磷、钾含量分别为 33.6g/kg、7.6g/kg 和 20.1g/kg。

**（3）木豆** 木豆俗称蓉豆，为豆科小灌木型植物。广东、广西、海南、云南以及闽南等地都有种植。耐寒性差，在长江中下游地区不易越冬。其茎叶幼嫩，容易腐烂，肥效好，是华南地区较好的坎边绿肥。干物质的氮、磷、钾含量分别为 28.7g/kg、1.9g/kg 和 14.0g/kg。

茶园多年生绿肥还有很多，如长江以北茶区的草木樨、华南茶区的山毛豆、长江中下游广大茶区的大叶胡枝子等都有很高的利用价值，是很好的茶园多年生绿肥作物。

**4. 绿肥种植的关键技术**

有机茶园要想种好绿肥，必须既要使绿肥高产优质，又要促进茶树本身的生长发育，要掌握种植、管理过程中的几个关键技术。

**(1) 适时播种** 我国大部分茶区、有机茶园地处高山或半高山海拔较高地区，冬季气温较低，茶园冬季绿肥如果播种太晚，在越冬前绿肥苗幼小，根系又浅，抗寒抗旱能力弱，易遭为害，影响苗期成活率，从而也影响产量。据浙江省绍兴经验，在当地气候条件下，茶园间作紫云英，如果秋分至寒露之间播种，亩产量达 2750～3000kg；寒露左右播种，可产 2250～2750kg；如在寒露到霜降之间播种，产量在 2250kg 以下。在适宜的播种期内，如水分和气候条件许可，要力争早播，有利于高产优质。对于春播夏绿肥也是一样，太早播种气温低不易出苗，遇到“倒春寒”会受冻，成活率低；播种过迟，推迟生长，会贻误良好的利用时机，也是不利的。一般在长江中下游广大茶区，秋播冬绿肥在 9 月下旬至 10 月上旬播种恰当，春播夏绿肥在 4 月上中旬播种为妥，南北茶区因气温差别，可适当提早或推迟播种。

**(2) 因地制宜，合理密植** 合理密植是茶园间作绿肥成败的关键。如果间作密度过大，虽然可以充分利用行间获得绿肥高产，但会影响茶树的生育。反之，如果间作太稀，则不能充分利用行间空隙，绿肥产量低。茶园间作绿肥时宜采用绿肥与绿肥之间适当密播，绿肥与茶树之间保持适当距离，尽量减少绿肥与茶树之间的矛盾。在长江中下游广大茶区间作绿肥，条栽茶园夏季绿肥宜采用“1、2、3 对应 3、2、1”的间作法，即 1 年生茶园间作 3 行绿肥，2 年生茶园间作 2 行绿肥，3 年生茶园间作 1 行绿肥，4 年生以后，茶园不再种绿肥。至于秋播冬绿肥，由于茶树与绿肥之间矛盾少，可以适当密播。如采用油菜、肥田萝卜、紫云英、苕子混播或采用豌豆、肥田萝卜、黄花苜蓿混播。绿肥与绿肥之间可取长补短，互相依存，有利抗寒和抗旱，产量可比单播高 40%～70%。

**(3) 根瘤菌接种** 在新开垦的有机茶园或换种改植的有机茶园土壤中，能与各种豆科绿肥共生的根瘤菌很少，茶园间作绿肥产量不高，品质也差。因此在茶园间作绿肥时，要选用相应的根瘤菌接种。据浙江省部分地区的试验经验，新茶园间作冬季绿肥紫云英时，用根瘤菌接种的比不接种的可增产 5%～10%。此外，在一般红壤茶园中，钼的含量低，绿肥根瘤菌往往发育不良，固氮能力弱。如果在根瘤菌接种时拌以少量钼肥，可大大提高绿肥固氮能力，这在有机茶园中也是允许的，但根瘤菌接种时，要“对号入座”，绿肥与菌种之间不能张冠李戴。如一时找不到合适对号的根瘤菌剂时，可采用多年种过该绿肥并且绿肥生长较好的土壤进行拌种，也有一定效果。

**（4）增施磷肥，以磷增氮** 有机茶园由于不能施化肥氮，茶园氮素营养不足是个大问题，但豆科绿肥可以固氮增加土壤氮素营养。一般豆科绿肥对磷素反应都十分敏感，磷肥能促进绿肥作物生长，增加根瘤的固氮能力，提高绿肥产量和含氮水平，在播种时或苗期增施钙镁磷肥或磷矿粉肥都有较好的效果，但注意有机茶园不能施用化学合成和加工的磷肥，如过磷酸钙、磷石灰等。

**（5）及时刈青，减少茶肥矛盾** 各种绿肥，尤其是夏季绿肥中的高秆绿肥，如田菁、大叶猪屎豆、大绿豆等，株体高大，后期生长迅速，吸收能力强，在茶园中间作常会妨碍茶树正常生长。也有的蔓生绿肥，藤蔓缠绕茶树也会影响茶树生长，这时，就需要通过刈青来解决。另外，绿肥一定要及时翻埋，一般在绿肥处于上花下荚时割埋最好，为了经济效益也可采取采收部分豆荚后翻埋，但不能等完全老化后割埋。

**（6）充分利用零星地块广辟肥源** 茶园绿肥只能在幼龄茶园、台刈改造后1～2年的茶园和密度不大的老茶园中间作，而成龄投产茶园由于茶树封行遮阴，则不宜种植。为了扩大绿肥种植面积，除了在幼龄茶园中间作绿肥之外，应有计划地利用一切可以利用的土地，建立绿肥基地，增加绿肥肥源。有机茶在生产较集中的地方，要有计划地规划一部分集中成片的土地，统筹安排，专门生产绿肥。专用绿肥基地的土地，最好选择荒山或有待改造后计划作有机茶生产的土地。此外，有机茶园大部分分布在山区，地块分割，某些零星地块不宜建设茶园，这些地块是种植绿肥的理想处所。此外路边、沟边，水库、塘堰四周亦应充分利用。零星种植的绿肥应以多年生耐刈青的高秆绿肥为主，结合护路、护梯、护坎进行有计划的种植。

**5. 有机茶园绿肥利用方式**

**（1）牲畜饲料** 许多茶园绿肥茎叶和豆荚等都可以作牲畜饲料，营养价值较高，绿肥经过动物胃肠消化吸收后，以牲畜粪便形式经无害化处理施于茶园作有机肥，可作基肥用。这样绿肥的生物能充分得到利用，是有机农业的重要举措，也是有机茶园绿肥的最佳利用方式。

**（2）沼气发酵材料** 茶园绿肥有机质含量高，是作沼气发酵的好材料。把绿肥和牲畜家禽粪便一起放在沼气池中发酵，所产生的沼气可作燃气和照明等用，废渣和沼气液含氮率高，速效性强，可作茶园追肥，这也可充分利用绿肥中的生物能，为有机茶生产服务，也是有机茶园绿肥较佳的利用方式。

**（3）茶园土壤覆盖物** 土壤覆盖是有机茶生产极为重要的农技措施，好处很多，但因受覆盖物草源的限制，推广受到影响。绿肥是就地可用的最佳土壤覆盖草料，春播夏绿肥可作夏秋伏天干旱时的覆盖草料，拔起后直接铺到行间，待秋冬深耕时埋入土中作肥料，伏天起到抗旱保苗作用，秋冬又起到结合深耕施基肥作用。秋播冬绿肥也可作春、夏时的土壤覆盖草料，可防冲、保墒、降温，待翌年茶园浅耕时埋入土壤作肥料，一举两得，这也是有机茶园绿肥利用的较好方法。

**(4) 直接翻埋作肥料** 茶园绿肥可直接将肥青埋入行间作肥料，当秋播冬季绿肥在5月份待绿肥上花下荚时拔株后在行间开沟作春肥施用，春播夏绿肥在8～9月待绿肥生长到上花下荚时开沟作夏、秋肥施入。绿肥直接埋青可提高土壤含水量，效果好，但直接埋青时要防止绿肥腐烂发酵出现“烧根”现象，所以埋青时不要靠茶根太近，以埋在行间为宜。

**(5) 作堆、沤肥用** 在茶园地边挖几个大小不等的地头坑，将各种绿肥及当地的杂草、枯枝落叶等有机物与一些厩肥、海肥、塘泥放在坑中，经过一段时间堆、沤之后使之有效化，在茶园施肥季节作基肥或追肥用。

### 6. 有机茶园绿肥基地建设

解决茶园肥源和草源问题除了在茶园中间作绿肥之外，还可以在茶园周边建立集中成片的茶园专用绿肥基地，形成绿肥山、绿肥坡、绿肥地、绿肥带等。当这些集中成片的绿肥到了可以利用时，通过刈割及其他收获方式等移到茶园中作肥料或覆盖土壤的草料，这是我国山区茶农自力更生解决茶园肥料和草料问题的重要方法之一，这种集中成片建立茶园专用绿肥基地的方式优点很多，对有机茶生产基地的建设具有重要意义。

**(1) 全面规划合理布置** 茶园绿肥基地建设是茶叶生产基地建设中的重要内容之一，也是一项基本建设，应纳入茶叶生产基地建设规划中进行全面规划、合理布置。

在建设茶叶生产基地时要对被选的地方进行实地勘查，了解生态、地形、土壤、污染源及交通等方面的情况，然后要因地制宜地进行全面规划。当前由于环境污染的胁迫程度增加，过去那种“去森林换茶园”把山上林、树、草一扫而光，搞成“茶海一片”的做法已不再提倡，而是以保护山区生态环境为核心，按照“整体、协调、循环、再生”的原则，进行统筹规划。通过规划，设法把茶叶生产基地建设成茶、林、草、牧、肥、副结构协调、生物多样的林中有园、园中有树的“大集中小分散”式的生态茶园，要求使茶树与周边的林、草、树、畜等形成相互平衡协调、共同发展的格局。因此，在规划时要按照地形条件进行划分，坡度为30°以上的划为非宜茶区，作为林地。作为林地的地块就可以考虑规划成多年生的木本绿肥基地。平原划为良田，良田与茶园之间应有隔离带，如果是有机茶园隔离带，则要求有8～10m宽，如果茶园与良田接壤长，隔离带也可规划成为绿肥基地。有些瘠薄地，原为屋基、坟地，有临时性积水的湿地、沟谷以及常有径流通过的潮土，一般为非宜茶地。但是这些地可以种植各种绿肥，也可因地制宜地规划成绿肥基地。在宜茶区里也不一定把所有的地块都规划成茶园，可按地形、土壤、植被等有选择地规划出几块地作绿肥基地和林地，以保持茶园良好的生态环境。使茶园与周边的树、草相互协调、和谐、平衡，使茶叶生产基地中的茶园从大的方面来看是集中的，但具体的茶园地块却比较分散，形成“林中有园，园中有树，树下有草”的生物多样的良好的生态环境。为了使绿肥基地的绿肥发挥饲用的效果，可进行种养结合，规划中应有畜牧场，它应该安排在比较隐蔽的地方，其规模可按“一亩茶一头猪”的要求或按绿肥基地面积大小的实际情况来规划，并规划有粪便无害化处理场所。

在山区新垦茶园开垦后要进行生态修复，要进行植树、造林、种茶等生态建设，这时也正是茶叶生产基地绿肥建设和种植的好机会。原规划为绿肥基地的都要种上绿肥，路边、沟边、梯边、坎边、零星空地、地角等都要种树进行绿化，这时力求选择一些可以肥田的绿肥作物和树种。在大叶种茶区因天气热，直射光线强，需要在茶园中种植多年的遮阴树，这些遮阴树应选择豆科作物，如台湾相思、大叶合欢、托叶楹等。茶园地头应设计有积肥坑、小的凹地可作沤肥池等。总之，在茶叶生产基地建设时，要以保护生态环境为核心，应把茶园绿肥基地建设纳入规划中，作为茶叶生产生态建设内容之一统一规划、合理布置。通过茶园绿肥的种植努力提高茶叶生产基地内生物对太阳能和空气中氮的固定率和利用率，提高茶叶生产系统内物质和生物能再利用和多层次的重复利用，在每一寸土地都能得到充分利用的前提下使土壤肥力得到提高、生态环境得到保护，使茶叶生产不断向优质、高产、高效益和可持续发展的方向发展。

**（2）因地制宜选择品种** 选好绿肥基地的绿肥品种是绿肥基地优质高产的重要技术环节之一。某一个茶叶生产基地在规划时可能会有好几个面积不等的茶园绿肥基地，有的可能在山上、有的可能在水边、有的可能在低谷、有的可能在坡地上等，在选择绿肥品种时要根据绿肥的生物学特性，因地制宜地选择适应品种，使所选的绿肥能生长良好，能达到改良土壤目的，有经济利用价值和改善生态环境的效果。另外，当有多处绿肥基地时，选择绿肥品种要做到多品种相互搭配和互相结合，如多年生木本绿肥与一年生或越年生草本绿肥相结合、生长期长的绿肥与生长期短的绿肥相结合、豆科绿肥与禾本科或其他科绿肥相结合、肥田专用绿肥和肥饲兼用绿肥相结合、高秆绿肥与矮生绿肥相结合等，力求做到充分利用时间和空间，使每一寸土地都能有效地得到利用，把茶叶生产基地构建成生物多样的立体生态园区。

例如在30°以上的坡地是植树造林区，在非经济区林区，可以结合植树造林选择多年生木本绿肥树种，如大叶胡枝子、木豆、苦罗豆、山绿豆、木兰等，既能达到造林的效果，又可作绿肥。如果一些原为低谷、洼地或临时性积水地等作为绿肥基地的，可以选择一些耐湿经水泡的绿肥，如田菁、合萌等。如果贫瘠土层浅薄的坡地被列为绿肥基地的话，可选择一些抗瘠并具有护坡保土作用的匍匐型绿肥，如白三叶草、知风草、无刺含羞草、爬地兰、毛曼豆、百喜草等。如果是将农田、果园与茶园之间的隔离带作为绿肥基地的应选择一些高秆的多年生绿肥或丛生的木本绿肥，如紫穗槐、木豆、美丽胡枝子等。如把弃耕园地或弃耕田作为绿肥基地的，因原有一定的肥力基础，应选择春播的大叶猪屎豆、柽麻、田菁、印度豇豆、龙爪稷、大绿豆、苏丹草、鸭毛草等及秋播的苕子、肥田萝卜、荞麦、黑麦草、箭舌豌豆等。如果是原为冷浸田或良田因规划时被划为茶叶生产基地园区而被列为绿肥基地的应选择紫云英、黄花苜蓿、苕子、蚕豆、黄豆、黑毛豆、油菜、豌豆等。如果是原为宜茶地目前暂不种茶而划为绿肥基地、将来准备要种茶的，应设法选择种茶前的先锋作物或能高产优质的深根系作物，利用它们的根茬提高土壤肥力，利用地上部作为茶园肥料或畜禽的饲料。总之，一个较大的茶叶生产企业的茶叶生产基地，尤其是绿色食品茶和有机茶生产基地，绿肥基地的绿肥品种选择要根据绿肥的生物学特性因地制宜地合理选用，既要考虑茶叶生产园区生态环境条件，又要考虑绿肥的适应性、实用性和多样性，力求通过绿肥品种选择和种植使茶叶生产基地成为一个生物多样性系数高的对自然环境有良好调控能力的生产基地。

**(3) 科学栽培合理利用** 为了充分发挥茶叶生产基地中绿肥基地对茶叶生产的作用，必须对绿肥基地进行科学栽培和管理，使它能达到高产优质，同时进行合理利用，能以最少的劳力和成本获得最大的效益。但是，在生产实践中有的经营者常常会有这样的认识，认为茶园绿肥基地无非都是一些荒山野岭、低谷乱沟或者是一些弃田废地，不种白不种，种一块算一块，长多少收多少，只种不管，只收不投，结果效果并不理想，不能达到可持续生产的目的，最终导致失败。这种想法和做法必须纠正。茶叶绿肥基地的绿肥与其他作物一样，同样要投入，同样也要管理。关于茶园绿肥基地的高产优质栽培管理，不同的绿肥品种尽管都有不同的栽培措施和管理方法，但是，播种前种子的处理以提高发芽率，采用相应的根瘤种拌种以提高其固氮能力，选择合适的播种时期在使用前能有足够的时间进行生长，采用必要的方法保全苗、保生长，以适量施肥争取以小肥换大肥以及防治病虫的爆发等，同样是所有绿肥基地获得高产优质技术的关键所在。这些关键技术在前文中都已阐述过，有许多措施，绿肥基地都可以因地制宜地加以采纳和应用。

茶园绿肥基地的绿肥利用，要肥饲兼顾、肥草兼顾、肥种兼顾。但是，最佳的利用方式是先作饲料，与其他饲料配合后喂养畜禽，利用其粪便与其他材料配合发酵生产沼气，利用沼液、沼渣作茶园肥料，这是绿肥的最佳利用途径。但是，当旱情来临时茶园土壤要覆盖，也可以直接将其移到茶园作草料对茶园土壤进行覆盖，其利用效果也是十分有效的。在没有沼气池或畜禽存栏数不多时，可以将绿肥直接送到茶园做埋青或者堆沤成各种有机肥直接作茶园肥料用。绿肥基地的绿肥必须留下一部分留作种用，这是自力更生解决绿肥种子的最佳方法，一定要坚持做好。

绿肥基地的绿肥根茬一定要留下作基地土壤自肥用。挖根茬作肥料茶农称其为“吃老本”，这对绿肥基地土壤是件十分有害的事，不能提倡，并要加以制止。

对于多年的绿肥，尤其山坡、山岭等的乔木型的绿肥，不能每年都把它的枝叶全剪光作肥料，要留下一部分作绿化和自身营养用，并使它的落叶作基地土壤的自肥物质，增加土壤有机质提高土壤肥力。

绿肥基地的绿肥因没有茶树，所以利用方法自由度大，可以因地制宜、按需所取，但是必须突出保护茶区生态环境和为茶叶生产服务的宗旨。如果把茶叶生产基地中开辟的绿肥基地的绿肥移作其他作物或茶叶生产基地以外使用，就达不到“茶园绿肥基地”的目的，这种做法在从事茶叶生产经营中要加以避免。

## （二）有机茶园禽畜间养技术

有机茶园的肥料供应中提倡充分利用来自于农场内部的原料。在有条件的茶场，应发展有机畜牧业和养殖业。利用禽畜粪还田，或在茶园中直接养羊、养鸡等，协调生态，达到茶、林、牧生态效应的良性循环，促进有机茶生产发展。重视生产基地生物栖息地的保护，促进各类动物、植物及微生物种群的繁衍发展。茶场内多样性植物与栖息地的覆盖面积占茶场总面积的比例应在5%～10%。中国农业科学院茶叶研究所2007～2009年在浙江省上虞市进行有机茶园中养鸡与有机茶园中非养殖区对比试验，结果表明：在有机茶园中养鸡能较快地提高茶园中的生物多样性；能明显降低草害的危害。鸡的生长时间为120天，周期为2个：第一周期5月中旬～9月中旬；第二周期9月中旬～次年春节前，密度为20只/亩。湖北省十堰市、河南省淅川县、福建省建瓯县都曾出现茶行内养鸡取得良好效果的例子。

## （三）有机茶园内放养蚯蚓

茶园饲养蚯蚓优点很多，它是提高有机茶园土壤肥力的主要方法之一。首先，它可吞食茶园枯枝烂叶和未腐解的有机肥料变成蚯蚓粪便，促进土壤有机物的腐化分解，加速有效养分的释放，熟化土壤，提高土壤肥力。另外，蚯蚓的大量繁殖和活动，可疏松土壤、增加土壤的孔隙度，有利茶树根系生长，促进对养分的吸收和利用。此外，蚯蚓躯体还是含氮很高的动物性蛋白，在土壤中死亡腐烂，是肥效很高的有机肥料，可直接营养茶树。如果蚯蚓数量很多，也可将其取出晒干粉碎作鱼饲料等，有多种用处。所以说茶园饲养蚯蚓是无公害茶园尤其是有机茶园生产的重要土壤管理措施之一（见图4-2）。

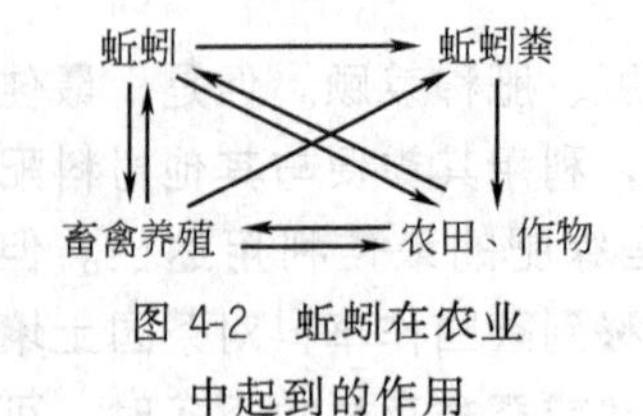

图4-2　蚯蚓在农业中起到的作用

### 1. 蚯蚓饲养

饲养蚯蚓的方法很简单。其具体做法一般分为2个步骤，即先做好蚯蚓床培养虫种，然后放养接种茶园。

**(1) 虫种培养**　先在茶园地边挖几个长3～4m、宽1～1.5m、深30～40cm的土坑，坑底铺上10cm左右较肥的壤土，壤土上铺放稍经堆腐的枯枝烂叶、青草、谷壳、畜禽粪便及厨房垃圾等作为蚯蚓的食料，做成蚯蚓床。在食料上再铺上10～15cm的肥土，然后经常浇水，使蚯蚓床保持50%～60%的田间相对含水量，约过半个月食料充分腐烂，然后从肥土地里挖取、收集蚯蚓，挖开蚯蚓培养床的盖土，把收集到的蚯蚓接种到蚯蚓培养床内，每平方米约接种30～50条。以后经常浇水，保持床内湿润，经过数月后，蚯蚓开始在床内大量生长、繁衍，可作茶园接种用。注意在放蚯蚓时必须待青草、谷壳、畜禽粪便完全发酵腐烂后才可放虫种培养，不然，这些蚯蚓食物发酵升温会把虫种烧死。

**(2) 放养茶园**　先在茶园行间开一条宽30～40cm、深30cm的放养沟，沟里铺放堆沤肥、草肥、栏肥、茶树枯枝落叶、稻草等物，加上少量表土拌和均匀，然后挖出事先准备好的蚯蚓培养床中的蚯蚓、蚯蚓粪便及未吃完剩余的枯枝落叶等杂物一起分撒到茶园放养沟中，然后盖上松土、浇水，让蚯蚓自然生长、繁衍。每年结合施基肥，检查1次蚯蚓生长情况并加稻草、杂草、枯枝落叶等蚯蚓的食料，如发现蚯蚓生长不良，要继续接种，直到蚯蚓良好生长为止。

### 2. 蚯蚓主要品种简介

如果部分茶园在收集蚯蚓种时比较费时费力，可以选择目前比较适宜进行养殖的部分品种。目前全世界已记录的蚯蚓种数已超过3000种，我国有数百种。这里将目前用于养殖方面的几种蚯蚓简单介绍如下。

**(1) 天锡杜拉蚓**　链胃蚓科，杜拉蚓属。体长78～122mm，宽3～6mm，体节数146～198。口前叶为前叶的。背孔自3/4节开始。环带位于Ⅹ～Ⅻ节，或延伸至Ⅸ节或ⅩⅣ节，Ⅹ节、Ⅺ节腹面少腺表皮。刚毛每体节8条，刚毛较紧密，对生，aa= 3ab，ab= cd，dd不及节周一半。有阴茎1对，高而尖，藏在10/11节间沟bc毛间下陷的阴茎囊中，常常突出。雌孔在11/12节间近b毛线上。受精囊孔一对，在7/8节间沟上对cd毛间的位置，孔的前后均有一小乳突。身体前端腹面有1不规则排列的乳头突，全缺者少见。6/7～8/9的隔膜很厚。砂囊2节或3个，在Ⅻ～ⅩⅢ节间。精巢囊在9/10隔膜背侧。输精管卷曲至膜面入Ⅹ节中。精管膨部长或短，末端由阴茎通出。受精囊圆形，其管在7/8隔膜后盘旋多转，下通膨部。精管膨部长柱状，可长达2mm，基部有乳突和腺体。被部青绿色。分布于浙江、江苏、安徽、山东、北京、吉林。

**(2) 日本杜拉蚓**　链胃蚓科，杜拉蚓属。体长70～100mm，宽3～5.5mm。体节数165～195。无被毛。环带位于Ⅹ～ⅩⅢ节，Ⅹ节与Ⅺ节腹面无腺表皮。刚毛每体节4对，aa= 3ab，ab= cd。雄孔1对，在11/12节近c线上。Ⅶ～Ⅻ节腹面有不规则排列的圆形乳头突，全缺者也有。砂囊2～3个，在Ⅻ～ⅩⅣ节。精巢囊1对，甚大，悬在9/10隔膜上。输精管甚弯曲，至Ⅹ节与一大拇指状的前列腺相会，通出外界。卵巢在Ⅺ节前面内侧。10/11和11/12隔膜在背面相遇，合成卵巢腔。卵巢自11/12节隔膜向后长出，约可达ⅩⅩ节。受精囊小而圆，在7/8

隔膜后方，由弯曲的管入一拇指状的膨部通出。背面青灰色或橄榄色，背中线紫青色，环带肉红色。分布于山东、甘肃、新疆、内蒙古、北京、吉林、长江流域等。

**(3) 参环毛蚓** 巨蚓科，环毛蚓属。体长115～375mm，宽6～12mm。背孔自11/12节间始。无被毛和刚毛。环带前刚毛一般粗而硬，末端黑，距离宽，背面亦然。30～34（Ⅷ）在受精囊孔间，28～30在雄孔间，在雄孔相近腺体部较密，每边约6～7条。雄孔在XⅦ节腹刚毛一小突上，外缘有数个环绕的浅皮褶，内侧刚毛圈隆起，前后两边有横排（1排或2排）小乳突，每边10～20个不等。受精囊孔2对，位于7/8～8/9之间一椭圆形突起上，约占环节的5/11。孔的腹侧有横排（1排或2排）乳突，约10个左右。与孔距离远处无此类乳突。隔膜8/9。9/10缺。盲肠简单，或腹侧有齿状小囊。受精囊袋形，管短，盲管亦短。内侧2/3微弯曲数转，为纳精囊。每个副性腺成块状，表面成颗粒状，各有出粗索状管连接乳突。背部紫灰色，后部色稍浅，刚毛圈白色。本品是广东省的优势种，个体较大，鲜体重每条20g左右，青灰色，每平方米可收蚯蚓10～20kg。另外，广西、福建等省（自治区）均有分布，也适于人工养殖。

**(4) 秉氏环毛蚓** 巨蚓科，环毛蚓属。体长150～340mm，宽6～12mm。体节数105～179。口前叶为上叶的。背孔自12/13开始。环带位于XⅣ～XⅥ节，戒指状，无刚毛。Ⅲ～Ⅸ节a～h刚毛粗而疏，向两边逐渐变细而密。14～24（Ⅷ）在受精囊孔间，12～20在雄孔间。雄孔在XⅧ节两腹侧1平乳头上，孔内侧有相似的乳头3对，在刚毛圈前后各1个，XⅨ节前环1对。排列方式多变化。受精囊孔4对或3对，在5/6～8/9节间，紧贴孔突前面有1对乳突，有时缺。Ⅷ节、Ⅸ节腹侧靠近孔。或在腹面各有一对乳突，有时少1个或多个，或完全没有。隔膜8/9～9/10缺。盲肠简单。副性腺成小团，无明显管子。受精囊的盲管较受精囊本体稍短，内端有一枣形的纳精囊。背部深褐色或紫褐色，有时刚毛圈白色。分布于江苏、浙江、安徽、山东、广东、中国香港、四川、北京。

**(5) 威廉环毛蚓** 巨蚓科，环毛蚓属。个体较大，一般体长150～250mm，宽8～12mm。性成熟时平均每条鲜体重5.2g，体色为青黄色或灰青色。卵包呈梨状，每1卵包有1条幼蚓，极少数有两条，这种蚯蚓吞土量大，是一种土蚯蚓，喜欢生活在蔬菜地或饲料地里，喜欢吞食肥沃的土壤，野生习性较强，江苏省海安县有这种蚯蚓适合于人工养殖。体长96～150mm，宽5～8mm。体节数88～156。环带位于XⅣ～XⅥ节，戒指状，无刚毛。体上刚毛较细，前端腹面并不粗而疏。13～22（Ⅷ）在受精孔间，雄孔在XⅧ节两侧一浅交配腔内，陷入时呈纵裂缝，内壁有褶皱，褶皱间有刚毛2～3条，在腔底突起上为雄孔，突起前通常有一乳头突。受精囊孔3对，在6/7～8/9节间，孔在一横裂中小突上。无受精囊腔。隔膜8/9、9/10缺。盲肠简单。受精囊的盲管内端2/3在平面上，左右弯曲，为纳精囊，与管分明。背面青黄色，背中线深青色。分布于湖北、江苏、浙江、天津、北京。

**（6）湖北环毛蚓** 巨蚓科，环毛蚓属。体长70～222mm，宽3～6mm，体节数110～138。口前叶为上叶的，背孔自11/12节开始，环带占3节。腹面刚毛存在。其他部分刚毛细而密，每节70～132条，环带后较疏。背腹中线几乎紧接。14～22（Ⅷ）在受精孔间，10～16在雄孔间。雄孔在ⅩⅧ节腹侧的刚毛线一平顶乳突上开孔，约占1/6节周距离。稍偏内侧在17/18和18/19节间沟各有一对大卵圆形乳头突。受精囊孔3对，在6/7～8/9节间沟腹面两侧，孔周围及腹面均无乳头突。隔膜8/9、9/10与前面各隔膜厚度相等但10/11、11/12甚薄。盲肠锥状。储精囊、精巢和精漏斗所在体节，被包括在一大膜质囊中，背面和腹面两边相通。无精巢囊。前列腺发达。副性腺圆而紧凑，附着在体壁上。受精囊狭长形，其管甚粗，盲管比本体长2倍以上，内4/5屈曲，末端稍膨大。生活时背部草绿色，背中线紫绿色或深柑蓝色。腹面青灰色，环带乳黄色。分布于湖北、四川、福建、北京、吉林及长江下游各省。

**（7）直隶环毛蚓** 巨蚓科，环毛蚓属。体长230～345mm，宽7～12mm。体节数75～129。口前叶为前叶的。背孔自12/13节间始。环带位于ⅩⅣ～ⅨⅥ节，戒指状，无刚毛。体上刚毛一般中等大小，前腹面稍粗，但不显著。aa= 1.2～2ab，zz= 1.3～4yz。27～35（ⅩⅢ）在受精囊孔间，16～32在雄孔间。雄孔在皮褶之底中间突起上，该突起前后各有一较小的乳头。皮褶呈马蹄形，形成一浅囊。刚毛圈前有一大乳突。受精囊孔3对，在6/7～8/9节间，有一浅腔，此孔即在节间沟一小突上。腔内无乳头突，有1个在腔外腹面后节刚毛圈之前。隔膜8/9、9/10缺。盲肠简单。受精囊盲管，内侧1/3有数个弯曲，下部2/3为管。背面深紫红色或紫红色。分布于天津、北京、浙江、江苏、安徽、江西、四川、台湾。

**（8）通俗环毛蚓** 巨蚓科，环毛蚓属。体长130～150mm，宽5～7mm，体节数102～110。环带在ⅩⅣ～ⅩⅥ节，戒指状，无刚毛。以上刚毛环生，13～18（Ⅷ）在受精囊孔间。前端腹面刚毛不粗而疏aa= 1.5ab（ⅩⅧ）或2ab（Ⅸ）。受精囊腔较深广，前后缘均隆肿，外面可见到腔内大小乳突各一。雄交配腔亦深广，内壁多皱纹，往往有平顶乳突3个。雄孔位于腔底的1个乳突上，能全部翻出，形似阴茎。受精囊3对，在Ⅻ～Ⅸ节，受精囊管内端2/3在同一平面，向左右弯曲，与外端1/3的管状盲管有显著区别。纳精囊与管状盲管有显著区别。纳精囊与管状盲管两者在Ⅶ节、Ⅷ节基本上位于一条直线上，而在Ⅸ节则成一定角度的弯曲。储精囊两对，在Ⅺ节、Ⅻ节。输精管向下通至Ⅹ节腹面，两侧与前列腺汇合，以雄孔向外开口。卵巢1对，在12/13隔膜下方。心脏4对，在Ⅶ节、Ⅸ节、Ⅻ节、ⅩⅢ节，末端最大。砂囊1个，在Ⅸ节、Ⅹ节。隔膜5/6～7/8厚，8/9、9/10缺。前列腺1对。盲肠简单。体背草绿色，背中线深青色。分布于江苏、湖北。

**（9）背暗异唇蚓** 正蚓科，异唇蚓属。体长80～140mm，宽3～7mm。体节数93～169，一般多于130。口前叶为上叶的。背孔自12/13节间始。环带位于ⅩⅩⅦ

节、ⅩⅩⅧ～ⅩⅩⅩⅢ节、ⅩⅩⅩⅣ节。性隆脊位于ⅩⅩⅪ～ⅩⅩⅩⅢ节。刚毛紧密对生，后部aa> ab，dd< 1/2c，在Ⅸ～Ⅺ节、ⅩⅩⅫ～ⅩⅩⅩⅣ节，常见在ⅩⅩⅦ节，偶尔在ⅩⅩⅥ～ⅩⅩⅣ节区的生殖隆起只含a毛与b毛。雄孔在ⅩⅤ节。储精囊4对，在Ⅸ～Ⅻ节。受精囊孔2对，开口在9/10和10/11节间。颜色不定，环带后到末端附近色常淡，接着深，暗蓝灰色、褐色、淡褐色或微红褐色，偶见近微红色，但无紫色。身体背腹末端扁平。鲜体重量每条0.7～1.3g。喜欢生活在含有机质丰富而湿润的土壤中，是一种适合于人工养殖的品种，但繁殖率较低，不如赤子爱胜蚓。分布于新疆塔城。

**(10) 灰暗异唇蚓** 正蚓科，异唇蚓属。体长100～270mm，宽3～6mm。体节数118～170。背孔自8/9节间始，环带位于ⅩⅩⅥ～ⅩⅩⅩⅢ节，约占九体节，马鞍形。性隆脊位于ⅩⅩⅪ～ⅩⅩⅩⅢ节b毛外侧，纵向，2个，节间连续。刚毛每节4对，密生，aa约等cd，dd几近节周的一半。雄孔1对，在ⅤⅩ节bc间较近b毛一横深槽中，前后表皮隆肿如唇，14/15和15/16节间亦因腺肿而消失。雌孔1对，在ⅩⅣ节b毛外侧。受精囊孔2对，在9/10、10/11节间沟，约与cd成直线。无乳头突，但Ⅸ～Ⅺ节腹刚毛周围腺肿状。砂囊大而长，位于ⅪⅩ节，其前有一嗉囊，心脏5对，在Ⅶ～Ⅺ节。储精囊4对，在Ⅸ～Ⅻ节，前2对较小，发育不全。精囊游离，无精巢囊。受精囊2对，小而圆，其管两对。分布于江苏、浙江、安徽、江西、四川、北京、吉林等。

**(11) 微小双胸蚓** 正蚓科，双胸蚓属。体长17～65mm，宽1.5～3.0mm。体节数65～97。口前叶为上叶的。背孔自5/6节间始。环带位于ⅩⅩⅢ节、ⅩⅩⅣ～ⅩⅩⅪ节、ⅩⅩⅫ节。无性隆脊；或有，在ⅩⅩⅣ节、ⅩⅩⅤ节、ⅩⅩⅥ～ⅩⅩⅩ节上，界限模糊。刚毛紧密对生，cd= 3/4ab，aa比bc稍大，dd= 1/2c雄孔在ⅩⅤ节，有稍高的小乳突，乳突淡黄褐色。储精囊在Ⅺ节和Ⅻ节。无受精囊。腹部淡黄色，背部微红色。分布于江苏、江西、四川、北京、吉林等地。

**(12) 赤子爱胜蚓** 正蚓科，爱胜蚓属。体长35～130mm，一般短于70mm，宽3～5mm。个体较小。体节数80～110。口前叶为上叶的。背孔自4/5（有时5/6）节间始。环带位于ⅩⅩⅣ节、ⅩⅩⅤ节、ⅩⅩⅩⅥ～ⅩⅩⅫ节。性隆脊位于ⅩⅩⅧ～ⅩⅩⅩ节，刚毛紧密对生，ab= cd，bc< aa，前端dd= 1/2c，后端dd< 1/2c 在Ⅸ～Ⅻ节的生殖隆起上有一些刚毛环绕，通常在ⅩⅩⅣ～ⅩⅩⅫ节环绕a和b毛。雄孔在ⅩⅤ节，有大腺乳突。储精囊4对，在Ⅸ～Ⅻ节。受精囊2对，有管，开口在9/10和10/11节间背中线附近。颜色不定，紫色、红色、暗红色或淡红褐色，有时在背部色素变少的节间区有黄褐色交替的带。卵包较小，呈椭圆形，两端延长，一端略短而尖，每个卵包内有3～4条幼蚓，少则2条，多则8条。身体圆柱形。性成熟时，平均每条鲜体重0.50g。这种蚯蚓喜欢吞食各种牲畜粪，倾肥性强，在腐熟的肥料堆或纸浆污泥中可以发现，属于粪蚯蚓，适合人工养殖。分布于新疆、黑龙江、北京、吉林、四川成都。

**(13) 红色爱胜蚓** 正蚓科，爱胜蚓属。体长25～85mm，髋4～5mm。体节

12～150。口前叶为上叶的。背孔自 4/5 节间始。环带位于ⅩⅩⅤ节、ⅩⅩⅥ～ⅩⅩⅩⅢ节，稍微腹向张开。性隆脊通常位于ⅩⅩⅨ～ⅩⅩⅩⅠ节。刚毛较密，对生，aa> bc，bc< dd，ab> cd，前端 dd= 1/2c，后端 dd= 1/3c。雄孔在ⅩⅤ节，有隆起的腺乳突，与雄生殖隆起一起延伸至ⅩⅣ节和ⅩⅥ节。储精囊 4 对，在Ⅸ～Ⅻ节。受精囊 2 对，有短管，开口在 9/10 和 10/11 节间背中线附近，或侧中线与 d 毛之间。除环带区外，身体圆柱形。无色素，活体呈玫瑰红色，或淡灰色，保存经酒精浸泡，体色褪掉，呈现白色。分布于新疆、黑龙江、北京、吉林。

**(14) 中华合胃蚓**　链胃蚓科，合胃蚓属。是一种大型的蚯蚓，身体半透明而光滑，色素很少，前端略呈淡黄色，生殖带不明显，一般在第Ⅹ～ⅩⅣ节或Ⅹ～ⅩⅤ节。刚毛看不见。雄性生殖孔 2 对，在 11/12 和 12/13 节间沟两侧的宽裂缝中，雌性生殖孔 1 对，在第ⅩⅣ节的前半节内，不很明显。受精囊孔只有 2 对，各在第Ⅶ节和第Ⅷ节后缘的乳头突起上。这种蚯蚓只有苏州、无锡和南京一带的山地能见到。

**(15) “大平二号”蚯蚓**　是日本研究人员前田古彦利用美国的红蚯蚓和日本的花蚯蚓杂交而成。此蚓一般体长 50～70mm，体腔直径 3～6mm，个体大的体长可达 90～150mm，成蚓体重 0.45～1.12g。体上刚毛细而密，体色紫红，但随饲料、水分等条件改变体色也有深浅的变化。这种蚯蚓除体腔厚、肉多、寿命长、能适应高密度饲养外，还有繁殖率高、适应能力强、易于饲养等优点，非常适合人工养殖。

## 三、有机茶园土壤活性管理技术

有机茶园不仅要选择自然潜在肥力水平高的土壤，而且在生产过程中要在规定生产许可的条件下，尽可能地依靠加强土壤科学管理不断提高和保持土壤肥力，保证茶园在不采用任何人工合成化学物质的情况下正常而健康生长，实现高产、优质、高效。因此，土壤管理在有机茶园栽培中十分重要。

### （一）有机茶园土壤管理

有机茶园土壤管理在第三章已讲叙，此处不再详述。

### （二）有机茶园耕作

茶园深耕有利也有弊。有机茶园深耕要因地制宜地进行。

所谓有利，第一，成龄采摘茶园一年要进行多次采茶，对土壤产生多次踩踏和镇压，土层不断坚实，表土板结，影响土壤中的气体与大气交换，也影响根系生长。深耕能疏松土层，防止土层板结，增强通透性，提高土壤渗水能力，有利于根系生长。第二，深耕能把肥力较高的表土翻入下层，把下层生土翻到表面，经过风化，促使土壤不断熟化，提高土壤肥力。第三，深耕能铲除杂草，把土中的虫卵、虫蛹翻到表层经日晒、冷冻而死亡，减少草害和虫害。但是，耕作也有负面效果。首先，深耕后由于土壤疏松通气性增强，加速土壤有机质的分解和消耗，使茶园本来就不高的土壤有机质含量变得更低。另外，深耕后由于土壤疏松，土壤之间的黏结力减少，土壤冲刷量增加。但更严重的是深耕引起伤根给茶树生长带来直接的不良影响。因茶树地上部和地下部的生长具有一定的对称性，成龄茶园树冠郁闭，地下部的根系也布满整个行间，任何耕作都会引起伤根。据湖南茶叶研究所试验，在常规密度的采摘茶园行间耕作，耕幅 40cm、耕深 30cm，根系损伤率达 12%。耕幅扩大或深度加深，伤根率迅速加大，如耕深20～50cm的比耕深 10cm 的伤根率高 8～20 倍。所以成龄采摘茶园深耕有利也有弊。因此深耕时，要讲究方法，妥善处理利弊关系，做到扬长避短，充分发挥深耕的良好效果。

为了尽量使深耕少伤根和不伤根，一般有机茶园深耕 1 年 1 次即可，结合秋冬季施有机肥、翻埋茶园绿肥或茶园盖草物时进行，深度以 20～25cm 为宜。深耕采取茶行中间深、靠近茶根浅的做法，这样深耕虽也会引起一定的伤根，但茶树地上部生长已结束，伤根不会影响当年产量，这时根系处于生长期，即使有些伤根，也能较快地得到恢复或再生，对茶树生长影响不大。但深耕时间，必须在茶季结束后及早进行，宜早不宜迟。长江中下游广大茶区以 9 月下旬至 10 月下旬为宜。对于长期铺草，杂草很少的茶园，因土壤比较松软，只要每年结合施基肥或埋草进行深耕即可，不必多深耕。

我国还有不少丛栽的旧式有机茶园，行间宽，管理粗放，以采春茶为主，留养夏秋茶。可以在伏天 8～9 月进行 30cm 深的深耕：一方面能把茶园中梅雨季节生长的茂盛杂草深埋作肥料；另一方面能把下层的心土翻到表面经伏天烈日暴晒和风化，使其熟化提高肥力。茶树经过秋季留养，伤根恢复，有利于保持翌年春茶的生长和产量，这种耕作被称为“挖伏山”。深耕后再及时铺草，防止暴雨引起水土流失。密植茶园，到成龄投产时树冠郁蔽、行间封行、落叶层厚、土壤松软、杂草稀少，适当铺草后，一般不深耕，可以几年后结合树冠改造进行耕作。无论是幼龄茶园、成龄茶园或是老茶园，凡是进行深耕的都要与施基肥和埋草相结合，才能充分发挥深耕改土、增产提质的效果。

# 第五章 有机茶园病虫草害的防治

茶树病虫草害的防治是茶叶生产过程中不容忽视的重要环节，是影响茶叶安全和质量的重要因素。然而当前茶树病虫草害的防治主要依赖于化学农药的使用，致使茶叶的农药残留和有害物质富集问题日益突出，同时损害和削弱了茶树病虫草害的自然生态控制因子，导致病虫害发生更加猖獗，更需要进行农药防治，形成恶性循环。有机茶园病虫草害的防治特别强调按有机农业的要求，完全禁用化学农药，提倡以生态控制（biological control）为主、结合栽培防治措施和有机农业允许的药剂防治措施的综合防治体系（integrated control system），重建良好茶园生态系统，使因病虫害发生造成的损失稳定在经济允许的损失水平以下，保障茶叶正常生产。

## 一、有机茶园病虫草害综合防治的基本原理

茶树是一种多年生木本作物，植株大多不高，树冠密集，树幅宽大，四季常青，一经种植可连续生产几十甚至上百年，因此封园投产后的茶园是一个树冠郁闭、小气候相对稳定的特殊生态环境。同时，茶园是一个人为干扰较大的人工生态系统，从园地开垦、茶苗种植到茶树修剪、采摘、施肥、病虫防治等无不受到人为因素的干扰。近几十年来，随着生态环境的变化，栽培措施的变革，茶园生态环境的多样性趋于简单化，病虫易于流行和扩散；推广良种而忽视地方抗性品种，使茶树抗性减弱；普遍使用化学肥料，尤其是大量偏施氮肥，致使茶园土壤活性降低，改变茶树体内的碳氮比例，吸汁害虫发生普遍。在茶园病虫草害防治过程中只注重病虫草害本身防治而忽视茶园环境作用，主要依赖化学农药和除草剂而忽略其他措施的协调，重视治的手段而放松了防的措施，致使茶园生态平衡遭到破坏，引起茶园病虫区系不断发生变化，危险性害虫日益猖獗，草害依然严重，三“R”问题（残留量 residue、抗药性 resistance 和再猖獗 resurgence）突出。因此，重建、恢复、保持茶园良好的生态环境，采用不使用化学农药和除草剂的茶园病虫草害防治的有效方法在有机茶生产中显得尤为迫切和关键。

在有机农业体系中，茶树病虫草害综合防治的基本原理是基于茶园病虫的生态控制，即在了解茶园生态环境中各种有利和不利因素的基础上，按照生态学的基本原则，从病虫害、天敌、茶树及其他生物和周围环境整个系统出发，在充分调查、掌握茶园生态系统及周围环境的生物群落结构的前提下，研究各种生物与非生物因素之间的联系；掌握各种有益生物种群和有害生物种群的发生消长规律及相互关系；全面考虑各种技术措施的控制效果、相互联系、连锁反应及对茶树生长发育的影响，充分发挥以茶树为主体的、以茶园环境为基础的自然调控作用。其主要的防治方法如下。

## （一）改善茶园生态环境，增强茶园自然调控能力

进行茶园病虫综合防治必须首先全面调查茶园的生态条件，包括气象、土壤、植被、动物等的基本情况，系统了解当地气候因素、土壤条件与茶树生长发育的关系以及对病虫发生的影响。一般来说，山区和半山区茶园自然条件较好，植被丰富，气候适宜，素有“高山云雾出好茶”之说。对于这样的茶园要注意维持和保护生态平衡。对于自然条件较差的丘陵和平地茶园，要采取植树造林种植防风林、行道树、遮阴树，间种绿肥和覆盖作物等措施，增加茶园周围的植被。部分茶园还应该退茶还林、退茶种果、调整作物布局，使茶园成为较复杂的生态系统，从而改善茶园的生态环境，增强自然调控能力。

## （二）调查茶园生物群落结构，促进和维持茶园生态平衡

生态学原理提示，任何一个生态系统都具有一定的结构和功能，都是按照一定的规律进行物质、能量和信息的交换，从而推动生态系统不断地发展。生态系统的每一个因素都表现了功能和结构的相互依赖性，任何一个因素发生变化，都会引起其他因素发生相应的变化。因此，进行茶园病虫的生态控制，必须全面调查茶园及周围环境中各种生物的种类与数量，明确主要种群的动态及群落间的相互联系。其中，尤其要掌握茶树的生物学特性与病虫发生的关系，茶园害虫与天敌群落的特征及消长规律，茶园土壤微生物群落以及茶园杂草群落与茶园病虫害发生的联系。生物群落结构一般可用丰富度、多样性指数、均匀度、优势度等指数来分析。茶园生物群落还涉及其稳定性与生产力，与茶叶生产紧密相关。在茶园生态环境里，生物群落结构越复杂，其稳定性也越大。因此在设计生态控制措施时，应以维持茶园生态系统平衡为目标。

## （三）坚持以农业技术防治为基础，加强茶园栽培管理措施

茶园栽培管理既是茶叶生产过程中的主要技术措施，又是病虫防治的重要手段，它具有预防和长期控制病虫的作用，在设计和应用上既要满足茶叶生产的需

要，又要充分发挥其对病虫害的调控作用。目前可以推广的措施主要如下。

### 1. 合理种植，避免大面积单一茶栽培

众所周知，大规模的单一茶栽培，无疑会使群落结构及物种单纯化，容易诱发专食性病虫害的猖獗，茶叶生产的实践也说明了这点。凡是周围植被丰富、生态环境较好的茶园，病虫害爆发的概率就较小，在非洲茶场，大面积的薪柴林与茶园相间而植，不仅解决了制茶的能源需要，而且和其他山林草地一起，使茶叶生长环境的生物多样性比较丰富，再加上气候原因，病虫害就很少爆发；凡是大面积单一栽培的茶园，特别是大面积单一品种栽培的茶园，病虫害就容易流行和扩散，爆发成灾，如茶饼病、茶白星病、假眼小绿叶蝉等在大面积茶园中往往发生较重。此外，一些豆科绿肥可以作为线虫的诱集植物，诱导线虫在不适当的时候孵化，孵化后及时沤制或翻埋可致线虫死亡。因此，从有机农业的原理出发，新辟茶园应向生物多样性丰富、生态环境良好的山区发展，避免大面积单一种植，同时要做到多品种合理搭配种植，周围应保持以树林、牧草、绿肥为主的丰富植被。可以采取“大集中、小分散或小集中、大分散”和“山顶戴帽子，山脚穿鞋子，山腰围裙子”等多种模式发展茶园。

### 2. 选育和推广抗性品种，进行合理搭配种植，增强茶树抗病虫能力

选育和推广抗性品种是防治病虫害的一项根本措施。我国茶园过去主要是丛植群体品种，这些茶树适应当地的气候与环境，基因多样性丰富，具有较好的综合抗性，但生长参差不齐，嫩梢色泽混杂，品质难能整齐划一，不适应现代经济生产的要求。因而，近几十年来，大力选育和推广了许多无性系良种。在选育和推广茶树良种过程中，必须注意其抗性，必须注意不同抗性品种的搭配，必须注意充分利用优异地方品种的抗性基因和优异地方品种本身，尽量避免生物间协同演化对抗性的不利影响。

### 3. 科学施用有机肥和矿物肥料，增强茶树自身的抗性能力

有机肥可以改良土壤、提高土壤通透性、增加土壤微生物的种类和数量，有利于茶树生长健壮、增强对病虫害的控制能力，减少土传病害的发病率。秋冬季节，茶树处于休眠状态，茶园可进行翻耕施肥。基肥以农家肥、沤肥、堆肥、饼肥等有机肥为主，适当补充磷钾肥。每年茶叶生产季节可及时适量追肥。对茶饼病、茶白星病发生严重的茶园，可配合使用腐植酸、增产菌等进行叶面施肥。

### 4. 及时采摘，抑制芽叶病虫的发生

芽叶是茶叶采收的对象，营养丰富，病虫发生也严重。要按照采摘标准及时分批多次采摘，并尽量少留叶。蚜虫、小绿叶蝉、茶细蛾、茶附线螨、橙瘿螨、丽纹象甲、茶饼病、茶芽枯病、茶白星病等多种危险性病虫害主要发生在幼芽嫩梢上。采摘可恶化这些病虫害发生和蔓延的营养条件，还可破坏害虫的产卵场所和减少病害的侵染寄主。如小绿叶蝉，成虫和若虫均刺吸新梢芽叶的汁液，卵也

产在新梢表皮组织内，通过及时采摘，可达到90%以上的防治率。茶尺蠖、茶毛虫等食叶性害虫也喜欢取食幼嫩的叶片，及时采摘也可抑制它们的发生。对病虫芽叶要实行重采、强采，但病叶、虫叶不要与正常芽叶混为一体。如遇春暖早发，要相应提早开园采摘。

**5. 适时翻耕，合理除草**

土壤既是很多天敌昆虫的活动场所，也是很多害虫越冬越夏的场所，如尺蠖类在土中化蛹、刺蛾类在土中结茧、角胸叶甲在土中产卵，很多病害的叶片掉落在土表。翻耕可使土壤通风透气，促进茶树根系生长和土壤微生物的活动，破坏地下害虫的栖息场所，有利于天敌入土觅食，也可利用夏季的高温或冬季的低温直接杀死暴露在土表的害虫，对土表的病叶或害虫卵可深埋在土下使其腐烂。一般在秋末结合施肥进行翻耕，对丽纹象甲、角胸叶甲幼虫发生较多的茶园，也可在春茶开采前结合除草翻耕一次。茶园恶性杂草必须人工翻挖，彻底清除，至于一般杂草，只要不对茶叶生产产生经济危害，就不必除草务净。

**6. 合理修剪，控制枝叶上的病虫**

病虫害在茶树上是多方位发生的。蚜虫、小绿叶蝉、茶细蛾、茶饼病、芽枯病、白星病等主要发生在表层的采摘面上，也可发生在中下层的幼芽嫩梢上。而很多蚧类、蛀干虫、苔藓、地衣等主要发生在中下层的枝干上，藻斑病、云纹叶枯病等主要发生在成熟的叶片上。通过不同程度的轻修剪、深修剪、重修剪，就可以剪去其寄生在枝叶上的病虫。如一年一度的轻修剪，对抑制小绿叶蝉、茶细蛾均有好处。蓑蛾类初孵幼虫有明显的发生危害中心，通过轻修剪可剪去群集在叶片背面的虫囊，在蓑蛾大发生后期，需通过重修剪才能剪去枝干上的虫囊。对介壳虫、黑刺粉虱发生严重的衰老茶园，也需进行重修剪甚至台刈，将茶丛中下部枝叶上的病虫彻底清除。

## （四）保护和利用天敌资源，积极开展生物防治

茶园天敌资源比较丰富，但由于过去盲目使用化学农药，致使茶园天敌种类与数量锐减。在茶园生态系统中，茶树、病虫种群和天敌种群是相互依存和制约的，以食物链关系来达到平衡，由于茶园是一个以人类经济目的为主的人工生态系统，这种平衡常常是脆弱的，动态的平衡易于被外来因素所干扰和破坏。在有机茶生产中，天敌是茶园虫害生态控制的直接而强大的自然力量，如何保护和利用天敌资源开展生物防治，一般可从如下几方面进行。

**1. 大力宣传生物防治的意义和作用**

天敌和害虫同时发生在茶园里，很多茶农对天敌防治害虫的重要性和有效性认识不足，有的任意猎杀茶园鸟类、青蛙、蛇等天敌。因此，开展生物防治，首先要加强宣传，提高对生物防治意义的认识。通过举办培训班、科技咨询、科技

服务等形式，利用标本、挂图、实物向群众介绍常见天敌的种类、作用、效果和保护措施，提高茶农自觉保护和利用茶园病虫害天敌的意识。

**2. 给天敌创造良好的生态环境**

茶园周围种植防护林、行道树，或采用茶林间作、茶果间作、幼龄茶园间种绿肥，夏、冬季在茶树行间铺草，均可给天敌创造良好的栖息、繁殖场所。在进行茶园耕作、修剪、采摘等人为干扰较大的农活时给天敌一个缓冲地带，减少天敌的损伤。在生态环境较简单的茶园，可设置人工鸟巢，招引和保护鸟类进园捕食害虫。在茶园行间设置一些草把或在附近行道树上绑草，让天敌在里面越冬越夏，尤其对保护蜘蛛特别有效。如发现草把里有害虫也可集中消灭。在幼龄茶园种植绿肥和覆盖作物，改善天敌的生存繁衍条件。

**3. 结合农业措施保护天敌**

茶园修剪、台刈下来的茶树枝叶，先集中堆放在茶园附近，让天敌飞回茶园后再处理．人工采除的害虫卵块、虫苞、护囊等先放在有沿的坛子中，坛沿放水，使害虫跑不掉，寄生蜂、寄生蝇类却可飞回茶园。

**4. 人工助迁和释放天敌**

天敌与害虫有一种追随现象，害虫发生多的茶园，天敌也较多，但害虫一旦控制下去后，天敌的食料就会受到影响。一方面要预先进行多样性设计，保存一些天敌的替代食源，另一方面要按时进行人工帮助迁移。害虫大发生的地块，也可从别处助迁天敌来取食。人工释放天敌包括常见的捕食性天敌昆虫如瓢虫、草蛉、猎蝽等以及蜘蛛和寄生蜂等。可先在室内饲养一部分天敌，然后再释放到茶园中去，也可用柞蚕、蓖麻蚕、米蛾卵大量培养寄生蜂，在害虫大发生时释放到茶园，让其自然寄生。靠近居民区的茶园，可饲养鸡鸭寻食害虫。

**5. 利用微生物治虫**

茶园中普遍存在大量的微生物，可用于茶树病虫害防治的主要有白僵菌、虫生真菌、苏云金杆菌、各种专化性病毒等，这些均能在茶园很好地扩散，造成再感染和流行。

**(1) 真菌治虫** 目前，从茶树害虫体上分离到的真菌有数十种，主要有白僵菌、绿僵菌、拟青霉、韦伯虫座孢菌、头孢霉等，对鳞翅目、同翅目、鞘翅目等害虫防治效果较好。真菌主要是通过孢子飘落到昆虫体壁上，孢子发芽后侵入昆虫体壁内大量产生菌丝体，吸收昆虫的营养，破坏昆虫的体壁结构、释放毒素而使昆虫致死。致死昆虫虫体僵硬、长出不同色泽的霉状物。因真菌孢子要在适温高湿条件下才能正常生长发育，因此，在 18～28℃ 的温度范围内，雨后或相对湿度较高的天气条件时喷施效果较好。如茶园中喷施 0.1 亿～0.2 亿个/ml 的白僵菌孢子液，防治茶毛虫、茶尺蠖、茶卷叶蛾类效果可达 70%以上。

**(2) 细菌治虫** 细菌中应用最广的是苏云金杆菌类（*Bacillus*

thuringiensis，简称 Bt），有许多变种，如青虫菌、杀螟杆菌、苏云金杆菌、7216 等。细菌主要通过害虫取食，感染茶蚕、尺蠖、刺蛾、茶毛虫等鳞翅目食叶幼虫。细菌从昆虫口腔进入消化道，再侵入昆虫血液，破坏血淋巴、引起“败血病”。它能感染家蚕，在有机茶园周边有桑园的要禁用。Bt 繁殖速度快，易大量生产、成本低。目前产品较多，但各个产品的菌种不一，对各种害虫的防效差异较大。因此，根据不同的害虫筛选菌种和生产不同产品是十分必要的。使用细菌，对环境条件的要求不太严格，但应避免在阳光强烈的高温天气和低温（低于 18℃）天气条件下使用，喷施时应将害虫取食的部位喷湿。一般喷施 3 天后幼虫开始大量死亡，7～10 天可达到最高的防治效果，但有的产品药效较慢，要到化蛹前才死亡。

**(3) 病毒治虫**　目前茶树上发现的害虫病毒有数十种。由于病毒的保存时间长，有效用量低、防治效果高、专一性强、不伤害天敌及具有扩散和传代的作用，对有机茶园生态系统没有任何副作用，成为一项很有前途的生物防治措施。病毒也是经昆虫口腔进入体内，病毒粒子在昆虫体内大量复制繁殖，消耗昆虫体液、散发出病毒素引起昆虫死亡。迄今研究应用较多的有茶尺蠖、油桐尺蠖、茶毛虫、茶刺蛾、扁刺蛾核型多角体病毒（NPV）；茶小卷叶蛾、茶卷叶蛾颗粒体病毒（GV）。这些病毒简便的生产和使用方法是，选择幼虫密度大的茶园，喷射少量病毒液，待田间幼虫大量死亡时收集虫尸；或室内饲养大量幼虫，至中龄期用浸渍有病毒液的叶片喂养 2～3 天，待幼虫开始死亡后每天收集虫尸。收集到的虫尸放在瓶内，标记上虫尸数量后加入少量水，放在冰箱中或室内阴凉处避光保存。待田间幼虫危害时，将此虫尸取出研碎，用纱布过滤，滤液加水稀释成病毒液，按总虫尸数和加水总量，计算出每毫升所含的虫尸数。在田间 1～2 龄幼虫期，每公顷喷施 500～700 头虫尸的病毒量，防治效果可达 90%以上。此外，目前已有茶尺蠖病毒制剂、茶毛虫病毒制剂、病毒 Bt 混剂等产品的生产，可供有机茶生产基地应用。使用单种病毒制剂的要点是：应该在 4～7 月上旬、8 月下旬～10 月虫口密度较小时使用，即在 1～2 龄幼虫期喷施，使用时需充分摇匀原液后再稀释，使用后要适当延长安全采摘间隔期。病毒是通过幼虫取食后感染的，因此，喷施时必须将害虫取食部位喷湿。幼虫取食病毒后的潜伏期较长，一般 10 多天后才开始死亡，死亡前还会危害茶树，引起减产，因此防治策略是抓住虫口密度较小、发生整齐的第一代防治，每年喷施一次即可控制年内其他各代的发生。

## （五）物理、机械防治

应用各种物理因素和机械设备来防治病虫害，即为物理、机械防治。包括以不同作用原理为基础的多种措施，如诱集与诱杀、阻隔、分离及利用温湿度、放射线、高频电流、超声波、激光等。茶园常用的防治措施如下。

### 1. 灯光诱杀

利用害虫的趋光性，设置诱虫灯，既可作为预测之用，也可用来直接杀灭害虫。一般以频振式杀光灯作为光源，灯挂于高出茶园蓬面 0.5m 左右的地方，利用高频电流杀死害虫。一般开灯时间以晚上 7～12 时为宜，在闷热、无风雨、无明月的夜晚诱虫较多。但灯光诱杀有时也会把天敌诱来，这时需对诱虫灯做些改进，或尽量避开天敌高峰期开灯。一年中开灯的时间应以科学的病虫监测为基础，准确掌握主要害虫成虫羽化的高峰期，在高峰期开灯诱杀，其他时间尽量少开，以防止杀伤天敌。

### 2. 食物诱杀

利用害虫取食的趋化性，用食物制作饵料可以诱杀到某些害虫。糖醋诱杀液可用糖（45%）、醋（45%）、黄酒（10%）调成，放入锅中微火熬煮成糊状糖醋液，倒入盆钵底部少量，并涂抹在盆钵的壁上，将盆钵放在茶园中，略高出茶蓬，具有趋化性的卷叶蛾、小地老虎等成虫会飞来取食，接触糖醋液后被粘连致死。也可用谷物或代用品炒香后制成饵料诱杀地老虎等幼虫和蝼蛄，或在茶园内堆干草垛或杨树枝也可诱杀一部分害虫。

### 3. 色板诱杀

利用害虫对不同颜色具有不同的趋色习性诱杀某些害虫。如黄板对茶树黑刺粉虱具有较强的诱杀效果。一般每亩放置诱虫色板 15～20 张，色板位置高出茶树蓬面 10～15cm。

### 4. 性信息素诱杀

昆虫性信息素是指昆虫雌虫分泌到体外以引诱雄虫前去交配的微量化学信息物质。昆虫的交配求偶就是通过这种物质的交流，即性信息素的传递来实现的。根据这一原理，利用现代技术，人工合成信息素——性外激素，制成对同种异性个体有特殊吸引力的诱芯，结合诱捕器配套使用。在田间释放，诱集和诱捕雄性昆虫，从而大幅度降低产卵量和孵化率，达到防治的目的。目前国内外现已成功地合成了茶毛虫、棉铃虫、梨小食心虫、桃小食心虫、二化螟、小菜蛾等农业重要害虫性信息素，并取得了显著的经济、生态效益。

## （六）合理使用植物源和矿物源农药防治，控制病虫害爆发

有机茶生产中，在必要时可以使用植物源和矿物源农药来预防或控制茶树病虫害爆发。任何农药都有特定的副作用，植物源和矿物源农药也不例外，一方面要有限制地谨慎使用，另一方面要特别注意使用方法，预防性的用药以封园后使用为主，控制病虫害爆发用药要掌握在害虫抗药性较低的生长时期使用，并适当延长安全采摘间隔期，一般要 20～25 天以上。常用植物源农药来源、制法、用

法与防治对象见表5-1。

**表5-1 常用植物源农药来源、制法、用法与防治对象**

| 品种/名称 | 制法与用法 | 防治对象 |
|---|---|---|
| 苦楝叶 | 加5倍重量的水,熬制2h,过滤后喷施 | 鳞翅目幼虫、小绿叶蝉、茶蚜、介壳虫 |
| 鱼藤根 | 加5倍重量的水,浸泡24h,再熬制30min,过滤后喷施 | 鳞翅目幼虫 |
| 除虫菊全株 | 粉碎后加160倍重量的水,过滤后喷施 | 鳞翅目幼虫 |
| 茶籽饼 | 粉碎后加20倍重量的水,浇灌土壤 | 根结线虫 |
| 雷公藤根 | 粉碎后加15倍重量的水,浸泡24h,过滤后喷施 | 鳞翅目幼虫 |
| 苦蒿全株 | 加5倍重量的水,熬制1h,过滤后喷施 | 鳞翅目幼虫、茶蚜 |
| 水蓼茎叶 | 加5倍重量的水,熬制1h,过滤后喷施 | 鳞翅目幼虫、茶蚜 |
| 蓖麻茎叶 | 加5倍重量的水,熬制30min,过滤后喷施。干粉用于苗圃,每公顷撒施90kg | 蓟马(水剂),蛴螬(粉剂) |
| 乌桕茎叶 | 加5倍重量的水,浸泡24h,过滤后喷施 | 蓟马 |
| 番石榴叶 | 加5倍重量的水,熬制30min,过滤后喷施 | 小绿叶蝉、蓟马 |

常用矿物源农药主要有石硫合剂、波尔多液、除藓剂和硫酸铜等，石硫合剂和波尔多液主要在封园后使用，除藓剂通常在修剪后使用。

石硫合剂由石灰和硫黄配制而成，具有杀虫、杀螨、杀菌等多方面的效果。通常使用浓度为0.3～0.5°Bé。配制方法为：石灰1份、硫磺2份、水10份，先将石灰在容器中加少量水溶解，再缓慢加入硫黄粉，搅匀后加足水量，上大火急煮，边煮边拌，并注意补足蒸发的水分，约1h，当药液由淡黄色转变为深褐色、药渣变为黄绿色时停止加热，用纱布滤去药渣即为石硫合剂原液，测定波美度后，进行必要的标记，储存待用。

波尔多液由石灰和硫酸铜配制而成，主要用于防治茶树芽叶病害和苔藓地衣。茶园中通常使用的0.6%～0.7%的石灰半量式波尔多液的配制方法为：硫酸铜0.6～0.7kg、石灰0.3～0.35kg、水100kg，准备3只容器，先将硫酸铜用少许热水溶解，再在第一只容器中以50kg水将其配制成硫酸铜溶液，用余下的水和石灰在第二只容器中配制成石灰水溶液，最后，将配制好的硫酸铜溶液和石灰水溶液同时倒入第三只容器，边倒边搅拌，即配制成天蓝色的波尔多液原液。波尔多液腐蚀金属，在配制和使用过程中均需注意。

除藓剂的配制是将3kg纯苏打粉（含$Na_2CO_3$）和4kg生石灰（含CaO）溶于200L水中，再缓慢加入熟石灰［含$Ca(OH)_2$］，直至溶液呈白色即可。除藓作业要在重修剪或台刈后立即进行。用背负式喷雾器将除藓剂均匀喷雾，直至茶树枝干略显潮湿，稍后用干布将茶树上的苔藓抹除干净即可。除藓剂用量约为600L/hm²。

硫酸铜主要起杀菌作用，常用于茶苗出圃时浸渍消毒，较少用于叶面喷施，硫酸铜使用浓度不大于 0.5%。

## 二、有机茶园几种虫害防治技术

茶园害虫种类多，在全国各地的发生差异大，危害方式也多种多样。按取食方式和危害部位可将其分为四大类：食叶害虫、吸汁害虫、钻蛀害虫和地下害虫。食叶害虫大都具有咀嚼式口器，通过咀食茶树叶片，直接造成减产和影响树势，其中以尺蠖类、毒蛾类、刺蛾类、蓑蛾类、卷叶蛾类、象甲类等危害较重。吸汁害虫大都具有刺吸式口器，以口针刺入茶树叶片或嫩枝表皮组织，吸收茶树汁液，造成芽叶萎缩、生长停滞，或树势衰弱，甚至枝叶枯死，其中以叶蝉类、蚧类、粉虱类、蓟马类、螨类等危害较重。钻蛀害虫以幼虫钻蛀茶树枝干，引起枝干空心，造成枯枝死树，如茶枝镰蛾、茶堆砂蛀蛾和茶天牛等。地下害虫主要指发生在地下，咬食茶树根系的害虫，如小地老虎、蛴螬等。钻蛀害虫和地下害虫一般发生相对较轻，钻蛀害虫以早发现、早修剪清除害虫为主，地下害虫以早发现、早捕捉和毒饵诱杀为主。食叶害虫和吸汁害虫对茶树影响较大，下面简述其中几种主要害虫的防治方法。

### （一）茶尺蠖（*Ectropis obliqua* Warren）

#### 1. 生活习性及特征

茶尺蠖，又名量尺虫、拱背虫等，属鳞翅目尺蠖蛾科。主要分布于安徽、浙江、江苏、湖南、湖北、江西等省。以幼虫取食茶树叶片，喜食新梢嫩叶，严重时可造成枝叶光秃、状如火烧。

茶尺蠖为完全变态昆虫，完成一个世代需要经过成虫、卵、幼虫和蛹四个阶段。成虫体长 9～12mm，翅展 20～30mm。体翅灰白色，翅面散生灰褐色鳞片，显现 3～4 条灰褐色波纹。卵呈短椭圆形，灰绿或蓝绿色，聚产成堆，上覆少量白色絮状物。幼虫约 4～5 龄，初孵幼虫黑褐色至黄褐色，各腹节上有许多小白点组成白色环纹和白色纵线；2 龄幼虫体黑褐色至褐色，体长 4～7mm，腹节上白点消失，后期在第一、第二腹节背面出现 2 个明显的黑色斑点；3 龄幼虫茶褐色，体长 7～12mm，第二腹节背面出现 1 个“八”字形黑纹，第八腹节上有 1 个倒“八”字形黑纹；4～5 龄幼虫体色呈深褐色至灰褐色，体长 12～32mm，自腹部第 2 节起背面出现黑色斑纹及双重菱形纹。蛹呈长椭圆形，长 10～14mm，赭褐色，臀刺近三角形，末端有分叉短刺。

茶尺蠖一年发生 5～7 代，以蛹在茶树根际表土内越冬。翌年 3 月成虫羽化，第 1、第 2、第 3 代幼虫发生期分别在 4 月上中旬，5 月下旬至 6 月上旬、6 月中旬至 7 月上旬，以后约每隔 1 个月发生 1 代，9 月下旬后幼虫陆续入土化蛹越冬。成虫趋光性强，停息时翅平展，卵成堆产于茶树枝丫、叶片间或枯枝落叶、土表缝隙间。1～2 龄幼虫多分布在茶树表层叶缘与叶面，取食表皮和叶肉，形成发虫中心，3 龄后开始爬散，分布部位也渐向下转移，并常躲于茶丛荫蔽处，4 龄后开始暴食，虫口密度大时可将嫩叶、老叶甚至嫩茎全部食尽。影响茶尺蠖种群消长的主导因子是天敌，主要有寄生蜂、蜘蛛、真菌、病毒及鸟类等，其中以绒茧蜂、蜘蛛和真菌尤为重要。

**2. 主要防治措施**

① 在茶尺蠖越冬期间，结合秋冬季深耕施基肥，清除越冬蛹，降低越冬基数；若结合培土，在茶丛根际培土 10cm，并加以镇压，效果更好。

② 养殖鸡鸭除虫，利用鸡鸭均喜食茶尺蠖幼虫和蛹的习性，在翻耕后放鸡鸭啄食土中的蛹，效果更好。

③ 茶尺蠖成虫具有较强的趋光性和趋化性，可在成虫高发期通过灯光诱杀和糖醋诱杀成虫。

④ 茶尺蠖自然天敌较多，要充分利用蜘蛛、步行虫等捕食性天敌，对人工刮除的卵堆和捕杀的幼虫要在寄生蜂羽化飞回茶园再做处理。

⑤ 生物药剂防治。在茶尺蠖 1～2 龄幼虫期，喷施茶尺蠖核型多角体病毒 Bt 悬浮剂 1000 倍液或苏云金杆菌悬浮剂 500～800 倍液。

⑥ 用适宜的植物源农药进行防治。

## （二）茶毛虫（*Euproctis pseudoconspersa* Strand）

**1. 生活习性及特征**

茶毛虫，又名茶黄毒蛾、摆头虫，属鳞翅目毒蛾科。分布很广，尤以一些老茶区危害重。以幼虫咬食茶树老成叶，发生严重时，连同芽叶、嫩梢、树皮取食殆尽，茶园一片光秃，对产量、树势影响极大。茶毛虫都具毒毛、鳞片，尤其是幼虫毒毛很多，触及人体皮肤红肿痛痒，严重影响茶园采摘、管理、加工。

茶毛虫为完全变态昆虫，完成一个世代需要经过成虫、卵、幼虫和蛹四个阶段。成虫体长 6～13mm，展翅 20～35mm。雌蛾翅淡黄褐色，雄蛾翅黑褐色，雌、雄蛾前翅中央均有 2 条浅色条纹，翅尖有 2 个黑点。卵呈扁球形，淡黄色，堆集成椭圆形卵块，上被覆黄色绒毛。幼虫 6～7 龄，黄褐色，各龄幼虫体色、毛瘤变化很大。老熟幼虫体长 20～22mm，胸部三节稍细，腹部各体节均有 4 对黑色毛瘤，以背上一对毛瘤较大，毒毛多，长短不一。蛹圆锥形，外有茧，茧薄而软，丝质，长椭圆形，黄棕色。

茶毛虫一年发生 2～3 代，各代发生整齐，以卵块黏附于茶树中下部叶背越冬。在江南茶区，各代幼虫分别于 3 月中下旬至 4 月上中旬、6 月中下旬至 7 月上中旬、8 月中下旬至 9 月上中旬发生，分别危害春、夏、秋茶。幼虫群集性强，一个卵块孵化的幼虫常群聚在一块取食，3 龄后即分群，但每群仍有几十条。分群后取食茶丛中上部嫩叶或成叶。一受惊扰即停止取食，抬头摆动。茶毛虫常表现为间歇性大发生或局部成灾，影响其种群消长的天敌主要有黑卵蜂、核型多角体病毒、步甲、胡蜂等。

**2. 主要防治措施**

① 在每代成虫产卵后至幼虫孵化前逐园清除卵块，尤其是在 11 月至翌年 3 月前摘除越冬卵块，效果更好。

② 利用茶毛虫 3 龄前幼虫群集性强的特点，在中下部老叶背面取食成淡黄色半透膜，目标明显，可在晴天早晚或阴天、细雨天，当幼虫群聚取食时，人工采除幼龄群聚危害的虫叶，就地踩死，或用洗衣粉（最好是无磷洗衣粉）或肥皂 100～200 倍液触杀虫群。

③ 利用幼虫在茶树基部结茧化蛹的习性，每代化蛹期，用锄头将茶树基部培土，并用锄头压紧，阻止成虫羽化。

④ 抓住 1～2 代成虫出现前期（6 月和 8 月上旬）短期点灯诱杀。

⑤ 茶毛虫成虫性引诱很强，可将刚羽化未交配的雌蛾装在小铁丝笼内，每天傍晚放到茶园，第二天早晨可诱集很多雄蛾，集中消灭，降低交配率；也可利用茶毛虫性外激素与诱捕器配套使用诱杀雄蛾，其田间使用量为每公顷 30 个诱芯，全年连续使用 2～3 次即可。

⑥ 生物药剂防治。在茶毛虫低龄幼虫期，喷施 1 亿多角体/ml 的茶毛虫核型多角体病毒；或收集染病虫尸，稀释 1000 倍，喷施到健康虫群上，扩大感染。

⑦ 用适宜的植物源农药进行防治。

## （三）茶黑毒蛾（*Dasychira baibarana* Matsumura）

**1. 生活习性及特征**

茶黑毒蛾，又名茶茸毒蛾，属鳞翅目毒蛾科。国内已知分布于华东、中南、西南各茶区，近年来在安徽、浙江、湖南等省局部茶区暴发成灾。幼虫咬食茶树芽叶，对产量、树势影响大，且体具毒毛，影响茶园管理。

茶黑毒蛾为完全变态昆虫，完成一个世代需要经过成虫、卵、幼虫和蛹四个阶段。成虫体长 13～18mm，翅展 28～38mm。体翅暗褐色，前翅中部有一银灰色波纹，其外侧显 2 个圆形斑纹，顶角内侧常有 3～4 个颜色深浅不一的纵斑。翅的中部近前缘有一个灰白色斑纹。卵灰白色，扁球形，单层排列成块。幼虫 5～6 龄，黑褐色，老熟幼虫体长 23～28mm，具长短不一的毒毛，背中及体侧有红色纵线，第 1～4 腹节体背有一对黄褐色毛丛，直立成刷状，第八腹节有一对长毛丛射向后方。

茶黑毒蛾一年发生 4 代，以卵块在茶丛中下部老叶背面越冬。各代幼虫分别于 3 月中下旬至 4 月上旬、5 月下旬至 6 月上中旬、7 月和 8 月的中下旬孵化。

全年以第二代发生量大、危害严重。幼虫嘴食茶树叶片，初孵幼虫群集性强，在卵块附近叶背取食叶片呈枯黄色半透膜。2龄后分群迁至嫩叶背面，将叶片食成缺刻。发生多时，几日之内，将茶树芽、叶食光。受惊即吐丝下垂和坠地假死。卵多6～30余粒成块黏附于茶丛中下部叶背。在同地域中，以树蓬高大（1.5m以上）和杂草多较荫蔽的茶园发生多，一生中有多种天敌寄生或捕食。

**2. 主要防治措施**

① 冬季逐园清除茶丛中下部枝叶上的卵块。

② 及时进行修剪，清除茶丛下纤弱枝和杂草，减少黑毒蛾的产卵场所。

③ 利用幼虫假死性，在被害茶丛下布置塑料膜，用木棒震落幼虫，集中消灭。

④ 充分利用寄生蜂来控制卵孵化。

⑤ 生物药剂防治。在第一代幼虫孵化危害初期喷施苏云金杆菌悬浮剂500倍液或收集染病虫尸，稀释1000倍，喷施到健康虫群上，扩大感染。

⑥ 用适宜的植物源农药进行防治。

## （四）茶丽纹象甲（*Myllocerinus aurolineatus* Voss）

**1. 生活习性及特征**

茶丽纹象甲，又名茶叶象甲、墨绿象甲，属鞘翅目象甲科。各主要产茶省均有发生，尤以江南茶区发生较重。可危害茶、油茶、柑橘、梨、桃等多种作物。成虫咬食新梢嫩叶，影响产量和质量。

茶丽纹象甲为完全变态昆虫，完成一个世代需要经过成虫、卵、幼虫和蛹四个阶段。成虫体长5～7mm。体翅灰褐色至灰黑色，背面有由黄白或黄绿鳞片组成的斑点或条纹。触角膝形，端部膨大。虫体坚硬，鞘翅紧贴于体上，不善飞翔，有假死性。卵椭圆形，淡黄白色至暗灰色，幼虫呈乳白色至黄白色，体多横皱，无足，成虫幼虫体长5～6mm，蛹长椭圆形，淡黄色至灰褐色，头顶及各节体背有刺突6～8个，胸部刺突明显，体长约6mm。

茶丽纹象甲一年发生一代，以幼虫在茶丛树冠下表土内越冬。次年3月中下旬至4月上中旬化蛹，5月中下旬成虫羽化出土，5月下旬至6月上中旬成虫盛发。以成虫危害茶树嫩叶为主，被食嫩叶残缺不全，成叶常被食成大小不一的半环状缺刻，对夏茶产量和品质影响很大。成虫善爬行，飞翔力弱。晴天露水干后，开始活动，怕阳光，中午前后多潜伏叶背及茶丛荫蔽处。一生交配多次，交配后1～2天产卵。卵散产于表土中和落叶下，也有数粒产在一起的。幼虫孵化后，即潜入土内取食植株（含杂草的细根），其入土程度随虫龄增长而加深，直至化蛹前再逐渐向上，筑一土室，化蛹其中。幼虫在茶土中分布多在根际周围33cm范围内。成虫耐饥力强，初羽化的成虫，需在土中静伏2～3天才出土取食，受惊即落地假死。影响茶丽纹象甲种群数量的主导因子是茶园耕锄和天敌：如7～8月的耕锄，9～10月的浅耕和秋末开沟施基肥，对幼虫孵化、入土取食的存活影响大。在卵期有多种蜘蛛捕食，蛹及成虫常被一种真菌寄生而死亡。

**2. 主要防治措施**

① 结合秋末冬初施基肥，将茶丛树冠下表土落叶扒出，深埋于施肥沟底或结合防冻将树冠下培土6～10cm并压实，阻碍幼虫化蛹或成虫羽化出土。

② 利用成虫假死习性，在被害茶丛下垫塑料膜，震落成虫集中捕杀。

③ 充分利用茶园的蜘蛛、步行虫、黄蜂等捕食性天敌。

④ 生物药剂防治。在成虫出土前，利用白僵菌500倍液拌毒饵诱杀或在成虫孵化高峰期叶面喷施白僵菌1000倍液防治。

## （五）假眼小绿叶蝉（*Empoasca vitis* Gothe）

**1. 生活习性及特征**

假眼小绿叶蝉，又名叶跳虫、浮尘子，属同翅目叶蝉科，是我国各茶区普遍发生的优势种。成虫和若虫均刺吸茶树嫩梢芽叶汁液，致使芽、叶生长缓慢，嫩叶泛黄，叶缘下垂，叶质粗老，最后叶尖、叶缘枯焦，停止生长，茶芽脱落，严重影响夏、秋茶叶的品质。卵产在嫩梢表皮组织内，导致输导组织受阻而影响产量。受害芽叶制成干茶，滋味异常、汤色浑暗、叶底破碎。

假眼小绿叶蝉为不完全变态昆虫，完成一个世代要经过成虫、卵、若虫三个阶段。成虫体长3～4mm，淡绿至淡黄绿色。头前缘有一对淡黄绿色假单眼。翅膀淡黄绿色，翅端微透明。卵香蕉形，初为乳白色，孵化前可见一对红色眼点。若虫共5龄，由乳白、淡黄至黄绿色，形似成虫，但翅膀未长成，不能飞。

假眼小绿叶蝉一年发生9～12代，世代重叠，以成虫在茶园内的杂草和茶丛内越冬。次年三月下旬开始活动，四月上旬，第一代若虫开始发生。在江南茶区的平原丘陵茶园有两个危害高峰，即五月上旬至六月中下旬，九月至十月中下旬。高山茶区多只有一个危害高峰，即七月上中旬至八月上中旬。一生经过卵、若虫至成虫三个虫态，成虫怕阳光，多栖息于叶背，早晚取食。晴天晨露未干时不活动，中午阳光大多在茶丛下部避荫，趋嫩性强，以芽下二叶至三叶嫩茎内产卵最多，其次为芽下一叶至二叶嫩茎间。一生遭茶园蜘蛛、瓢虫的捕食，对其种群数量消长影响大，其次是茶园采摘和修剪。

**2. 主要防治措施**

① 冬季结合清园，清除茶园树丛下的纤弱枝、土蕻枝和茶园杂草，减少成虫越冬场所。

② 及时分批采摘，既减少小绿叶蝉赖以生存的取食繁殖场所，又采去已产于嫩梢内的卵和孵化的初龄幼虫。

③ 保护多种茶园蜘蛛和其他捕食性、寄生性的天敌十分有益，可大量增加天敌种类和种群数量，控制叶蝉的爆发。

④ 人工助迁茶园蜘蛛卵囊和瓢虫等天敌。

⑤ 在小绿叶蝉发生高峰期，利用色板诱杀小绿叶蝉成虫。

⑥ 生物药剂防治。在高峰前期或若虫数量增多时，喷洒小绿叶蝉真菌可湿性粉剂 500 倍液。

⑦ 用苦楝叶和番石榴叶制剂等植物源农药防治。

## （六）黑刺粉虱（*Aleurocanthus splniferus* Quaintance）

### 1. 生活习性及特征

黑刺粉虱属同翅目粉虱科，分布于华东、中南、西南各省。以若虫固定在叶片背面刺吸汁液危害，并排泄“蜜露”引起烟煤病，阻碍光合作用，严重时，茶丛叶片全部漆黑，茶芽瘦小或不发，影响产量或品质。虫病交加，造成树势衰弱，甚至落叶或枝叶枯竭。黑刺粉虱还危害油茶、柑橘等作物。

黑刺粉虱为完全变态昆虫，一生经过卵、若虫、蛹至成虫四个虫态。成虫体长 1～3cm。体橙红色，翅紫褐色，复眼红色，前翅周缘有 7 个白斑。卵香蕉形，有一短柄黏附于叶背，乳白色至黄褐色。若虫共 3 龄，初孵幼虫长椭圆形，淡黄色，固定后转黑色，体背显两条白色蜡线，呈“8”字形，后期体背有刺 6 对，成长若虫体黑色，体背有刺状物 14 对，四周有白色蜡圈，体长 0.7mm。蛹体椭圆形，壳黑色显光泽，背面竖立 19 对黑刺，周缘有 10 对（雄）或 11 对（雌）黑刺。

黑刺粉虱一年发生四代，以老熟若虫或蛹固定于茶树叶背越冬。在湖南各代成虫分别于 4 月中下旬至 5 月上旬、6 月中下旬、8 月上中旬、9 月中下旬盛发；若虫分别在 4 月下旬至 5 月中下旬、7 月上中旬、8 月中下旬、9 月下旬至 10 月中旬盛发。成虫白天羽化，喜栖息于茶梢嫩叶背，晴天以上午 8～9 时及下午黄昏前活动最盛。卵常十余粒至数十粒产于茶树中下部叶背。以茶树荫蔽、通风透光差、较阴湿的茶园受害较重。黑刺粉虱的天敌很多，捕食性的天敌主要是草蛉、瓢虫及茶园蜘蛛，寄生性的天敌主要有刺粉虱黑蜂、黄盾恩蚜小蜂和长角广腹细蜂等，寄生菌主要有韦伯虫座孢菌。

### 2. 主要防治措施

① 及时清除茶园杂草和茶丛内的纤弱枝，使茶园通风透光，改变害虫的生存环境，抑制虫害大发生。

② 对发生严重、树势衰老的茶园进行重修剪或台刈，剪除的枝叶在寄生蜂羽化飞回茶园后再行烧毁。

③ 保护茶园中的自然天敌，助迁寄生菌虫叶和蜘蛛、草蛉、瓢虫（红点唇

瓢虫）卵叶到发生地块中繁殖。

④ 生物药剂防治。在若虫盛发期喷施韦伯虫座孢菌2亿～3个亿/ml孢子。

⑤ 对黑刺粉虱发生严重的茶园可在秋季封园后喷施一次0.3～0.5°Bé的石硫合剂，消灭大部分越冬虫源，减少越冬以后的病虫基数。

## （七）蚧类（介壳虫）

### 1. 生活习性及特征

蚧类属同翅目蚧总科，种类较多，在茶树上主要有红蜡蚧（*Ceroplastes rubens* Maskell）、角蜡蚧（*C. ceriferus* Anderson）、椰园蚧（*Temnaspidiotus destructor* Signoret）、长白蚧（*Lopholeucaspis japonica* Cockerell）等，习性基本相同，均以若虫和雌成虫固定在茶树枝干或叶片背面刺吸汁液危害，造成树势衰弱、芽叶稀小，叶片脱落。有些种类容易造成枯枝死树，有些种类容易诱发严重的烟霉病。

介壳虫雌雄成虫差别很大，雄成虫有一对透明的翅，可以飞，但寿命短，田间不易发现；雌成虫体背均覆盖有蜡质，可根据蜡质的质地、色泽、形状来识别，如红蜡蚧蜡壳呈半球形，紫红色，蜡壳中央凹陷成脐状，两侧有4条弯曲的白色蜡带，雌虫体紧贴在蜡壳下，不易分离，虫体紫红色。卵产在蜡壳下，椭圆形，淡紫红色。初孵若虫有足、有触角，可以爬行，但固定后即分泌蜡质覆盖虫体。雄若虫蜡质边缘有放射状突起，雌若虫蜡质圆形，以后慢慢增大似雌成虫蜡壳。

红蜡蚧一年发生一代，以受精雌成虫在茶树枝干上越冬。雌成虫5月下旬产卵，6月上旬开始孵化。若虫孵化后即到处爬行，寻找适宜的取食部位，一旦固定后，即把口针插入表皮组织内，体背慢慢分泌蜡质覆盖虫体，以后不再移动。雄若虫喜定居在叶片主脉两侧，数量较少，第二龄起不再取食，称为前蛹，第三龄化蛹，9月上中旬雄成虫羽化，与雌成虫交配后即死亡。雌若虫均在枝干上固定，三龄若虫都刺吸汁液，变为雌成虫后仍刺吸汁液危害，与雄成虫交配后仍固定在原处越冬。一直到5月下旬才产卵，每雌虫可产卵200粒左右。生长郁蔽、树势衰弱的茶园发生较重。其分泌物极易诱发烟霉病。

### 2. 主要防治措施

① 苗木检疫。调运苗木时，需从无介壳虫的苗圃取苗。

② 合理修剪、台刈。对介壳虫发生严重、树势衰弱的茶树，及时进行重修剪或台刈，修剪下来的枝叶在瓢虫、寄生蜂飞回茶园后再做处理。介壳虫则随着枝叶干枯而死亡。

③ 加强茶园管理。及时除草、清蔸亮脚，促进通风透气、避免郁蔽。低洼茶园注意开沟排水，以降低地下水位。

④ 合理施肥，增施有机肥，增强茶树抗性。

⑤ 人工刮除，对红蜡蚧、角蜡蚧、龟蜡蚧发生的茶树，可以采取人工用竹刀刮除，尤其在发生少、尚未扩散的时候，人工刮除效果更好。

⑥ 保护利用天敌，介壳虫的天敌很多，主要有各种瓢虫、寄生蜂，可以人工助迁一些瓢虫到介壳虫多的茶园，也可以人工释放寄生蜂到茶园。

⑦ 对介壳虫较多的茶园可在秋季封园后喷施一次 0.3～0.5°Bé 的石硫合剂，消灭大部分越冬虫源，减少越冬以后的病虫基数。

⑧ 用植物源农药苦楝叶制剂进行防治。

## （八）螨类

### 1. 主要种类和生活习性

茶叶螨类属蜘形纲蜱螨目（Acarina），体小，发生代数多、繁殖快，刺吸茶汁。危害茶树的螨类较多，较为严重的有螨叶螨科的咖啡小爪螨（*Oligonychus coffeae* Nietner）、细须螨科的茶短须螨（*Brevipalpus obovatus* Donnadiev）、跗须螨科的茶跗须螨［*Phagotarsonemus latus*（Banks）Ewing］、瘿螨科的茶叶瘿螨（*Calacarus carinatus* Green）和茶橙瘿螨（*Acaphylla theae* Watt）五种。

咖啡小爪螨主要在华南地区发生，一年发生 15 代左右，无明显越冬现象，秋冬干旱季节发生严重，多危害成叶，造成被害叶枯褐、硬化，进而落叶。

茶短须螨，又名卵形短须螨，危害分布范围较广，从山东至福建一年发生 5～10 代不等，在北方以成螨群集于茶树根茎部附近越冬，处南方则无明显越冬现象，高温干旱季节发生严重，茶短须螨多危害成叶，被害叶片有红褐色至紫色突起斑，后期叶柄部产生霉斑，造成大量落叶。

茶跗须螨，又名茶黄蜘蛛，在我国西南地区和江浙一带发生较重，在四川全年发生 25～30 代，以雌成虫在茶芽鳞片及叶柄上越冬，也可在杂草上越冬，高湿中温（22～23℃）发生严重，主要危害幼嫩新梢，被害芽叶僵化、表面粗糙，主脉两侧各有一条褐纹，受害叶叶色暗绿、无光泽。

茶叶瘿螨在全国各茶区都有分布，在浙江全年发生 10 余代，以成螨在茶树叶背越冬，在南方无明显越冬现象，高温干旱发生严重，它主要危害成叶和老叶，被害叶紫铜色、无光泽，在叶背脱皮形成白色灰尘状粉尘，被害叶僵化萎缩，大量脱落。

茶橙瘿螨，又名茶刺叶瘿螨，常与茶叶瘿螨混合发生，在浙江一年发生 20 余代，且无明显越冬现象，高湿多雨季节发生严重，主要危害嫩梢，被害芽叶萎缩，主脉两侧呈浅橙褐色，受害叶叶背现锈斑。

### 2. 主要防治措施

① 及时分批采摘，抑制茶橙瘿螨、茶跗须螨的危害。

② 保护茶园德氏钝绥螨、畸螯螨和其他捕食性、寄生性的天敌。

③ 秋季封园后喷施一次 0.3～0.5°Bé 的石硫合剂。

④ 用矿物油等矿物源农药防治。

## 三、有机茶园病害防治技术

有机茶园不使用化学农药，在茶树病害防治上首先要调查清楚有机茶生产中茶树的主要病害种类、发生危害特点和生态特征，这是有效控制病害爆发流行的前提，也是制订综合防治措施的基础。尽管现在的研究还不尽完善，但仍然发展了一些初步控制茶园病害的措施。

### （一）叶部病害及其防治

茶树病害中，芽叶部病害对茶叶影响最大，我国茶园中最严重者为茶饼病和茶白星病，此外，还有茶云纹叶枯病、茶轮斑病、茶炭疽病、茶褐色叶斑病、茶赤叶斑病和茶芽枯病等，其中茶轮斑病、茶炭疽病、茶褐色叶斑病、茶赤叶斑病都是以危害茶树成叶老叶为主，在叶部形成大型病斑，引起大量落叶，致使树势衰弱，产量下降。幼龄园及母本园发病则可引起枯枝，以致全株死亡。茶芽枯病主要危害幼嫩芽叶，使芽叶枯焦、大量减产。

**1. 茶饼病**（*Exobasidium Vexans* Massee）

茶饼病在西南、中南、华南等高山茶区均有发生，危害茶树所有的幼嫩组织，但主要危害茶树新梢、嫩叶，直接造成产量损失，而且病叶制成的干茶味苦、汤色浑暗、叶底花杂、碎片多，水浸出物、茶多酚、氨基酸含量均有所下降，对品质影响较大。

该病危害嫩叶和新梢时，在嫩叶上最初表现为淡黄色、淡红色或紫红色的半透明小点，后逐渐扩大为圆形、表面光滑、有光泽的病斑，呈黄褐色或暗红色。后期病斑正面凹陷，背面隆起，似饼状，其表面生白色至灰白色粉状物，病斑多时常愈合为不规则形大斑，叶面扭曲畸形。以后病部粉末消失，病斑萎缩呈褐色枯斑，有的病斑边缘翘起，形成穿孔，病叶凋落。在新梢、嫩芽、叶柄、花蕾、幼果上危害时，病部肿胀，重时呈瘤状，表面生白色粉状物，新梢、叶柄被害后易从病部折断或枯死。

茶饼病由茶饼病菌（*Exobasidium vexans* Massee）侵染茶树组织导致发病，病菌菌丝体在寄主细胞间扩展，并刺激细胞膨大，形成饼状突起，随后产生的白粉状物即为病菌的繁殖体、担子和担孢子。病害发生是由担孢子萌发侵入茶树组织形成菌丝，进而形成病斑，担孢子不断形成并飞散传播从而造成病害加重。病菌以菌丝体潜伏在活的病组织内越夏越冬，腐烂死亡的病叶不带菌，越夏病菌必须在荫蔽度大的茶株下部叶片上才能存活。它是一种低温高湿型病害，对高温、干燥、强烈光照极为敏感。当气温高于31℃，病菌死亡；相对湿度小于80%，对病害发生不利；在紫外光下照射，担孢子1h即死亡。因此该病局限于气温低、湿度大、日照短的高山茶园发生，并易造成流行。发病季节因各地气候条件而异，华东、中南茶区多在春夏4～6月、秋季9～10月发生，广东、海南茶区从每年10月至次年2月发生，西南茶区则2～4月、7～11月为发病盛期，管理粗放，杂草丛生，偏施氮肥，采摘、修剪、遮阴不合理的茶园发病严重。茶饼病的发生主要决定于两个因素，即低温高湿的气候条件和大量感病的嫩梢芽叶。在高山茶区气候多变条件下人力无法进行调控，因此早采、嫩采、勤采控制感病芽叶是控制茶饼病的关键。

**2. 茶白星病**（*Phyllosticta theaefolia* Hara）

茶白星病在我国茶区均有分布，尤以局部高山茶园发生较重，该病主要危害幼嫩芽叶、叶柄，新梢也可发生。受害芽叶百芽重减轻，对夹叶增多，病叶制成干茶滋味苦涩，回味异常，汤色浑暗，对茶叶产量、品质影响较大。

该病在受害嫩叶叶片上最初产生红褐色针头状小点，边缘浅红色，半透明晕圈状，后呈淡黄色，病斑逐渐扩大呈圆形小斑，病斑直径0.5～2.5mm，浅褐色，中央稍凹陷，边缘呈紫褐色或褐色，病界明显。病斑成熟后，中央呈灰白色，并产生小黑粒点。叶上病斑数目不一，少则几个，多则数百个，病斑多时常相互愈合形成不规则形斑，并使叶片畸形扭曲，叶质变脆，容易脱落。新梢、叶柄感病后，病斑暗褐色，后变灰白色，造成新梢生长不良或枯梢，叶柄感病造成落叶。

该病由茶白星病菌（*Phyllosticta theaefolia* Hara）侵染引起，病斑上产生的小黑粒点为病菌的分生孢子器，其内产生大量的分生孢子，分生孢子无色、单胞、卵圆形，病菌以菌丝体或分生孢子器在病部越冬，次年春产生分生孢子借风雨传播侵染新梢嫩叶，2～5天后即出现新病斑，以后环境适宜，又可不断地产生分生孢子进行多次再侵染，从而导致病害流行。它是一种低温高湿型病害，其发生与温湿度、降雨量、海拔高度、茶树品种、茶园自然环境有明显的关系。温度在10～30℃都有可能发生，以20℃时最适宜。春季阴雨、初夏雾大的茶园发病尤重，4～6月月平均降雨为200～250mm或旬降雨为70～80mm时，病害严重流行，此期山区茶园若遇3～5天连续阴雨，病害可能暴发流行。不同地区不同海拔高度茶园的病害发生程度差异显著，如安徽皖南山区多发生在海拔400～1000m茶园内，贵州在海拔800～1400m内发生严重，湖南石门东山峰茶场海拔900m以上的茶园中病情急剧加重，1400m茶园发病最重。茶树品种抗病性以贵州茶科所选育的419品种、福鼎大白抗病性较强，毛蟹鸠坑次之，清明早、藤茶发病较重。春茶嫩度高，发病较重，秋茶纤维素含量高，发病较轻。茶树生长旺盛，树势强，芽头壮，发病轻，反之则重。加强茶园管理，利用自然生态因子控制病害的爆发是茶白星病主要的防治办法。

**3. 茶云纹叶枯病**（*Colletotrichum camelliae* Massee）

茶云纹叶枯病主要影响老叶、成叶或幼嫩枝叶，发病病斑从叶缘、叶尖开始，呈不规则形，边缘褐色，中央灰白色或深褐浅褐相间，有不规则云纹状，后期病部排列有不规则的小黑点。

茶云纹叶枯病菌有性繁殖阶段为 *Guignardia camelliac* (Cooke) Butler，无性繁殖阶段为 *Guignardia camelliac* Massee。被害叶片组织上的小黑粒点为病菌的有性繁殖体子囊果或无性繁殖体分生孢子盘。由于病菌无性繁殖阶段很发达，在生长季节中病叶表面的小黑点均为其分生孢子盘，分生孢子盘生于寄主表皮下，内生刚毛，成熟后突破表皮外露，盘内生分生孢子梗，单胞无色，顶端着生分生孢子。分生孢子长椭圆形、无色、单胞、内含油球。病菌主要以菌丝体和分生孢子盘或子囊果在病叶或病残体上越冬，病叶落在土壤表面，腐烂慢的较易产生子囊孢子，若病叶埋于 5cm 深的土壤中，病菌随病叶腐烂而死亡。病菌越冬后，产生分生孢子或子囊孢子借风雨传播到新叶上，侵入寄主组织后引起发病。如遇雨湿条件，病斑上又可产生大量的分生孢子，不断进行多次再侵染，使病害扩展蔓延，一年中以春秋两季为发病高峰。该病为高温高湿型病害，气温在25~29℃、相对湿度大于 80%，即有利于发病。此外，土层浅、土质黏重、地下水位高、虫害发生重、易遭日灼的茶园发病较重。

**4. 茶轮斑病**（*Pestalotia theae* Sawada）

茶轮斑病主要危害老叶、成叶和嫩叶，病斑圆形或不规则形，边缘褐色，中央灰白色，有明显的轮纹状，病部生有浓黑、扁平、排列成圈状的小黑点。

茶轮斑病由 *Pestalotia theae* Sawada 真菌侵染而引起。病部煤污状小黑点即为病菌分生孢子盘，生于寄主表皮下，成熟后突破表皮外露，其内生很多分生孢子。分生孢子纺锤形，有 4 个隔膜，5 个细胞，中间 3 个细胞黄褐色，两端细胞无色，很小。顶端生 2~5 根附属丝，无色、透明。

病菌以菌丝体或分生孢子盘在病组织中越冬，环境适宜时产生分生孢子，借风雨传播，侵入寄主组织的伤口处（如采摘、修剪、机采、害虫危害等），形成病斑后，继续产生大量分生孢子进行再侵染。该病是高温高湿型病害，一般以夏、秋两季发生较重。在排水不良、管理粗放、生长衰弱以及密植茶园或扦插苗圃中发病较重。日本因推广感病的薮北品种和机械采茶，该病发生严重。

**5. 茶炭疽病**（*Colletortrichum theae-sinensis* Miyake）

茶炭疽病主要危害成叶，病斑呈不规则形，黄褐色或焦黄色，病部颜色一致，病界明显，有黄褐色隆起线，后期病斑常呈灰白色，并有细小的黑粒点。

茶炭疽病是由 *Colletortrichum theae-sinensis* Miyake 病原真菌侵染引起。病叶上小黑点为分生孢子盘，其内无刚毛，排列着长短不齐的丝状分生孢子梗，顶端着生分生孢子。分生孢子无色、单胞、纺锤形，两端稍尖，内含1～2个油球。

病菌以菌丝体或分生孢子盘在病叶上越冬。次春产生分生孢子弹射出来，随雨水飞溅，附着在叶背茸毛上，在适温高湿条件下，萌发侵染叶组织，最后形成病斑，以后病部不断扩大产生繁殖体，并进行多次再侵染。该病为适温高湿型病害，凡日照短，早晨露水不易干的山区茶园，或阴雨多的茶区，茶树叶片持嫩性强的品种，均有利于病菌侵入发病。茶炭疽病的发生与新侵染源的多少，品种抗病性以及园地培管条件有直接的关系。越冬病叶多，或不采秋茶的茶园，初侵染源多，发病重。叶片角质层薄、叶质柔软、栅栏组织细胞排列稀疏、层次少、叶色黄绿、叶片着生角度大的品种抗病性较差。培管中管理粗放、园地荫湿、氮肥施用多、树势差的茶园发病重。

**6. 茶褐色叶斑病**（*Cercospora* sp.）

茶褐色叶斑病主要危害成叶、老叶，病斑多发生在叶缘，为半圆形或不规则形，黑褐色，病界无明显边缘，湿度大时病部表面产生灰白色霉层。

茶褐色叶斑病菌 *Cercospora* sp. 为半知菌亚门真菌，病斑表面的小黑点为病菌的子座组织，灰色霉层为病菌的分生孢子梗和分生孢子。分生孢子梗浅褐色，单根，丛生于子座上。分生孢子鞭状，无色或浅灰色，有4～10个分隔。

病菌以菌丝体或子座组织在病叶和残体上越冬，次春在温湿度适宜条件下产生分生孢子，借风雨传播侵害茶树叶片，以后可不断进行多次再侵染。此病为低温高湿型病害，以早春和晚秋多雨季节、气温在15℃左右时发生较重。夏冬两季发病受抑。此外，茶树生长势差、肥水不足、树龄过大、采摘过度、园地潮湿、管理粗放的茶园较易发病。

**7. 茶芽枯病**（*Phyllosticta* sp.）

茶芽枯病主要危害嫩芽、嫩叶，病斑不规则，褐色至黑褐色，无明显边缘，病叶扭曲，呈枯焦状，后期病斑叶两面散生许多小黑点。

茶芽枯病由 *Phyllosticta* sp. 真菌浸染而发。病菌主要以菌丝体和分生孢子器在茶树病体组织中越冬，由孢子器传播蔓延，春季为发病高峰，主要危害幼嫩芽叶。该病在低温高湿的春雨绵绵时节容易爆发流行。

**8. 茶树叶部病害的主要防治措施**

① 防治芽叶部病害，应以防为主，着重培育生长健壮的茶树，提高树体本身的抗病力，减轻病害的发生，然后才是治。

② 注重茶园的生态多样性，注重在多品种搭配中使用具有抗性的当地茶树品种。

③ 加强茶园管理措施，培育健壮树势，增强茶树抗性；增施有机肥，合理进行茶园耕锄，清除杂草，雨季结合开沟排水降低湿度，干旱季节进行茶园铺草以利抗旱保墒；根据病情对老龄树、病重茶园进行修剪、台刈等更新措施，对幼

龄园、台刈后改造的茶园应加强抗旱，采取遮阴措施，增强茶园土壤保水性。

④ 消灭越冬菌源，在生产季节摘除感病芽叶带出园外妥善处理（如进行深埋等），在秋冬季节或茶树休眠期，再集中清除树丛下的病叶。

⑤ 及时采摘符合标准的芽叶，减少病菌的侵染是控制病害最有效的农艺方法。

⑥ 加强茶园害虫控制，减少各类伤口的产生。

⑦ 根据病情需要，可以谨慎使用植物源类抗菌剂，也可在秋冬季节结合害虫防治使用矿物源农药石硫合剂；针对不同病害的植物源类抗菌剂和石硫合剂的合理用量、浓度、施用时期、施用技术、采摘的安全间隔期以及对害虫天敌等茶园生态因子的影响都必须预先进行科学可靠的评估。

## （二）茎部病害及其防治

茶树茎部病害主要有茶梢黑点病、茶黑腐病、茶红锈藻病及苔藓地衣类等。

**1. 茶梢黑点病**（*Cenangium* sp.）

茶梢黑点病主要危害当年生半木质化新梢，先期出现不规则的灰色斑块，后期在枝梢表面形成椭圆形、略突起、有些许光泽的子囊盘小黑点，致使病梢上的芽叶稀疏细弱、生长缓慢。它以菌丝体和子囊盘在染病茶树组织中越冬，由子囊孢子传播蔓延，中温（20～25℃）、高湿（＞80％的相对湿度）易于发病，在江南和华东茶区危害较重。

**2. 茶黑腐病**

茶黑腐病包括菌核黑腐病（*Corticium invisum* Petch）和菌索黑腐病（*Corticium theae* Bernard）两种。茶黑腐病从茎部发病，向叶部迁延，在华南茶区可对产量造成较大影响。菌核黑腐病发病后，叶上产生不规则的病斑，病斑边缘呈波浪形，常伴生灰白色圆形小斑点。病斑在湿度大时变黑变黏，病死枝有粉红色或乳白色菌丝小垫或菌膜黏附，雨季在病叶背面产生子实体形成的白粉状病斑，冬季在茎部缝隙中形成菌核越冬，由担孢子或菌丝体传播蔓延。高温高湿易于发病。菌索黑腐病发病后，叶上形成的不规则病斑可达大半叶，早期病部表面红褐色，后发展成为褐色或灰白色，叶片背面常覆被乳白色至黄褐色网状菌丝体，在茎部常可见3mm左右宽度的厚菌索，病叶脱落时，由菌索悬挂在茎上，在外表健康的绿色成叶下常出现子实体形成的白粉状病斑。它以菌索在感病茎部越冬，主要由菌丝体传播蔓延，适生条件与菌核黑腐病相同。

**3. 茶红锈藻病**（*Cephaleuros parasiticus* Karst）

茶红锈藻病危害茎叶，在全国各茶区都有发生，削弱树势、干枯枝梢、减少产量、降低品质，甚至全株死亡。茶红锈藻病发病时茎上病斑呈圆形或椭圆形，紫黑色表面有纵长裂缝；病茎部以上的叶片出现直径 5～6mm 的黄色病斑，病斑微微隆起，边缘紫色，或有透明绿色组织环绕；4～7 月份在茎叶上形成铁锈状子实体；后期病部中央变成灰白色或褐色。它经由游走孢子传播，多雨高湿易于蔓延。

**4. 苔藓地衣类**

苔藓地衣均属低等植物，黄绿色青苔状的是苔，丝状的是藓，灰色叶状的是地衣，常可见附生于老茶树，进一步加速茶树衰老，在温暖潮湿季节发生蔓延。

**5. 茶树茎部病害的主要防治措施**

健壮茶树不易发生茎部病害，防治茶树茎部病害，以培育健壮的树势为主，主要技术措施如下。

① 注重选用抗性品种。

② 加强茶园管理，增强茶树树势。

③ 清除真菌感染发病的枝叶，带出园外妥善处理。

④ 秋季封园后喷施一次 0.3～0.5°Bé 的石硫合剂。

⑤ 苔藓地衣发生严重的茶园视情况进行重修剪或台刈，之后可使用除藓剂进行彻底清除。

## （三）根部病害及其防治

茶树根部病害主要有茶苗白绢病、茶苗根结线虫病和根腐病。

**1. 茶苗白绢病**［*Pellicularia rolfsii*（Saccard）West］

茶苗白绢病主要危害茶苗，在全国各茶区都有发生，严重者茶苗成片死亡。一般在近地表的茶树根颈部发病，发病部位始呈褐色，继生白色棉毛状菌丝和菌膜层，后期可见由白转黑的油菜籽状菌核，以菌核在土壤和发病组织中越冬，由菌丝体传播蔓延，高温高湿易于发病，干旱季节易于发现。

**2. 茶苗根结线虫病**（*Meloidogyne* sp.）

茶苗根结线虫病主要危害 4 年生以下的幼年茶树和茶苗，在全国各茶区都有发生，根结线虫发生代数多，每 20～30 天完成一代，在局部地区已成为苗圃和新茶园的一个严重问题。主要病原有南方根结线虫（*Meloidogyne incognita* Chitwood）、爪哇根结线虫（*Meloidogyne javanica* Chitwood）和花生根结线虫（*Meloidogyne arenaria* Chitwood）三种。病株叶片发黄脱落，生长不良，根色变深，根系畸形，无须根，有大小不等的瘤状虫瘿。成虫与卵在虫瘿中可以越冬，幼虫在土壤中也可以越冬，幼虫可离开虫瘿进入茶树根系组织传染蔓延。沙质土壤易于发病。

### 3. 根腐病

根腐病主要危害成年茶树，它包括许多种，其中以茶红根腐病（*Ganoderma* sp. Poria Hypolateritia）最严重，还有茶紫羽纹病（*Helicobasidium mompa* Tanaka），它们在全国各茶区都有分布。茶红根腐病病株突然死亡，而萎凋叶片仍然附在树枝上，洗涤病根泥沙后，可见红色至黑色分枝状的革质菌膜，切开病根可见皮层与木质部间的白色菌膜，木质部上无条纹。茶红根腐病主要由茶园开垦时未清理干净的树木残桩所带病菌传染，由菌丝体传播蔓延，红色黏土中较易发生。茶紫羽纹病病株从细根开始出现黑褐色或黄褐色腐烂，然后蔓延到粗根，病根后期呈紫褐色，并布满同色丝状物，之后可见颗粒状菌核。它以菌核或菌丝体在土壤或染病组织中越冬，以菌丝传播蔓延，在排水不良的黏重土壤中发病较重。

### 4. 茶树根部病害的主要防治措施

① 选择无病土壤建立茶园。

② 以各种适宜方式增强茶树生长势，提高抗性。

③ 茶园开垦时将树木残桩清理干净。

④ 在茶园新开垦前翻耕暴晒茶园土壤，在夏季烈日下用薄膜覆盖土壤，高温杀死线虫等病原体。

⑤ 种植根结线虫诱集绿肥或其他诱集植物，适时收获，妥善处理。

⑥ 尽早发现病株，及时挖除病株及可能感染的相邻茶树，并妥善处理土壤。

## 四、有机茶园草害防治技术

杂草是作物生产体系中自然生长的非目的性植物，对作物和生态有利也有弊。杂草的生命力强，能较好地适应环境，其生殖能力、再生能力和抗性都强，往往具有比作物更强的竞争力。茶园杂草与茶树争肥、争水、争阳光，又是许多病虫害的中间寄主，杂草泛滥严重危害茶树生长。为了消灭杂草人们使用了包括化学除草剂在内的各种手段，耗费了大量人力、物力，化学除草剂也污染了环境，减少了有利于平衡控制病虫草害的生物多样性，而杂草则以其遗传上的变异性（如产生对化学除草剂的抗性）来重新适应，造成恶性循环。在有机茶生产中，应将杂草作为茶园生态系统中的一个要素进行管理，既要认识到其对茶叶生产的危害性，也要认识到杂草在茶园生态系统中有利的一面。首先，合理管理的杂草在维持土壤肥力，减少土壤侵蚀，提高土壤生物活性方面有一定作用；其次，杂草通过充当许多害虫的次生寄主，如提供害虫的食物，吸引害虫取食而减轻对作物的危害；再次，杂草或可产生趋避害虫的化合物，或可为害虫天敌提供花粉、花蜜和越冬场所；最后，有些杂草还可作为牲畜饲料和有机肥源被利用。因此，为了趋利避害，要充分认识杂草既有利又有害的双重性，在有机茶园管理中进行合理控制，以促进作物协调平衡的发展。

## （一）主要杂草种类

茶园杂草种类繁多，不同地区、不同生态条件、不同耕作制度、不同管理水平，其杂草的种类、分布、群落、危害等都不一样。在湖南，已报道的主要茶园杂草有 132 种，分属 39 科，其中以菊科、禾本科种类最多，占全部种类的 24.2%，其次为唇形科、蔷薇科、蓼科、伞形科、石竹科、大戟科，占全部种类的 27.3%，发生频率在 75%以上的杂草有菊科的艾蒿（*Artemisia argyi* Lerl）、一年蓬（*Erigeron annuus* Pers.）、鼠曲（*Gnaphalium afins* D.Don）、马兰（*Kalimeris indica* Sch），禾本科的看麦娘（*Alopecurus aequalis* Sobol）、马唐［*Digitaria sanguinalis*（L.）Scop］、狗牙根［*Cynodon dactylon*（L.）Pars］，蓼科的辣蓼（*Polygonum hydropier* L.）、杠板归（*Polygonum perfoliatum* L.），玄参科的婆婆纳（*Veronica didyma* Tenore），酢浆草科的酢浆草（*Oxalis corniculata* L.），茜草科的猪秧秧（*Galium aparine car tenerum* Rchb）等，这些杂草不但发生频率高，而且覆盖度和危害程度也较大。

在浙江，已报道的主要茶园杂草有 32 科 86 种，其中禾本科杂草占 21.9%，菊科杂草占 13.5%，石竹科占 6.3%，江浙一带危害严重的主要茶园杂草有马唐、牛筋草［*Eleusine indica*（L.）Gaertn］、狗牙根、狗尾草［*Setaria viridis*（L.）Beaur］、香附子（*Cyperus rotundus* L.）、荩草（*Arthraxon hispidus* Makino）、马齿苋（*Portulaca oleracea* L.）、雀舌（*Stellaria alsine* Grimm）、繁缕（*S. media* Gyr）、卷耳（*Cerastium viscosum* L.）、看麦娘、早熟禾（*Pon annua* L.）、马兰、漆姑草（*Segina maxima* A.Gray）、一年蓬、艾蒿等。

## （二）有机茶园杂草的防治

茶树为多年生作物，其田间有害杂草的控制主要采用农业技术措施防治、机械清除、生物防治相结合的方法进行。

**1. 农业技术措施防治**

新垦茶园或改造衰老茶园、荒芜茶园垦复时，对园内宿根性杂草及其他恶性杂草（如白茅、蕨类、杠板归、狗牙根、艾蒿等）的根、茎必须进行彻底清除，然后及时清除新生幼嫩杂草。在管理措施中应用覆盖物（黑色薄膜、遮阳网、作物秸秆）覆盖保护土壤，控制杂草生长。在幼龄茶园进行间作，减少杂草危害。含杂草种子的有机肥须经无害化处理，充分腐熟，减少杂草种子传播。加强有机茶园肥培管理和树冠管理，促进茶树生长，快速形成茶树树幅是防治行间杂草最好的农技措施之一。

### 2. 机械清除

机械清除包括田间中耕除草，大规模机械化除草，结合施肥进行秋耕等措施。中耕可采用机械化或人工进行，但原则上要除早除小，一年生杂草在结实前进行。秋耕时多年生杂草应切断地下根茎，削弱积蓄养分的能力，使其逐年衰竭而死亡，还可进行机械割草覆盖茶园。

### 3. 生物防治

国内外研究用真菌、细菌、病毒、昆虫及食草动物来防除农田杂草，取得一定进展。我国利用鲁保一号（*Colletotrichum gloeosporoides*）真菌防除大豆菟丝子在生产上普遍应用，$F_{789}$病菌（*Fusarium orobanches*）是寄生在列当上的镰刀菌，经新疆试验推广，防治瓜类列当的效果达95%～100%，此外还有寄生性的锈菌、白粉菌能抑制苣荬菜、田旋花，如蓟属的锈菌（*Puccina suaveolens*）可使蓟属杂草停止生长、80%的杂草植株死亡，柑橘园中的莫伦藤杂草已用商品化生产的棕榈疫霉（*Phytophthora palmicola*）进行防除，苍耳、车前草夏季能发生白粉病而干枯死亡，美国、加拿大、日本都有商品化生产的微生物除草剂出售。

利用昆虫取食灭草，如尖翅小卷蛾（*Bactra phaeopis*）是香附子的天敌，幼虫蛀入心叶，使之萎蔫枯死，继而蛀入鳞茎啮断输导组织，此外该虫还可蛀食碎米莎草、荆三棱等莎草科植物。叶甲科盾负泥虫（*Lemascufelaris kraatz*）专食鸭趾草；褐小荧叶甲（*Galerucella grisesc*）专食蓼科杂草；象甲科的尖翅筒喙象（*Lixus acutipennis*）嗜食黄花蒿，侵蛀率达82.7%～100%。国外澳大利亚以甲虫控制成灾的仙人掌；美国引进甲虫消灭西部牧场的有毒杂草哈马斯草。

在有机茶园中放养山羊、鹅、兔、鸡等进行取食，也可取得抑制草害的效果。

# 第六章 有机茶的加工、储运和销售管理

## 一、有机茶加工

### （一）有机茶叶加工厂选址

因为采下的茶树鲜叶必须经过加工才能成为饮用的产品，所以有机茶的加工对工厂有严格的要求。茶叶加工是茶叶生产中的重要环节，它不仅影响茶叶品质的发挥，而且对茶叶的安全性指标影响甚大。农业部颁布的有机茶行业标准 NY/T 5198—2002《有机茶加工技术规程》对有机茶加工厂的环境提出了具体的要求，国家标准 GB/T 14481—1994《食品企业通用卫生规范》也对食品加工厂的环境提出了要求。有机茶加工厂必须建在环境良好、无任何污染的地带，这里所指的环境主要指空气、水源和周边环境条件三个因素。

**1. 空气**

有机茶加工厂所处的大气环境应符合 GB 3095《环境空气质量标准》中规定的二级标准要求。这比通常的无公害茶叶加工厂高了一个级别（无公害茶叶加工厂为三级标准）。表 6-1 为我国部分地区环境空气质量等级，从表中可以看出，我国茶区大部地区的环境空气质量较好，目前发展的有机茶园多分布于无工业污染的高山区和半山区，如果加工厂就近修建的话，一般其环境空气质量可符合标准要求。

**表 6-1 部分茶区环境空气质量**

| 地 区 | 空气质量 | 土壤质量 |
| --- | --- | --- |
| 云南景谷 | 一级 | 一级 |
| 浙江松阳 | 一级 | 一级 |
| 江苏镇江南山风景区 | 一级 | 一级(除铅外) |

### 2. 水源

一般茶叶加工厂都要使用水，绿茶、乌龙茶加工极少用水；红碎茶、蒸青绿茶加工要用水冲洗加工厂的设备和厂房地面；而生产紧压茶如砖茶、沱茶要把水直接加到茶叶中，所以加工厂用水质量的好坏将直接影响茶叶的卫生质量，要求其水质应达到 GB 5749《生活用水卫生标准》。在生产绿茶或乌龙茶的加工厂，即使加工时不用水，也要求使用的水至少是日常生活的井水或泉水，不得使用池塘水或受到污染的溪水、河水。

### 3. 周边环境

有机茶加工厂属食品类加工，要求周边环境不能影响茶叶的质量，要求加工厂离开垃圾场、医院 200m 以上；离开经常喷洒化学农药的农田 100m 以上，离开交通主干道 20m 以上，离开排放三废的工业企业 500m 以上。除了这些硬性要求外，还要求在加工厂附近不能嗅到异味和臭味。新建加工厂尽可能不要修建在居民区附近，避免生活和人为因素的污染。此外加工厂周边不应有餐饮、汽车或拖拉机修理等服务设施。

总之，有机茶加工厂周边的环境不能对加工的茶叶产生污染，特别应注重水源和周边条件。有机茶加工厂可以建在符合上述条件的农村和城市，只要环境达到要求，对地域没有限制要求。

## （二）有机茶加工厂规划设计

### 1. 有机茶初加工的规划设计要求

茶叶加工厂不仅是茶叶加工的基地，也是组织茶叶生产和茶叶销售的中心，同时也是茶叶生产人员活动较集中的地方。加工的茶叶供人们直接冲泡饮用或食用，因此，有机茶加工厂不仅要满足多方面的要求，而且还要达到食品加工的卫生要求，同时要适应加工的茶类的工艺要求。

茶叶加工厂在设计时，首先应搞好加工厂的规划。茶叶加工厂通常由加工区、办公区、生活区组成，规划时应合理布局各个功能区。加工区是茶叶加工厂的核心区，为防止人群的污染，有效地组织加工生产，防止加工技术泄密，应禁止无关人员进入加工区，加工区应与生活区完全隔离。办公区可以与加工区相连或相邻，既方便管理人员组织生产、对品质进行监控，又能限制无关人员自由出入。加工厂房按加工工艺进行布局，以方便茶叶按制品顺序加工。厂区应规划在宽阔平坦的地带，地势应稍高，易于排水；加工厂应有道路与外围公路主干道相通，保证物资、鲜叶和产品的运输；厂区应留有一定的空地，进行绿化和美化，改善加工厂的工作环境。

我国生产的茶类众多，有绿茶、乌龙茶、红茶、白茶等，各茶类的加工工艺互不相同，加之生产者所处的自然条件和经济条件不一样，加工厂的规划没有固定的模式，应根据生产者的实际情况进行编制，不可盲目地生搬硬套。

加工厂的建筑应符合《中华人民共和国环境保护法》、《中华人民共和国食品安全法》的要求。要有安全、防火、防盗等设施。

厂房可以建成钢筋混凝土多层结构、单层结构、砖木结构、钢结构等形式，不要再建木结构或泥墙的厂房。要求厂房空气流畅，采光明亮，照度在500lx左右。地面要求平整、光滑、硬实，不起灰尘，可以采用混凝土地面，铺设地砖或环保石材等；加工厂墙壁使用达到环保要求的内墙涂料粉刷或砌瓷砖。门窗要加纱门窗，阻止蚊蝇等害虫飞入车间。加工厂要有与加工产品品种、数量相适应的厂房面积或场所，厂房面积至少是设备占地面积的8倍以上。

此外，还要有一定面积的原料、包装车间，并有足够的原料、辅料、半成品和成品仓库。原材料、半成品和成品不得混放。既生产有机茶又生产常规茶的加工厂必须修建独立的有机茶专用仓库，以避免与其他常规产品混放。茶叶仓库应干燥、避光、防潮，建议采用低温保鲜库储存有机茶。

总之，茶叶加工厂要按食品加工的要求进行设计和规划，要有足够的场地和保证正常生产的辅助设施，以保证加工茶叶的卫生安全，防止外来物质的污染。

**2. 有机茶深加工产品加工厂的规划设计要求**

有机茶深加工工厂与茶叶加工厂同样有环境、加工厂房、加工设备、人员的要求，此类加工厂规模大、生产线长，有一定的生产、加工、管理模式，通常生产线的硬件条件较好，卫生条件得到较好的控制，这方面比茶叶初加工厂条件要好。但这类加工厂由于产品涉及的原料和辅料较多、技术含量高、生产量大，因而生产过程管理比较复杂，按有机茶加工要求需要进一步规范过程控制、不断完善管理。加工厂其主要的不足有：①部分人员有机食品的意识不强，对有机食品没有足够的认识，需要加强培训和学习，让有机食品的理念和知识普及到从领导到职工的全员之中。②管理上对有机茶生产未建立独立的账目、工艺流程以及产品流向等，不便于有机茶产品的追踪查寻，因此，必须重视有机茶生产的全过程控制和管理，特别是生产主料、辅料以及产品销售过程的跟踪管理。有机茶深加工产品是我国有机茶发展的成果，将会得到充分的理解和重视。

## （三）加工设备选择

**1. 有机茶加工设备的要求**

有机大宗类茶叶加工以机械化加工为主，名优茶的加工采用机械化与手工结合的方式，目前机械化加工的比重不断提高。总之茶叶加工离不开加工设备，设备安装是否合理以及生产设备的制造材料也将影响茶叶的品质。有机茶加工对加工设备有一些特殊的要求，提倡采用低能耗、高效率、无污染的设备。

绿茶加工的大部分工序都要加热，目前成本最低的燃料为煤和柴，有炉灶的设备要求将炉灶部分建在加工车间外，以避免煤、柴对茶叶的污染。用柴油、液化气作燃料的加工设备将油箱和钢瓶置于加工车间外，并留有一定的安全距离。提倡使用电、天然气、液化气和油作为燃料，降低燃烧气体对大气的污染，尽可能少用柴作燃料，以保护森林。乌龙茶和红茶加工，只要用到加热设备，都要按上述要求安置炉灶。

名优茶加工设备多为机炉一体化设备，炉灶安装在机器上，这类设备体积不大，搬运容易，回避燃料污染要困难一些，一般应采用隔离法来解决，要求采用钢板或建筑材料将炉灶与加工场地隔离，炉灶操作区和燃料存放区应单独设通道与车间外相通，防止搬运燃料和排除灰渣时对加工场地的污染。手工炒茶锅的炉灶区与加工区也要隔离，可采用建筑材料隔离，隔离后应有联络窗或门，不妨碍茶叶炒制。

加工设备的材料可用不锈钢、优质碳素钢。由于有机茶对有害的重金属元素含量的要求较高，必须注意防止这些材料对茶叶的污染。有些材料的含铅量较高，如铅及铅锑合金、铅青铜、锰黄铜、铅黄铜，这些材料不能制造接触茶叶的部件。同时也要关注铝的污染，不用铸铝及铝合金制造接触茶叶的部件。与茶叶有强烈摩擦的部件，尽可能选用不锈钢材料制造。

对一些震动大、噪声高的加工设备应采取必要的防护措施。震动较大的设备要采取防震措施，如加防震垫、配置偏心块等。噪声较大的风机安装在加工车间外，以保证车间的噪声低于 80dB。一些扬尘较大的工段应设计除尘设备，或将扬尘口设置在车间外面，车间可采用加装排风扇的方式降低粉尘浓度，一般要求车间内的粉尘浓度低于 10mg/m$^3$。产生大量热量的工段要配有通风设备，加速空气的流通，改善劳动者的工作条件。电力设施要有醒目的标志，车间内的电力线不得裸露或直接拖放在地面上，要有必备的触电保护装置，以保证安全用电。皮带传动必须有皮带防护罩，以保证操作者的人身安全。此外，加工厂要有消防栓、蓄水池等设施。

### 2. 有机茶加工部分设备简介

**(1) 摊青设备** 摊青（放）是将鲜叶做适当的轻萎凋，目的一是适度减少鲜叶水分，保持鲜叶水分基本一致，使叶质变得柔软，便于炒制时造形；更重要的是鲜叶摊放后，细胞膜结构及内含成分发生变化，茶多酚轻度氧化，水浸出物和氨基酸增加，青草气散发，一些香气物质随摊放时间的增加而增加。这些物理变化与生化变化，对名优茶的外形、色泽及内质风味均有促进作用。鲜叶摊放时间和程度应根据鲜叶原料品种、嫩度、加工季节、气温、湿度及操作条件来确定。摊青有地面摊青、分层摊青和设施摊青几种。

① 地面摊青。地面摊青是最常用的摊青方式，一般采用竹垫、竹簟或白布作为摊放用品。使用这些摊放用品有降低失水速度的作用并可防止鲜叶直接接触地面而受到污染，再者也方便鲜叶的收集。要保持摊放用品清洁干净，使用前应

进行清洗、晾干。使用时应将摊放用品铺放平整，将鲜叶均匀地铺放在摊放用品上，铺叶厚度以不超过2cm为好。摊放过程每隔1～2h左右轻翻一次，以保持摊青均匀。摊青完成，将鲜叶收集起来送下一工序加工，把摊放用品收藏好。摊青用品不宜过大，以免翻动茶叶时脚踩鲜叶。

② 分层摊青。分层摊青由摊青架、摊青匾来完成。摊青架由木材或金属材料制成，可以放置多层摊青匾。分层摊青可以充分利用厂房空间，增加摊青面积，提高厂房利用率。分层摊青一般在可操作高度下，设置5～10层，每层的高度不少于25cm，层高过小不利于空气的流动，影响摊青质量。分层摊青的摊叶厚度也以2cm为限。摊青时间和摊青程度的掌握同上述操作。

③ 设施摊青。设施摊青是相对于比较简单的地面摊青和分层摊青来说的，它使用的是摊青槽、萎凋机一类的机械设备。摊叶厚度：一般摊青厚度小于5cm，摊放时要将叶子铺放均匀。摊青时间：一般都以达到摊青适度为宜，摊青时间不小于4h，不超过12h。翻抖：摊青槽摊叶较厚，叶子上下失水程度不一，为使摊青均匀，在摊青过程应适当翻拌。特别是雨水叶或露水叶，在开始摊青的前期应每隔0.5h停风翻抖一次；翻抖时要注意翻透，上层翻抖到下层，抖松摊平，增加叶层间通气性；翻抖动作要轻，以免损伤芽叶。摊青槽的通风时间是控制摊青叶的水分扩散快慢的主要措施，摊青通风时间不必过长；如果是雨水叶和露水叶，在开始摊青时就要鼓风，待吹干表面水后再静置摊青，以免闷热损害鲜叶。一般空气的温度控制在35℃以下。

(2) 杀青设备　杀青设备通常利用传导、辐射、对流和微波等传递热（能）量方式，迅速提高茶叶的温度，钝化茶叶酶的活性，制止鲜叶中茶多酚类化合物的酶促氧化，获得绿茶应有的色、香、味；同时在加热过程中散发青草气；蒸发部分水分，增加叶片的柔韧性，叶片便于揉捻成条和做形。

微波杀青机是近几年开发的产品，由于微波具有升温快、穿透力强的特点。2001年，中国农业科学院茶叶研究所在浙江省科委的支持下，开展了微波茶叶处理设备的研究，研究表明，微波加热设备可以用于茶叶杀青，但更适合用于后期处理。

茶叶微波杀青机采用造价较低、技术先进的多管微波炉形式。设备由机架、微波管、电控箱、运送带和传动装置组成。机架是构成微波设备的基础，主要由型材将微波设备各个部分连成一体。微波管目前仍为进口产品，与普通的家用微波炉的功率管无异，每只微波管的功率为800W或950W。微波设备的微波总功率依生产厂家需要而定。微波管安装在箱体的顶部，从顶部向箱体内发射微波；微波功率采用分组控制形式，使之成为有级可调、由控制箱集中控制。炉体用不锈钢板或铝板制造，其尺寸大小和比例根据功率和微波管的位置设计，箱体的尺寸将影响微波的效能。输送带一般由聚四氟乙烯材料制成，按微波设备的需要缝制成无端环形带，宽度随型号不同而异，有300mm、500mm等宽度。传动装置由电机、减速器和调速总成等组成，通常采用调速电机驱动，再用链轮和链条驱动运送带的辊子转动，实现运送带无级调速。在箱体上设计有排气口，以便于排除箱体内的水蒸气。

机器工作时，微波管向箱体内发射微波，由输送带送入的茶叶置于微波场内，茶叶内的水分子在微波作用下极化，并做高频率振动，由此产生摩擦热而使茶叶升温，从而达到杀青要求。微波杀青能较好地保持茶叶叶绿素，但在香气方面与炒青相比尚有些差异。微波杀青机使用和维护的注意要点如下。

① 采用微波设备杀青时，先检查设备是否完好，在确认设备正常的情况下才能进行杀青作业。

② 开机时先开启运送带，检查运送带的跑偏现象，调整好运送带的运行状态。

③ 保证运送带上有负载才能开启微波。一般在开启微波前，应先在运送带上铺放茶叶，并让茶叶进入整个箱体内；也可以先用几块湿毛巾铺放在运送带上，并送入整个箱体，然后开启微波。

④ 运送带上铺放茶叶要均匀，避免堆积过厚或有空洞现象，杀青时开启排湿风机。

⑤ 微波杀青时间以 2min 左右为适度。杀青时间过短，杀青叶会出现红口现象；若杀青时间过长，杀青叶失水太多，茶叶呈干硬现象，不利于后期揉捻和做形。

⑥ 防止空载。微波开启时，如果运送带中无茶叶造成负载，微波功率将被运送带吸收，导致运送带被烧坏，严重时会引起火灾。为了防止运送带被烧坏，在无负载时应及时停止微波加热，或将湿毛巾铺放在运送带的空位处。

⑦ 注意安全。微波设备在使用时是比较安全的，但应注意防止微波泄露。正常情况下当开启炉门时，微波加热将自动切断，不会产生泄露问题。但应防止在工作过程中开启炉门，防止因自动保护装置失效而产生微波泄露。

⑧ 投叶时不要将金属物混到茶叶中，防止金属物在微波加热条件下打火，严重时甚至会击穿箱体。

⑨ 保持机器的清洁。茶叶加工厂往往灰尘较大，而微波管安装在箱体的顶部，容易积灰，在不加工期间应采取覆盖措施，防止灰尘污染。电子部件在灰尘较大的情况下容易打火，造成电子部件的损坏。

⑩ 在南方地区，由于潮湿的原因，常使一些电子器件受潮；因此在不生产季节，应定期开启设备运转，以防止电器受潮失效。

## （四）有机茶加工过程

### 1. 鲜叶原料要求

鲜叶是形成茶叶品质的原料，因此，鲜叶原料是影响茶叶品质的重要因素。有机茶加工的原料必须来自于已获得认证的有机茶园，只有获得认证的有机茶加工厂，对有机茶园的原料进行加工后的产品，才能标识为有机茶。有机转换茶园的鲜叶和非有机茶园的鲜叶必须单独加工，不得与有机茶园的鲜叶混合。允许有机茶加工厂收购周边地区的有机茶园鲜叶加工，但必须严格按验收标准收购，不得收购掺假、含杂、品质劣变的鲜叶。

鲜叶原料是茶叶品质的物质基础，只有优质的鲜叶才能制出优良的茶叶。鲜叶由芽和叶片组成，可分为芽、1芽1叶、1芽2叶、1芽3叶、1芽4叶等规格，又分为"初展"、"开面"、"对夹叶"等规格。衡量鲜叶的质量指标主要是鲜叶嫩度、匀净度和新鲜度。而嫩度是鲜叶的主要质量指标。

鲜叶嫩度指芽叶发育的程度。嫩度是决定鲜叶等级的主要指标，由其确定加工产品的等级。一般细嫩的鲜叶，制成茶叶体形小巧，商品价值高。在当前名优茶加工中，其趋势是嫩度越来越高，有些地区只采芽茶，以小巧的形体和优美的外观来博得市场的青睐，获得极高的经济效益。而大宗茶应根据加工的茶类和品种选择采摘的嫩度。

鲜叶的匀净度主要指鲜叶长短大小、老嫩均匀一致，不夹带其他杂物。为使匀净度一致，在有机茶园采摘时，应坚持同一地块采摘标准一致。若老嫩不匀，不便于初、精制加工。

鲜叶的新鲜度是指保持原有理化性状的程度。要保持茶叶的新鲜度首先应避免在采摘时抓伤茶叶，其次是在运输过程中不能紧压或损伤茶鲜叶，防止升温；最后要求加工厂有充足的摊青场地，保证储存的鲜叶不升温变质。

通常鲜叶的分级由各企业自行决定。鲜叶的定级主要取决于鲜叶的嫩度。名优茶的鲜叶要求较高，往往以一种芽叶组成，如单芽、1芽1叶初展等；而大宗茶鲜叶很少是单纯一种芽叶，往往是各种芽叶混合组成的。一般用芽叶组成来确定鲜叶级别，有些企业规格定得简单一些，只讲以1芽几叶为主，占总重量百分数；有些企业规格定得较细。表6-2列出的鲜叶分级的标准，供制定鲜叶标准时参考。

**表 6-2　名优绿茶鲜叶分级参考**

| 等级 | 标准要求 |
| --- | --- |
| 特级 | 芽长于叶，芽长不超过3.0cm，1芽1叶初展占70%以上，1芽2叶初展占30%以下 |
| 一级 | 芽与叶等长，芽长不超过3.5cm，1芽1叶占20%以上，1芽2叶初展占70%以上 |
| 二级 | 1芽2叶占70%以上，1芽3叶占20%以上 |

鲜叶采收时，应避免紧压和堆积，防止茶叶由于呼吸作用使叶温升高。鲜叶的盛装器具必须干净，而且要专用，不要与其他鲜叶混用，防止其他鲜叶对有机茶鲜叶的污染。

**2. 鲜叶运输、包装要求**

由于有机茶加工对鲜叶有严格的要求，因此，所采鲜叶必须使用清洁的运输工具。有机茶鲜叶在装载前必须对运输工具进行清洁以保证干净，并做好清洁的记录。茶场生产中使用的内部和外来物质都很多，内部的如土杂肥、种子、堆肥以及收获的作物等，外部的如商品肥、生物农药以及常规生产用的化肥、农药等，既从事有机生产又从事常规生产的茶场不大可能准备两套运输工具，往往是一部手扶拖拉机就承担了所有物质的运输，因此，如果不在运输有机农业物资前将运输工具打扫或清洗干净的话，很可能会使有机物资受到前面运输的常规物资污染。

在运输工具及容器上，应设立专门的标志和标识，避免与常规产品混杂。在运输和装卸过程中，外包装上应当贴有清晰的有机认证标志及有关说明。

如果是有机茶专用的运输工具，则应当在运输工具上设立专门的醒目的标志或标识，明确所运输物资的有机性质，以利于管理，也方便其他人作出辨别，不至误用、误装。由于茶农使用的容器也经常不是专用的，如果在装盛有机生产物资前不清洗或不进行明显标识，则也有可能造成污染。在包装物上使用的标志或标识应当比较牢固，不易被损坏或丢失。

鲜叶运输过程中，注意防止挤压、机械碰撞和其他物质的污染，要有专用的茶筐和茶篓盛装鲜叶，不用柔软的袋子装鲜叶，防止鲜叶受机械损伤，发生酶促氧化而使茶叶温度升高或氧化变质。鲜叶运到加工厂后，应即时将鲜叶摊放在干净的竹席或摊青用具上。不同地块的鲜叶应分别放置，不得混淆，并放好标识以便区分，加工时应分别按地块加工。

### 3. 有机茶加工

**（1）单独加工** 鲜叶进厂后按要求的茶类工序进行加工，每个工序必须做好记录。有机茶加工基本要求是茶叶不得含有非茶类夹杂物和不着、不添加任何香味物质，因此有机茶加工的配料是单一的有机茶鲜叶，有机茉莉花茶除供窨(yin)制的原料茶叶必须是有机茶外，供窨制的茉莉鲜花可以是有机转换产品，制成品中鲜花的含量不超过5%。

按NY 5196—2002有机茶定义的要求，除纯茶叶外，茶叶的相关产品如茶饮料、茶粉、速溶茶等可以纳入有机茶的范畴。对茶叶深加工产品的原料在NY/T 5198—2002《有机茶加工技术规程》中作了限定，原料的主料必须是有机原料，有机原料按重量计不得少于95%（食盐和水除外，加工所用的水符合国家相关食品加工用水标准）。也就是说在有机茶饮料加工过程中，水是不能作为有机的原料来计算的，必须按饮料中各种干物重来计算。在目前条件下，有些辅料无法获得有机产品，在生产工艺需要时或在受客观条件限制的情况下，出于保证产品质量的需要，允许在加工中使用少量的非有机配料，但一定要注意，这里规定了非有机配料必须不能是人工合成的禁用物质，当然也不允许是转基因工程产品。只有获得认证的原料（也包括获得认证的天然配料或认证机构许可使用的少量添加剂等配料）在终产品中所占的重量或体积比率在95%以上，并且是由认证机构认可的设施加工和包装的，才可以使用有机认证标志。允许使用 GB/T 19630.2—2011 附录 A 中所列的添加剂、加工助剂和其他物质；超出此范围的添加剂和加工助剂，要按附录 C 要求的步骤和方法进行评估。

有机加工者不能心安理得地长期使用非有机配料。每一个有机加工者都应该为实现其产品的有机完整性作出努力，同时，从坚持有机完整性的角度考虑，100%有机原料也应该是所有有机从业者的目标。

**(2) 有机茶平行加工** 如果有条件，有机茶加工一般要求单独加工，加工厂应尽量设立有机加工专用车间或生产线，这是确保加工过程的有机完整性的有力保障，也可以减少管理的复杂性和检查的难度。但许多情况下，由于有机茶的加工量比较少，或者由于市场需求的多样性，很难要求加工者满足这一条件，因此，有机产品标准中有允许进行平行加工的条款，允许进行不同品种的有机茶与常规茶或有机转换茶之间的平行加工，但要求加工者十分认真地采取严格的加工、清洁、清洗、包装、仓储、运输等，将有机茶与常规茶或有机转换茶的原料、半成品、成品区分开来，并严格做好记录，做到可以随时接受认证机构的检查和审核。如果管理不善，发生产品混合等情况，则有可能给有机颁证带来严重影响。

如果在开始加工有机茶前，无法依靠一般方法彻底清除留存在加工设备中的常规茶或有机转换茶或其残留物的话，则要求加工厂严格采取下述措施：即如果要使用加工过常规产品或转换产品的设备加工有机产品，则应先用少量有机茶原料在设备中进行“冲顶”加工，将残存在设备里的前期加工物质随同冲顶加工的产品一起清理出去，然后将这少量的有机茶鲜叶加工出来的冲顶产品作为常规茶或转换茶处理，此后再清理好设备，才能正式开始有机产品的加工。对冲顶加工的运作全过程（加工、包装、仓储、运输）及冲顶加工产品的处置（包括销售）必须有详细记录，检查员在检查时必须能得到并审核这些记录和销售单据。

## （五）有机茶加工卫生管理

### 1. 有机茶加工厂卫生要求

有机茶加工厂的卫生条件必须达到食品加工的要求，加工场地整洁、干净。无苍蝇、老鼠、蟑螂等有害昆虫，加工车间和仓库无虫害和鼠害。必须按有关规定，申办卫生许可证，每年必须进行例行的年检，随时接受卫生行政部门的监督检查。

有机茶加工、经营人员身体健康，不得患有传染性疾病，上岗前均应进行体检，持有健康合格证方能上岗。此外，从事有机茶生产的员工，必须经过有机茶知识的培训，了解有机茶的理念、加工、包装、储藏要求，并掌握一定的加工技术或操作技能。管理人员应参加系统培训，了解有机茶的发展形势和有机茶标准的要求，有效地组织有机茶的生产，建立跟踪管理制度。

建立加工车间的卫生管理制度。加工厂要设更衣室、洗手池，配备足够的工作服和工作鞋，出入加工车间应按要求更衣换鞋，杜绝外部的污染物通过操作人员带入车间内。车间内禁止抽烟、吐痰和进食食品。无关人员不得入内。

茶季开始前，应对加工厂进行全面的清洁。清扫加工场地，清除杂物，粉刷墙面，清除加工设备的防锈油和灰尘，清洗地面和加工用具。茶叶加工期间，做到茶叶不与地面接触，采用干净的竹席摊放加工的茶叶，用通气的容器盛装茶叶，以保证茶叶的清洁卫生。

**2. 废弃物处理**

即使常规产品也要遵守和执行环境标准，更何况我们从事有机事业的宗旨就是要保护人类的健康以及保持环境与生态的持续发展，因此有机茶的加工应当比常规茶的加工更注意对环境的保护，不允许以环境为代价来获取“有机产品”，否则这样的茶叶不能够也不应该被认可为有机茶。

茶叶加工厂对环境影响较小，加工中产生的废弃物如茶末、茶梗，在茶叶生产中均可进行无害化处理，如茶末经堆积可作有机肥料还园，茶梗的用途更多，可作茶梗枕头，也可作燃料。

**3. 有害生物防治**

对待有机加工中的有害生物（鼠类、苍蝇、昆虫等）同样也应以防为主，首先采取预防措施，要定期清理、清扫、清洗加工、储存、运输设施和仓库、运输工具等，保持加工区内外环境的清洁，不使有害生物有生存的条件。多数加工厂是完全有条件搞好卫生的，其卫生方面的严重问题纯粹是由于管理不力而造成的，因此要从事有机事业，必须首先解决管理水平方面的问题。

其次是在不可能完全杜绝有害生物发生的情况下，采取硬化车间、仓库和厂区地面，门窗安装防护网、栅栏，布设杀虫灯、机械鼠夹、粘鼠板、粘蝇纸，甚至饲养能捕鼠的猫等措施，尽量防止有害生物接触到原料、半成品，特别是成品。需要特别注意的是，在控制虫害尤其是鼠害时，很多加工厂都习惯于使用剧毒化学品来拌诱饵，而且有的就放置在食品加工和储存场所，这些都是不符合有机标准要求的。

温度、湿度、光照、空气等方面的控制措施是防止和防治有害生物发生、繁殖和危害的有效手段，如低温冷藏、干燥保存、真空或密闭储存等，现代加工、仓储和运输业在这方面积累了丰富的经验，而且这些手段基本上都是有机加工允许使用的，因此，有机茶加工者应尽量多地采取这些措施来预防和控制有害生物。

## （六）有机茶加工记录、批次号与档案建立要求

加工记录是有机茶跟踪管理的重要档案，这一点往往被加工人员所忽视，加

工记录是有机茶检查员查看的重要内容，也是反映企业记录体系的重要内容之一。必须有专人负责记录加工情况。

鲜叶进厂时应做好记录并放置有机茶标签标识，鲜叶记录的内容包括鲜叶采摘的地块和鲜叶数量、等级、质量以及相关的责任人等。运输和装卸过程也应当有完整的档案记录，并保留相应的票据，保持有机生产的完整性。

有机茶加工通常应记录生产日期，有机鲜叶的来源、数量和等级，加工成品的数量和质量、加工负责人以及品质等信息，并给每一个批次的产品编一个号，以便有机茶的流通、转移和运输，方便后阶段的管理和检查。

为使检查员及认证机构了解加工厂的内外具体环境，茶叶加工厂应提供一张详细的工厂平面图，将工厂内的各种建筑和设备标注清楚，同时还特别强调要求在图上标明工厂四周的情况，如道路、建筑、学校、工厂、树林、农田、作物等。位置图绘制时应注意六方面的问题，即：区域分布；水源；周边环境状况；车间、仓库布局；隔离区域状况；表明基地特征的标示物。同时根据具体情况，对一些会给有机生产或加工带来影响的事物，进行标注，如上风向的工厂、附近的交通干道等。在加工场所就地打井抽取地下水作为加工用水的单位还应注意其地下水源的上游是否存在着潜在的污染源。位置图的绘制应按一定的比例。当生产状况发生变化时，位置图应及时更新，并能反映出生产的实际状况及变化的情况。

## 二、有机茶储运和销售管理

### （一）有机茶储运管理

**1. 有机茶包装**

有机茶包装除了具有一般常规茶叶包装要求外，在外观、功能、材料、方式上都有一定的要求。

**（1）有机茶包装总要求**

① 良好的保护茶叶的功能。即在一定保质期限内能完整地保持茶叶的形、色、气、味，保护茶叶不受损坏、不受潮、不串味、不发生变质。

② 良好的方便功能。便于搬动和运输，便于仓库保管和堆垛，便于计数和检查，便于顾客携带和饮用，便于展销。

③ 良好的文化性和商品性。能提高茶叶的档次，促进茶叶的销售。这要在茶叶包装的印刷、造型设计、图案上考虑，融入茶文化内涵，同时提高商品的附加值，起促销作用。

④ 简明扼要的信息传递。茶叶生产者和消费者无法直接对话，而唯一联系二者的纽带是茶叶包装：茶叶名称，质量等级，产品标准号，净含量，厂名厂

址，生产日期和保质期，批号，注册商标，条形码等。花茶须标注配料表。

⑤ 避免使用非必要的包装材料，避免过度包装。

**(2) 包装材料要求** 有机茶产品的包装（含大小包装）材料，必须是食品级包装材料，主要材料有纸板、聚乙烯（PE）、铝箔复合袋、玻璃、牛皮纸、白板纸、内衬纸及捆扎材料等，主要容器有马口铁茶听、纸质茶听、纸盒、铝罐、竹木容器、瓷罐等。

接触有机茶产品的包装材料必须符合食品卫生要求。所有包装材料必须不受杀菌剂、防腐剂、熏蒸剂、杀虫剂等物品的污染，防止引入二次污染。

接触有机茶产品的包装材料应具有防潮、阻氧等保鲜性能，无异味，并不得含有荧光染料等污染物。

包装上的印刷油墨、覆膜材料以及标签、封签中使用的黏着剂、印油、墨水等均需无毒。

包装材料的生产及包装物的存放必须遵循不污染环境的原则，实行“绿色包装”。禁用聚氯乙烯（PVC）、混有氯氟碳化合物（CFC）的膨化聚苯乙烯等作包装材料。对包装废弃物应及时清理、分类、进行无害化处理，达到环保要求。

例如铝箔是现代包装中最常用的材料，它质轻柔软，延展性好，易于加工，且外观呈银白色，光亮美观。它是由纯质铝压轧成 0.02mm 左右的铝片而得，其应用方式很多，最常用是与纸、塑料等材料复合在一起构成复合包装材料。复合材料的特点是无毒、质轻，且具有对光、气、水的高阻隔性和防腐性，所以适用于有机茶的包装，使其既保质，又保味，且能长期储存；既可单独包装，也可作为内包装使用。

**(3) 包装方式要求** 推荐使用无菌包装、真空包装、充氮包装。包装方式有箱包装、袋包装和小包装等，箱包装和袋包装主要用于大批量交货包装，有胶合板箱、木板箱和牛皮纸箱，箱外必须套麻袋等外包，茶箱内壁用 60g 和 40g 的牛皮纸，中间衬 0.016mm 厚的铝箔进行裱糊以防潮。采用麻袋和纸箱进行装茶，内衬的塑料袋最好先用来装筋皮毛衣茶，让低次茶吸收塑料异味后再使用，这样可大大减轻塑料异味污染茶叶。用麻袋作外包装，内衬的聚乙烯薄膜厚度不应小于 70$\mu$m，袋的尺寸一定要内袋（塑料袋）略大于外套袋，这样，内袋不易破裂。小包装主要用于产品销售，多以罐包装、软包装形式接触茶叶，通常以多层礼品包装的形式出现。

### 2. 有机茶储存

有机茶的储存，除了必须严格遵守《中华人民共和国食品卫生法》中关于食品储藏的规定外，还必须严格禁止与化学合成物质接触，严禁与有毒、有害、有异味、易污染的物品接触。

有机茶与常规茶叶等产品必须分开储存。有条件的，要设有机茶专用仓库，仓库必须清洁、防潮、避光和无异味，保持通风干燥，周围环境要清洁卫生，远离污染源。

储藏有机茶必须保持干燥，茶叶含水量必须符合要求。仓库内配备除湿机或其他除湿材料。用生石灰及其他可用作有机茶防潮材料防潮除湿时，要避免茶叶与生石灰等防潮除湿材料接触，并定期更换，防止采用化工合成除湿剂除湿。提倡低温、充氮或真空保存。

入库的有机茶标志和批号系统要清楚、醒目、持久，严禁受到污染、变质以及标签、批号与货物不一致的茶叶进入仓库。不同批号、日期的产品要分别存放。建立严格的仓库管理档案，详细记载出入仓库的有机茶批号、数量和时间。

**3. 有机茶标签**

标签是指有机茶包装容器上的一切附签、吊牌、文字、图形、符号及其他说明物。有机茶产品的包装标签应符合 GB 7718《预包装食品标签通则》。根据通则规定，有机茶外包装标签必须标注以下各项基本内容。

① 食品名称。在醒目位置清晰地标示反映产品真实属性的专用名称。当国家标准或行业标准中已规定了一个或几个名称时，应选用其中的一个，或等效的名称。

② 配料表。有机茶基本上是由单一原料（鲜叶）制成，因此在标签上可不标明配料。但如果在加工过程中，添加茉莉花等其他原料，则必须按加入量的递减顺序一一排列。

③ 净含量。必须标明包装容器中茶叶的净重量（g 或 kg）。在同一包装中如果含有几件小包装，并且分别包装几种茶叶时，则在注明总净重的同时，还应注明各种茶的小包装数量或件数。

④ 生产者、经销者的名称和地址。应标示该茶叶产品生产、包装或经销单位依法登记注册的名称和地址。

⑤ 日期标示和储藏说明。应清晰地标示该包装内有机茶产品的生产日期（或包装日期）和保质期。日期的标注顺序为年、月、日。保质期的标注可以采用“最好在……之前饮用”、“……之前饮用最佳”或“此日期前饮用最佳……”的说明。也可采用“保质期至……”或“保质期……个月”的标注方法。

茶叶容易吸潮、吸异味、易受光照氧化等因素的影响而陈化劣变，因此，应该在包装上介绍并注明储藏方法，如“防潮”、“避光”、“密封”等方法，以确保有机茶产品的保质期。

⑥ 产品标准号。应标示企业执行的国家标准、行业标准、地方标准或经备案的企业标准的代号和顺序号。

⑦ 质量（品质）等级。如已在企业执行的产品标准中明确规定了质量（品质）等级的茶叶，必须在包装标签上标示质量等级。

⑧ 其他标注内容。《预包装食品标签通则》中还推荐在标签上标注以下内

容：一是批号，由生产企业或分装单位自行确定方法，标明该茶的生产或分装批号。二是饮用方法，为指导消费者正确地饮用，可以在标签上标明容器的开启方法、饮用方法（如泡茶水温、茶水比例等）等对消费者有帮助的说明。必要时可以在标签之外单独附加说明。

标签内容必须清楚、简单、醒目，不得以错误的、易引起误解的或欺骗性的方式描述或介绍产品。

#### 4. 有机茶运输过程要求

有机茶作为一种高品质、安全、健康的饮品，保证有机茶在运输过程中不受污染是一个不可忽视的环节。为了确保有机茶在运输过程中不受污染，必须做到以下几点。

① 运输有机茶的工具必须清洁卫生，干燥，无异味。严禁与有毒、有害、有异味、易污染的物品混装、混运。

② 装运前必须进行有机茶的质量检查，在标签、批号和货物三者符合的情况下才能运输。填写的有机茶运输单据，要字迹清楚，内容正确，项目齐全。

③ 运输包装必须牢固、整洁、防潮，并符合有机茶的包装规定。在运输包装的两端应有明显的运输标志，内容包括：始发站和到达站名称，茶叶品名、重量、件数、批号系统，收货和发货单位地址等。

④ 运输过程中装叠必须稳固、防雨、防潮、防暴晒。装卸时应轻装轻卸，防止碰撞。

### （二）有机茶销售管理

#### 1. 有机茶销售的基本要求

**（1）要求可控性**　有机茶是消费者放心、健康、质量安全的有机产品。有机茶作为标准要求最高、质量安全的产品，要经过生产、加工、销售各环节的全过程质量控制，才能保持整个过程的有机完整性，体现从“茶园到茶杯”的全程可追溯性。有机茶销售环节是指从产品投放市场到消费者的一个过程，是整个过程控制的最后一个环节。在国家标准《有机产品》和农业行业标准《有机茶》中，为保证有机茶的有机完整性和可追溯性，都对产品的销售提出了明确的要求。另一方面，有机茶由于适应人们日益增长的安全、健康、环保意识，受到消费者的关注和青睐，作为链接企业与消费者的销售环节，关系到企业的市场、消费者对企业产品的认知度。因此，必须重视有机茶销售环节的管理，否则将导致违规操作和前功尽弃的结果，最终影响企业的经济效益和有机茶的信誉，损害消费者的利益。

**（2）实行销售认证制**　杭州中农质量认证中心（原中国农业科学院茶叶研究所有机茶研究与发展中心，OTRDC）为进一步保证产品的有机完整性和质量的可追溯性，经过多年的实践，通过开展对有机茶销售商（销售专柜）的认证，规范有机茶销售环节的过程控制，实现有机茶生产、加工和销售的可追溯性，促进了有机茶销售市场的健康发展，不但提升了有机茶生产企业的知名度，而且促进了消费者对有机茶的了解。

**2. 有机茶销售（销售专柜）认证的基本要求**

有机茶销售要经过销售店这个环节，也是整个有机茶全过程控制的最后一个环节，它对于有机茶的质量、企业的经济效益、有机茶在消费者中的印象和概念，乃至整个有机茶市场的发展都有着十分重要的作用。目前国内有机茶的销售，尤其是城市里的销售，大部分是通过茶叶销售商开办的茶叶销售店来完成的。作为有机茶销售店应满足下列基本要求。

① 应具有经工商部门注册的营业执照（包括注册资本、经营范围、法人代表等）、税务部门的税务登记、工商行政管理机关颁发的《食品流通许可证》、疾病预防控制中心办理的《健康证》，经销的有机茶应是获得食品生产许可证（QS）许可的产品，同时还应通过有机茶销售商（销售专柜）的认证，此外，茶叶包装印刷的食品标签必须符合标准的要求，必须通俗易懂、清晰、准确、科学。

② 应选择交通方便、人口集中的城镇。场地周边清洁卫生，无垃圾场，远离各种城市污染源，远离生产有毒、有害化学物质的经营场所。

③ 应绘制经营场所的位置图，在位置图中，应至少标明以下内容：所在的具体地理位置；面积；有机茶销售区和非有机茶销售区；包装间；储藏区（仓库）；洗手池；消防用具；周边环境；与实际的比例尺。

④ 应设立有机茶销售专柜和专用仓库（或储藏专区），使用计量设备应获得“计量合格证”，整个场地清洁、明亮、有序，禁止吸烟。

⑤ 室内装饰材料及配套设施应无毒，无异味；洗手池及用于品茶的茶杯、茶具和盛装容器应清洗干净，严格消毒，保持干燥。

⑥ 销售店应配备有机茶专用包装设备。

⑦ 应积极接受质量技术监督部门的检查，认真对待消费者的意见和投诉，应建立产品召回制度。

**3. 销售店认证具体案例**（销售店同时销售常规茶和有机茶认证案例）

对于一些茶叶销售商来说，有机茶的数量、品种和销售不能满足其多样化销售经营理念，同时，有机茶的开发也跟不上市场开拓的要求，因此，销售店只出售有机茶的专卖店不多，目前绝大多数茶叶销售商在销售店内同时销售常规茶和有机茶。销售要求如下。

应设立有机茶销售专柜。所有销售的有机茶样品应陈列在专柜中，不得存放在其他处；并将有机认证证书摆放在专柜的显著位置上；按照有机茶中心认证提供的销售专柜唯一编号和统一的格式进行标识。

应设立有机茶专用仓库（或储藏专区），有机茶与常规茶应分开储藏，确实无法分开，需要在同一区域内储藏时，则必须在此区域内设立有机茶储藏专区，采取划线、定址堆放和物理隔离的方法进行区分，并用“有机茶储藏区”字样予以标识。

应建立有机茶的验收、入库、出库、出售、标志和市场抽查各环节的记录，以及可跟踪的生产批号系统。

原则上，有机茶应以预包装茶出售，不得以散装茶出售。

#### 4. 有机茶销售证书

有机茶在交易过程中，生产方采用有机茶销售证书进行交接，所谓有机茶销售证书是指从事有机茶生产供货单位与有机茶销售单位之间因发生交易而需要到有机茶认证机构开具的一种销售证明。按 NY 5196—2002《有机茶》标准、GB/T 19630.3—2011《有机产品》标准和《有机产品认证实施规则》的规定，销售单位要把好进货关，供货单位应提供有机茶销售证书，这是有机认证机构对有机茶生产单位的有机茶数量进行监控的一种方法。

开具销售证书需提供以下条件：①买方的营业执照复印件；②买方的营业地址；③买卖双方的供货协议；④销售发票（调拨单）；⑤产品的生产时间；⑥卖方的商标、产品、品名、规格、等级、数量和包装形式。

在有机国际贸易方面，有机产品供货商向有机产品贸易商供货时，必须有由认证机构核发的有机产品销售证书，核实数量和质量的真实性。有机产品销售证书也是目前国际上的通用做法。

#### 5. 有机茶销售商（店）的管理

**（1）设立有机茶销售专柜** 随着人们对食品安全性要求的不断提高，对茶叶消费的安全性和真实性也同样越来越受到消费者的关注。因此，有机茶已成为当前茶叶消费的一个热点，同时在市场上出现了一些假冒的“有机茶”，以及一些“无污染茶”、“纯天然茶”等概念不清的茶叶也时有出现，扰乱了有机茶市场，误导和欺骗了消费者。为了规范有机茶市场，维护获证企业和消费者的正当利益，保证有机茶的真实性，使消费者能买到真正的有机茶，实施了有机茶销售商（销售专柜）的认证，要求有机茶样品集中陈列于专柜中销售，并要求在显著位置摆放有机认证证书，以便消费者一目了然，同时也能接受政府有关部门和认证机构的监督检查。有机茶认证证书在必要时，应向消费者提供复印件。

**（2）建立有机茶销售记录** 国家标准 GB/T 19630.3—2011《有机产品》和农业行业标准 NY 5196—2002《有机茶》规定，有机茶销售时，应记录能追溯实际销售过程的详细记录、可跟踪的生产批号系统和标志记录，它是有机茶质量跟踪检查系统的一个重要环节。

有机茶销售记录的内容主要有：有机茶来源的详细情况和销售详细情况。有机茶详细情况应记录：有机茶来源（日期、地块号），茶叶品名，生产批号，数量，负责人；销售详细情况应记录：日期，品名（与所生产的批号相一致），规格，等级，数量，买方，销售人员。最后，应及时做好有机茶的销售统计和标志记录，填写日报表，每日汇总一次。

**(3) 培育有机茶销售人员的素质** 有机茶作为一种时尚、健康和环保的新型产品，近几年随着人们收入的增加和健康的消费观念已经进入了消费者的视野。它在适应人们对饮茶的客观需求的同时，提供了优质安全产品消费的新选择。销售人员作为最终有机茶与消费者衔接的纽带，其素质和知识面十分重要，对其的基本要求如下：

① 应掌握有机茶的准确定义和销售产品的特点，向消费者客观、真实、准确地宣传介绍有机茶的知识；

② 应持有健康证，销售人员服装整齐、举止文雅、礼貌待客，保持销售场地、营业柜台、周围环境的清洁卫生；

③ 应了解国家相关的法律法规，遵守企业规定的各项制度；

④ 应做好有机茶销售台账和标志的使用记录；

⑤ 应对所出售的有机茶随时检查，若发现变质、异味、过期等不符合标准的有机茶要立即停止销售；

⑥ 应及时向主管领导汇报消费者的抱怨和投诉并记录，双方友好协商地解决问题。

## 三、有机茶销售的策略、渠道和方式

### （一）有机茶的销售策略

根据中国农业科学院茶叶研究所“商品共同基金项目《有机茶生产、发展和贸易》”有机茶市场研究小组 2008 年和 2009 年对消费者的调查结果显示，尽管茶叶在我国家喻户晓，但目前国内消费者对有机茶的认知度还非常低。在随机调研访谈中，大约只有 30%的受访者表示听说过有机茶，并且只有 5%左右的消费者曾经喝过有机茶。很多受访者表示根本不清楚什么是有机茶。造成有机茶认知度低的主要原因是我国目前有机农产品的市场接受程度不高，消费者对有机概念认知非常模糊。其次，消费者对茶叶关注的焦点更多还是停留在产品的物质层面或是自身的生理需求层面，如保健、解渴或者仅仅是受他人的影响，对产品的种植和加工过程以及该过程是否对环境友好关注不多，在受访者中了解茶叶生产加工过程的人不到 10%。因此，产品是否有机不会影响到消费者对茶叶的购买行为。值得一提的是，在国内有机茶消费较多的北京市场的消费者调查中，有机茶的市场认知度较高，超过 67%的受访者知道有机茶，其中接近 40%的人是通过媒体宣传了解有机茶的。基于此，要成功开发有机茶国内市场，选择合适的营销沟通手段，提高有机茶的市场认知度至关重要。此外，根据有机概念强调生态循环和环境友好的特征，可持续和可再生利用应作为有机茶营销策略的核心，针对相应的目标市场，制定合理的营销策略。

**1. 国内有机茶市场开发首先要选对特定消费人群**

有机茶的认知与接受程度与消费者本身对有机概念的理解能力有关。因此，在有机茶概念还未被广泛接受的现阶段，借鉴有机食品和农产品市场发育相对成熟的日本、欧美等市场开发经验，选择具有一定知识水平、崇尚健康积极生活的人群作为目标消费群体是有机茶市场开发的第一步。乐活族（LOHAS）可以确定为目标消费群体之一，在我国乐活族目前所占人口比例不大，主体年龄大约在25～45岁之间，其行为特点主要表现为推崇环境友好，注重可持续发展，包括经济、环境和能源等各个方面。他们追求健康的生活方式与自身的发展，并始终坚持生态消费。在欧美发达国家乐活族的比例非常高，例如在美国有将近十分之一的人口是乐活族，西欧这一比率则高达三分之一以上。随着我国经济、文化等方面的发展，乐活族的比例将逐步扩大。另外，从国内市场的消费主流产品看，高档名优茶在礼品茶市场占有相当比重，而且高档名优茶的直接消费者往往是市场的意见领导者，因此，这部分人群也应定位为有机茶的目标消费群体之一。

此外，国内有机茶市场开发要选好目标城市。切割营销理论强调资源的有效配置，目前选择市场认知度较高、目标消费群体比较集中的北京、上海、广州、深圳等大中城市作为首先开发的目标市场是相对见效快、成本低的营销举措。

**2. 产品功能和外延开发**

在考虑产品策略运用时，产品不仅包括具有物质形态的茶叶实体，还包括非物质形态的消费者利益满足，如包装、服务、品牌等。根据调查结果显示，目标消费者最关注的是茶叶的品质，相比价格、品牌、服务、包装、促销优惠等多项选择，有33%的受访者将品质放在购买有机茶选择标准的首位，其次是产地环境和价格。有趣的是两类不同的目标消费者判断茶叶品质的标准有所不同，高档名优茶的消费群体更注重产品的外形，而乐活族（LOHAS）注重茶叶的口感。因此，有机茶产品开发应根据目标消费群体不同而实施差异化策略。有机名优茶产品纯手工制作，作为独特的品类，卖点突出“纯天然、纯手工”，产品的功能诉求不仅要强调外形俊美，内在品质也应该与市场地位和产品售价相匹配，要内外兼顾。针对乐活族（LOHAS）的有机茶产品开发，应将有机茶的卖点集中在“好环境、好口味”。产品的功能诉求从注重追求外形向注重内在品质转移，实现手工茶向机制茶转变，不仅有利于降低成本，还方便实行标准化管理，保证产品质量稳定，促使茶业升级，这将是有机茶产业发展的主流方向。同时，由于乐活族

(LOHAS) 不仅关注茶叶本身，他们还关注生存的环境，要求有机茶从产品生产源头到最后的剩余产品回收都应处处体现出生态与环保的概念，因此，在产品后期开发上同样不可忽视有机理念，如开发可降解、无污染或可重复使用的外包装，包装设计的风格符合目标人群的审美情趣，在包装上注明回收利用茶渣的合理化建议和不鼓励豪华消费的提示语等。

除此之外，有机茶产品开发，无论面对上述哪种类型的消费群体，除了基本的质量标尺（如口味、健康营养价值等）外，还要重视产品外延的开发，让消费者产生多维的品牌联想。以有机市场发育比较成熟的欧洲为例，当今欧洲的消费者将产品的社会学意义作为衡量其品质的重要标准之一。例如，对生态和环境的保护，对环境最小限度的碳减排；产品内含的文化价值和形象（如茶叶背后的故事——茶农和茶园的故事等）；产品的社会责任感（如合乎道德准则的贸易，即对于产品原产地劳动者的尊重与责任感等），等等。

**3. 合理制定价格体系**

调研组在市场终端面上的调查显示，在国际市场上，有机食品如蔬菜水果等的价格比同类非有机食品的零售价格会高出 1～3 倍不等，而有机茶价格比普通茶价格高 30%～50%。国内市场调查结果显示，与国际市场相比，国内有机农产品溢价空间更大。因此，有机茶价格策略运用时，可以考虑与前述的产品策略和目标市场的消费能力相匹配。鉴于我国茶叶消费的特殊性，高档非有机名优茶的市场价格已经很高，高档有机名优茶定价时，如果要考虑更高的成本投入，应该用“奢侈品”的理念来运作。按照经济学规律，奢侈品需求富有价格弹性，因此，要维持高档有机名优茶的高价格，必须与产品策略相呼应，适当控制供给量。高档有机名优茶生产受资源限制、产量有限，可以借鉴石油输出国组织（OPEC）和其他先进工业制造业的经验，在行业内达成共识，市场供给应量少价高。对于有机茶的主流消费市场，产品定价要更多地采用逆向思维方式，切实从消费者角度出发，根据消费者可能接受的价格，确定产品价位。大众消费市场的调查结果显示，60%的消费者将有机茶的价格列为影响其购买决策的第二大主要因素，30%以上的消费者认为不想购买有机茶的主要原因是由于价格太高。调查表明，大众消费者最愿意接受的有机茶价格为200～400 元/千克，因此，大众市场的有机茶定价，不能过于“企业成本导向”而忽略了其他因素，如顾客认知、心理感受及需求强度等。价格制定时要综合其他营销变量做整体考虑，如与产品开发策略相呼应，通过机制代替手工来降低加工成本，或者通过产品外延的开发，提高顾客体验价值，使消费者愿意支付有机茶的溢价。

总之，建立合理明晰的有机茶定价体系，针对目标群体的需求，为他们提供可信的、可靠的、便于理解的且具有说服力的产品性价比，有利于有机茶市场的健康培育。任何急功近利的有机茶定价方式都会造成有机茶产业发展的恶性循环。

#### 4. 合作共赢整合供应链

根据调查结果显示，茶叶产区和销售区的消费者愿意选择的渠道模式有所不同。在产区，消费者更愿意选择直接从茶农那里购买茶叶。在产地购买茶叶，可通过观察茶园的环境和加工过程，判断茶叶的品质，现场体验消费后再做出购买决策。而销售区的消费者为便利起见，更愿意选择在茶叶专卖店消费。调研小组在调研中多次接触到有机茶市场供应链上的不同利益者，如果渠道商从自身短期效益出发，过分压低有机茶的进货价格，会伤及茶农或者茶场的生产积极性，长此以往，会影响到产品的品质。当然如果生产者过分强调生产成本投入，而不顾及渠道商的利润空间，市场开发将后劲不足。上述任何一种情况的发生，都不利于我国有机茶产业健康稳定的发展。总之，不论是传统的茶叶渠道销售模式还是新兴的有机渠道销售模式，供应链的管理和供应链各环节利润水平的合理分配都至关重要。因此，整合供应链，坚持合作共赢是保证有机茶产业有序发展的基础。

#### 5. 积极主动推广有机理念

口碑效应与大众媒体对茶产品的推广非常重要，直接相关群体的推荐是消费者获取茶叶方面信息的重要途径之一。目前，有机茶在国内的认知度还不是很高，消费者购买有机茶的动机也不明显。因此，在沟通渠道方面，有机茶的推广需首先选择政府公共媒体资源，说服目标市场的意见领导者，通过他们来影响其他潜在消费者对有机茶的认知与认同。在沟通内容方面，有机茶的营销可通过宣传有机茶生产的过程和消费利益这两方面来提高有机茶的认知度和消费者的购买积极性。对于有机茶生产过程的宣传应着力于对环境、社会效益的强化，以及有机种植过程中细节的表述，这些都能有效帮助目标受众了解到种植有机茶的难度和高成本，为其之后购买有机茶在价格体系方面做出理性的判断。同时，也可考虑组织目标消费者到有机茶园进行生态游，让其身临其境地感受有机茶的价值所在。

除了茶叶生产过程与茶叶本身的品质之外，认证知识对于有机茶的推广具有很大的影响力。中国消费者目前对有机产品的信任度还很低，调查显示，50%以上的消费者表示对目前的认证体系缺乏信心。很多人怀疑认证机构、认证本身的可靠性以及包装上认证标识的真假性，这些均导致了消费者对有机茶的不信任。因此，经销商在推广产品的同时，也需要普及认证知识，教会消费者如何识别真假认证机构和认证标识，具体可采用如在公司网址建立与相关官方认证机构的链接，或在宣传册上附加认证内容等。在整体营销沟通方面，每个地方可根据该有机茶市场知名度与客户情况进行不同的整合，在有机茶整个产业链上做到统一开发、统一设计与统一宣传。此外，有机理念还应在各种机会下对大众市场进行推广，如通过政府、行业协会和其他非赢利机构组织经销商和茶农积极参加各类展示展销会，或组织目标消费者与潜在消费者参加各类环保、健康活动，积极培育潜在消费者，如举办青少年爱茶活动等。

## （二）有机茶销售渠道和方法

### 1. 搭建有机茶产销联结平台

建议有机农业和茶叶行业组织多举办有机茶博览会、推介会、产销交流会等不同形式的市场推广活动，不仅可搭建产销平台，提升市场认知度，而且可吸引消费者眼球，加强宣传效果。政府可以建设官方的有机茶信息交流平台，还可以通过报刊、杂志、网络、电视等途径，采用公益广告、新闻报道等各种形式的硬性和软性宣传手段，开展有机农业理念的正面宣传，提高公众的有机农业理念。另外，建议充分发挥专家学者的作用，介绍有机茶知识，指导消费者如何购买有机茶、如何辨别有机茶，从各个层面提高广大民众对有机茶的认知度。

### 2. 整合有机茶销售链

随着各类商业业态的发展，我国目前有机农产品主要通过有机产品零售商、超市有机专柜、食品市场、有机农场、网络店铺等渠道进行销售。大型超市如家乐福、沃尔玛、麦德龙等也都有专门的有机产品销售专区。目前，我国有机茶的销售渠道比较多元化，直销的代表如北京的OFOOD和上海的HELEKANG、有机周末等，专业的有机农产品销售渠道如O-Store、乐活城等，网络销售如www.tootoo-food.com、www.taobao.com等，均显示出一定的市场潜力，这与目标消费群体——乐活族（LOHAS）的消费和生活习惯有关。除上述渠道外，传统茶叶销售渠道——茶叶专卖店（如天福、吴裕泰、更香等）和一些商业发达地区的茶馆、茶室等也都是有机茶可选择的销售渠道。

### 3. 组织有机茶企业开展国内外展销

美国、欧盟、日本是最主要的有机食品消费市场，也是我国有机茶出口要重点开拓的国际市场。欧美国家不产茶叶，茶叶消费完全依靠进口，但是，西方消费习惯决定了进口红茶是他们的消费主流，而我国以生产和出口绿茶为主，呈现出供给与需求的矛盾。因此，要针对当前国际有机茶消费的产品结构特征和变化趋势，掌握不同国家的特有饮茶习惯，利用中国的茶叶生产优势和丰富的茶类结构优势，开发适销对路的有机茶产品。一是要加大有机红茶的生产和出口；二是促进有机绿茶的出口，扩大有机绿茶的市场份额；三是要开发具有中国特有的有机特种茶，提高特种茶的产量和国际市场的占有率；四是要加大有机茶深加工产品的研发。要抓住当前中国整体国际形象和国际影响力提高的历史机遇，加大中国有机茶特别是有机绿茶在国际市场的推广力度。特别是要重视对中国茶文化的宣传，让国际社会在感受中国茶文化魅力的同时接受中国的有机茶，了解有机茶的功效。在国际市场上对我国有机茶进行宣传时要根据不同国家的市场状况，综合考虑当地习俗、文化传统、法律规范等，配套适应当地文化的产品包装，选择合适的市场推广策略。

**4. 结合茶旅游、茶休闲等销售有机茶**

组织一些有机茶参观品尝活动、自采自制活动、有机茶生态旅游活动等，引导消费者融入有机茶环境中，在活动中增进对有机茶理念的理解，增加对有机茶的认知，培养消费者信心，同时以口碑的形式带动身边的人群。中国有机茶之乡武义县政府就与更香茶叶公司联合举办了“武义茶乡行”活动，吸引了来自北京、浙江等众多媒体和消费者的参与。许多来自大都市的消费者第一次深入到大山里的有机茶场，与茶农进行了交流，体验了有机茶的采摘和制作，品尝了有机茶，亲身感受到了有机农业生产方式，对有机茶有了比较充分的了解。同时，提高消费信心也要求有机茶生产企业诚信经营，按标准组织生产，保证有机茶的产品质量，提升产品信誉度。

# 第七章 有机茶认证与标志

## 一、有机茶认证

### （一）有机茶认证的概念

认证，是指由认证机构证明产品、服务、管理体系符合相关技术规范、相关技术规范的强制性要求或标准的合格评定活动。

认证按强制程度分为自愿性认证和强制性认证两种，按认证对象分为体系认证和产品认证。有机产品认证属于自愿性产品认证范畴，有机茶认证则是有机产品认证中的一个具体产品类别的认证。因此，有机茶认证从终端产品外观上看，很难区分有机茶产品和常规茶产品。有机茶生产保护环境和质量安全的价值不能通过其最终产品直观地反映出来，因此，通过认证机构对有机茶生产过程和最终产品的认证，并且通过特定标志以区别常规产品，起到维护生产者和消费者权益，体现有机茶生产过程和产品质量的作用。

### （二）我国有机产品认证认可制度

中国国家认证认可监督管理委员会（CNCA）是国务院组建并授权，履行行政管理职能，统一管理、监督和综合协调全国所有认证和认可工作的主管机构，其中包括对有机产品和有机茶认证工作的监督和管理。中国合格评定国家认可委员会（CNAS）是由国家认证认可监督管理委员会批准设立并授权的国家认可机构，统一负责对认证机构、实验室和检查机构等相关机构的认可工作。中国认证认可协会（CCAA）是由认证认可行业的认可机构、认证机构、认证培训机构、认证咨询机构、实验室、检测机构和部分获得认证的组织等单位会员和个人会员组成的非营利性、全国性的行业组织，依法接受业务主管单位国家质量监督检验检疫总局、登记管理机关民政部的业务指导和监督管理。

依据《中华人民共和国认证认可条例》(以下简称《条例》)和《有机产品认证管理办法》(以下简称《办法》)的规定，有机产品认证机构应当依法设立，具有《条例》规定的基本条件和从事有机产品认证的技术能力。认证机构必须由CNCA批准成立，经CNAS的能力认可后，方可从事有机产品认证活动。从事有机产品认证的检查员应当经CCAA注册后，方可从事有机产品认证活动。境外有机产品认证机构在中国境内开展有机产品认证活动的，应当符合《条例》、《办法》和其他有关法律、行政法规的有关规定。

国家认监委定期公布符合有机产品的认证机构。不在目录所列范围之内的认证机构，不得从事有机产品的认证。目前，我国境内获得批准和认可，从事有机认证的机构有杭州中农质量认证中心(OTRDC)、南京国环有机产品认证中心(OFDC)、北京中绿华夏有机食品认证中心(COFCC)等21家内资机构，以及北京爱科赛尔认证中心有限公司(ECOCERT)等4家外资机构。

## (三)有机茶认证检查

有机茶认证是指有机认证机构按照有机认证标准的要求对有机茶生产、加工体系和经营过程做出系统评估和认定，并以证书形式进行确认。有机茶认证以过程检查为基础，通过对申请人的质量管理体系、生产过程控制体系、追踪体系以及产地、生产、加工、仓储、运输、贸易等过程进行检查来评价其是否符合有机茶标准的要求。检查过程中，必须对茶叶产品进行抽样检测。

**1. 有机茶认证检查内容**(至少应包括)

① 对生产、加工过程和场所的检查，如生产单元存在非有机生产或加工时，也应对其非有机部分进行检查。

② 对生产、加工管理人员、内部检查员、操作者的访谈。

③ 对GB/T 19630.4所规定的管理体系文件与记录进行审核。

④ 对认证产品的产量与销售量的汇总核算。

⑤ 对产品和认证标志追溯体系、包装标识情况的评价和验证。

⑥ 对内部检查和持续改进的评估。

⑦ 对产地和生产加工环境质量状况的确认，并评估对有机生产、加工的潜在污染风险。

⑧ 样品采集。

⑨ 如果是复认证检查，还需对上一年度提出的不符合项采取的纠正和/或纠正措施进行验证。

**2. 检查范围**

应对生产单元的全部生产活动范围逐一进行现场检查；多个农户负责生产

(如农业合作社或公司+ 农户) 的组织应检查全部农户。应对所有加工场所实施检查。需在非生产、加工场所进行二次分装的，也应对二次分装/分割的场所进行现场检查，以保证认证产品的完整性。

**3. 现场检查还应考虑以下因素**

① 有机与非有机产品间的价格差异。

② 组织内农户间生产体系和种植、养殖品种的相似程度。

③ 往年检查中发现的不符合项。

④ 组织内部控制体系的有效性。

⑤ 再次加工分装对认证产品完整性的影响。

**4. 检查时间要求**

认证机构应当按要求，及时向“中国食品农产品认证信息系统”填报认证活动信息，现场检查计划应在现场检查 5 个工作日前录入信息系统。认证监管部门对认证机构检查方案、计划有异议的，应至少在现场检查前 2 天提出。认证机构应当及时与该部门进行沟通，协调一致后方可实施现场检查。

## 二、有机产品认证标志和有机茶标识

### （一）中国有机/有机转换产品认证标志和认证机构标志

中国有机/有机转换产品认证标志是证明产品在生产、加工和销售过程中符合 GB/T 19630.1～GB/ T 19630.4—2011《有机产品》国家标准中有机/ 有机转换的规定，并且通过认证机构认证的专用图形（图 7-1），由

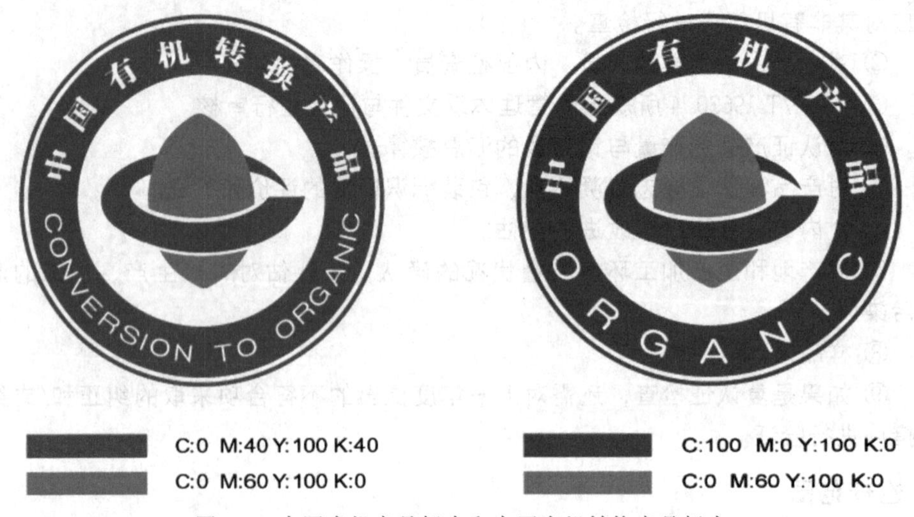


图 7-1 中国有机产品标志和中国有机转换产品标志

CNCA 统一设计发布。只要是 CNCA 批准的合法认证机构认证的有机产品或有机转换产品，均可使用中国有机产品认证标志或中国有机转换产品标志。

获证产品或者产品的最小销售包装上应当加施中国有机产品认证标志及其唯一编号（编号前应注明“有机码”以便识别）、认证机构名称或者其标识。

初次获得有机转换产品认证证书一年内生产的有机转换产品，只能以常规产品销售，不得使用有机转换产品认证标志及相关文字说明。

认证机构标志是认证机构的代表符号，与认证机构名称、英文缩写等一起构成认证机构的标识。不同的认证机构有不同的机构标志，图 7-2 所示的有机茶标志就是杭州中农质量认证中心的机构标志。有机认证机构标志仅用于经该认证机构认证的产品，且认证机构的标志或者文字大小不得大于中国有机产品认证标志和中国有机转换产品认证标志（彩图见文前）。

图 7-2　中农质量认证中心机构标志

## （二）中国有机/有机转换产品认证标志和认证机构标志的使用规范

根据《有机产品》国家标准和《办法》的规定，获证单位或者个人在使用中国有机/有机转换产品认证标志和机构标志时应遵循以下要求。

① 中国有机/有机转换产品认证标志和机构标志应当在产品认证证书限定的产品种类、产品数量内使用，不得随意扩大使用范围。机构标志只能用于标志所属机构认证的有机茶产品。

② 获证单位或者个人可以将中国有机/有机转换产品认证标志和机构标志印制在获证产品标签、说明书及广告宣传材料上，并可以按照比例放大或者缩小，但不得变形、变色。

③ 获证单位或者个人，应当按照规定在获证产品或者产品的最小包装上加施中国有机/有机转换产品认证标志。同时在相邻部位标注机构标志或机构名称，其相关图案或者文字应当不大于中国有机/有机转换产品认证标志。

④ 未获得有机/有机转换认证的产品，不得在产品或者产品包装及标签上使

用中国有机/有机转换产品认证标志和机构标志，也不得标注“有机产品”、“有机转换产品”、“有机茶”、“有机转换茶”和“无污染”、“纯天然”等其他误导公众的文字表述。

⑤ 有机产品认证证书有效期满后未重新获得认证的，不得继续使用中国有机/有机转换产品认证标志和机构标志。

⑥ 认证机构在做出撤销、暂停使用有机/有机转换产品认证证书的决定的同时，应当监督有关单位或者个人停止使用、暂时封存或者销毁其中国有机/有机转换产品认证标志。

⑦ 任何获证单位或个人不得私自将中国有机/有机转换产品认证标志和机构标志的使用权转让给其他单位或个人。

## （三）违规使用标志的责任承担

① 已经获得有机/有机转换认证的产品，如发现违反标志使用规范或者产品质量不符合认证要求而使用中国有机/有机转换产品认证标志销售产品的，则报请监管部门立即责令其停止该产品销售，没收责任方相应违法所得，并处以罚款。

② 产品未经认证而使用中国有机/有机转换产品标志进行销售的，则依法由相关执法部门责令其停止销售，没收责任方违法所得，并处以罚款，同时追究该企业负责人相关责任。

③ 凡违反使用中国有机/有机转换产品标志和机构标志使用规范而引起的经济责任，由使用者无条件承担。

④ 加施中国有机/有机转换产品认证标志的产品出厂销售后发现不符合标准要求的，生产企业应当负责包换、包退，必要时实行产品召回程序。给消费者造成损害的，生产企业应当依法承担赔偿责任。

## （四）有机茶防伪标签

为符合《有机产品》国家标准和《办法》的要求，合理规范地使用认证标志，中农质量认证中心（OTRDC）统一制作了印有特定年份的有机茶数码防伪签（图 7-3），供获证单位或者个人加贴在销售的有机茶的外包装上。标签上同时印制有中国有机/有机转换产品认证标志和机构标志，而且每张标签均设有唯一的防伪码，具有防伪查询功能，起到防止假冒，保护认证产品的作用。有机码由杭州中农质量认证中心的认证机构批准号后三位代码 096、认证标志发放年份的最后 2 位数字和 12 位阿拉伯数字随机号码组成。有机码由承印单位运用先进严密的防伪技术软件形成，确保其随机性和防伪功能。

获证组织填写《有机产品认证标志申请表》（表 7-1），向认证中心提出有机产品认证标签申领；认证中心根据获证组织产品的产量、产品包装规格严格核定发放数量，并发出缴费通知；认证中心在收到款项后上传有机产品认证标志备案信息，上传成功后即进行发放，同时建立详细清晰的有机产品认证标志电子管理台账。允许获证组织在认证数量范围内分次申领，但其对应产品的总数量不得超出认证产品数量。

图 7-3　有机茶数码防伪标签

**表 7-1　有机产品认证标志申领表**

| 获证组织机构代码 | | | |
|---|---|---|---|
| 获证组织名称 | | | |
| 认证证书编号 | | | |
| 认证证书有效期 | | | |
| 获证产品名称和商品名称 | | | |
| 获证产品产量(千克) | | | |
| 获证产品最小销售包装规格(所有加贴有机产品标志的包装) | | | |
| 申领有机标签数量(枚) | | | |
| 邮寄地址、收件人 | | | |
| 联系电话 | | 邮编 | |
| 承诺 | 我们在此承诺，上述填报信息真实，申领的有机标签均加施于相应的获证有机产品。如果产品在市场上出现问题，均由本单位(人)负责。<br>负责人签字　　　　申领单位(盖章) | | |

## 三、有机茶认证管理

根据《有机产品》国家标准、《办法》和《实施规则》的要求，获证单位和认证机构应当认真做好如下各方面的管理工作。

① 获证单位在生产、加工、包装、运输、储藏和经营等过程中，应按照标准和相关规定，建立完善的生产、加工、销售记录档案制度和产品质量跟踪审查体系。

② 获证单位应实施内部检查制度，监督和验证本单位的生产、经营活动符合有机标准的要求，促进生产管理水平的改善和提高。内部检查由内部检查员实施。内部检查员应了解标准和相关法规的要求，由有一定技术知识或经验，熟悉本单位的管理体系和生产过程的人员担任。在实施内部检查时，内部检查员应独立于被检查对象。

③ 获证单位应利用纠正和预防措施，持续改进其有机生产和加工管理体系的有效性，促进有机生产和加工的健康发展，以消除有机生产、加工过程中不符合或潜在不符合的因素。

④ 获证单位应随时接受认证机构、认证监督管理部门和有关单位对本单位有机认证过程和有机茶生产、加工、经营活动以及产品进行的监督检查。

⑤ 获证单位应加强认证证书的管理，在认证覆盖的产品范围内，合理规范地使用有机茶认证证书；加强中国有机产品认证标志和机构标志的管理，在有机产品认证证书限定的产品种类、数量范围、有效期限内使用有机产品认证标志和机构标志。

⑥ 获证单位在有机产品认证证书有效期内，发生下列情形之一的，应当向认证机构重新申请认证：

a. 产地（基地）、加工场所、加工工艺或者销售活动发生变更的；

b. 其他不能持续符合有机产品国家标准、相关技术规范要求的。

⑦ 获证单位在有机产品认证证书有效期内，发生下列情形之一的，应当向认证机构通报并办理变更手续：

a. 有机产品生产、加工单位名称或者法人性质发生变更的；

b. 产品种类和数量减少的；

c. 有机产品转换期满的；

d. 其他需要变更的情形。

⑧ 获证单位有下列情形之一的，认证机构应当注销获证单位认证证书，并对外公布：

a. 认证证书有效期届满前，未申请延续使用的；

b. 获证产品不再生产的；

c. 获证单位申请注消的；

d. 其他依法应当注销的情形。

⑨ 获证单位有下列情形之一的，认证机构应当暂停获证单位认证证书1～3个月以上，并对外公布：

a. 未按规定使用认证证书或认证标志的；

b. 获证产品的生产、加工过程或者管理体系不符合认证要求，且在30日内不能采取有效纠正或者（和）纠正措施的；

c. 未按要求对信息进行通报的；

d. 认证监管部门责令暂停认证证书的；

e. 其他需要暂停认证证书的情形。

⑩ 获证单位有下列情况之一的，认证机构应撤销获证单位认证证书，并对外公布：

a. 获证产品质量不符合国家相关法规、标准强制要求或者被检出禁用物质的；

b. 生产、加工过程中使用了有机产品国家标准禁用物质或者受到禁用物质污染的；

c. 虚报、瞒报获证所需信息的；

d. 超范围使用认证标志的；

e. 产地（基地）环境质量不符合认证要求的；

f. 认证证书暂停期间，认证委托人未采取有效纠正或者（和）纠正措施的；

g. 获证产品在认证证书标明的生产、加工场所以外进行了再次加工、分装、分割的；

h. 对相关方重大投诉未能采取有效处理措施的；

i. 获证组织因违反国家农产品、食品安全管理相关法律法规，受到相关行政处罚的；

j. 获证组织不接受认证监管部门、认证机构对其实施监督的；

k. 认证监管部门责令撤销认证证书的；

l. 其他需要撤销认证证书的。

⑪ 认证证书暂停期间，认证机构应当通知并监督获证组织停止使用有机产品认证证书和标志，暂时封存仓库中带有有机产品认证标志的相应批次产品；获证组织应将注销、撤销的有机产品认证证书和未使用的标志交回认证机构或获证组织应在认证机构的监督下销毁剩余标志和带有有机产品认证标志的产品包装。必要时，召回相应批次带有有机产品认证标志的产品。

## 四、有机茶认证程序与需要的资料

### 1. 有机茶认证程序

有机茶认证是一项十分严谨的工作，必须按照严格的程序进行。虽然各认证机构的认证程序有一定的差异，但根据国家认监委《有机产品认证实施规则》的要求，认证程序一般包括认证申请和受理、检查准备与实施、合格评定和认证决定、监督与管理这些主要流程。下面以杭州中农质量认证中心（OTRDC）为例，介绍有机茶认证的具体程序。

**（1）信息询问** 询问有机茶认证相关信息和索取资料。

**（2）认证申请** 向中心索取申请表和基本情况调查表，申请者将填写完毕的申请表、调查表和相关材料寄回中心。

**（3）申请评审** 中心对申请者资料进行综合审查，决定是否受理申请。

**（4）合同评审** 对于申请材料齐全、符合要求的申请者，中心与其签署认证协议。申请者将申请费、检查与审核费、产品样品检测费汇到中心，上述费用系实际发生费用，与最终认证结果无关。

**（5）文件评审** 在确认申请者已缴纳认证所需的相关费用后，根据认证依据的要求对申请者的管理体系文件进行评审，确定其适宜性、充分性及与认证要求的符合性。

**（6）现场检查** 按照经申请者确认后上传到国家认监委信息系统的检查计划，检查组根据认证依据的要求对申请者的管理体系进行评审，核实生产、加工过程与申请者提交的文件的一致性，确认生产、加工过程与认证依据的符合性，现场抽取产品样品。

**（7）样品检测** 样品送至中心分包检测机构进行检测。

**（8）综合审查** 根据申请者提供的申请材料、检查组的检查报告和样品检测结果进行综合审查评估，编制认证评估表，在风险评估的基础上提出颁证意见。

**（9）认证决定** 根据综合审查意见，基于产地环境质量、现场检查和产品检测结果的评估，做出认证决定，颁发认证证书。

**（10）证后管理** 获证者正确使用有机产品认证证书、有机产品认证标志；接受行政监管部门及中心的监督与检查；及时通报变更的信息；再认证申请至少在认证证书有效期结束前3个月提出。

认证机构对获证者及其产品实施有效的跟踪调查，对于获证产品不能持续符合认证要求的，认证机构将暂停其使用直至撤销认证证书，并予公布。

复认证检查至少一年一次。认证机构每年要完成一定比例的非例行检查。非例行检查不事先通知，检查的对象和频次等是基于对风险的判断和来源于社会、政府、消费者对获证产品的信息反馈。

### 2. 有机茶认证所需的资料

有机茶认证申请者需按照《有机产品》国家标准和认证机构的要求，向认证机构提交相关的申请资料。这些资料对于认证机构安排认证检查，确认申请者是否按照标准组织生产，决定是否给予认证都是非常重要的，申请者必须认真对待，力求全面、真实。

**(1) 调查表** 有机产品认证申请表、有机产品认证申请承诺书、种植基地基本情况调查表和食品加工厂基本情况调查表。

**(2) 项目基本情况资料**

① 申请人的合法经营资质文件，如营业执照副本、组织机构代码证、商标注册证等。

② 申请茶叶加工认证还需要提供QS生产许可证、操作人员健康证等，加工过程用水还需提供水质检测报告。

③ 土地使用合法证明（土地承包租赁合同书、有机种植合同书等）。

④ 新开垦的土地必须出具县级以上政府部门的开发批复。

⑤ 提供产地环境质量监（检）测报告，土壤和灌溉水检测报告的委托方应为申请者。

⑥ 有机产品生产加工管理者以及内部检查员的资质证明材料。

⑦ 如果存在有机茶平行生产时，还需提供有机转换计划。

⑧ 当认证申请人不是有机产品的直接生产、加工者时，申请人与有机产品生产、加工者签订的书面合同复印件。

⑨ 通过其他认证机构认证的项目，提供证书或认证结果通知书或检查报告。

**(3) 有机生产、加工、经营管理体系的文件** 生产单元或加工、经营等场所的位置图，有机产品生产、加工、经营管理手册，生产、加工、经营操作规程，有机生产、加工、经营的系统记录。

**(4) 说明** 文件清单是对所有申请生产认证的一般性要求，检查员在检查时还有可能会针对各农场的具体情况要求申请人提供一些本清单未涉及的文件。除特殊标注外，一般均为复印件，检查员现场检查时还有可能查看正本。

**(5) 有机产品生产、加工、经营管理手册内容**

① 有机产品生产、加工、经营者的简介。

② 有机产品生产、加工、经营者的管理方针和目标。

③ 管理组织机构图及其相关岗位的责任和权限。

④ 有机标识的管理。

⑤ 可追溯体系与产品召回。

⑥ 内部检查。

⑦ 文件和记录管理。

⑧ 客户投诉的处理。

⑨ 持续改进体系。

**(6) 生产、加工、经营操作规程内容**

① 茶叶种植生产技术规程。

② 防止有机生产、加工和经营过程中受禁用物质污染所采取的预防措施。

③ 防止有机产品与非有机产品混杂所采取的措施。

④ 茶鲜叶收获规程及收获、采集后运输、加工、储藏等各道工序的操作

规程。

⑤ 运输工具、机械设备及仓储设施的维护、清洁规程。

⑥ 加工厂卫生管理与有害生物控制规程。

⑦ 标签及生产批号的管理规程。

⑧ 员工福利和劳动保护规程。

⑨ 有机产品生产、加工规划。

**(7) 有机生产、加工、经营的系统记录内容**

① 生产单元的历史记录及使用禁用物质的时间及使用量。

② 种子、种苗等繁殖材料的种类、来源、数量等信息。

③ 肥料生产过程记录。

④ 土壤培肥施用肥料的类型、数量、使用时间和地块；病、虫、草害控制物质的名称、成分、使用原因、使用量和使用时间等；所有生产投入品的台账记录（来源、购买数量、使用去向与数量、库存数量等）及购买单据。

⑤ 植物收获记录，包括品种、数量、收获日期、收获方式、生产批号等。

⑥ 加工记录，包括原料购买、入库、加工过程、包装、标识、储藏、出库、运输记录等。

⑦ 加工厂有害生物防治记录和加工、储存、运输设施清洁记录。

⑧ 销售记录及有机标识的使用管理记录。

⑨ 培训记录；内部检查记录。

⑩ 产品召回（包括演练）记录。

a. 客户投诉处理记录（时间、投诉方、投诉内容、解决措施）。

b. 管理评审等持续改进记录。

# 第八章 几种有机茶生产技术

我国茶区辽阔，气候、土壤复杂，茶树品种多，各地不同的文化、社会需求也不同，因此生产的茶类及茶叶品种也较多，按茶叶加工过程中的发酵程度，我国茶叶成品茶分为绿茶、白茶、黄茶、青茶（乌龙茶）、黑茶和红茶六大茶类。现就不同茶类有代表性的有机茶生产方法做简要介绍。

## 第一节　有机绿茶生产技术

有机茶绿茶是我国第一个有机产品，也是我国有机茶数量最多、生产区域最大、花色品种繁多的一种有机茶。有机绿茶是经高温杀青（或蒸青）后再经揉捻和干燥而成的一种茶叶，属于不发酵茶。绿茶品质色泽绿润、清香宜人，是我国生产量和消费量最大的一个茶类。有机绿茶按杀青干燥方法不同可分为炒青绿茶、烘青绿茶、晒青绿茶和蒸青绿茶；如按成茶形态可分为扁平形绿茶、单芽形绿茶、直条形绿茶、曲条形绿茶、曲螺形绿茶、圆珠形绿茶、兰花形绿茶和扎花形绿茶；如按原料老嫩程度不同可分为大宗绿茶和名优绿茶。大宗绿茶原料一般较老，名优绿茶原料一般较嫩。

### 一、茶鲜叶质量安全及管理

茶鲜叶俗称青叶或茶青，是茶叶的加工原料。为保证鲜叶原料不受污染，有机绿茶的生产都需制定一套严格的全面质量管理体系。有机绿茶的鲜叶都必须采自经认证机构认证的基地茶园，单独采收、单独存放和单独付制，绝不允许与常规茶园的鲜叶相混合。鲜叶的管理是保证鲜叶质量的重要措施，是指鲜叶从采摘后到加工前的过程。鲜叶管理包括鲜叶质量要求、运送、验收及摊放处理等，对成茶质量起着至关重要的作用。

## （一）鲜叶质量要求

**1. 嫩度要求**

嫩度以芽叶组成来表示，以一芽一叶或一芽二叶的组成比例越高，则鲜叶嫩度越高；不同种类的有机绿茶对鲜叶的嫩度都有不同的要求，采收鲜叶时必须制定相应的采摘标准，使所采鲜叶原料符合加工茶类的要求。

**2. 嫩匀度要求**

匀度，采摘标准一致，芽叶中某种芽叶占绝大多数，芽叶色泽均匀一致；有机绿茶要求在规定采摘标准下，力求做到鲜叶原料均匀一致，必要时有些品种茶类要进行原料嫩度分级处理，以保证有机茶鲜叶嫩度的一致性。

**3. 净度要求**

鲜叶内不夹带杂物，纯净一致。

**4. 新鲜度要求**

鲜叶采下后其理化性状不能发生较大的变化，以保证鲜叶不萎、不变红、不发热。

## （二）鲜叶运送

从树上采下的鲜叶，其生命活动并没停止，呼吸作用仍然继续着。在呼吸作用过程中，糖类等化合物分解，消耗部分干物质，放出大量热量，如不采取必要的管理措施，轻则使鲜叶失去鲜爽度，重则产生不愉快的水闷味、酒精味，红变变质，失去加工饮用的价值。防止鲜叶变质的唯一办法就是及时采收，轻装、快运至加工厂进行加工。有机鲜叶运输必须使用清洁的工具，并应在工具及容器上设立专门的标志和标识，避免与常规产品混杂，同时也方便其他人作出辨别，不至误用、误装。

## （三）鲜叶验收

有机绿茶鲜叶的验收，首要是检查鲜叶的来源，是否来自认证基地，是哪个地块的鲜叶；其次进厂鲜叶根据其品种、老嫩度、匀净度、新鲜度等进行定级、称重、登记、归堆、分别摊放。如有污染的鲜叶不能作为有机绿茶的制茶原料，不合格的鲜叶应另行堆放，另行炒制和处理。制定鲜叶追溯记录表，随加工过程物流而行。

### （四）鲜叶摊放处理

有机绿茶鲜叶送至加工厂后，应单独摊放，并按品种、老嫩度、晴雨叶、上下午叶、阴阳坡叶、青壮龄与老龄叶分开摊放。高档名优茶鲜叶细嫩，不宜直接摊放在水泥地面上，应摊放在软匾、篾簟或篾垫上。摊放厚度要适当，春季气温低，可适当厚些。高级茶摊放厚度一般为 3cm 左右，中级茶可摊厚 5～10cm，老叶适当厚摊，最厚不超过 20cm。晴天空气湿度低可适当厚摊，以防止鲜叶失水过多，影响炒制。雨水叶应适当薄摊，以便更好地散发水分。摊放时间不宜过长，一般以 6～12h 为宜，最长不超过 24h，尤其是当室温超过 25℃时，更不宜长时间摊放，尽量做到当天鲜叶，当天炒制完毕。

## 二、加工工艺

绿茶基本的加工工艺是：杀青→揉捻→干燥。杀青是绿茶加工中的关键工序。但由于各个茶叶品种的产地不同、原料各异，因此其加工方法也不相同，其加工方法又可造就各自的外形特征。有的杀青后不揉捻，干燥后茶叶基本保持自然的形状，如君山银针、白毫银针等。有的杀青叶不经揉捻直接炒干，在炒干过程中运用巧妙的手法造型，如扁平光滑的高级龙井及一些炒青名茶等。现选择大宗有机绿茶和几种典型的名优绿茶的生产加工过程做一简要介绍。

### （一）大宗有机绿茶加工

#### 1. 杀青

杀青是绿茶加工的主要工序之一。其主要目的是破坏酶的活性，制止多酚类物质的酶促氧化，同时散发部分青气，改变鲜叶内含成分的部分性质，以形成绿茶应有的色、香、味，而且还通过蒸发部分水分增加叶质的韧性，便于揉捻造型。杀青的好坏直接影响干茶的质量，抓好杀青叶的品质管理，是绿茶加工的重要环节之一。

杀青对叶温的要求有一定的范围。高温杀青的主要标志就是在短时间内使叶温达到 80℃以上，以尽快抑制酶活性，同时散发部分青气。但是锅温的高低又与投叶量密切相关。一般投叶量越多，锅温要求越高；投叶量越少，则锅温相对可以稍低。一般嫩叶、雨水叶含水量相对较高，投叶量宜少；而老叶等含水量较少，投叶量可适当增加。杀青要求“高温、短时”，在极短的时间内达到钝化酶活性的目的。杀青时采取“高温杀青，先高后低；抛闷结合，多抛少闷；老叶嫩尖，嫩叶老杀”的原则。目前大宗绿茶基本实行机械生产，按照机械性能可分为锅式杀青机、滚筒杀青机和汽热杀青机等几种。由于滚筒式杀青机具有产量高又能连续作业的特点，所以各地普遍采用这一方式。

**2. 揉捻**

揉捻的目的是为了卷紧茶条、缩小面积，有利于炒干过程中整形，并适当破坏叶片组织，使茶叶内含成分容易泡出且耐冲泡。大宗茶加工基本上都采用机械揉捻。

老叶热揉，嫩叶冷揉，一般一二级嫩叶，揉捻以无压揉捻为主，中间适当加轻压；而三级以下茶叶要求逐步加压，即开始无压，中间加压，最后又轻压或无压。揉捻过程中投叶量要适宜，揉捻均匀，成条率高。

**3. 干燥**

干燥的目的是整理条形，塑造外形，发展茶香，增进滋味，蒸发水分，达到足干，便于储藏。绿茶干燥一般采用晒干、炒干和烘干 3 种方式。

① 晒青绿茶采用日照晒干，此方式最简单，但易受天气的影响，品质常有日晒味，现只用于普洱毛茶加工。

② 烘青绿茶干燥以烘焙为主。通常分毛火和足火二次干燥，中间摊晾回潮，采用烘干机烘干。

③ 炒青绿茶以炒为主，以烘为辅。根据整形要求的不同可分为二青、三青、辉锅 3 个过程。由于各个环节所采用的干燥方式不同，炒青绿茶干燥的加工作业呈多样化现象，有全炒、全滚、烘→滚、炒→滚、滚→炒→炒、烘→炒→滚等。经过不同机型及作业的对比试验认为，在各组合中以烘→炒→滚工艺最好，条索完整，碎茶少，制茶质量高。

## （二）有机名优绿茶加工

**1. 扁形名优绿茶加工**（以龙井茶为例）

扁形名优绿茶要求外形扁平、光直、色匀。

**(1) 青锅**　青锅是杀青和初步整形的过程。炒特、高级龙井茶，当锅温升至90～100℃时，在锅面上涂抹专用油，然后投入 100g 摊放叶，开始以抓、抖为主，使均匀受热、水分散发，经反复多次后，改用搭、抖、捺的手法进行初步造型；压力由轻而重，使茶叶理直成条，压扁、成形，炒至七八成干时即起锅，历时约12～15min。起锅后即薄摊回潮，摊晾后进行分筛，筛底筛面分别辉锅。摊晾回潮约需 40～60min。

**(2) 辉锅**　辉锅作用是进行整形和炒干。通常三锅青锅叶合为一辉锅，投叶量为 150g，锅温 60～70℃，炒制 20～25min。锅温掌握低、高、低过程。开始以理条为主，要多抖、少搭，以便散发水气，然后逐步转入搭、拓、捺，并适当加大力度。要领是手不离茶，茶不离锅。炒至茸毛脱落、扁平光滑、茶香透发、折之即断、含水量为 5%～6%时，即可起锅，经摊晾后簸去黄片，筛去茶末即成。

### 2. 直条形名优绿茶加工（以雨花茶为例）

直条形名优绿茶外形要求细、紧、直，茶芽尖如松针。

**(1) 杀青** 杀青用 60cm 口径平锅。锅温 140～160℃，每锅投叶 0.4～0.5kg，炒闷结合，后期降温，杀青 5～7min。叶质柔软、色暗、青草气消失。

**(2) 揉捻** 揉捻双手在竹帘上往返推拉滚揉，中间解块 3～4 次，揉捻 8～10min，使初步成条，茶汁微出。

**(3) 搓茶拉茶** 搓条拉条为成形的关键。锅温 85～90℃，投叶 0.35kg，先翻转抖散，理顺茶条，置于手中，轻轻滚转搓条，不断解散团块，等叶子稍干不粘手时，降低锅温到 60～65℃，手掌五指伸开，两手合抱叶子使叶顺一个方向用力滚搓，轻重相同，同时理条，约 20min。达六七成干，锅温升高至 75～85℃，手抓叶子沿锅壁来回拉炒，理顺拉直条形，并进一步做紧做圆，约 10～15min，达九成干起锅。

### 3. 卷曲形名优绿茶加工（以碧螺春为例）

卷曲形名优绿茶外形要求弯曲细紧、卷曲似螺肉。

**(1) 高温杀青**

① 投叶量：鲜叶 250g。

② 锅温：150～180℃，高档鲜叶温度稍低，低档则稍高。

③ 杀青时间：3～4min。

④ 手法：双手或单手反复旋转抖炒，动作轻快。

**(2) 热揉成形**

① 锅温：65～75℃。

② 时间：10～15min。

③ 手法：双手或单手按住杀青叶，沿锅壁顺一个方向盘转，使叶子在手掌和锅壁间进行公转与自转，揉叶转揉边从手掌边散落，不使揉叶成团，开始旋 3～4 转即抖散一次，以后逐渐增加旋转次数，减少抖散次数，基本形成卷曲紧结的条索。

④ 要点：保持小火，加温热揉；边揉边解块，以散发叶内水分。先轻后重，用力均匀。先轻揉 4～5min，以后要重揉 6～8min。揉叶起锅后，洗掉锅底茶垢，以免产生焦火气。

**(3) 搓团显毫**

① 锅温：55～60℃。

② 时间：12～15min。

③ 手法：一臂撑着锅台，将揉叶置于两手掌中搓团，顺一个方向搓，每搓 4～5 转解块一次，要轮番清底，边搓团、边解块、边干燥。

④ 要点：锅温低→高→低，搓团初期火温要低；中期要提高温度，促使茸

毛充分显露；后期要降温。用力轻→重→轻，开始水分尚多，需轻搓；中期需要用力搓，以达到毫毛显露；后期宜轻揉。

**（4）文火干燥**

① 锅温：50～55℃。

② 时间：6～7min。

③ 手法：将搓团后的茶叶，用手微微翻动或轻团几次，达到有刺手感时，即将茶叶均匀摊于洁净纸上，放在锅里再烘一下，即可起锅。

④ 程度：茶叶有刺手感觉，成茶水分6%～7%。

### 4. 针芽形名优绿茶加工（以开化龙顶为例）

针芽形名优绿茶原料以单芽为主，外形如芽状。

**（1）杀青**　手工杀青用平锅，锅温200～220℃，投叶量200～250g，以抖为主，要求轻、快、净、散，锅温先高后低，待炒到叶色转暗、叶质柔软、略卷成条、折梗不断、青气消失、香气散发、失重约30%时，即可起锅，出锅后立即簸扬和摊晾散热。

**（2）揉捻**　揉捻在篾匾内用双手滚动揉茶，以轻揉为主，中途抖散团块，稍有茶汁溢出，茶叶成条，揉捻叶达到紧、直、完整、解块后薄摊在匾上，及时上烘。

**（3）初烘**　等烘笼顶部温度达到90～110℃时，把揉捻叶均匀薄摊在烘笼上，厚约1cm左右，烘焙时要勤翻、轻翻、快烘，等初烘叶手捏成团、松手即散时，即可出笼摊晾。

**（4）理条**　理条投叶量视操作者手的大小而定，采用翻炒、理条、整形、抖炒等手势交替进行，使茶叶炒紧成条，待锅壁出现少量白毫时，开始提毫提香，当炒至八成干时，起锅摊晾。

**（5）焙干**　烘笼顶温度达60～80℃，文火慢烘，笼温先高后低，适时适度翻烘，尽量少翻、轻翻，减少断碎。烘至含水量5%～6%时起笼。

机制可选用小型杀青机、25型或30型揉捻机、槽式振动理条机、微型烘干机。烘干后的茶叶经摊晾，即可包装待售或储藏。

### 5. 花形名优绿茶加工（以庐山云雾茶为例）

花形名优绿茶品种很多，较多是兰花形茶，外形要求如一朵松散的兰花。

**（1）高温杀青**　首先是锅子必须磨光擦净，并抹上制茶专用油，使锅子油光铮亮。当锅温达到150～160℃时，投下250～300g的鲜叶。杀青要掌握：锅温先高后低，手法熟练利索，芽叶杀匀杀透。要做到翻炒得当不红变，抛闷结合不变黄，快速不漏不焦。杀青手法：双手抛炒，先抛后闷，抛闷结合。主要有抛、闷、抖三大动作。

**（2）快速抖散**　杀青达到标准，芽叶出锅应干净、利索。出锅后立即在簸箕内簸扬十几下，除去碎片、黄片、末子，这样可除去水蒸气，又可使杀青叶色泽保持翠绿，不变黄，有利于茶香显露。

**(3) 适度揉捻** 揉捻必须遵循：用力轻—重—轻，揉抖相结合，防止结块、断碎的原则。揉捻的手法，根据手的大小和揉捻叶的多少，采用双手回转滚揉、双手推拉滚揉和单手推拉滚揉三种。

**(4) 初干理条** 理条手法有两种，在炒制庐山云雾茶时，开始应尽量抖散，散发水汽，到了3～4成干茶不粘手时，可采用双手理条，其方法是：四指并拢，双手手心相对，手掌微曲，右手手指拢茶于左手（或相反），茶堆与身体平行，在锅中做住复运动，并依靠双手四指的轻微挑动，使芽叶从左手（或右手）四指抓进，从虎口吐出，要求“手不离茶，茶不离锅，抓而不死，活而不乱”，使芽叶直躺于双手掌之中，减少芽叶与锅面的接触，减少茶汁与锅铁质络合而避免造成成品茶色泽变黑，也减少与锅面摩擦以免造成成品茶灰白起霜。为了使条索紧直，在理条时可以穿插拉条动作。拉条动作的手法是：用双手理直芽叶，并在锅中堆成与四指同宽的茶堆，双手换成虎口相对紧靠，手心向下紧握芽叶，上提后迅速向下用力拉开如此穿插进行，可使弯曲的芽叶拉直，紧接着在搓条整形，可使芽叶达到圆紧之目的。

**(5) 整形提毫** 这一工序要求锅温在60℃，要匀而稳，用力轻—重—轻，随着芽叶的不断失水而减轻用力。①搓条手法。在双手理直芽叶的前提下，双手合抱芽叶于手掌之中，恰到好处地使用掌力之暗劲（内功），同向搓条，随着芽叶在手中逐渐掉落减少，手掌由半圆形逐渐成180°平直。当芽叶紧结，略显白毫，约八成干时，即可提毫。②提毫要求芽叶在六成干和锅温在50～60℃时进行。操作手法是：双手握茶（左手在下，右手在上），平放锅沿，利用掌力，茶间摩擦，擦破茶汁形成的薄膜，显露白毫。

**(6) 充分干燥** 锅温控制在75～80℃，原则上要求干燥均匀，防止断碎。摊晾筛末。

## 第二节　有机红茶生产技术

红茶创制时称为“乌茶”，英文为Black Tea。红茶属于全发酵茶类，是以适宜加工红茶的茶树芽叶为原料，经过萎凋、揉捻（切）、发酵、干燥等典型工艺加工而成。红茶在加工过程中发生了以茶多酚酶促氧化为核心的生化反应，鲜叶中的化学成分变化较大，茶多酚减少50%～60%，产生了茶黄素、茶红素、茶褐素等新成分，香气物质比鲜叶明显增加。因其干茶色泽和冲泡后茶汤以红色为主调，故名红茶。

红茶在初制过程中，由于制法不同，品质差异较大。按照其加工的方法与出品的茶形，红茶可分为小种红茶、工夫红茶和红碎茶等三个类型。其中工夫红茶产地最广，在安徽、云南、福建、四川、湖北、湖南等省均有生产，其产品有祁红、滇红、闽红、川红、宜红、湘江等；小种红茶主要产于福建省武夷山市，目前市场上畅销的“金骏眉”和“银骏眉”就是小种红茶的杰出代表；红碎茶在海南、广东、广西、云南、四川、湖南等地均有生产，目前生产量不大。

有机红茶是指在没有任何污染源的产地，按照有机农业生产体系和办法生产出的茶树鲜叶，按红茶加工工艺在加工、包装、储藏过程中不受任何化学品的污染并经有机食品认证机构审查、颁证的茶叶。因此，有机红茶应在遵守 NY/T 5196—2002《有机茶》、NY/T 5197—2002《有机茶生产技术规程》、NY/T 5198—2002《有机茶加工技术规程》、NY/T 5199—2002《有机茶产地环境条件》等通用标准的基础上，结合各类红茶的加工工艺和技术参数进行生产与加工。

## 一、小种红茶加工技术

小种红茶是红茶的鼻祖，是我国独有的红茶品类（福建省的特产），有正山小种和外山小种之分。正山小种原产于武夷山地区崇安县星村镇桐木关村一带，也称“桐木关小种”或“星村小种”。其周边的政和、坦洋、北岭、屏南、古田、沙县及江西铅山等地所产的仿照正山品质的小种红茶，统称为“外山小种”或“人工小种”。

### （一）鲜叶要求

小种红茶一般采摘半开面三四叶，因为嫩梢较成熟、糖类含量较高、多酚类含量适中，有利于茶汤滋味的形成。

### （二）初制工艺与技术

小种红茶制法比其他红茶精细，分为萎凋、揉捻、发酵、过红锅、复揉、熏焙、复火等 7 道工序。

#### 1. 萎凋

有室内加温萎凋和日光萎凋 2 种方法。由于主要产区福建省崇安县星村一带，在 4～5 月间阴天多雨，因此，以室内加温萎凋为主，日光萎凋为辅。

**(1) 室内加温萎凋** 室内加温萎凋俗称“焙青”，在专用的焙青间内进行。焙青间共设三层，二层、三层只架设木横档，上铺竹席，竹席上铺茶青，最底层用于熏焙经复揉过的茶坯，它通过底层烟道与室外的柴灶相连，在灶外烧松柴明火时，其热气浓烟进入底层，在焙干茶坯时，利用其余热使二层、三层的茶青加温而萎凋。萎凋时将鲜叶铺在木横档的竹席上，摊叶厚度 10cm 左右，加温时焙青间窗门关闭，保持室内温度在28～30℃，如果萎凋和烟烘熏焙作业同时进行，则要注意提高松柴燃烧发烟浓度，每隔15～30min轻轻翻拌一次，直到萎凋达到适度为止，大约1.5～2h。

焙青间由于烟雾弥漫，影响人体健康，同时操作不方便，现改用萎凋槽，加热炉灶燃烧松柴，用鼓风机将炉内带有烟粒的热空气直接鼓过槽内进行萎凋。但缺点是发烟浓度不足，与传统的熏烟方法还有差距，有待于进一步改进。

**(2) 日光萎凋** 在室外清洁、向阳和避风处搭高2.5m、宽4m的晒青架，架上用厚竹片编成水平的顶栅，上铺竹席摊叶，晒青时摊叶厚度3～4cm，每隔10～20min翻拌一次，使萎凋均匀。以叶面萎软、失去光泽、折梗不断、青气减退、略有清香时为适度。

日光萎凋时间随光照强弱、鲜叶含水率多少而定。光照较强，鲜叶含水量较少，则时间较短，可在30～40min内完成；光照较弱，鲜叶含水量略高，则时间需延长，达3h以上；一般在1～2h内可完成。

日光萎凋的优点是设备简单，成本低，操作方便；缺点在于受气候限制大，而且不能吸收松烟，毛茶吸烟量不足，滋味不够鲜爽。同时，肥壮芽叶和老嫩不匀鲜叶，萎凋程度不一致，生产中常采取日光萎凋和加温萎凋交替进行的方法。

### 2. 揉捻

一般采用揉捻机，用55型揉捻机，每机投叶量30kg。揉捻时间因叶质老嫩不同而有差异，嫩叶揉40min，中等嫩度叶子揉60min，老叶揉90min。一般分2次揉捻，中间解块分筛。揉到叶汁挤出，条索紧结时即可。

### 3. 发酵

将揉捻叶用箩筐盛装稍加压紧，叶层厚度30～40cm，如装叶过厚，中间宜掏1个孔，以利通气。在箩筐上覆盖湿布，以保持湿度；春季气温较低时，为提高叶温可将箩筐放在焙青室内，室内温度以25℃为宜。

发酵过程一般需4～6h，以茶叶青臭气消失、显露清香，并有80%以上的茶叶呈红褐色时即为适度。

### 4. 过红锅

这是小种红茶初制过程的特殊工艺，是提高小种红茶香味的重要技术措施。其目的在于利用高温阻止酶活性，中止多酚类的酶促氧化，保持一部分可溶性多酚类不被氧化，使茶汤鲜浓、滋味甜醇；叶底红亮展开，散发青草气，增进茶香；同时散失部分水分，叶质变软，有利于复揉。这项炒制技术要求较严，过长则失水过多容易产生焦叶，过短则达不到提高香气增浓滋味的目的。

过红锅方法：当铁锅温度升高至200℃左右时（锅底发红），投入发酵叶1～1.5kg，迅速翻炒2～3min（不超过5min），叶子受热变软即可出锅，叶子出锅后应立即趁热复揉。

**5. 复揉**

经炒锅后的茶坯，必须复揉，使回松的茶条紧缩。方法是下锅后的茶坯即趁热放入揉茶机内，揉5～6min，揉出茶汁，待条索整洁，即可进行解块，及时烘焙。

**6. 熏焙**

熏焙是小种红茶特有的工序，它对形成小种红茶的风格品质十分重要。其作用是：蒸发水分，使茶叶干燥适度，并吸收大量松烟，是形成带松柏烟香和桂圆汤滋味品质风格的重要过程。

熏焙方法：将复揉后的茶坯抖散摊在竹筛上，每筛摊叶2～2.5kg，叶层厚10cm左右，置于焙青间的焙架上。在室外灶膛烧松柴明火浓烟，让热气浓烟导入焙青间底层，开始火力要大，保持焙筛温度80℃左右，经2～3h手摸茶叶有刺手感觉，捏叶片成粉，但梗和脉尚有少许水分时，温度降低至30～40℃左右并使松柴闷燃产生更多烟雾，使茶叶在干燥过程中大量吸附松烟香味。熏焙时不要翻拌，以免茶条松散，约经8～10h的熏焙，达8成干时即为适度。

**7. 复火**

熏焙初烘的茶叶经筛分拣去粗大叶片、粗老茶梗后，再置于焙笼上，用松柴进行低温长熏，使毛茶在干燥的同时，吸足烟量以增进小种红茶特殊的香味，最终使红毛茶的含水量控制在7%以内即可摊晾收藏。

经过上述工序加工的茶叶便是正山小种红茶的初制毛茶。

## （三）精制工艺与技术

小种红茶的精制主要是通过整形、筛分提高净度。由于小种红茶要求外形粗壮少短碎，加工时应多抖少切，尽量保持原状。

**1. 定级分堆**

毛茶进厂时，要按等级分堆存放，以便结合产地、季节、外形内质，及往年的拼配标准进行拼配。

**2. 毛茶大堆**

把定级分堆的毛茶按拼配比例归堆，使茶叶质量能保持一致。

**3. 走水烘焙**

在归堆过程中，不同来源的毛茶含水率并不一致，部分茶叶还会返潮，或含水率偏高，需要进行烘焙，使含水率归于一致便于加工。

**4. 筛分**

通过筛制过程整理外形去除梗片，保留符合同级外形条索要求和净度要求的茶料。小种红茶的筛制方法有：平圆筛、抖筛、切碎、捞筛、飘筛、风选等。小种红茶的付制筛路可分：本身、圆身、轻身、碎茶、片茶5路。

### 5. 风选

将筛分后的茶叶再经过风扇，利用风力将片茶分离出去，留下等级内茶料。

### 6. 拣剔

将经风选后仍难去除的茶筋梗、异形异色茶以及非茶类夹杂物拣剔出来，使其外形整齐美观，符合同级净度要求。拣剔有机拣、静拣和色选等作业方式。尽量减少手工拣剔，做到茶叶不含非茶类夹杂物，保证品质安全卫生。

### 7. 烘焙

经过筛分、风选等工序后的茶料易吸水，使茶叶含水率过高，需要进行再烘焙，使其含水率符合要求。

### 8. 干燥熏焙

在上述工序完成后加上一道松香熏制工序。成品正山小种红茶要求更加浓醇持久的松香味（桂圆干香味），因此，在最后干燥烘焙过程中要增加松香熏焙工序，经熏焙的正山小种红茶桂圆干香味更浓醇、外形条索更加乌黑油润。

### 9. 匀堆

筛制、拣剔后的各路茶叶经干燥熏焙形成的半成品，要按一定比例拼配小样，对照标准样审评并做调整，使其外形、内质符合本级标准后，再按小样比例匀堆。

### 10. 装箱

经匀堆后鉴评各项因子符合要求后，再将成品茶进行包装、装箱。

## 二、工夫红茶加工技术

工夫红茶是条形红茶，品类多、产地广，有200多年的生产历史。其名称常冠以产地名，如祁红、滇红、闽红、粤红、川红、湘红、宜红、越红等。祁红、闽红、滇红等以其独特品质风格在国际市场占有特定地位。按品种又分为大叶工夫红茶和小叶工夫红茶，大叶工夫红茶是以乔木或半乔木茶树鲜叶制成；小叶工夫红茶是以灌木型小叶种茶树鲜叶为原料制成的工夫红茶。

工夫红茶的加工分初制和精制两个阶段，初制分鲜叶验收和管理、萎凋、揉捻、发酵及干燥。制成红毛茶后再经筛分、风选、拣剔、补火、拼配等工序进行精制作业。工夫红茶加工工艺复杂，费时费工，技术性强，因此得名工夫红茶。

### （一）鲜叶要求

以一芽二叶、一芽三叶为主要原料，要求芽叶匀齐新鲜，叶色黄绿，叶片细长，节间较短，叶质柔软，多酚类和水浸出物含量较高，鲜叶进厂要分级验收和管理。

## （二）初制工艺与技术

工夫红茶初制工艺分为萎凋、揉捻、发酵和干燥等 4 道工序。前三道工序是创造适宜条件，充分提高酶活性，促进以多酚类酶促氧化为核心的一系列反应，形成红茶色、香、味、形的品质特征。第四道工序的作用是固定和提升前三道工序形成的品质特色。

**1. 萎凋**

萎凋是指鲜叶在一定条件下，使叶片缓慢、均匀地散发部分水分，减少细胞膨压，使叶片柔软、便于揉捻。伴随水分减少的同时，蛋白质、糖类、果胶等物质发生水解，酶由结合状态转变为游离状态，活性增强，促进叶内化学成分的转化，使鲜叶的青气挥发，形成茶香，这一过程是形成红茶品质的重要工序。

萎凋方式有自然萎凋、萎凋槽萎凋和萎凋机萎凋等 3 种。自然萎凋包括日光萎凋和室内自然萎凋。目前生产上多采用室内萎凋槽萎凋和日光萎凋。

**（1）日光萎凋** 是将鲜叶直接薄摊在竹制的晒席上，放在日光下进行萎凋的一种方式。萎凋时间最好是在上午 10 时前或下午 14 时以后，在阳光过强的时候不能进行日光萎凋。萎凋时，叶片薄摊在竹制的晒席上，以叶片基本不重叠为适度。萎凋时间春茶一般 1～2h，夏茶 1h 左右，中间轻翻 1～2 次。晒到叶质柔软、叶面卷缩为适度。萎凋适度叶必须摊晾后才能进行揉捻。

**（2）室内自然萎凋** 是将鲜叶薄摊在竹制的晒席上，放在室内利用自然气候条件，进行萎凋的一种方法。要求萎凋室空气流通，无阳光直射入室内。温度在 20～24℃，相对湿度控制在 60%～70%之间。室内装置萎凋架，架上安置萎凋帘（席）。

**（3）萎凋槽萎凋** 是人工控制的半机械化的加温萎凋方式。萎凋茶叶品质较好，是一种较好的萎凋方式。

萎凋槽的基本构造包括热风发生炉、鼓风机、风道、槽体和盛叶框（盒）等。盛叶框（盒）四面木制，框底用 14 目的不锈钢丝网或竹篾织成的盛叶帘（盒），每平方米可摊叶 5～10kg。

操作技术主要掌握好温度、风量、摊叶厚度、翻抖和萎凋时间等。

① 温度。在加温萎凋中，温度宜先高后低；雨水叶则应掌握低、高、低的加温程序。萎凋槽热空气一般控制在 35℃左右，最高不能超过 38℃，要求槽体两端温度尽可能一致。萎凋结束下叶前 10～15min，应鼓冷风。

② 风量。风力小，生产效率低；风力过大，失水快，萎凋不匀。风力大小应根据叶层厚度和叶质柔软程度加以适当调节。一般萎凋槽长 10m、宽 1.5m、高

20cm，有效摊叶面积 15m²，采用 7 号轴流式风机即可，风量控制在 260～330m³/min。

③ 摊叶厚度。摊叶厚度与茶叶品质有一定的关系。摊叶依叶质老嫩和叶形大小不同而异。掌握"嫩叶薄摊，老叶厚摊"、"小叶种厚摊，大叶种薄摊"的原则，一般小叶种摊叶厚度 20cm 左右，大叶种 18cm。叶片要抖散摊平，厚薄一致。

④ 翻抖。翻抖是达到均匀萎凋的手段。一般每隔 1h 停鼓风机翻抖 1 次，翻抖时动作要轻，切忌损伤叶片。

⑤ 萎凋时间。萎凋时间长短与鲜叶老嫩、含水率、萎凋温度、风力强弱、摊叶厚薄、翻抖次数等密切相关。如温度高、风力大、摊叶薄、翻抖勤，萎凋时间会缩短；反之则要延长。

萎凋时间长短与茶叶品质关系极大。萎凋时间过长，茶叶香低味淡，汤色和叶底暗；萎凋时间过短，萎凋程度不匀。因此要求温度控制在 35℃左右，萎凋时间 4～5h；春茶在 4h 以上，雨水叶要 5～6h，叶片肥嫩或细嫩叶片，时间会更长些。

⑥ 萎凋程度。掌握萎凋适度是制好工夫红茶的关键。萎凋不足或过度，红茶品质都不好。

萎凋不足时，萎凋叶含水量偏高，化学变化不足。揉捻时茶叶易断碎，条索不紧，茶汁大量流失，发酵困难，制成毛茶外形条索短碎、多片末，内质香味青涩淡薄，汤色浑浊，叶底花杂带青。

萎凋过度时，萎凋叶含水量偏少，化学变化过度。茶叶枯芽焦边，泛红。揉捻不易成条，发酵困难。制成毛茶外形条索短碎、多片末，内质香低味淡，汤色红暗，叶底乌暗。

萎凋不匀时，揉捻和发酵都困难，毛茶外形条索松紧不匀，叶底花杂。

因此，萎凋程度应掌握"嫩叶重萎，老叶轻萎"的原则，做到萎凋适度。鉴别萎凋适度的办法如下。

a. 感官鉴别方法

手捏：柔软如棉，紧握成团，松手不弹散，嫩梗折而不断。

眼观：叶面光泽消失，叶色由鲜绿变为暗绿，无枯芽、焦边、泛红。

鼻嗅：青气消失，发出轻微的清新花香。

b. 减重率在 20%～25%之间。

c. 萎凋叶含水量一般在 56%～62%为宜。

**2. 揉捻**

工夫红茶要求外形条索紧结，内质滋味浓厚甜醇，这取决于揉捻过程中芽叶卷紧的程度和叶细胞损伤率。揉捻室的环境要求是：低温高湿，温度 20～24℃，相对湿度 85%～90%之间，夏秋茶季节气温高、湿度低，可在揉捻室地面洒冷水或喷雾，以降低室温，提高相对湿度。揉捻室要经常保持清洁卫生，每天揉捻筛分完茶叶后，必须用清水洗刷机器和地面，防止宿叶、茶汁等发生酸、馊、霉等现象，影响茶叶品质。

**(1) 揉捻技术** 工夫红茶揉捻要求多次揉捻充分，时间较长。揉捻技术和程度的掌握，与揉捻机的转速、投叶量、揉捻时间、揉捻次数、加压和松压、解块分筛等因素相关。

① 转速。以55～60r/min为宜。如转速过快，揉捻叶在揉机内翻转不良，易形成团块、扁条，紧结度差；如转速过慢，茶叶翻转也不良，揉效低，揉时延长会导致茶叶香低味淡，汤色和叶底红暗。

② 投叶量。取决于揉捻机规格和原料叶老嫩。一般嫩叶投量占揉桶总容量的75%～85%，老叶投量以松满桶为宜，既有利于叶片翻动均匀，又利于达到揉捻力度、紧卷成条。

③ 揉捻时间和次数。依揉捻机性能和叶子老嫩不同而变化。

大型揉捻机投叶量多，一般揉90min，嫩叶分3次揉，每次30min；中等嫩度叶片分2次揉，每次45min；较老叶片要延长揉捻时间，分3次揉，每次35min。

中小型揉捻机投叶量少，一般揉捻60～70min，分2次揉，每次30～35min，老叶可适当延长揉捻时间。

④ 加压与松压。一般掌握“轻—重—轻”的加压原则。揉捻开始或第一次揉不加压，使叶片初步成条，而后逐步加压卷成条，揉捻结束前一段时间减压，以解散团块，散发热量，收紧茶条，回收茶汁。但老叶最后不必轻压，以防茶条回松。

揉捻加压技术应根据鲜叶老嫩度不同、萎凋程度不同，掌握嫩叶采用轻压短揉、老叶采用重压长揉的原则。重萎凋的叶子采用适当重压，轻萎凋的叶子采用适当轻压、揉捻时间相对延长。揉捻时要分次加压，加压与减压交替进行。如加压7min减压3min或加压10min减压5min，即所谓的“加七减三法”或“加十减五法”。以90型揉捻机为例，一级原料，第一次揉30min，不加压，第二、第三次各揉30min，采用“加十减五法”，重复1次。中级原料第一次揉45min，不加压，第二次揉45min，重复2次。

⑤ 解块分筛。主要是解散茶团，散热降温，分出老嫩，使揉捻均匀、叶卷成条，同时调节和控制叶内化学成分的变化。

在揉捻过程中，要求分2～3次进行，每次揉后进行解块分筛，分别进行发酵，使之揉捻均匀一致。

解块分筛的筛网配置分上下两段，上段4号筛，下段3号筛。

**(2) 揉捻程度** 工夫红茶揉捻程度，要求揉捻叶的细胞损伤率在80%以上，茶叶成条率在90%以上，条索紧卷，茶汁充分外溢而不流失，用手紧握时，茶汁能从指间挤出。

### 3. 发酵

发酵是工夫红茶加工的独特阶段，在人为条件下，通过以多酚类为核心的一系列化学变化过程，叶色由绿变红，形成红茶红叶红汤的品质特点。

**（1）发酵技术**

① 发酵室。大小要适中，清洁卫生、无异味，便于通风，避免阳光直射。

② 温度。包括发酵室气温和叶温两个方面，发酵室气温直接影响叶温。发酵过程中，多酚类氧化放热，使叶温提高；当氧化作用减弱时，叶温降低。因此，叶温有一个由低到高再到低的过程。叶温一般比气温高 2～6℃，有时高达10℃以上。要求发酵叶温保持在 30℃以下为宜，气温控制在 24～25℃之间为佳。

如气温和叶温过高，多酚类氧化过于剧烈，毛茶香低味淡，汤色、叶底暗，因此在高温（叶温超过 35℃）时，必须采取降温措施，如薄摊叶层、降低室温等。

如气温和叶温过低，氧化反应缓慢，内含物质转化不充分。

③ 发酵时间。依叶质老嫩、揉捻程度、发酵条件不同而有差异。一般从揉捻开始起计时，约需2.5～3.5h。春茶季节，气温较低，1、2 号茶约需 2.5～3h，3 号茶约需 3～3.5h；夏秋季气温高，揉捻结束，叶片普遍泛红，已达到发酵适度，不需要专门发酵，应直接烘干。但应注意，不能认为发酵过程可有可无，不能用延长揉捻时间来代替发酵工序。

**（2）发酵程度**

① 叶色变化。有由青绿、黄绿、黄、黄红、红、紫红到暗红色的变化过程。

一般春茶发酵，以叶色为黄红色时为适度；夏茶以红黄色为适度。具体颜色也因叶质老嫩不同而有异，嫩叶色泽红匀，老叶因发酵较困难而显得红里泛青。发酵不足，叶色青绿或青黄；发酵过度，叶色红暗。

② 香气的变化。有经青气、清香、花香、果香、熟香以后逐渐低淡的过程。

发酵适度的叶子：花香或果香。发酵不足：青气。发酵过度：香气低闷，甚至酸馊。

③ 叶温的变化。有由低到高再到低的变化过程。在发酵中，当叶温达高峰趋于平衡时，即为发酵适度。

叶色、香气、叶温这三者的变化有同一性，都以多酚类氧化为基础。发酵适度，应综合三者变化程度而定。

### 4. 干燥

工夫红茶的干燥工序是即时终止酶活性，蒸发水分，使毛茶充分干燥、紧缩茶条、散发青草气、增加茶香、防止霉变，便于储藏。

**（1）干燥技术**　有烘笼烘干和烘干机烘干 2 种方式。

工夫红茶采用 2 次烘干法，第一次烘干称毛火，中间适当摊晾；第二次烘干称足火。毛火要求“高温、薄摊、快烘”，足火要求“低温、厚摊、慢烘”。

毛火适度时，手捏叶稍有刺手，但叶面软而有强性折梗不断，含水量为20%～25%左右。足火适度时，条索紧结，手捻叶成粉，色泽乌润，香气浓烈，含水量6%左右。

① 自动烘干机烘干。自动烘干机操作技术参数见表8-1。

**表8-1 自动烘干机操作技术参数**

| 烘次 | 进风温度/℃ | 摊叶厚度/cm | 烘时/min | 摊晾时间/min | 含水量/% |
|---|---|---|---|---|---|
| 毛火 | 110～120 | 1～2 | 10～15 | 40～50 | 20～25 |
| 足火 | 85～90 | 3～4 | 15～20 | 30 | 5～6 |

温度控制：毛火时进风口温度110～120℃，不超过120℃，足火时进风口温度85～95℃，不超过100℃。毛火与足火之间摊晾40min，不超过1h，摊晾叶厚度10cm。

毛火烘干时，如温度过低，则不能即时终止酶活性，会造成发酵过度；温度过高，造成外干内湿、条索不紧、叶底不展等缺点。

风量：风速以0.5m/s、风量以100$m^3$/min为宜。

烘干时间：毛火10～15min，足火15～20min。

② 烘笼烘干。烘笼烘干技术参数见表8-2。

**表8-2 烘笼烘干技术参数**

| 烘次 | 温度/℃ | 烘叶量/(kg/笼) | 烘时/min | 翻叶间隔时间/min | 干燥度 | 摊晾时间/min | 摊晾厚度/cm |
|---|---|---|---|---|---|---|---|
| 毛火 | 85～90 | 1.5～2 | 30～40 | 5～10 | 7成 | 60～90 | 3～4 |
| 足火 | 70～80 | 8～4 | 60～90 | 10～15 | 足干 | 30～60 | 8～10 |

温度：毛火85～90℃，足火70～80℃。

叶量：毛火每笼1.5～2kg，足火3～4kg。

**(2) 干燥程度** 毛火叶含水量20%～25%，足火叶含水量4%～5%。

感官鉴别：毛火叶达七八成干，叶条基本干硬，嫩梗稍软，手握既感刺手又感稍软。足火叶折梗即断，手捻茶条成粉末。

## (三)精制工艺与技术

工夫红茶的精制目的是整理外形、划分级别、剔除次杂、调剂品质等，基本工艺为复火、筛制、切轧、风选、拣剔、补火、拼配、匀堆装箱。三级以上毛茶采取“生做”，即不复火先制本、长身茶，头子茶复火后做圆身茶；四级以下毛茶一般采取“熟做”，即先复火后筛制。

工夫红茶精制加工技术路线有本身路、圆身路、轻身路及筋梗路等之分。

本身路：毛茶—干燥—滚筒圆筛（打毛筛）、抖筛（分粗细）—平筛（分长短）—风选（分轻重）—拣剔（去梗杂）—干燥（清风）—匀堆装箱。

圆身路：抖头、撩筛头—平圆筛—风选—拣剔—干燥—匀堆装箱。

轻身路：各风选机次子口—拣剔—干燥—匀堆装箱。

筋梗路：各种切头的残余部分和机拣头、电拣头合并—烘干—轧切—分筛—撩筛。

工夫红茶精制工艺通用流程是：红毛茶→滚筒圆筛分筛→毛抖→平圆筛分筛→紧门→剖扇→撩筛→拣剔→精扇→补火→清风→匀堆→成品。

本身茶是未经切碎或经一次切碎后通过滚筒圆筛机的茶坯，条索紧细有锋苗，是正茶的主体。长身茶是指不能通过滚筒圆筛机的头子茶切碎后付制取料，长身茶少锋苗，叶形较肥壮紧结，部分能保持原级，有的应下降次级。圆身茶是指经过多次切碎的抖头、撩头，圆身茶大多粗、扁、松，一般降级处理。轻身茶则是各号茶风选后的子口、次子口的轻质茶坯，品质较次，作为拼配低级茶的原料。

**1. 毛茶验收、定级和归堆**

毛茶验收、定级和归堆是工夫红茶精制加工前的一项重要工作，应根据毛茶标准样品的品质要求，对外形、内质进行品质审评和水分检验，评定级别，再按等级、类别、季节、产地分堆储存，便于精制取料。

**2. 筛分**

毛茶通过筛分使茶坯按大小、粗细、长短分开，以便分别处理。筛分分圆筛和抖筛2类。

**(1) 圆筛** 又分滚筒圆筛和平面圆筛2种。

① 滚筒圆筛。利用茶叶自身的散落性，使茶叶旋转到筒顶时自动散落下来，茶条粗细小于筛孔的就穿过筛孔落下，不能穿过筛孔的则因滚筛的倾斜而从尾口流出，滚筒筛一般由三四个各配不同孔数的筛网连合组装，这样就能将大小分开。

滚筒圆筛一般是第一道精制工序，通过滚筒圆筛，使毛茶中不同类型的茶条做初步分离，使毛茶从不同长短、粗细、老嫩的组合体中分出品质优次，以便分路处理，为下续工序划分花色等级打好基础。

滚筒圆筛机的作业要点主要是根据毛茶的等级、叶形大小，配置筛网组合，按2～3节配置筛网。一般前松后紧，即前节筛网较次节松一孔。此外，还要适度地调节主轴转速及筛体的倾斜角度。

② 平面圆筛。简称“平圆筛”，即筛床做水平面的旋转运动，用以分清茶坯的长短、粗细，细短的茶坯斜穿过筛孔落于筛底，而粗长的茶叶沿着筛面逐步运动，最后流出筛面进入后续作业。

平圆筛因筛分的目的及作业方法不同，有“分筛”与“撩筛”两种。分筛的作用是进一步细分叶形的长短，通过配置相连的筛网，有序次地分出各筛号茶，使其按筛孔号数品质划一。撩筛则是使茶坯中过于粗长不合规格要求的茶条和茎梗，通过筛分集中到筛面，符合规格要求的落入筛底，所配筛网孔数不是连号，一般较原号筛大 1～2 号。平圆筛第一层筛网起撩筛作用，粗大茶条、长茎、大块朴片作为头子茶流出机口，第 2、第 3、第 4、第 5 层筛网按大小连号排列，最后一层起割脚作用，筛底作副茶处理。分筛平圆机转速应稍慢（180～210r/min），撩筛平圆机转速宜稍快（210～240r/min）。

**（2）抖筛** 因筛分的目的不同，分抖筛和紧门筛两种作业。抖筛主要分离茶坯粗细，筛面做前后来回振动，使茶条在筛面上下穿插跳动，符合规格的茶穿过筛孔落于筛底，粗大的茶条留于筛面流出茶机。抖筛有划分品质和定级的作用，使茶坯粗细均匀，抖头中无长条茶，长条茶中无头子茶。

紧门筛与抖筛的作用基本相同，主要是弥补抖筛的不足。通过紧门筛的茶坯规格整齐，因此也称为“规格筛”。对中小种工夫茶的紧门，上级茶 12 孔，中上级茶 11～12 孔，中级茶 10 孔，中下级茶 9 孔，普通级茶 8 孔。大叶工夫茶较上述松 1～2 孔。圆身茶、轻身茶已经经过抖筛的茶坯，为了提条去片，必须再经抖筛，抖筛规格应比紧门筛规格紧 1～2 孔，如本身茶 9 孔、圆身茶 10 孔、轻身茶 11 孔。

### 3. 切轧

切轧作业是将留在筛面的粗大茶坯解体切碎，由粗改细，由长切短，改变其原有形态。茶坯穿不过筛孔的圆头、抖头形状粗大圆扁，必须切碎才能穿过规定的筛孔，达到体形、长短、粗细一致的目的，这样，切轧便是工夫红茶精制不可缺少的基本作业之一。但是切轧作业运用是否恰当，对工夫红茶的精制提率起决定性的作用，对品质的优劣与经济效益的高低也起关键性的作用，因此必须慎重运用，要依茶坯的具体情况而定。

进行切碎作业，要根据切碎的目的和要求，采用不同类型的切茶机，目前茶厂使用的切茶机有滚筒式方孔切茶机、圆片式切茶机、螺旋滚辊切茶机、橡胶滚辊切茶机以及风力破碎机几种。

滚筒式方孔切茶机既能切断又能轧细，切碎时要按条索长短来选用方孔不同的滚筒，应用范围广，一般应用于切毛茶头子和长身头子茶坯。

圆片式切茶机能把圆形茶切解为条形茶，适用于平圆筛头茶的切碎，对提高正茶制率和发挥原料的经济价值有良好作用。

螺旋滚筒切茶机适用于毛茶初分头子茶和弯曲粗大头子茶的切碎。

橡胶滚辊切茶机适用于拣头茶的切碎，茶叶拣梗机的拣头茎多茶少，经过该机可将茶叶切碎，而茶梗一般韧性好而不能切碎，故也称“保梗机”，对于拣头中取尽茶条很有作用。

风力切茶机是用高速风力来破碎茶叶，效率高，但产生粉末茶较多。一般用于圆身茶尾或轻薄茶片的切碎。

切轧作业是一种必要的解体切细作业，但有产生碎茶使茶条发灰的弊端病，因此一般掌握少切少筛，轻切多筛，分次切、分次筛的原则。

#### 4. 风选

风选是利用风力作用分离茶叶轻重的作业。能使经过筛分后长短、粗细、形状基本相近的茶坯有轻飘重实之分，轻者质差，重者质好，借用风力的吹落，重者落近，轻者吹远，分段收集，达到分出同筛号茶品质优次的目的。风选作业还有干燥后散热作用，叫“清风”，同时可剔除一些轻质黄片、杂质、粉末等，达到剔除劣异的目的。

风选机按风力输送方式不同分吸风式和吹风式两种，按排列层次又分单层式和双层式两种。

吸风式风选机是由离心式风机迫使空气产生气流来分离茶叶轻重，这种形式风力稳定，但风力小，适合体型细小的茶坯使用。吹风式风选机是由轴流风机排气来分离茶叶轻重，特点是风速高、风量大，适用于粗大茶坯的选剔。

风选机一般设七八口，靠进茶的一端为沙石口，其次为正口、正子口、子口、次子口，黄片、毛筋及轻质杂物一般落入尾端的七口、八口，尾口为灰尘。

根据茶坯质量及各路茶、各筛号茶的不同情况，调节下机茶量和风力的大小。茶坯质量好、夹杂物少的下茶量大，风宜大；轻身茶下茶量少，风宜小。圆身茶下茶量大，风力宜稍大；同路茶、上段茶风宜大，中下段茶风宜小；正口茶要一次选清，子口茶轻条要复扇提取正口茶，次子口片茶再提取其中部分重质茶，其他作片茶处理。

#### 5. 拣剔

拣剔是剔除茶中的茶梗及其他夹杂物，纯净有机茶品质的操作过程。茶坯经过筛分风选，除去了部分长梗、沙石及轻质黄片杂物，但与茶条长短、粗细、轻重相近的茶梗尚留茶中，必须予以剔除，以保证茶叶的洁净。

拣剔分为机拣和手拣两种作业方式，目前各精制厂以机拣为主，手拣为辅。

拣剔作业的机型有阶梯式拣梗机、振动式圆孔取梗机、静电式拣梗机、光电色选机等。

阶梯式拣梗机是茶坯随拣机的振动在斜面滑行，茶梗一般较圆直平滑，流动快，通过拣台斜面上的拣槽与螺旋丝杆之间的间隙快，落入茶梗箱中；茶条一般稍弯扁，表面粗糙，摩擦力大，通过拣台斜面后受螺旋丝杆推动，落入间隙中再导入净茶箱，以达到分离茶梗的目的。

静电拣梗机是利用茶与梗的含水量不同，当二者通过设置的静电场时，由于正负电荷的感应拉力不同，达到梗、叶分离的目的。静电拣梗机对脱皮梗、老蒂梗、轻质的毛筋，及混入茶中的谷壳等夹杂物的拣剔作用更为明显。对工夫红茶的六、七级茶的拣剔较为理想。拣梗必须注意掌握茶坯的温度（高于室温5～10℃）、含水量（5%左右）以及投入量。此外各精制厂有的自己设计简便装置取梗，有的用白铁皮或铝板钻 1.3～1.5cm 圆孔架放在抖筛或平圆筛第一面筛框上，对茶头中粗长梗进行筛剔，避免茶梗经筛切变成数段，给拣选造成麻烦。有的茶厂使用塑料吸拣器，摩擦产生静电吸取茶梗。

光电色选机采用光电技术和计算机控制技术，通过数码摄影、计算机色泽进行甄别，对物料细微的色泽差异都具有辨别、分离能力，智能化气流喷嘴系统能精确剔除与正茶异色的茶筋梗等各类夹杂物。一台茶叶色选机的处理能力可相当于几百个拣茶工，能显著降低拣剔费用，缩短加工周期。除含细嫩芽毫的高档茶外，光电色选机可完全取代原先的机械和手工拣梗。色选机对原料茶进料规格的一致性要求不高，以往部分工序的反复作业，使筛号茶长短粗细规格化的目的之一就是为了拣剔筋梗，现在通过应用茶叶光电色选技术，精制工艺更为优化，显著提高了产成品的制率和提率。

**6. 干燥**

工夫红茶的干燥作业因目的不同分为复火和补火两种。复火干燥用于茶坯加工付制前去除过高的含水量（超过 9%），使茶坯干燥便于筛制；低于 9%则可免此作业。补火干燥则指茶叶装箱之前对各号茶的最后一次干燥，使水分达到 6%左右，同时提升香气、固定品质。由于干燥在先在后的问题，加工付制中有“生做熟取”和“熟做熟取”之分。茶坯干燥后再加工的称“熟做”，不经复火即加工付制的称为“生做”。

干燥的方法一般采用自动烘干机，干燥作业除散发部分水分以利储运保质外，还有提高品质的作用，它能使茶条紧缩、外形美观，并散发出馥郁的香气。工夫红茶在复火和补火时，茶料要均匀薄摊，采用中温（95～115℃）、中速(14min)。如茶坯含水量低，火温宜低，速度可以加快；若茶坯含水量较高，可以采用较高火温和适当放慢速度，以达到出厂时水分为 6.5%以下。

**7. 拼配匀堆**

工夫红茶的拼堆是一项技术性较强的作业，它不但直接影响工夫茶的品质及产品信誉，还关系到茶厂的经济效益。

目前有对照加工标准样进行拼配，有对照贸易标准样进行拼配，有对照客户提供的样品进行拼配。其拼配的方法是先拼配小样，再拼大堆，拼完大堆扦样复验，复验合格再行复火清风，然后装箱刷唛。

拼配小样是抽取各批筛号茶进行审评，按审评的初步档级对比标准样，按数量比例拼成小样，并填写成品拼配单交拼堆作业拼成大堆，拼大堆时必须注意长短、粗细、硬软、轻重不同的茶的拼配，整批茶坯拼完后要进行翻堆 1～2 次，直到匀堆均匀。大堆拼完后再由扦样人员反复扦样拌匀，交生产技术部门审评，确认品质符合标准样时再补火。因茶坯在精制过程中有摩擦碰撞，自然会产生一些粉末，另外在流动过程中也难免混杂一些毛茶或杂物，因此复火后要过撩筛，撩头隔脚，除去混入的粗条茶和夹杂物，隔去粉末，保持茶叶的洁净。最后包装标识，入库储存。

## 三、红碎茶加工技术

我国红碎茶生产较晚，始于20世纪50年代后期。红碎茶的制法分为传统制法和非传统制法两类。传统红碎茶是最早制造红碎茶的方法，即茶叶经萎凋后茶坯采用平揉、平切，再经发酵、干燥制成的红碎茶。非传统制法的红碎茶，分为转子红碎茶［国外称洛托凡（Rotorvane）红碎茶］、C.T.C红茶和L.T.P（劳瑞制茶机）红碎茶。以不同机械设备制成的红碎茶，尽管其在品质上差异悬殊，但按其外形可分为叶茶、碎茶、片茶和末茶等4个产品。

### （一）鲜叶要求

红碎茶加工要求鲜叶原料必须具备嫩、匀、鲜、净。

### （二）初制工艺与技术

红碎茶初制分为萎凋、揉切、发酵、干燥4道工序。

**1. 萎凋**

红碎茶萎凋的环境条件、方法与工夫红茶相同，仅是萎凋程度存在差异。红碎茶萎凋程度应根据鲜叶品种、揉切机型、茶季等因素确定。一般传统制法和转子制法萎凋偏重，C.T.C红茶和L.T.P红茶制法萎凋偏轻。但是茶季不同，萎凋叶含水量不同，如使用转子揉切的，春茶因嫩度好、气温低，萎凋程度偏重，控制含水量在60%～64%之间；夏秋茶为65%左右。如使用L.T.P机与C.T.C机组合的，萎凋叶含水量以68%～70%为好。萎凋时间长短受品种、气候、萎凋方法等影响。

**2. 揉切**

揉切是红碎茶品质形成的重要工序，通过揉切既形成紧卷的颗粒外形，又使内质气味浓强鲜爽。揉切室的环境条件与工夫红茶揉捻相同，但使用的机器类型、揉切方法不同。

**（1）揉切机械**　揉切机有圆盘式揉切机、C.T.C揉切机、转子揉切机、L.T.P锤击机等。

圆盘式揉切机，又称平板机。揉盘上设有8～12个弧形锋利的揉齿，茶条在揉桶中回转时被切细。用普通揉捻机与圆盘式揉切机联用制红碎茶称为传统制法。

C.T.C揉切机，机器主体由刻有凹形花纹的不锈钢滚筒组成，两个滚筒反向内旋，转速分别为 660r/min 和 70r/min，茶条经搓扭、绞切作用，形成颗粒碎茶，切细效率高。

转子式揉切机又称洛托凡（Rotorvane），利用转子螺旋推进茶条，挤压、紧揉、绞切茶叶。绞切效率高，碎茶比例大，颗粒紧实。型号大致有叶片棱板式、螺旋滚切式、全螺旋式和组合式 4 大类。

L.T.P 锤击机，机内有锤片 160 块，分 40 个组合——前 8 组锤刀、后 31 组锤片加 1 组锤刀，转速 2250r/min，在 1～2s 内完成破碎任务。叶片由于受到锤片的高速锤击，形成大小均匀的小碎片喷出。

**(2) 揉切方法** 目前各地多采用多种类型机器配套机组和配套揉切技术，完成红碎茶揉切工序。依选用的揉切机种不同，可归纳为如下几种。

① 传统制法。一般先揉条，后揉切。要求短时、重压、多次揉切，分次出茶。其程序为：萎凋叶先在桶盘型揉捻机上揉捻 30～40min，基本成紧结条索，解块筛分，筛面茶和筛底茶分别送 55 型圆盘揉切机揉切 20min，经 5 孔、6 孔筛解块筛分，筛底为一号碎茶，即可发酵。筛上茶反复揉切，第 2 次揉切 15min，第 3 次揉切 10min，必要时再进行第 4 次揉切 10min。一般取碎茶 85%左右（茶头率 15%），但老叶不宜强揉切。揉切时加压与松压交替，一般加压 7～8min，减压 2～3min，多加重压，以使揉叶翻切均匀，降低叶温，多出碎茶。揉切次数和时间长短，依气温高低、叶质老嫩而定。气温高则每次揉时应短，增加揉切次数，嫩叶揉切次数和每次揉时均可减少。

② 揉捻机与转子机组合。这两种机器组合揉切，一般要求先揉条，后揉切。要求短时、重压，多次揉切、多次出茶，近似传统揉切法。萎凋程序适当偏重。其产品外形颗粒紧结，色泽也较乌润，但香气和滋味往往显得钝熟。揉切操作方法因茶树品种、生产季节不同而有差异。在大叶种地区，春茶一般先以 90 型揉捻机揉条 30～45min，然后进行解块筛分，筛底提取毫尖茶，筛面茶进行转子揉切 3～4 次，总揉切时间需 70min。夏秋茶揉条后如无毫尖可提，则可全部由转子机切碎。

中小叶种中下档鲜叶原料制红碎茶，在萎凋后经 90 型揉捻机揉条 30～40min，再用 27 型转子机连续切 3～4 次，每次揉切后只解块不筛分。

③ 转子机组合。转子揉切机所制红碎茶比传统揉切法具有揉切时间短、碎茶率高、颗粒紧结、香味鲜浓等优点。操作方法是：用 30 型卧式揉捻机代替 90 型揉捻机，并实行与转子机组合使用，另外解块分筛也改用平面圆筛机，这样可使切碎茶筛成圆颗粒状，有利于改善外形。平面圆筛机用于筛分揉切叶，筛孔容易阻塞，可采用经常更换筛片的办法加以解决。

④ C.T.C 机和 L.T.P 机组合。采用这两种机型组合，必须具备两个条件：第一，鲜叶萎凋程序要轻，含水率应保持在 68%～70%，以利于切细、切匀；第二，鲜叶原料要有良好的嫩度。假定鲜叶分为五级，则以 1～2 级叶为好，这样可取得外形光洁、内质良好的产品。如果用下档原料，则制出的干茶色泽枯灰，

筋皮毛衣和茶粘成颗粒，在精制中较难清理，而且青涩味也较重。试验表明，对较为低档的原料在经C.T.C机和L.T.P机揉切后，再上转子机揉切1次，可提高品质。

1～3级原料，经轻萎凋→振动槽筛去杂质→L.T.P→3次C.T.C→发酵→烘毛火→7孔平圆筛→筛面团块→打块机→烘足火；筛底茶直接足火。

4～5级原料，经轻萎凋→振动槽筛去杂质→L.T.P→3次C.T.C→转子机→解块→发酵→烘毛火→7孔平圆筛→筛面茶→打块机→烘足火；筛下茶直接足火。

C.T.C机和L.T.P机的刀口一定要保持锋利，切出的茶叶才会外形光洁，筋皮毛衣少。如果刀口钝，则切出的茶叶呈粗大的片茶，筋皮毛衣多。因此，在红碎茶生产之前就应检查刀口情况，若发现刀口磨损较大，应采取措施进行维修。

⑤ 洛托凡机和C.T.C机结合。洛托凡揉切机与我国的邵东30型转子机相似。在小叶种地区用洛托凡机和C.T.C机组合，不及L.T.P机和C.T.C机组合。因小叶种鲜叶叶质比较硬，不易捣碎，使毛茶外形粗大松泡，片茶多，滋味浓度也较低。大叶种上档原料用洛托凡机和C.T.C机组合制红碎茶尚可。

### 3. 发酵

红碎茶发酵的技术条件及发酵中的理化变化与工夫红茶相同。由于国际市场要求香味鲜浓，尤其是具有茶味浓厚、鲜爽、强烈、收敛性强、富有刺激性的品质风格，故对发酵工序的掌握较工夫红茶为轻，多酚类酶性氧化量较少。但品种不同，发酵程序不同，中小叶品种需加强茶汤浓度，程度应比大叶种稍重，大叶种要突出鲜强度，程度应轻；气温高，发酵应偏轻，气温低则稍重。

在一定条件下，发酵程度与时间有关，一般大叶种发酵叶温控制在26℃以下，升温高峰不超过28℃，时间以40～60min为宜（从揉捻开始）。中小叶种叶温控制在25～30℃，最高不超过32℃，时间以30～50min为宜。

发酵程度的感官判定，以发酵叶色开始变红，呈黄或黄红色，青草气消退，透发清香至稍带花香为适度。若出现苹果香，叶色变红则为发酵过度。

### 4. 干燥

红碎茶的干燥技术以及干燥中的理化变化与工夫红茶相同，仅在具体措施上有差别。

由于揉切叶细胞损伤程度高，多酚类酶促氧化激烈，应迅速采用高温破坏酶的活性，制止多酚类酶促氧化；迅速蒸发水分，避免湿热作用引起非酶促氧化。因此，以“高温、薄摊、快速”一次干燥为好。但目前由于我国使用链板式烘干机烘干，仍采用两次干燥。①毛火。进风温度110～115℃，采用薄摊快速烘干，摊叶厚度1.25～1.50kg/m$^2$，烘至含水量20%。毛火叶摊晾15～30min，叶层要薄，控制在5～8cm之间。②足火。进风温度95～100℃，摊叶2kg/m$^2$，烘至含水量达5%左右。

干燥应严格分级分号进行，干燥完毕摊晾至室温后装袋，及时送厂精制。

近年来，我国在红碎茶干燥方式上有很多创新，如流化床干燥机、远红外线干燥机、微波干燥机等，有待不断实验、推广。在提高烘干效果上也有很多措施，如在烘干机顶层加罩、加大风量、分层干燥、在输送带上加温等，可根据实际条件仿效。

## （三）精制工艺与技术

红碎茶毛茶是长短、轻重、粗细、整碎、梗杂混合的总体，通过精制划分花色、提高净度、调整品质，才能充分发挥毛茶原料的经济价值。现许多地方都采用鲜叶加工与毛茶加工连续完成，以减少毛茶在储运中品质的下降。由于市场对红碎茶规格上只要求叶、碎、片、末4个类型分明，因而在精制程序、成品拼配上都较工夫红茶简单。

红碎茶精制工艺主要采用平圆筛分离茶叶的长短，抖筛分离茶叶的粗细曲直，风选分离茶叶重轻和除劣去杂，拣梗和飘筛之后，通过拼配调制品质，以达到商品茶的规格要求。

### 1. 毛茶归堆、付制

毛茶归堆是按标准样，以内质为主，结合外形审评定堆（有的先评级后定堆）。品质优次是随鲜叶级别和揉切筛分先后而依次下降。若有品质特别优良或品质劣变茶，应作另堆处理。

毛茶归堆方法各地不一，大致有以下三种方式。

**（1）依嫩度归堆** 对品质正常的毛茶，按鲜叶级别即嫩度高低分级归堆。有的对同级鲜叶制成的毛茶，再依切碎后解块筛分的次序分几个堆，如一次一号茶、二次一号茶等，因第一次切筛后的茶嫩度高于第二次切筛的茶。

**（2）依外形归堆** 按毛茶外形颗粒、色泽和净度分堆。如颗粒紧卷、色泽乌黑、净度好、碎茶比重大（在60%以上）的为第一堆；颗粒尚紧、色泽黑褐、碎茶比重中等（在50%左右）的为第二堆；颗粒欠紧、色泽黄褐、净度差、碎茶比重小（在40%左右）的为第三堆；筛面茶（茶尾）为第四堆，缺点茶为第五堆。

**（3）依内质归堆** 按香气、汤色、滋味和叶底的红嫩度分堆。碎茶品质高于上档标准的为第一堆，合于上档、中档、下档水平的各分一堆，第五堆为缺点茶，茶尾分上、中、下三个堆。

后两种分堆方法尚有缺陷，如单凭外形归堆，不顾及内质，将会影响产品质量的提高。如只按内质归堆，容易产生色泽花杂不匀等问题。因此，实践上多以内质高低为基础，适当照顾外形净度、色泽的差别，分别归堆。如按内质归为第一堆，再按净度、色泽好坏分为两堆，即净度、色泽好的为第一副堆，差的为第二副堆。

归堆多少，按各地情况而定，一般应归六七堆，不宜过多或过少。分堆过多不便进仓管理，分堆过少，影响合理用料和品质的提高。

**2. 筛制程序**

红碎茶的品质在鲜叶加工过程中已形成，毛茶加工主要是分清花色，因此，筛制程序比较简单。由于我国红碎茶产品共有4套标准样，各地制法不一，各套样的风格不同，精制、成品花色亦有较大差异，在此不再一一介绍。

**3. 成品拼配及匀堆装箱**

红碎茶经筛制后，基本已把规格、型号分开，但仍须根据茶号、品质特点进行拼配，以调剂品质。

成品拼配按外形定名、内质定档、形状相近归并的原则。拼配小样，做到各类规格分清，并审评符合标准后，进行补火、匀堆、装箱。

## 四、名优红茶加工技术

近年来，受名优绿茶良好效益的驱使，红茶产区不少厂家加快了名优红茶的生产步伐，尤其是机制做成工夫红茶的生产呈现许多新品，有力地推动了国内红茶的消费品市场，红茶产区经济效益明显提高。

### （一）鲜叶要求

名优红茶加工对鲜叶采摘要求很高，标准为一芽一叶或一芽二叶初展，且芽叶完整匀齐新鲜。

### （二）三种名优红茶加工工艺与技术

**1. 针形名优红茶**

**（1）萎凋** 将鲜叶均匀按5～8cm厚薄摊在萎凋竹帘上，自然萎凋19～22h，温度20～28℃，湿度80%～85%。萎凋程度以萎凋叶含水率60%，叶质柔软，叶茎折不易断，叶色暗绿无光泽，青草气减少，并带有愉悦的清香为适度。

**（2）揉捻** 投叶时不要压实，使其成自然状态装满揉桶即可。加盖后在空压的条件下揉捻15min→加轻压揉捻10min→空压揉捻5min→加重压揉捻10min→空压5min→加轻压揉捻10min→空压揉捻5min，揉捻时间共计约60min，细胞破碎率85%。

**（3）发酵** 将揉捻叶均匀、松散堆放于簸箕内，厚度15～20cm，覆盖湿毛巾，在发酵架上发酵约 2.5h，温度 24～29℃，湿度 90%，待叶色黄红、有愉悦的香味出现即可停止发酵。其间，为使发酵均匀，须翻拌 2～3 次，并随时注意观察发酵叶温度，将其有效控制在 30℃以下。

**(4) 第一次做形** 做形分两次完成，第一次做形，将发酵叶均匀地投入 6CLZ-60 理条机的槽内，在温度为 90℃条件下理条 5min，达 6～7 成干。

**(5) 摊晾** 将通过初步理条的针形红茶在制品取出，在室温下摊晾 25～30min。

**(6) 第二次做形** 将经过摊晾后的针形红茶在制品重新投入理条机槽内，在 70～80℃温度条件下继续理条做形，时间约 20min，制品达 7～8 成干。

**(7) 提香** 将制成的针形红茶放入 6CTH-6.0 茶叶提香机内，在 90℃温度条件下静态干燥 2.5h，进一步巩固所形成的外形和发展针形红茶香气。

**2. 螺形名优红茶**

**(1) 萎凋** 将鲜叶均匀按 5～8cm 厚薄摊在萎凋竹帘上，自然萎凋 19～22h，温度 20～28℃，湿度 80%～85%。萎凋程度以萎凋叶含水率 60%，叶质柔软，叶茎折不易断，叶色暗绿无光泽，青草气减少，并带有愉悦的清香为适度。

**(2) 揉捻** 投叶时不要压实，使其成自然状态装满揉桶即可。加盖后在空压的条件下揉捻 15min→加轻压揉捻 10min→空压揉捻 5min→加重压揉捻 10min→空压 5min→加轻压揉捻 10min→空压揉捻 5min，揉捻时间共计约 60min，细胞破碎率 80%。

**(3) 发酵** 将揉捻叶均匀、松散堆放于簸箕内，厚度 15～20cm，覆盖湿毛巾，在发酵架上发酵约 2.5h，温度 24～29℃，湿度 90%，待叶色黄红、有愉悦的香味出现即可停止发酵。其间，为使发酵均匀，须翻拌 2～3 次，并随时注意观察发酵叶温度，将其有效控制在 30℃以下。

**(4) 初烘** 将揉捻叶均匀、松散摊放在 6CHP-941 碧螺春烘干机上，在110～120℃温度条件下，干燥 15min，至 6 成干。

**(5) 第一次摊晾** 将通过初烘后的螺形红茶在制品取出，在室温下摊晾 30～35min。

**(6) 第一次做形** 将经过摊晾后的螺形红茶在制品均匀、适量投入 6CCQ-50 双锅曲毫机内，在 80～90℃温度条件下做形，时间约 50min。

**(7) 第二次摊晾再筛分** 将通过第一次做形后的螺形红茶在制品从曲毫机内取出，在室温下摊晾 30min 后，用 4 号手工筛对其进行筛分，分出筛底与筛面 2 种在制品。

**(8) 筛底茶烘干** 经摊晾、筛分后得到的筛底部分，其卷曲程度较一致，具备了螺形红茶的外形特征要求，将其直接放入 6CHP-941 碧螺春烘干机，在 100℃条件下烘至足干，时间 20～30min。

**(9) 筛面茶第二次做形再烘干** 经摊晾、筛分后得到的筛面部分，其卷曲程度较差些，不符合螺形红茶的外形特征要求，须将其再放入曲毫机内再做形，温度 95℃、时间 20min，再同样将其放入 6CHP-941 碧螺春烘干机，在 100℃条件下烘至足干，时间 25min。

**（10）提香** 将制成的螺形红茶混匀，放入 6CTH-6.0 茶叶提香机内，在 90℃温度条件下静态干燥 2h，进一步巩固所形成的外形和提升螺形红茶的香气。

**3. 扁形优质红茶加工**

**（1）萎凋** 将鲜叶均匀按 5～8cm 厚薄摊在萎凋竹帘上，自然萎凋 19～22h，温度 20～28℃，湿度 80%～85%。萎凋程度以萎凋叶含水率 60%，叶质柔软，叶茎折不易断，叶色暗绿无光泽，青草气减少，并带有愉悦的清香为适度。

**（2）揉捻** 投叶时不要压实，使其成自然状态装满揉桶即可。加盖后在空压的条件下揉捻 15min→加轻压揉捻 10min→空压揉捻 5min→加重压揉捻 10min→空压 5min→加轻压揉捻 10min→空压揉捻 5min，揉捻时间共计约 60min。

**（3）发酵** 将揉捻叶均匀、松散堆放于簸箕内，厚度 15～20cm，覆盖湿毛巾，在发酵架上发酵约 2.5h，温度 24～29℃，湿度 90%，待叶色黄红、有愉悦的香味出现即可停止发酵。其间，为使发酵均匀，须翻拌 2～3 次，并随时注意观察发酵叶温度，将其有效控制在 30℃以下。

**（4）第一次做形** 将发酵叶均匀地投入 6CMD-40 多用机的槽内，在温度为 100℃条件下 200 次/min 快速往返做形 2min，随后放入 200g 加压棒并以 120 次/min速度做形 3min，至 6 成干。

**（5）摊晾** 经多用机初步做形的在制品下叶后，在室温下摊晾 30min;

**（6）第二次做形** 将经过摊晾后的扁形红茶在制品重新投入多用机槽内，首先不施加压棒快速干燥 2min，温度 95℃，接着放入 400g 加压棒慢速做形 7min，温度 85～90℃，后取出 400g 加压棒，放入 200g 加压棒、慢速再继续做形 3min，温度 80～85℃，又取出加压棒，在 70～80℃温度条件下继续做形，至足干，时间约 15min。

**（7）提香** 将制成的扁形红茶放入 6CTH-6.0 茶叶提香机内，在 90℃温度条件下静态干燥 2.5h，进一步巩固扁形红茶的外形、提升特征香气。

## 第三节　有机乌龙茶生产技术

乌龙茶也称青茶，是我国六大茶类中独具鲜明特色的茶叶品类，属于半发酵茶，它既有红茶的浓酽，又有绿茶的清香，品尝后齿颊留香，回味甘鲜。乌龙茶起源于福建，现以福建、广东、台湾三省为主产地，故商业上习惯将乌龙茶分为福建乌龙茶、广东乌龙茶和台湾乌龙茶。其中福建以安溪铁观音、武夷岩茶最负盛名，广东以单枞著称，而台湾以轻发酵的清香型乌龙茶（俗称“台式乌龙”）而闻名。乌龙茶畅销国内外，于产地自销及我国各大城市热销，外销主要为我国港、澳地区以及东南亚各国和日本、美国、西欧等地。

## 一、闽南乌龙茶加工技术

福建乌龙茶品质风格的形成与福建独特的产地地理与气候特征，丰富的乌龙茶品种资源、品种种性以及精湛的制茶工艺密不可分。福建乌龙茶加工工艺流程基本为：鲜叶→萎凋→做青（摇青与晾青相互交替）→杀青→揉捻（包揉造型）→烘干→毛茶，各工艺环环相扣、相互协调。乌龙茶制作工艺较复杂，技术性较强，本节针对闽南乌龙茶的采摘与初制加工进行介绍。

### （一）鲜叶原料

#### 1. 采摘标准

闽南乌龙茶原料要求适宜的成熟度，采摘标准为新梢形成驻芽后，采下驻芽2～4叶嫩梢。生产上根据新梢不同的成熟度，俗称“开面采”。

① 小开面。嫩梢形成驻芽，顶叶的叶面积为第二叶的1/3～1/2的新梢。

② 中开面。嫩梢形成驻芽，顶叶的叶面积为第二叶的1/2～2/3的新梢。

③ 大开面。嫩梢形成驻芽，顶叶的叶面积与第二叶相近或≥2/3的新梢。

若原料太嫩，萎凋、做青过程中容易产生“死青”，条索瘦小，色泽青褐或乌黑，成茶香低味苦涩；若太老，则成茶外形粗大，色枯绿，味薄香粗短。春秋茶一般以“中开面”为原料，采驻芽2～3叶嫩梢，以驻芽3叶梢为最佳；夏暑茶可适当嫩采，采“小开面”原料。

闽南乌龙茶一年可采制4～5季。采摘时要求枝梢完整、嫩度一致、大小均匀，新鲜、无表面水，无破损，避免老嫩混杂，避免有病虫等危害的不正常鲜叶。一般以晴天采制的品质为好（北风晴天又比南风晴天好），阴天次之，雨天最差。一天中又以“午青”（上午9时后至下午4点前采的茶青）制成的品质最好，因为这段时间茶青内含物质最丰富，香气极佳。“晚青”（下午4时后采的茶青）次之，“早青”（上午9时前采的茶青）最差（尤其成茶香气较差）。故选择在晴朗的天气采“午青”是制高档茶的关键之一。

#### 2. 鲜叶管理

鲜叶的管理包括鲜叶的质量判断与分级、运送及处理等。鲜叶质量包括茶青嫩度、匀度、净度和新鲜度等指标。

鲜叶采下后，不能挤压，要用透气的竹筐等容器盛装，以保持鲜活并及时运送茶厂。一般要求鲜叶采摘后4h内进厂，不能及时进厂的鲜叶一定要避免日晒雨淋，并在干净通风处摊放保鲜，然后尽快送往加工厂。茶青不新鲜会造成成茶色泽枯红，严重影响品质。鲜叶进厂后，按品种、采摘时间、地理条件、土壤条件的不同分别摊放在阴凉洁净的晒青布或晾青架上进行“保青”，至下午 4 点后阳光弱时开始晒青。忌不同品种茶青混杂，早、午、晚青混杂，不同批次茶青混杂，否则易导致萎凋、做青不均匀而使成茶外形花杂。

早青含水量较多，最好用水筛摊青。雨水青、露水青摊叶越薄越好，在摊晾过程中要均匀翻拌 2～3 次，晾干表面水后，即可开始晒青或做青。晚青应及时摊放于水筛，置通风处吹晾，并翻拌 2～3 次。每水筛摊青量早青约1.5～2kg，露水青 1kg，午青 2～3kg，晚青和雨水青 0.5kg。

**3. 采摘方法**

制作铁观音或高档手工茶鲜叶原料一般手工采摘，确保原料匀整一致，但为了提高工效，夏暑茶、色种茶也普遍使用采茶机采摘。目前乌龙茶采摘方法主要有以下几种。

**(1) 分期分批法** 即“成熟一批，采摘一批”，早开面的新梢先采摘，迟开面的新梢后采摘；“树冠内、外茶青分批采”，树冠荫蔽处新梢与受阳面新梢分开采摘付制，以确保鲜叶嫩度、匀度一致。这样不仅可以提早开采，延长采摘期，还可提高鲜叶质量水平与制茶品质。

**(2) 扳片法** 幼龄茶园或肥培管理好的茶园由于其新梢生长旺盛，不同叶间嫩度差异较大，生产上常采用以下两种方法采摘。

① 采摘后扳片。一次性将茶梢采下，晾青、晒青之后摘下开面 2～3 叶新梢，同时也将适制乌龙茶的成熟单片叶剥下，分别付制。

② 扳片后采摘。分批及时采下新梢上的成熟单片叶付制，待顶梢形成驻芽后，采下开面 2～3 叶新梢付制。

“扳片法”采摘能充分提高鲜叶原料的利用价值，不仅能够提高产量，还可大大提高制茶品质。标准新梢所制成的茶品质优于单片叶的，但由于单片叶原料嫩度较一致，因此加工质量比较稳定。

**(3) 抹芽法** 为防止嫩芽肥壮，走水不足，生产上有采用“抹芽法”采摘。采下带芽新梢，在最后一次摇青结束后或杀青之前，人工剔除嫩芽、死青及红变多的叶片。抹芽法比扳片法简单易行，所制干茶色泽均匀，茶汤滋味协调。

## （二）萎凋

萎凋，即乌龙茶产区所指的晾青、晒青。晒青是利用太阳光等热源提高叶温，使鲜叶适度失水，从而提高叶子韧性，为做青创造条件；同时伴随着失水过程提高鲜叶中酶的活性，促进乌龙茶香气的形成和去除青草气。晒青前后进行晾青，以散发叶间的热量，使水分重新分布，从而恢复茶青活力，时间为 1～2h，减重率约1%。晾青其实是晒青的补充工序，晾青适度应及时进行摇青。

萎凋可分为日光萎凋、室外自然风萎凋、室内萎凋、加温萎凋和综合做青机吹风萎凋等。

### 1. 日光萎凋

天气晴朗时制作乌龙茶一般都采用日光萎凋，俗称“晒青”。可分为晾青—晒青—晾青三个步骤。

**(1) 晾青** 晾青将茶青薄摊在室内阴凉洁净的布上或水筛等晾青工具上，约历时30～90min，以叶温下降、恢复茶青活力为度。

**(2) 晒青** 晒青即日光萎凋。一般在弱阳光或下午4～5时光线柔和时进行，将茶青均匀薄摊于晒青布、竹席（篾垫、谷席）或水筛等用具上接受日照照射。一般摊叶量每筛0.4～0.5kg/m²，萎凋全过程应均匀翻拌2～3次，总历时视茶青状况和光照强度而定，一般20～60min。一般不宜在中午强日照下晒青，以免灼伤茶青。若茶青数量多且在强日照下晒青，则需快速、短时且勤翻拌，晒青历时10～30min；而且强日照下最好搭建透光率50%～70%的遮阳网进行晒青。天气炎热干燥时，可采取少晒、间歇晒、以晾代晒等多种方式进行萎凋。

晒青的程度和时间依季节、品种、天气、阳光强弱而异，应灵活掌握相应的晒青技术。

① 看茶青嫩度晒青。含水量高、肥壮的茶青，宜重晒；偏粗老的青叶宜轻晒。

② 看采摘时间晒青。上午茶青含水量高，晒青程度可偏重。但在乌龙茶产区，多有夜间做青的习惯，上午青至夜间的间隔时间长，晒青程度宜轻。午青含水量低，一般宜轻晒。

③ 看季节气候晒青。制茶时气温较低，相对湿度较大，鲜叶含水量较高，鲜叶失水较困难，则晒青时间宜长，程度略足。春茶期间，北风天或温度较低时，宜重晒，南风天或温度高时，宜轻晒。夏暑茶期间，气温高，失水较快，可掌握轻晒或不晒。秋茶期间，空气干燥，水分散失快，晒青程度宜轻。

④ 看品种晒青。铁观音叶子肥厚，做青慢，发酵时间长，宜重晒。水仙、梅占等茎梗粗壮，节间长，叶张肥厚，青叶水分含量高，青气味强，做青时苦水难消，易发红，宜重晒使之多散失些水分，且为使茎梗中水分均匀散失，大多采取两晒两晾的方式进行晒青。本山、奇兰容易发酵，宜轻晒。节间短、梗瘦小、叶子较薄、含水量较少的黄旦宜轻晒，以保持一定的水分，便于做青。

⑤ 晒青适度的判断。感官标准为茶青从总体来看，叶态萎软、伏贴，青叶顶下第二叶明显下垂，叶面大部分失去光泽，叶色略转暗绿，略显清香，且大部分青叶达此标准，青叶失水率约4%～12%。品种不同，萎凋方式不同，其标准亦有不同。晒青程度若偏轻，做青时青叶易损伤；偏重则做青时茶青不易恢复活力。

**(3) 晾青**　晒青之后还要进行一次晾青，以降低叶温，恢复茶青活力，晾青方法同前。

### 2. 萎凋槽萎凋

遇阴雨天气，可采用萎凋槽萎凋。将茶青均匀摊放在萎凋槽内，厚度15～20cm，在槽底通热风，风温28～32℃，历时约0.5～1.0h。萎凋过程需翻拌2～3次，使茶青萎凋均匀。萎凋适度标准同日光萎凋标准。

### 3. 综合做青机吹风萎凋

随着综合做青机在生产上的应用，遇阴雨天气，茶青还可直接在综合做青机中通过吹热风进行萎凋。表面带雨露水的茶青可先经脱水机甩干处理后，再在综合做青机里萎凋。萎凋适度标准参照日光萎凋标准。

阴天时室外自然风萎凋时间比日光萎凋时间长，需勤翻动。雨天时室内萎凋需加温、除湿，可采用空调吹热风换气。

## （三）做青

做青由摇青和晾青静置发酵两个工序交替进行。做青是形成乌龙茶品质特征的关键，在适宜的温、湿度等环境下，通过多次摇青（筛青、碰青）使茶青在摇青筒里滚动、散落、摩擦，不断受到碰撞和互相摩擦，使叶缘细胞逐渐损伤，并均匀地加深，引起多酚类酶性氧化，促进叶子内含物转化，产生“绿叶红镶边”。摇青还使青叶茎梗中的水分和水溶性物质向叶缘转运、渗透，俗称“走水”，从而使青叶硬挺，青草气味散发，鲜叶挺、活、有光泽，俗称“还阳”或称“返青”。摇青后把茶青及时倒出摊晾，使青叶在静置中水分重新平衡分布，内含物逐渐氧化和转变，形成乌龙茶汤色金黄或橙黄、香气馥郁、滋味醇厚的特有品质。随着叶缘水分的蒸发，青叶会回软平伏，俗称“消青”，此时要再次进行摇青。总的来说，做青技术没有一套绝对固定的模式，要靠技术人员融会贯通，灵活应用。

### 1. 做青环境

**(1) 自然环境做青**　做青一般在夜间进行，历时10～12h。做青间要求清洁凉爽，以室温22～25℃左右、相对湿度65%～80%为宜。

**(2) 人工调控环境做青**　在自然气候不适宜的情况下创造人工气候环境，能显著提高做青质量。在做青环境调控设备与工艺方面，1989年福建省农科院茶叶研究所研制出了“空调做青车间和做青设备”，它以做青叶适宜的萎凋程度为基础，以可控的最佳温、湿度环境为保证，相应地规范摇青方法，改“看天做青”为程序化做青。同年，福建农学院研制出“微机控制乌龙茶机械化连续化做青设备”。这两套做青环境调控设备的研制成功，使做青可以不受外界气候的影响，大大提高了乌龙茶的制优率，实现了自动化生产，降低劳动强度。1994 年武夷山茶科所等单位又研制出“6CZ-920A 型乌龙茶局部环境控制做青设备”，该设备因地制宜，就地取材，并且仅对综合做青机内气流的温、湿度进行局部控制，从而降低了做青环境调控设备的投资和运行成本。

在做青过程中，摇青与晾青时间比为 1∶20～1∶30，因此，对做青的环境控制主要在晾青阶段，即主要对晾青间的温、湿度进行调控。晾青间应坐南朝北、通风、湿度较低、卫生，为减少能耗，不宜设在顶楼。通过设备调控做青间以气温为 18～22℃、相对湿度为 55%～80%左右为宜（根据不同茶树品种、茶季、工艺、做青时间灵活应用）。做青间所需空调的制冷功率可根据 220W/$m^2$ 来选配（一般 1 匹的空调适用 12$m^2$ 的青间，1.5 匹的空调适用 20$m^2$ 的青间，2 匹的空调适用 28$m^2$ 的青间）。

## 2. 做青技术

**（1）做青技术的原则**　摇青要掌握循序渐进的原则。摇青转数由少渐多，用力由轻渐重。摊叶由薄渐厚，摊晾时间由短渐长、发酵由轻渐重。近年来闽南工艺一般整个过程都是薄摊青（叶与叶不重叠），或前厚后薄，尤其最后一摇后要薄摊，以利于走水、散发青臭气。

**（2）看青做青技术**

① 看品种摇青。厚叶型品种如铁观音，晒青要适当，第一、第二次摇青宜轻，后期重摇，适当薄摊，摊晾时间适当延长，促使“发酵”充足，香气浓馥。叶薄、黄绿色或有自然高香型的品种如黄旦，应轻晒轻摇，最后一次摇青可重一些，适当厚摊、短晾，否则香气会过早散失。特异香型或较浓青草气的品种如毛蟹、白芽奇兰，做青应稍重，以促使青味散发，同时要保留其品种香。叶厚、叶色浓绿且青味重的品种如梅占，宜嫩采、重晒、轻摇、及时摇、薄摊多晾，以使发酵充分，青味散发转为糖香味。叶色绿黄、梗细长、叶张较薄的品种如本山，晒青应稍轻，第一、第二次摇青宜轻摇，后期重摇，发酵稍轻，以保持高香。

② 看鲜叶老嫩摇青。鲜叶嫩、肥壮，含水分多，宜重晒少摇；鲜叶粗老，宜轻晒多摇。

③ 看晒青程度摇青。晒青轻则重摇，晒青重则轻摇。

**（3）看天做青技术**

① 看季节摇青。春茶季节气温低、湿度大，且茶青肥壮多水，做青过程中水分应多散发一些，摇青可摇得重一些，晾青可长些，做青适度时梗叶要“消”，即嫩梗外观干瘪柔韧，折而不断。夏、暑茶季节气温高，水分蒸发快，宜轻摇，待梗叶表面略呈皱状即达做青适度。秋季新梢叶质较薄，含水分少，要注意保水保青，宜少摇或轻摇，至做青适度时，梗叶仍略有光泽，才能形成秋茶香气高强的特色。总之，摇青要做到“春茶消，夏、暑皱，秋茶水守牢”。

② 看气候摇青。根据不同的温度、湿度、风力和风向等气候情况，采取不

同的技术措施。雨水叶宜多摇，晴天叶少摇；北风天气温、湿度不高，摇青发酵进程慢，宜重摇，厚堆晾青；南风天天气闷热，温、湿度高，宜薄摊、轻摇、短晾。若在相对稳定的人工调控气候环境中做青，则主要根据其他影响做青效果的因素灵活调整做青方法。

**(4) 看技术水平做青** 技术水平高，掌握进程准的，可重晒、多摇，适时发酵，以减少摇青时间，节省劳力，使制茶过程安排合理；反之则要适当轻晒轻摇，留有余地。晒青不足的，要适当重摇进行弥补，促进发酵；晒青过度的要轻摇短晾，增加摇次，必要时提早杀青。此外，做青还需根据生产量、机械设备、人员配套等情况灵活变通，做到人、财、物的充分利用，发挥最好的效益。

**(5) 看青技术**

① 看。主要观察青叶状态与叶色。晾青静置的茶青，叶色浓绿，叶状硬挺，则晾青不足；叶平伏，色泽转黄绿，则晾青适度；叶转皱面，呈暗绿色，带干硬状，则晾青过度。

② 嗅。在未翻动晾青叶之前，仔细嗅晾青架上中下各部位的青叶气味，主要是青草味的强弱，香气的类型和浓淡，品种的特殊气味和浓纯度，摇青不足则青味轻微，摇青充足则青味浓强。

③ 摸。摇青充足则茶青硬挺并带弹性，不足则软伏；晾青不足则茶青硬挺，晾青充足则茶青柔软有弹性，同时手触青叶有温手感。

④ 照。随机抽取晾青叶，光照下看叶色转变、红边情况及梗叶的光泽等。

### 3. 做青方法

做青因使用的摇青机具不同，可分为手工水筛（吊筛）摇青、摇笼浪青、摇青机摇青、综合做青机做青等。竹制双笼摇青机是闽南茶区普遍使用的摇青机具，每机投叶量约 40kg（相当于笼容量的二分之一），装叶过多，则摩擦不均匀；过少，则容易造成“伤青”。摇青机转速一般 25～30r/min，制作清香型乌龙茶则要求摇青机转速更低，为 5～16r/min。

做青的前期，完成萎凋的茶青，叶态萎软，但含水量仍较高。前期主要目的是促进“走水”和恢复青叶活力，并在此基础上，能够相对地使水分较快地挥发，以及适度损伤叶组织细胞，以增强细胞透性等，为做青后期内含物转化做必要的准备。做青后期则以多酚类化合物氧化以及一系列内含物的深刻转化及“走水”、促香的发酵作用为主。

闽南乌龙茶初制工艺通常摇青 3～4 次。第一、第二次摇青宜轻，即摇青历时短，程度宜轻，重摇则会过早散香。第一次摇青的目的是“摇匀”，摇 1～2min，一般摇至青草气微露、叶态稍有紧张状态为适度。第二次摇青是“摇活”，以青气较显露、叶略硬挺、叶缘略有红点为适度，摇青约 3～6min。第三次摇青是“摇红”，摇至青草味浓强、叶缘红点尚显、嫩叶稍挺为度。第四次摇青的目的是“摇香”，摇至青味强、稍夹淡香味、叶片较硬挺为适度。若摇青不足还可进行第五次摇青或辅助措施，以促进水分和青臭气散发，加速化学变化。

做青前期与摇青间隔交替进行的晾青，要有利于通透、失水散热。做青后期，青叶含水量低，膨压降低，细胞组织汁液浓度增大，具备了经得起摇青振动而不致损伤折断的物理特性，而且细胞透性增大，与酶接触概率也增大，是进行内含物深刻转化的有利时机。第三、第四次晾青，根据做青后期青叶失水情况而定，适当保水和保持一定的叶温，以利于内含物充分转化，晾青摊叶宜厚，并堆成凹坑状。第三次晾青以叶略呈汤匙状、叶面绿黄，叶缘垂卷，红点明，手握略有刺手感，青气消退，清香微露为度；第四次晾青以手握如绵，叶面黄亮，叶缘红点显明，汤匙状特征突出，花果香显露为适度。

**［例 1］ 铁观音的做青技术**

铁观音摇青第一、第二次宜轻，转数不宜过多，晾青的时间宜短，一般第一次摇青 3min，第二次摇青 5min，以保持青叶的生理活性，使萎凋后的叶子能慢慢复“活”。到第三、第四次摇青则要摇重、摇足，一般第三次摇青 10min，第四次摇青 15～30min，使叶缘有一定的红边，散发青臭气。若第四次摇青不足，叶子“红变”不够时，再补摇青一次。每次摇的转数应由少到多，晾青时间也是由短到长。前三次摇青后晾青至青气消失，叶子萎软后就要及时摇青，把青叶摇“活”，以免因水分散失过多而“死青”。

**［例 2］ 清香型乌龙茶空调环境做青技术**

摇青机每笼约装青叶 20kg，转速 5～16r / min，摇青 2～3 次。第一次摇青只需摇出淡淡的“青气”，宁轻勿重；第二次摇青摇至有“青气”；第三次摇青摇至有较浓的“青气”。每次摇青均需等青叶青气退尽后才能进行下一次摇青。摊青时叶与叶之间不重叠，摊青量约 0.4kg / $m^2$。第一次摇青和第二次摇青后的晾青时间为 1.5～3h，第三次摇青后的晾青时间为 8～12h 或更长。清香型乌龙茶的发酵程度为 10%左右。清香型乌龙茶做青技术归纳为“轻摇青、薄摊青、长晾青、轻发酵”。

闽南乌龙茶做青历程见表 8-3。

**表 8-3 闽南乌龙茶做青历程**

| 处理 \ 品种 | | 春茶 | | | 夏暑茶 | | | 秋茶 | | |
|---|---|---|---|---|---|---|---|---|---|---|
| | | 黄棪 | 毛蟹 | 梅占 | 黄棪 | 毛蟹 | 梅占 | 黄棪 | 毛蟹 | 梅占 |
| 第一次 | 摇青/min | 2 | 3～4 | 1～1.5 | 1.5 | 3 | 1 | 1.5～2 | 3～4 | 1 |
| | 晾青/h | 1～1.5 | 1～1.5 | 1～1.5 | 1～1.5 | 1～1.5 | 1～1.5 | 1～1.5 | 1～1.5 | 1～1.5 |
| | 摊叶厚/cm | 2～3 | 2～3 | 2～3 | 2～3 | 2～3 | 2～3 | 2～3 | 2～3 | 2～3 |
| 第二次 | 摇青/min | 2 | 7～10 | 2 | 2.5～3.5 | 5～7 | 1.5 | 3～5 | 7～10 | 1.5～2 |
| | 晾青/h | 2.5～3 | 2.5～3 | 2.5～3 | 2～5.5 | 2～2.5 | 2～2.5 | 2.5～3 | 2.5～3 | 2.5～3 |
| | 摊叶厚/cm | 3～5 | 3～5 | 3～5 | 3～5 | 3～5 | 2.3 | 3～5 | 3～5 | 3～5 |

续表

| 处理＼品种 | | 春茶 | | | 夏暑茶 | | | 秋茶 | | |
|---|---|---|---|---|---|---|---|---|---|---|
| | | 黄棪 | 毛蟹 | 梅占 | 黄棪 | 毛蟹 | 梅占 | 黄棪 | 毛蟹 | 梅占 |
| 第三次 | 摇青/min | 8～12 | 20～23 | 3～6 | 5～7 | 15 | 3～4 | 8～12 | 17～33 | 3～5 |
| | 晾青/h | 4～5 | 4～5 | 4～5 | 3～4 | 3～4 | 3～4 | 4～5 | 4～5 | 4～5 |
| | 摊叶厚/cm | 10～15 | 10～15 | 10～15 | 7～10 | 7～10 | 7～10 | 10～15 | 10～15 | 7～15 |
| 第四次 | 摇青/min | 8～14 | 23～27 | 5～7 | 7～9 | 13～17 | 3～4 | 9～14 | 20～27 | 4～6 |
| | 晾青/h | 3～5 | 3～5 | 3～5 | 3～4.5 | 3～4 | 3～5 | 4～5 | 4～5 | 4～5 |
| | 摊叶厚/cm | 15～20 | 15～20 | 15～20 | 7～10 | 7～10 | 7～10 | 15～20 | 15～20 | 10～15 |

注：1. 做青适度标准，春、秋茶以闻香气为主，兼看做青叶发酵红边程度；夏暑茶则以看青叶发酵红边程度为主，兼闻香气。

2. 历程表中的时间长短并无严格的界定，应根据生产实际进行调整。

### 4. 做青适度判定

做青适度应使用综合观察分析方法进行判断。

① 摸。摸青叶是否柔软、有湿手感。

② 看。看叶色是否由青转为稍黄绿，稍有光泽，梗表皮有皱状，叶身平伏、柔软、有弹性感，叶缘红色斑点明显，叶面凸出，形似汤匙。

③ 闻。青草气或青气味是否消退，花果香显露。

做青不足，毛茶往往带有青气等；做青过度，会产生“酵香”，汤色泛红，叶底大多显红张。不同季节、品种、嫩度、气候等条件判断做青适度也有所不同，其最直接有效的方法是取少量做青叶进行试杀青检验（可用电炒锅、家用微波炉等），大量生产时要有预见性，把握最佳杀青时机。

一般做青过程中香气变化趋势为：青气→清香→花香→果香。杀青时机的掌握因品种而异。黄旦是高香品种，发香快也容易散失，闻到花香较浓时就要及时杀青，才能保持高香；本山品种梗小叶薄，香气的显露持续短，应掌握香气刚显露时杀青；梅占品种香气欠纯，纯化较慢，做青宜足，要到果香较熟时杀青，才有较好香气；毛蟹品种以花香浓熟时杀青为佳。

此外，传统或浓香型闽南乌龙茶加工工艺中，做青适度后，将青叶倒在洁净的大竹匾中进行堆积发酵，俗称“堆青”，以提高叶温，加快发酵进程，使成茶香浓味醇。气温高于 24℃，堆成中间空四周厚的凹形，不可紧压。夏暑茶青间温度高于 27℃，不必堆青发酵；气温低于 24℃时，“堆青”叶上可用洁净布等覆盖，保持 24～30℃叶温，以加快发酵进程，一般堆青时间 1～2h，待叶温上升并有浓郁花香时进行杀青。

## （四）杀青

乌龙茶的色、香、味品质特征在做青阶段已基本形成，杀青是为了利用高温迅速破坏酶的活性，抑制茶叶继续发酵，巩固做青所形成的品质，同时继续散失大量水分，使叶质变柔软，以利于揉捻、包揉造型等后续工序。闽南乌龙茶所谓的“正炒”、“消青”、“拖青（酸）”是做青叶不同时间段杀青的产品。

生产上杀青常用110型杀青机和90型燃气炒青机。为及时固定品质，杀青宜“高温、抖炒、杀老”。杀青锅或滚筒的温度达280～310℃，投叶量约5～10kg（90型）、25kg（110型），做青叶在锅里或滚筒里会发出似鞭炮响声，杀青早期以闷杀为主，后期应开启排气扇将水蒸气排出筒外。一般杀青历时3～10min。为加快水分的蒸发，应避免闷炒，否则叶色易变黄，因此投叶量可适当减少。

① 传统闽南乌龙茶杀青适度要求。叶色由青绿色转为暗黄绿，失去光泽；叶质柔软，叶张皱卷，梗弯曲而折不断，手握叶子有黏性、稍可成团，放手后，略散开，稍有弹性；青味消除，嗅之有清香或特殊花果香，杀青叶含水率以35%～40%为宜。杀青不透不匀，会产生发酵味，成茶往往带有青浊味，汤色泛红。杀青不当，温度过高或过度杀青，易产生焦烟味。

② 清香型乌龙茶的杀青技术。待筒内温度升至约300℃时投叶，每筒投叶量3～4kg，历时3～4min，以耳听“劈啪”声消失，至发出“沙沙”响声，手捏杀青叶稍有刺手感即可下机。为使干茶色泽更绿、滋味清纯，抖散杀青叶水汽后，趁热短时搓揉或用包揉布包裹好杀青叶进行“摔包”（打包），可及时筛去红边、碎末，摊晾回润后待包揉。

## （五）包揉造型

传统闽南乌龙茶制作杀青之后要趁热揉捻，以破坏叶细胞，挤出茶汁，初步成条，便于造型。揉捻以快速、重压、短时为原则，一般采用30型或40型揉捻机，30型揉捻机投叶量4～5kg，40型揉捻机10～15kg，约历时5～8min，揉至茶汁挤出，叶子卷条即可，并及时进行初烘。近年来，为了使闽南乌龙茶外形更为卷曲，生产上往往不进行揉捻作业，而是将青叶杀青的较足，直接进行初包揉。

目前闽南乌龙茶工艺造型一般都是采用速包机和包揉机（球茶机、平板机）进行机械包揉，反复进行速包、球茶（平揉）20～40次不等，中间结合解块筛末（可采用松包筛末多用机）、复烘、定型等工序。闽南乌龙茶包揉造型的主要工序为：初烘→初包揉（速包→平揉→松包，反复3～4次）→复烘→复包揉（速包→平揉→松包，反复4～5次）→定型→足干等。

**1. 初烘**

破坏残余酶的活性，防止氧化发酵，散发部分水分，使茶条干度、软度适宜包揉造型。使用自动烘干机或6CWH-6型手拉式液化气烘干机初烘，温度120℃，摊叶厚 2～3cm，时间 7～12min。初烘要求“高温、快速、短时”，尽快地去除茶叶表面水分，烘至六七成干，手握茶叶稍有刺手感，松手时叶子自然散开，即可下烘。见表 8-4。

表 8-4　闽南乌龙茶烘焙技术参数

| 方法 | 烘次 | 温度/℃ | 摊叶厚/cm | 历时/min |
| --- | --- | --- | --- | --- |
| 烘干机 | 初烘 | 110～130 | 1～1.5 | 4～6 |
| | 复烘 | 90～100 | 2 | 4～6 |
| | 足干 | 80～90 | 2～3 | 48～60 |
| 焙笼 | 初焙 | 100～110 | 1.5～2.5 | 5～8 |
| | 复焙 | 80～90 | 2～3 | 5～8 |
| | 足干 | 50～60 | 5～10 | 120～180 |

**2. 初包揉**

包揉是在揉捻初步成形的基础上，继续塑造乌龙茶特有的卷曲、紧结外形。包揉一般与初烘、复烘结合交替反复进行多次。初烘叶经摊晾后，用速包机速包→揉茶机球茶（团揉、平板）4～6min→松包机解块、散热，速包→球茶→松包，反复 4～5 次，以基本成形为度。待包揉至茶条表面呈黏稠湿润感时，要及时进行复烘。

目前在闽南茶区已广泛采用机械包揉，包揉机械主要有速包机、滚球型的包揉机（揉茶机、平板机、球茶机）、松包机等。机械包揉通常使用里、外两块包揉布，一般里、外包揉布长、宽均 1.6m，内包揉布要求薄软，外包揉布要求质量更好、更耐磨。包揉方法：将去除红边的杀青叶适量（一般 7～9kg）用内包揉布包整好，倒置于外包揉布上，同时在内包揉布茶团底部中央放一块包揉垫或厚布块，均匀收起外包揉布，使外包揉布收口正对包揉垫，圆整好包揉茶团。将包揉茶团在速包机中速包，速包技术要熟练，动作要迅速，每次速包一般不超过 1min，否则易产生闷味或碎末多等不良现象，影响制率与成茶品质。根据水分、温度等状况，包揉造型全程应掌握“松—紧—松”的原则，及时松包散热、筛除粉末，避免热闷影响茶叶的色泽和香味。包揉造型的关键是要控制好水分、温度，包揉过程叶温不宜超过 37℃。

**3. 复烘**

继续散发茶叶中的部分水分，使茶叶受热柔软，便于包揉做形。待在制品包揉至有湿润感时或稍有茶汁时要及时复烘，复烘太早则成茶色泽枯燥欠润，过迟则成茶色泽暗。常用烘干箱或烘干机复烘，要求在制品薄摊，温度一般为 100℃，且要求通气流畅，避免闷热，摊叶厚 2～3cm，时间约 10min，烘至茶叶稍有刺手感。清香型乌龙茶加工复烘温度通常为 60～70℃，烘箱门不全关闭，留点缝隙，摊叶厚 1～1.5cm，时间约 10～20min。用滚筒炒青机炒热复火，温度 180℃左右，炒 3～4min，使茶叶软热。

#### 4. 复包揉

进一步紧结、塑造外形。方法要求同初包揉：复火（炒热）→摊晾，翻抖散热至 37℃以下→速包→球茶→松包，反复 4～6 次，至形成卷曲颗粒状，全程包揉 20～40 次。为更好固定外形，每次速包后，紧缩茶包，将茶团在布巾中静置定型 5～20min，定型时间先短后长，逐次延长。复包揉至外形达到要求后（此时茶叶含水率约 15%），静置定型 0.5～2h，然后均匀解块干燥。定型之前包揉要趁热、快速，并及时翻包，直至温度降至室温时定型，定型茶球最好置于低温空调处等待解块干燥。

若杀青后在制品品质表现很好，为了确保品质，往往对外形要求有所降低，包揉造型宜快速、短时，杀青程度要足些，尽量采用“冷包揉”，最好在 2h 内完成造型。

#### 5. 手工包揉

把在制品置于小茶袋或布巾中，采用“揉、压、搓、抓”手法，使茶胚在茶巾中旋转滚动而卷曲。手工包揉一般用正方形薄棉布，一手抓住布巾包口，把茶包放在不打滑的板凳上，用另一只手压紧茶包向前团团滚动推揉，用力先轻后重，使茶叶在布巾内翻转，中间要及时解散茶团，以免闷热发黄，反复进行，使茶形紧结。待包揉至茶条表面呈黏稠湿润感时，及时复烘，整个过程要复烘 1～2 次（温度 80～85℃，约 10min，其中翻拌 2～3 次，烘至茶条松散，略有刺手感即可）与复包揉（方法同上），再捆紧布巾定型 1h 左右，待干燥。

### （六）足火

足火是闽南乌龙茶初制的最后一道工序，定型合适的在制品应及时充分解块后进行烘干，以蒸发水分，发展香气，固定外形。采用自动烘干机或手拉百叶式烘干机烘干，热风温度 100℃，摊叶厚 2～3cm，均匀上叶，时间 12～20min，烘至茶梗手折断脆、手搓茶叶成粉末时即可，此时茶叶含水量约为 6%。

清香型乌龙茶为了保香、保绿，通常采用旋转式烘干箱进行足火。定型解散后的茶叶，摊叶厚 1～1.5cm，温度 60～70℃，历时 1～2h，烘至茶叶含水率 5%～6%。干燥前期烘箱门不能全关闭，保证通气良好，以免发生闷热使香气沉闷。含水率不同、香气高低不一、风格不同的茶叶应灵活采用不同温度、烘干时间，甚至不同设备来烘干，以发挥其最佳品质。香高味醇的茶叶宜用低温干燥，含水率高的宜用较高温度干燥。干燥后的茶叶应及时拣梗，干度不足的应及时进行复火，之后包装进仓，精品茶最好抽真空包装并置冷库中储藏。

## 二、闽北乌龙茶加工技术

闽北乌龙茶，外形条索壮结重实，叶端扭曲，色泽油润，间带砂绿蜜黄（鳝皮色)，具“三节色”；汤色清澈，呈橙红色；香气浓郁清长，滋味醇厚爽口，回甘显；叶底肥柔，呈“绿叶红镶边”。闽北乌龙茶初制工序繁多，工艺细致，其主要工序流程为：鲜叶→萎凋→做青（摇青）→杀青→揉捻→烘焙→拣剔→毛茶。

## （一）鲜叶原料

春茶一般在谷雨后开采至立夏后七天左右结束。夏茶在夏至前后，秋茶在立秋后采摘。新梢采摘嫩度对闽北乌龙茶品质影响较大，过嫩则成茶香气偏低，滋味较苦涩；过老则味淡香粗，成茶正品率低。适时采摘是提高制茶品质与制得率的关键之一。通常中、小开面3～4叶开采，以3叶全展开时采摘最好，并要求鲜叶无表面水，嫩度一致，大小均匀，新鲜、无破损。最好选择晴朗天气的上午10点至下午4点期间采摘。鲜叶在运送过程中，要保持新鲜、完整，尽量避免折断、损伤、散叶等不利品质的现象。

## （二）萎凋

有日光萎凋和加温萎凋（雨天则用加温萎凋）两种方式，它是形成闽北乌龙茶香味的基础。萎凋的过程是鲜叶生理失水的过程，要恰到好处，失水过多则成“死叶”，水分散发不够，则影响做青。

**1. 日光萎凋**

在弱光下，将茶青薄摊于洁净的谷席、布垫或水筛等萎凋用具上，摊叶量一般1～1.5kg/m²，全过程应翻拌2～3次，翻青时动作宜轻。晒青历时视茶青状况和光照强度而定，一般20～60min，以青叶表面失去光泽、叶色转暗绿、顶二叶垂软为适度，茶青减重率约8%～15%。晒青后将晒青叶移入阴凉室内晾青30～120min。在中午和强光照下不可直接将茶青置于水泥地面上晒青。

**2. 室内萎凋**

适于气温较高、室内空气湿度较低时，如晴天太阳过烈时或秋天天气干燥时。室内萎凋摊叶应更薄些，约1kg/m²，中间翻拌2～3次，历时90min以上。

**3. 加温萎凋**

利用综合做青机、萎凋槽等进行萎凋，通过人工加温使茶青受热失水而萎凋。综合做青机萎凋，热风温度在32～34℃，每隔30min翻拌1次，历时2～4h，雨水青萎凋历时约为3～4h。萎凋槽萎凋风温为32～35℃，每隔30min翻拌1次，历时2～4h，摊叶厚10～20cm。加温萎凋的萎凋程度要稍低于日光萎凋，否则易过度。

## （三）做青

闽北乌龙茶特殊品质的形成关键也在于做青，做青也要根据不同品种、萎凋程度的青叶状况，以及温度、湿度等气候因子的变化灵活调控，俗称“看青做青”、“看天做青”。原则上是摇青与做手结合，动静相互交替，厚摊静放，摇青前轻后重，前短后长，一边促进内质变化，一边限制水分过度蒸发，使物理变化与化学变化协调一致。

**1. 做青环境要求**

晴天、北风天利于做青。北风天做青气温 20～30℃（以 24～26℃为宜），空气相对湿度 75%～90%（以 80%～85%为宜）。

**2. 做青方式**

主要有手工做青和综合做青机做青两种方式，若条件较差时可将两者结合起来，进行半手工做青和最简单的“地瓜畦”方式做青。手工做青方式具有占用生产场地大、耗工大而加工量少、技术要求高等特点，使用综合做青机做青则占用场地小，用工省，比较适合大生产。

**(1) 手工做青** 将萎凋叶薄摊于水筛上，“摇青—静置”重复 5～9 次。每筛首次放茶青约 0.5～0.8kg，摇青次数从少到多，每次摇青次数视茶青状况而定，一般以摇出青味为基础，再参考其他因素进行调整。静置时间逐渐加长，摊叶也逐次加厚，可 2 筛并 1 筛或 3 筛并 2 筛、4 筛并 3 筛等。

**(2) 综合做青机做青** 即将萎凋适度的青叶装入综合做青机，按吹风→转动→静置的程序重复 6～10 次。一般转动有快、慢之分，快转用于摇青，慢转用于翻拌。采用间隔式吹风的方式晾青，摇青时间短，一般每次 3～5min，吹风时间每次逐渐缩短，摇动和静置时间每次逐渐增长，直至做青适度，历时约为 6～9h。

**3. 做青原则**

茶青在做青过程中气味变化的主要趋势为：青香→清香→花香→果香。

做青过程中叶态变化的主要趋势为：叶软、无光泽→叶渐挺、红边渐现→汤匙状“三红七绿”。

做青前期约 2～3h，以茶青走水为主，要薄摊，多吹风，轻摇，轻发酵。中期约 3～4h，注意以摇红边为主，需适度发酵，摊叶逐步加厚，吹风逐步减少。后期约 2～3h，以发酵为主，注意红边适度，香型和叶态达要求。

叶片较厚和大叶品种，宜轻摇，走水期拉长，多停少摇，静置发酵期拉长，到后期需注意发酵到位。茶青较嫩时，做青前期走水期需加长，总历时也更长，注意轻摇，多吹风。茶青较老，做青总历时缩短，注意防止香气过早出现和做青过度。萎凋偏轻时，用综合做青机做青可用加温补充萎凋，并注意多吹风以促进多走水，重摇、轻发酵，并延长做青时间，调整好温湿度（需高温低湿）。否则易出现“返青”现象，即做青叶到后期出现涨水，叶片和茶梗含水状态均接近新鲜茶青状，梗叶一折即断，无花果香，为做青失败现象。

**4. 做青适度**

做青叶叶脉透明，叶面黄亮，叶缘朱砂红显现，“三红七绿”，叶缘向背卷，呈龟背状，叶质柔软（指较嫩的原料）或手握茶叶发出沙沙响（指较老的原料），青气消失，花果香明显，青叶减重率为 25%～28%，含水率65%～68%。见表 8-5。

**表 8-5　闽北乌龙茶做青历程**

| 次数 | 摇青时间/min | 晾青时间/min |
|---|---|---|
| 第一次 | 0.5 | 20～30 |
| 第二次 | 1 | 30 |
| 第三次 | 1.5 | 30～60 |
| 第四次 | 2 | 60 |
| 第五次 | 2～3 | 60 |
| 第六次 | 3～4 | 60 |
| 第七次 | 3～4 | 60 |
| 第八次 | 2～3 | 60 |

## （四）杀青

杀青是结束做青，固定毛茶品质的关键。通过高温破坏茶青中的酶活性，防止做青叶的继续氧化和发酵，同时使做青叶失去部分水分，呈热软态，为揉捻创造基础条件。此外通过高温杀青，原有芳香成分中的低沸点青臭气进一步散发，高沸点花果香气进一步显露，还会形成新的芳香成分。

多采用滚筒杀青机（110 型和 90 型）杀青，筒温控制在 260～300℃，投叶量 110 型为 25～30kg，90 型为 15kg 左右，先闷后扬，多闷少扬，闷扬可通过控制排气扇来进行，杀青时间约为 7～10min。至叶态干软，叶片边缘起白泡状，手揉紧后无水溢出且呈粘手感，青气去尽呈清香味即可。杀青叶出锅要快速出尽，否则易过火变焦碎末。

## （五）揉捻

揉捻是将杀青叶揉捻成条索（形成蜻蜓头、蛙皮状），并挤出茶汁，使之凝于叶表，便于冲泡饮用的工序。生产上主要使用 30 型、35 型、40 型、50 型、55 型等乌龙茶专用揉茶机揉捻，其棱骨比绿茶揉捻机会高些。

杀青叶快速装进揉捻机，趁热揉捻。装茶量需达揉捻机盛茶桶高的1/2以上。以快速、重压、短时为原则，先轻压后逐渐加压，中途需减压1～2次，揉至茶汁挤出，叶片卷成条索即可下机，一般历时6～10min，老叶则需20min。35型、40型等小型机揉捻程度较重，加压和揉捻时间不可过度，以免造成偏条、碎末偏多。50型、55型等大型揉捻机揉茶力度较轻，特别是青叶过老时，需注意加重压，以免出现条索过松，茶片偏多，“揉不倒”现象。

### （六）干燥

烘干是为了稳定茶叶品质，补充杀青效果，使茶叶较耐储藏。生产上通常采用烘干机烘干。有些高级茶用焙笼炭火烘焙，温度也是先高后低。闽北乌龙茶干燥分毛火（初烘）、足火（复火）、吃火三道工序。揉捻叶一般要在30～40min内进行毛火。烘干温度视机型面积、叶量、机速、风量等情况而定。毛火，温度约130℃，历时10～15min，烘至茶叶稍带刺手感。经1～2h摊晾后进行复火，温度100～120℃，足干后下机。吃火是为了进一步提高香气、滋味，增进汤色，提高耐泡程度，通常是在精制后进行，温度控制在70～90℃，低温长时，温度由高到低，历时2～10h不等。

## 三、台式乌龙茶加工技术

台湾乌龙茶源自福建，相传在16世纪时，福建乌龙茶的品种和制作技术由福建传入台湾。几个世纪以来，经过茶人们的共同努力，技术不断革新，已逐渐演变成一套台湾乌龙茶的独特制法。

### （一）台湾乌龙茶的种类

台湾乌龙茶按外形与发酵轻重程度可分为：条形包种茶、半球形包种茶、球形包种茶（台式乌龙茶）和白毫乌龙茶。

**1. 条形包种茶**

条形包种茶以文山包种茶为代表，产于台湾北部山区，以台北县坪林、石碇、新店产制的为佳。以青心乌龙品种所制品质为上乘，台茶12号、台茶13号制作的亦佳。其外形紧结，呈条索状，色泽翠绿有油光，匀净；汤色蜜绿、清澈明亮，香气清雅，似花香，滋味甘醇、爽口，不苦不涩，收敛性好，回甘性强，叶底绿翠完整。

主要工序：摊青、萎凋（减重8%～12%）、室内萎凋与搅拌（文山包种茶发酵程度最轻，约8%～10%）、炒青、揉捻、干燥。

**2. 半球形包种茶**

球形包种茶以冻顶乌龙为代表，产于台湾中部山区，为南投县鹿谷乡的特产。其条索自然弯曲成半球形状，色泽墨绿鲜活有油光，匀净；汤色蜜黄或金黄，明亮；香气浓郁，有花果香；滋味醇厚甘润，有回韵；叶底翠绿完整，略有红镶边，是香气与滋味并重的台湾乌龙茶。

**3. 球形包种茶**

球形包种茶以木栅铁观音为代表，发酵程度与传统安溪铁观音相近。条形卷曲、壮结、重实呈球状，色砂绿带鳝黄、显白霜，匀净；汤色橙黄或金黄，浓艳清澈，香气馥郁，兰花香持久，有音韵，味醇厚、滑爽、回韵强，是香气与滋味极佳的台湾特色乌龙茶。

半球形、球形包种茶主要工序：摊青、萎凋（减重8%～12%）、室内萎凋与搅拌（半球形发酵程度为15%～25%、球形为25%～30%）、炒青、揉捻、初干、热团揉造型（球形包种茶团揉次数多）、再干。

**4. 白毫乌龙茶**

白毫乌龙茶又称椪风茶、膨风乌龙、东方美人茶、香槟乌龙，产于新竹县与苗栗县。以受茶假眼小绿叶蝉为害的幼嫩一芽一叶、一芽二叶新梢为原料，其外形枝叶连理，白毫显露，故称白毫乌龙茶。其汤色橙红，呈琥珀色，鲜艳明亮；香气为蜂蜜型或熟果香型或天然的花果香，甜香明显且浓长；滋味甘甜、鲜爽、醇厚；叶底红褐，叶基淡绿，叶面泛红，芽叶完整。白毫乌龙茶白、黄、褐、红相间，犹如一朵花，为台湾乌龙茶之精品。

白毫乌龙茶主要工序包括：摊青、萎凋（减重25%～30%）、室内萎凋与搅拌（在乌龙茶家族中发酵最重，约50%～60%）、炒青、湿巾包裹回软、揉捻、干燥。

**5. 永福高山茶**

永福高山茶产于福建省漳平市永福镇台湾农民创业园区，其干茶条索紧卷圆结，呈球形或半球形，色泽翠绿鲜活，茶汤色泽蜜绿显黄，香气淡雅清长，滋味厚重富活性，耐冲泡。

## （二）台湾乌龙茶的加工工艺

下面以半球形包种茶为例介绍台湾乌龙茶的加工工艺，其工艺流程为：鲜叶→日光萎凋→室内萎凋与搅拌→炒青→揉捻→初干→布球揉捻→干燥。

**1. 鲜叶**

首先，选用适制乌龙茶的优良品种；其次新梢原料要求均匀一致，当新梢长至五六叶，第三、第四叶叶片尚未硬化时，用剪刀或刀片剪下一芽四叶。条形包种茶与半球形、球形包种茶均采摘一芽二叶、一芽三叶和小开面幼嫩二叶、三叶茶梢为原料。采茶需轻采轻放，避免捏伤，及时收青，妥善储运，保持青叶的新鲜、完整、匀净。

**2. 摊青**

摊青是为了散发热量，降低叶温，保持鲜叶的新鲜度，控制水分蒸发的速度。鲜叶进厂后，按不同品种、嫩度、地块和采摘时间分堆摊放，并均匀地摊放在水筛上，每筛摊叶量 0.75～1.0kg。亦可在室内摊放在铺有洁净晒青布等的水泥地面上，露水青、雨水青或含水量高的鲜叶，宜薄摊；中午或下午采回的鲜叶，已失去部分水分，宜厚摊；晚青宜及时薄摊。

**3. 萎凋**

萎凋有日光萎凋和热风萎凋两种方式。萎凋使鲜叶蒸发部分水分，叶质柔软，便于摇青，同时也提高叶温，有利于化学变化，如叶绿素破坏、青气减弱、香气显露等。萎凋对乌龙茶品质影响很大，萎凋是下一工序的基础，是决定搅拌时间和室内萎凋的重要技术环节。萎凋程度不足，室内萎凋和搅拌时间长；反之则短。

**(1) 日光萎凋** 日光萎凋是将鲜叶均匀地薄摊在晒青布（尼龙布）或水筛、竹席上，于阳光下接受日照照射，要避免鲜叶直接接触地面而沾染尘土，亦要防止地面温度过高烫伤鲜叶，还要减少鲜叶与萎凋用具摩擦而红变。晴天弱光下(一般在下午 4～5 点)，鲜叶可直接在阳光下晒青，也可在晴天装置活动的遮阳网（遮阴度为 50%～70%）等设施调节日光强度，实现全天候日光萎凋，保证茶青适时付制。萎凋时将鲜叶薄摊，摊叶量约 0.5kg/m$^2$，叶面温度掌握以 30～35℃为宜，晒青中途要轻翻 1～2 次，使之晒匀。翻叶时，将晒青布四角提起，让青叶集中于晒青布中央，再将青叶轻轻均匀摊开。当第二叶叶面失去光泽，叶色转暗，叶缘稍卷缩，顶叶萎软下垂，以手触摸萎凋叶有如摸天鹅绒般柔软之感，青气减退，闻之有淡淡清香，即可移入室内，此时青叶减重率为 8%～12%。晒青历时与程度，视不同季节、气候、品种和鲜叶厚薄及水分消失情况做调整，时间约为 15～60min。叶质肥厚、梗壮、含水量高或表皮层厚的品种，如铁观音品种宜重晒，青叶减重率 10%～12%；而青心乌龙、台茶 12 号、台茶 13 号等叶张较薄、梗细，含水量低的品种晒青宜轻，青叶减重率为 8%～10%。春茶气温低，鲜叶含水量高，日光强度弱，晒青历时要长；夏、暑茶鲜叶进厂时已散失部分水分，可以不晒或以晾代晒；秋季天高气爽，湿度低，鲜叶水分蒸发快，晒青时间宜短，减重率宜少。如果应用台湾乌龙茶室内萎凋新型茶叶萎凋机进行萎凋，茶青的“走水”及“发酵”容易控制，萎凋程度可适当偏重些，青叶减重率为 10%～15%。

有条件的可在茶厂顶层用 PC 采光板搭建日光萎凋设施，使阴雨天或时雨时晴的天气青叶也可进行自然日光萎凋。在正常阴天或时雨时晴的天气，萎凋场所不用全封闭，仅在萎凋场所上方用 PC 采光板搭盖，全封闭气温比半封闭气温高 3～5℃。气温较低时可用远红外灯进行加温，还可在 PC 采光板上方安装风球以调节环境温度。

**（2）热风萎凋** 为了解决阴雨季节无法晒青的问题，还可采用热风萎凋槽或热风萎凋机萎凋。热风温度掌握在 38℃以下，每 20min 左右轻翻一次，减重率参照日光晒青。

**4. 室内萎凋与搅拌**

萎凋、室内萎凋与搅拌（做青）是台湾乌龙茶品质形成的两个关键工序。新型茶叶萎凋机是室内萎凋操作的主要设施。日光或热风萎凋适度的青叶均匀摊放于室内萎凋机层架（静置网）上摊晾，以降低叶温，平衡调节梗叶水分，即进入室内萎凋阶段，也即福建乌龙茶所谓的“做青”阶段。室内萎凋是静置与搅拌的交替过程，等同闽南乌龙茶传统做青的晾青与摇青，一般交替 3～4 次。

应用新型茶叶萎凋机进行室内萎凋，分为两个阶段，做青历时 8～12h。

**（1）前期阶段** 台式乌龙茶由于鲜叶原料幼嫩，为保护嫩梢和青叶叶脉的完整性，避免青叶受到太重的摩擦，前 1～2 次或 3 次采用搅拌代替摇青，使茶青失水均匀，叶与叶之间发生轻度摩擦，引起叶缘细胞轻度破损，促进水分散失。具体操作是翻拌青叶数次或双手合拢并轻轻拍打茶青（做手），收起静置网上尼龙布的一边的两个角，将茶青收至静置网中部，再另行收起尼龙布另一边的两端，将茶青收至静置网中部，稍加用力使茶青在网中翻拌，然后再铺匀即可。若需加重“搅拌”程度，茶青收齐后，采用双手将茶青搅动，用微力以手掌合拢抖动茶青，而后再将茶青摊匀，也可采用机械轻微振动青叶。随着做青水分的散失，青叶柔软性、韧性增强，第 3～4 次搅拌通常采用无级变速摇青机摇青，根据不同品种和做青叶的发酵程度灵活掌握摇青机转速和摇青时间，一般转速为1～3r/min。

**（2）后期阶段** 后期搅拌采用浪青机（摇青机）搅拌（摇青），即将青叶置于浪青机内，使青叶翻转、滚动，以加大青叶摩擦力度，适度加重叶缘细胞破损引起发酵作用。

**（3）静置** 青叶置于静置网上，摊叶量 0.4～0.6kg/$m^2$，使叶内水分继续散失，降低叶温，同时使青叶进行缓慢的发酵作用。

**（4）操作方法** 将萎凋适度青叶薄摊于静置网上，静置 1～2h，待青叶稍萎缩，发出清新芳香，进行第一次“翻拌”。再经 1～2h，进行第二次“翻拌”。前两次搅拌的主要目的在于促进叶内水分重新平衡与散发，切忌搅拌过度，否则容易造成渍水现象。经静置，此时青叶水分蒸散至一定程度，则进行程度稍加重的第三次搅拌，约搅拌 12～16 回，也可用浪青机搅拌，时间约3～5min。再静置 1h 左右，青叶因叶缘及叶中央失水程度的不同，略呈汤匙状，清香渐浓，此时用浪青机进行第四次搅拌。最后一次搅拌时间约为 8～12min，以叶色转暗、第二叶叶缘锯齿红点、手摸青叶有潮湿感、青气较浓等为适度。如果这次搅拌程度不足，易出现臭青味；反之，搅拌过度，青叶发酵变红过多，成茶色泽暗灰，甚至呈褐红斑块，香味不良。静置1.5～3h，待青臭气退尽，无杂味，清香显露，即可进行炒青。

搅拌时间随着搅拌次数由少到多，搅拌的力度也随搅拌次数增多而逐渐增大。搅拌适宜程度应根据不同品种，视青叶叶色、叶相、香气、发酵变化程度和气候等因素灵活掌握，即“看青做青，看天做青”。同一品种，如果萎凋重，则搅拌时间宜短；萎凋轻，则搅拌时间宜长。气温低、湿度大、失水慢，叶内化学变化慢，搅拌时间宜长些，搅拌后宜薄摊晾；而气温高、湿度小、失水快，叶内化学变化快，搅拌时间宜短些、厚摊晾。台式乌龙茶摇青次数多为3～4次，每次搅拌的间隔时间约1.5～3h。摊晾时间由短到长，搅拌时间由少到多，摊叶厚度由薄到厚。同一品种，条形包种茶搅拌时间较半球形包种茶短，即发酵程度轻。

**(5) 室内萎凋环境控制** 青间环境以气温18～20℃、相对湿度55%～65%为宜。软枝乌龙、四季春品种适宜用较低的温湿度做青，而金萱、翠玉品种适宜在较高的温湿度下做青。高山茶区建议使用工程式（中央）空调控制温、湿度，空调制冷量、除湿量可按0.2kW/m³来选配。为节省能耗，青间应力求密闭，同时安装可开关的铝合金窗户若干以调节空气质量。为便于观察，青间可设观察窗若干。

**5. 炒青**

通过高温炒青，以固定前工序所形成的品质，并使叶质柔软便于揉捻。台式乌龙茶通常用90型燃气式滚筒炒青机炒青，该机可无级调速，温度、转速、时间数字化显示，火力大且稳定，出叶快，移动方便，可进行定量、定时炒青。台茶原料较幼嫩，宜高温（260～300℃）、短时炒青，投叶量少（约3kg），前期“抖炒”为主，后期“闷炒”为主，通过转速及温度灵活调节。炒青时，青叶投入锅中发生“啪啪”之声，经3～4min，“啪啪”声减弱，青味消退，继而散发出悦人清香，手握炒青叶有柔软感，有黏性，能成团，揉之不出水，没有刺手感，即为适度，青叶含水量约58%。在不炒焦的前提下，炒青温度高些更好。杀青叶下机，立即用风扇吹风散发水汽与热量，以免茶叶闷黄。

**6. 揉捻**

揉捻以轻压、逐步加压和短时为原则，一般采用望月式揉捻机。炒青完成，倒出炒青叶，用双手翻动2～3次，使热气消散，即进行揉捻。先揉捻6～7min，稍解块，散热气后，再揉3～4min。揉捻适度，揉捻叶完全卷曲，紧结成条索，茶汁适当挤出，粘在叶片表面。较粗大的茶叶可进行二次揉捻，以改善外形。揉捻时，应视茶青量调整压力，在下揉捻机之前要先行松压，条索会较圆整。揉捻叶下机后，用松包机及时解块，以散发部分水分和热量，解块后及时进行初烘。

**7. 初烘**

多采用燃油式甲种自动烘干机或手拉式液化气烘干机进行初烘，热风温度100～105℃，摊叶厚2～3cm，时间10～15min，烘至以手握稍有刺手感，放手后即松开、不成团块为宜，此时青叶含水量约为30%～35%，然后均匀薄摊散热、回潮，促进水分均匀分布，易于布揉造型，减少碎末。

**8. 布球揉捻**（简称布揉、团揉）

台式乌龙茶造型应配备圆筒式炒青机、速包机、解块机、球茶机，包揉布和长形圆底特制茶袋。

布揉工序具体过程为：炒热（将初干后的茶叶投入圆筒炒青机炒热回软，锅温约200℃，时间2min，叶温控制在60℃左右）→速包（将茶叶放入方形包揉布，用速包机速包成球团）→解块→速包（速包后再将球团装入特制茶袋）→球揉（将装茶团茶袋放入球茶机揉捻10～15min），经2回次（冷揉），重复炒热（锅温与时间比第一次炒热略为降低和缩短）→第二次布揉（同第一次布揉操作），再行复炒，重复速包→解块→速包→静包定型作业2次，直至外形达到半球形或球形要求（此时青叶含水率10%～15%）。

每次机械球揉可同时揉1～5个茶团，球揉2个以上茶团时，每个茶团的大小及松紧度应相同，否则会影响茶团转动、球揉不均衡。布揉刚开始时，因茶叶较湿软，不宜速包太紧、用力揉压，否则易使茶叶形状扁平而不圆。前期静包时间不宜长，以防闷热。随炒热次数增加，速包程度渐紧，静包定型时间渐长。

**9. 干燥**（足干）

采用甲种自动烘干机或燃气式手拉烘干机分两次干燥。初烘温度为105～110℃，摊叶厚2～3cm，时间15～20min。初烘至七成干，取出摊晾30～60min，再复烘。复烘时摊叶量可加倍，温度85～95℃，时间40～60min，至足干，茶叶含水率控制在5%。下烘后及时摊晾，冷却后及时装袋，待精制加工或毛茶销售。

## 四、广东单枞乌龙茶加工技术

广东省主要生产条形乌龙茶，如凤凰水仙、凤凰单枞、岭头单枞等，由于广东乌龙茶制作工艺源于闽北，因此其加工技术与闽北乌龙茶制法大同小异。传统单枞乌龙茶的制作一般在夜间进行，采制技术的主要关键是原料、晒青、做青等。单枞乌龙茶初制工序主要为：晒青→晾青→做青→杀青→揉捻→烘焙→毛茶。

### （一）鲜叶原料

采摘标准为嫩对夹2～3叶，于晴天上午晨露干后进行采摘，在晴天午后2～

4时之间采摘最佳，其茶青含水分较少而优于上午茶青，露水青、雾天茶青、雨水青质量较差。采摘过程中注意不要损伤茶青，不要使茶青受晒，避免茶青紧压，保持茶青鲜活。

## （二）晒青

在下午4～5时将茶青薄摊于竹制圆匾中，置阳光下轻晒，摊叶厚度以叶片不重叠为度。在气温22～28℃条件下，晒青历时约15～20min；28～33℃时，历时约10min。叶片厚、叶色深的历时较长；叶薄色浅的，历时较短。以顶叶以下数第二叶为准，当叶片由原来的青绿有光晒至暗绿无光、叶质柔软、叶尖下垂、手摸有柔滑感、略有清香时为晒青适度，青叶失水率为7%～15%。晒青适度青叶及时收起，并摊放在洁净、阴凉的室内，摊叶厚度约8～9层叶片，静置于晾青架约1～3h，以平衡叶片水分。

## （三）做青（碰青、浪茶）

这是形成单枞乌龙茶色、香、味的关键，是使茶青在翻动、滚动过程中进行发酵，由碰青→静置两个步骤交替进行。

做青间适宜温度一般为22～28℃，相对湿度为75%～85%。全程须碰青6～7次，叶色深的碰青次数比叶色浅的多，历时约10～14h。头3次碰青，间隔时间较长，约2h；后3～4次碰青，间隔时间较短，约1.5h，静置后叶片气味将消失时，应进行第2次摇青。少量高级茶一般全程用手工碰青；批量茶用摇筛结合手工，或全程机械做青。手工碰青俗称“做手”，方法是先把鲜叶收拢成堆，两掌从堆底五指扶茶，向上轻轻抖动，每往返一次为1手，前3次分别为3手→4手→5手→6手，最后2次做手视茶青发酵情况而定轻重，或减少做手次数，或用摇筛增加力度，以合乎要求为度。可供参考的做青工序：第一次摇筛，来回15次，静置2h；第二次摇筛，来回30次，静置2h；第三次摇筛，来回45次，静置2h；第四次摇笼摇青5min，静置1.5h，第五次摇笼摇青10min，静置1.5h时，第六次摇笼摇青20min，静置1～2h。

做青全过程手法轻重，要结合看茶青气味的变化而定，一般做青1～2次，茶青呈“青味”；第3次呈“青香味”；第4～5次呈“青花香味”；第6～7次呈“花香微青味”。单枞茶碰青适度标准为：70%以上叶片达到“三分红七分绿”，俗称“绿腹红边”，叶脉透明，叶形呈汤匙状。做青适度，静置1h后，可进行杀青。

## （四）杀青（炒茶）

传统采用双炒法。第一次杀青，锅温150～200℃，将青叶投入锅内，先扬炒，后闷炒，均匀炒，时间10～15min，杀透后出锅，温热轻揉，再进行二次杀青，锅温比第一次稍低，其作用是进一步消除青臭味。采用滚筒杀青机，锅温200～250℃，每次投茶青量15～25kg、炒5～8min。炒青要炒熟，炒至叶片皱卷、叶色绿明、叶质柔软、有粘手感、手握成团、青臭味转为清香味为适度，青叶减重率一般为20%～30%。

### （五）揉捻

采用35型或40型揉捻机热揉（下杀青机后即可上机揉捻），揉捻时间以7～10min为宜，细胞破损率40%左右，条索紧结。

### （六）烘焙

高级单枞乌龙茶用焙笼烘干，分毛火→二焙→三焙→足火四个步骤。毛火每笼投叶0.25kg，焙温95℃，烘至五六成干后摊晾；二焙投叶量0.5kg，烘温80～90℃，烘至八成干后摊晾；三焙投叶量1.5kg，焙温80℃，烘至九成半干后摊晾；最后足火投叶量2.5kg，用簸箕覆盖焙笼，烘温50～60℃，有提香和烘干作用。单枞茶批量生产的干燥作业，采用自动链式烘干机或手拉百叶箱式烘干机，分毛火、足火两步。毛火温度110～120℃，时间20～30min，至七成干下机摊晾。将摊晾后的茶叶置于50～60℃的焙笼上，烘焙1.5～2h，中间翻拌2～3次。摊叶厚度为焙笼高度的一半，焙笼上用簸箕覆盖，以防香气散失。当烘至干嗅清香、茶梗折之即断、茶叶捏之即粉碎、茶叶含水量约6%为适度。足干后的毛茶，经过摊晾后，密封保管。

## 五、有机乌龙茶的栽培技术

有机乌龙茶园生产主要通过栽培技术措施控制，包括园地规划、生态优化、剪采养技术、肥培管理、病虫害防治等内容。同时，乌龙茶的栽培方法因品种、种类和地域、质量标准等因素的不同而有所不同，如可以划分为闽南铁观音的栽培技术、闽北水仙的栽培技术、武夷肉桂的栽培技术、金萱的栽培技术等，各种栽培方法既有共性，又有随机应变的特性，现归纳总结如下。

### （一）茶园开垦

#### 1. 基地选择

有机茶园必须符合有机茶的生态环境质量标准，总体要求应选择在生态条件良好，远离污染源，并具有可持续生产能力的农业生产区域。具体要求为：空气清新、水源充足且清洁、土壤未受污染，pH 为 4.5～6.5，有机质含量不少于 1.5%，土层深厚、农业生态环境良好、能满足茶树生长发育需要的地区。优先发展远离繁华都市、工业区和交通要道的高海拔、植被丰富的山区，茶园海拔高度 600～1200m 较为适宜。在茶园周围 5km 内，不得有排放有害物质（包括有害气体）的工厂、矿山、作坊、土窑等。茶园周边最好有山体、森林、河流与天然或人工防护林，与大田作物、居民生活区应有 1km 以上的隔离带。乌龙茶鲜叶原料要求较为成熟，在新梢生长管理过程中更易遭受病虫害，故有机乌龙茶园地需选择海拔较高、生态条件好的山地，从源头减少病虫危害。

**2. 茶园布局与规划**

茶园规划应有利于保护和改善生态环境、维护茶园生态平衡，发挥良种的优良种性，便于灌溉和机械作业等。开垦茶园要合理规划，科学劈山，尽量多留原植被，形成“树木盖顶，茶树缠腰，山脚种粮”等的立体栽培模式。先开路后建园开山，心土打梗，表土填回定植沟，自下而上开垦。合理设置道路系统，包括主道、支道、步道和地头道，主道、支道两边提倡套种适宜树木。坡度超过 25°的陡坡地，应作为林地；坡度在 15°～25°的山地开等高梯层，梯壁高度以不超过 1m 为宜，台面等高，外高内低，外有土埂，内有节水沟。梯面宽度应尽量修宽，台面宽 2m 以上，定植沟宽、深均 0.6m，挖定植沟与表土回沟同时进行。靠梯沿一边须保留 0.5m 宽的不耕地带，梯壁可种植多年生的圆叶决明、平托花生、黄花菜、爬地兰、百喜草等绿肥护坡，梯壁杂草建议以剪割代锄，禁止喷用除草剂，切实保护梯壁匍匐性野（杂）草，以减少水土流失、优化茶园局部生态。山地茶园每块以 5～10/667$m^2$ 为宜，茶行的长度不要超过 30～50m，初垦深度在 0.6m 以上，复耕深度在 0.2～0.3m，打碎土块，进一步清除杂草，平整地面。坡度在 15°以下的山地，顺坡种植。

**3. 茶园生态结构优化**

茶园合理间作、套作，建立作物种群多层立体结构，形成茶园人工复合生态系统，如茶林、茶果、茶菜、茶药和茶菌等间作模式，具有乔-灌两层或乔-灌-草三层结构，尽量做到阴阳、高矮、深根浅根系、一年生多年生作物搭配，合理组装成多物种、多层次、多功能的立体生产结构。茶园可间、套种桃、李、梨、柿子、杉木、银杏等经济树种或樱花、茶花、桂花、罗汉松、红豆杉、红叶李等观赏树种等作生态树种，间作物建议带状种植，切忌过密，根据茶园梯层宽度可 8～12 层种一排。

幼龄茶园合理间、套作豆科绿肥，如花生、大豆、平托花生、圆叶决明、白三叶、猪屎豆等，最好多选择几种绿肥品种，为方便耕作可隔行种植，以保护茶园周围非作物生境，增强天敌涵养能力，促进茶园生态系统的良性循环。有条件的可用稻草、杂草（杂草应在其开花结籽之前割茬）进行全园铺草覆盖或茶丛根颈部覆盖，这样不仅可有效减少茶园水土流失，还可增加土壤有机质，改善土壤结构和通气性，并提高其抗性。

茶园周围可选用杉树或松树作为防护林和隔离带，防止常规稻田或其他作物的农事活动对茶园造成的潜在污染。茶园内可放养适量鸡，利于防治茶树病虫和茶园害草。在畜牧业方面可圈养猪、牛、羊等，用粪便发展沼气，利于农家肥料的除臭灭菌和废弃物质的利用。

品种选择上应做到多种遗传特性的优良品种早、中、晚合理搭配。避免大面积种植单一品种，否则可能造成某些病虫害快速蔓延和其他自然灾害扩散而造成损失。也应根据当地病虫害发生情况和品种的抗性差异选用那些对当地频发病虫害抗性强的优良茶树品种，以减少生产过程中病虫害防治带来的食品安全隐患。

**4. 茶苗种植与养护**

茶苗种植前要施足有机肥作底肥，可选用经灭菌、充分腐熟后的农家肥或茶叶专用有机肥，一般要求每 667$m^2$ 施栏肥 2000kg 或饼肥 250kg 以上，钙、镁、磷肥 100kg，深度为 30～40cm。施底肥时间与茶苗定植间隔 15 天以上，根系离底肥 10cm 以上。

茶苗应选用顶端优势强、植株直立、株型紧凑、育芽力强、生长快的无性系品种。苗龄在 1～2 年，苗高 25cm 以上，茎粗不少于 0.3cm，从地面起至少有 10cm 以上达到木质化程度。种植茶苗要尽量带土移栽，种植时须一手扶苗，一手覆土至接近茶苗泥门，然后用手轻提茶苗，使根系舒展，再压紧根际土壤。茶苗移栽以秋末冬初和早春 2～3 月为好，这时茶苗地上部生长处于休眠期，气温较低，移栽成活率较高。冬季有干旱和严重霜冻的地区，则以早春移栽为宜。种植方式与密度：行距 1.3～1.5m，丛距 0.25～0.33m，每丛 1～2 株，单行条栽或双行条栽，每 667$m^2$ 约 3000～6000 株，分枝性能弱的品种提倡适当密植。合理密植，保持茶丛通风透光，也有利于减少病虫害的滋生。

茶苗移栽后必须浇足定根水，每隔 2～7 天不等视天气状况浇水一次，并培土保墒。其他时间根据土壤含水量及时进行灌溉，特别是高温干旱的 7～9 月，要勤浇水，保持土壤湿润，防止热旱危害。补苗后也要浇足水，以提高移栽存活率。

茶行两侧，小行距内和茶丛间提倡铺草，厚度在 10cm 以上。或行间种植绿肥，防止杂草生长和水土流失。茶苗成活后，应及时施肥，以经过熟化的稀薄人粪尿为好，最好每隔半个月至 1 个月浇一次。还要施基肥，施肥沟距离茶树根颈部 20cm 左右，深度 20cm 以上，每 667$m^2$ 施茶树专用肥（$K_2SO_4$ 型）25～30kg。

此外，在每年 9～12 月当茶苗出现花蕾时，可及时、全面、小心摘除，以减少养分消耗，促进芽梢生长。

## （二）茶园管理

合理剪、采、养，适当控制树高，保证水分与营养的充足供应，既有利于培养壮宽密齐的树冠，提高优质原料比例，使芽梢肥壮，这样的乌龙茶鲜叶原料耐摇青，成茶香高味厚。

### 1. 修剪技术

**(1) 定型修剪** 幼龄茶树一般进行 3～4 次定型修剪。第一次定型修剪为离地面 15～20cm 剪去主枝上段，但不剪主枝剪口以下的分枝；第二次定型修剪在半年至一年后，比第一次提高 15～20cm，即剪去离地 30～40cm 以上的枝条；第三次定型修剪，剪口比第二次提高 15～20cm。头两次应注意压强扶弱，抑中促侧，第三次剪平。经过三次定型修剪后，茶丛蓬面高度和幅度都基本达到采摘要求，可开始采摘。

**(2) 轻修剪** 进入正常采摘后，每年或隔年进行一次轻修剪，剪去采摘面上生长细弱的和生长突出的枝条，剪口 3～5cm。树冠封行前整成平形，封行后再过渡为弧形，整型修剪宜用修剪机进行，封行前用平形修剪机，封行后用弧形修剪机。控制树高 70～90cm，覆盖度 80%以上为宜。

**(3) 深、重修剪** 深修剪每 4～6 年进行 1 次，以剪除鸡爪枝，深度 15～20cm。深修剪一般在春茶后进行。重修剪则是对未老先衰，树势衰退，分枝能力下降的茶树，离地 30～40cm 剪除枝条。

**(4) 台刈** 对十分衰老的茶树采用台刈更新，于春茶前或春茶即将结束时，离地面 5～10cm 处锯或剪掉全部枝干，重新养蓬。

### 2. 采摘调控

根据茶园不同生态环境和不同品种茶树的生长势，进行不同时期、程度的修剪，并加强肥培、耕作等管理，调控采摘期。有条件的可进行“温室大棚”栽培，可使春茶提早 15～20 天开采。秋、冬季乌龙茶香高，又恰是其销售的黄金季节，要根据以往生产经验及气温与雨水状况调节好修剪时间（一般暑茶修剪后 45～60 天可采制秋茶），使之适时采制优质乌龙茶。

合理采摘必须遵循以下的基本原则：一是采养结合；二是量质兼顾；三是因地因树因时制宜。春季当茶蓬上有 10%～15%、夏秋季有 10%左右的新梢达到采摘标准时即行开采；及时分期分批采摘，春秋留鱼叶、夏留一叶采，霜降前后或 11 月上旬前结束茶季进行封园。

对于芽梢生长旺盛，当轮新梢着叶达 7、8 片以上还未形成驻芽的，可分批及时采下达到成熟度要求的单片叶单独付制乌龙茶，直至最后顶部芽梢达开面标准时再采下驻芽 2～3 叶或 3～4 叶嫩梢付制。

### 3. 肥培管理

施肥应做到“一深、二早、三多、四平衡、五配套”。所谓“一深”即肥料要适当深施，以提高茶树的抗逆性，确保安全过冬，成年茶园力求做到基肥沟施，深度 25cm 以上，幼龄茶园可根据树龄由浅逐步加深，一般在 15cm 以上；

“二早”：基肥要早，基肥、催芽肥要适当提早，尤其早芽品种更应提早施肥，施肥时间以秋（冬）茶采摘后10天内进行为好；“三多”：肥料的品种要多，要符合有机茶生产的肥料标准，用量要适当多，施肥要少量多次；“四平衡”：有机肥与无机肥要平衡，氮肥与磷钾肥、大量元素与中微量元素要平衡，基肥和追肥平衡，根肥与叶面肥要平衡。基肥采用有机肥，一般幼龄茶园每亩施农家肥1500～2000kg或施商品有机肥300kg。追肥每亩施有机肥200kg，分4次施下，即春、夏、秋各季节开采前30～40天施用为宜，各种肥料种类占总量比例因不同树龄而不同，幼龄茶园N∶$P_2O_5$∶$K_2O$为2∶1∶1；成年茶园N∶$P_2O_5$∶$K_2O$为3∶1∶1.5，并增施含镁、锌等微量元素的肥料，增进品质。“五配套”：施肥要与土壤测试和植物分析相配套，施肥与茶树品种相配套，施肥与季节气候、肥料品种相配套，施肥与土壤耕作、茶树采剪相配套，施肥与病虫防治相配套。而对于病害较重的茶园应适当多施钾肥，并与其他养分平衡协调，有利于降低病害的侵染率，增强茶树抵抗病虫害的能力。

茶园土壤肥力是茶叶高产优质的基础，合理施肥，不仅是乌龙茶高产、优质的主要措施。而且与乌龙茶品质的关系更为密切。安溪乌龙茶高产优质的合理施肥技术是大量增施有机肥料，合理搭配氮、磷、钾三要素。有机肥由于营养全面，有机质丰富，肥效缓慢和持久，对乌龙茶产量和品质都有良好的影响。

此外，施肥方法因品种、土壤肥力等的差异而异。研究认为，可供成龄铁观音红壤土茶园的施肥方案为：每公顷施氮187.5～300.0kg、磷75kg左右、钾112.5～225.0kg，配施菜籽饼2250～3375kg；N∶$P_2O_5$∶$K_2O$配比为3∶1∶1是目前黄棪乌龙茶最佳的施肥方案。闽北水仙化肥施用时期为秋冬或春季前，年施纯氮10～15kg/亩、纯磷12～15kg/亩；武夷肉桂茶园的培肥原则是“以山养山”，不施化肥，仅结合平山增加较肥沃新土作为肥料，近年来部分茶园使用茶籽饼混合草木灰、桐子饼和客土，于平山时施放，效果显著。武夷肉桂茶园一般不采用根外追肥，否则，新梢持嫩性强，不易老化，节间长，制茶时做青困难。

**4. 土壤管理**

定期监测土壤肥力水平和重金属元素含量，一般要求每2年检测一次。根据检测结果，有针对性地采取土壤改良措施。一般采取合理耕作、多施有机肥等方法改良土壤。耕作时应考虑当地降水条件，防止水土流失。对土壤深厚、松软、肥沃，树冠覆盖度大，病虫草害少的茶园可实行减耕或免耕。茶园土壤中耕在春茶前进行，每年1次，深度10～15cm，以有利于春茶萌发和新梢生长。各种类型的茶园深耕均在秋茶（或冬季）结束后进行，并结合喷洒石硫合剂和全面清园。土壤pH值低于4.5的茶园施用白云石粉等矿物质，而高于6.0的茶园可使用硫黄粉调节土壤pH值至4.5～6.0。铁观音根系少而分布浅，在耕作过程中极易损伤根系而影响茶树生机。在安溪茶区普遍采用的填土法是高产、优质的关键技术之一，每年或隔年冬季进行一次填土，与深耕、施入基肥同时进行。对于沙质土壤，填入黏性较重的红土，而对于黏性土则填入沙质红壤，通常是每亩填土量50～75t。在茶季结束后结合除草进行1次约10cm的浅耕，使土壤疏松，防止干旱，防止根系损伤，保证茶树正常生长。闽北水仙园地管理方面的主要特点是传统的耕作制度（轮作、间作、秋挖）和客土法。

此外，可以利用空隙地，行间套种豆科绿肥，或在幼龄茶园行间将茶树修剪枝叶和未结籽的杂草、作物秸秆等作为覆盖物铺盖，提高茶园的保土保水增肥能力，改善土壤环境。还可发挥微生物在生物链中的良性效应，提倡放养蚯蚓和使用非基因工程等有益微生物等生物措施改善土壤的理化和生物性状。

**5. 茶园灌溉**

建园时应合理设置排灌沟、蓄水沟，在水沟边每隔15～20m设一个宽2～3m，深1m的水池，形成有序的灌溉网络，确保茶园旱可灌、涝可排，减少水土流失。有条件的茶园可建立喷灌系统，解决缺水季节茶树对水分的需求，提高水资源的利用率。尤其是秋、冬茶季喷灌可大幅度增产提质，提高乌龙茶生产效益。

**6. 病虫害防治**

有机茶园禁止使用一切化学农药。为改善茶园生态环境，提高茶园生物多样性，有机茶园要加强栽培管理，同时注重发挥有利于调控病虫害的各种因素，如选用抗性强的良种、及时分批采摘、合理修剪、及时疏枝清园、适时中耕锄草、铺草覆盖、合理施肥；筛选应用生物农药防治病虫害，强化对茶园天敌资源的保护和利用，实施科学治虫，这是食品安全生产的关键技术。

**（1）农业、生物和物理防治技术** 实行及时多批采摘，可有效降低害虫的虫口密度。对茶丽纹象甲、茶芽粗腿象甲、茶角胸叶甲、茶尺蠖、油桐尺蠖、茶毛虫等发生严重的茶园，秋冬深耕施肥时适当挖沟至深30cm左右，能大量杀死其虫蛹，减少来年发生基数。剪除茶细蛾幼虫、茶小绿叶蝉卵等；蚧类或吉丁虫、茶枝镰蛾等蛀树干害虫多数发生于衰老茶园，重修剪或台刈可以铲除害虫。幼龄茶毛虫、茶蚕具有群集性，可人工摘除。根据害虫的发生特点与习性，结合茶园农事活动，进行人工捕杀，如摘除茶毛虫卵块及低龄幼虫，利用茶丽纹象甲的假死性铺膜承接集中杀灭等。

由于多数鳞翅目害虫成虫对诱虫灯有强烈的趋光性，可利用诱虫灯如黑光灯诱杀成虫，这一方法对防治茶毛虫、茶枝镰蛾、茶黑毒蛾、茶尺蠖、油桐尺蠖、茶小卷叶蛾、茶卷叶蛾和茶细蛾等效果良好。此外，利用害虫对黄色等的趋性，在茶园放置黄色粘虫板诱杀茶假眼小绿叶蝉和茶黑刺粉虱等的防治效果也很显著。采用防虫网、性诱剂等物理防治方法，减少植保环节对茶叶品质的影响。

**（2）加强茶园病虫监测，积极发展茶园的生态防治** 要利用害虫的天敌、昆虫生长调节剂和种间信息物质、植物性杀虫剂、农业技术方法等防治害虫，保护天敌的制约作用，实施科学治虫。目前，可作为生态茶园使用的苏云杆菌（Bt）

制剂对茶毛虫、茶黑毒蛾等鳞翅目害虫均有一定的防效；植物源农药如苦楝素、除虫菊和鱼藤酮等具有杀虫活性，对鳞翅目害虫和假眼小绿叶蝉等有一定的作用；可利用病毒防治茶尺蠖；利用白僵菌防治茶丽纹象甲和假眼小绿叶蝉。

# 第四节　有机普洱茶生产技术

普洱茶是云南特有的地理标志产品（原产于滇南澜沧江流域，即历史上的普洱府辖区），以符合普洱茶产地环境条件的云南大叶种晒青茶为原料，是按特定的加工工艺生产（人工渥堆加速后发酵）的、具有独特品质特征（越陈越香）的茶叶，分为普洱茶（生茶）和普洱茶（熟茶）两类。

普洱茶（生茶）是以符合普洱茶产地环境条件的云南大叶种茶树鲜叶为原料，经杀青—揉捻—日光干燥（晒干）—蒸压成型等工艺制成的紧压茶。其品质特征为：外形色泽墨绿，香气清纯持久，滋味浓厚回甘，汤色绿黄清亮，叶底肥厚黄绿。

普洱茶（熟茶）是以符合普洱茶产地环境条件的云南大叶种晒青茶为原料，采用特定工艺，经后发酵（快速后发酵或缓慢后发酵）加工形成的散茶和紧压茶。其品质特征为：外形色泽红褐（俗称“猪肝色”），内质汤色红浓明亮，香气独特陈香、滋味醇厚回甘，叶底红褐。

云南普洱茶是以云南大叶种晒青毛茶或成品为原料，经潮水、渥堆，使其进行后发酵的特殊工艺加工而成。加工后的成品或半成品无论从外形或内质与原料茶有很大的区别。具有与红茶、绿茶、白茶、青茶、黄茶、黑茶等完全不同的独特的色、香、味的特殊风格和品味，而且具有其他茶不具备的对人体的特殊效益。

## 一、有机晒青绿茶加工

### （一）杀青

有机晒青绿茶的杀青与大宗有机绿茶杀青要求基本相似，相关内容参见前述，此处不再赘述。

### （二）揉捻

揉捻的目的是为了卷紧茶条、缩小面积，有利于整形，并适当破坏叶片组织，使茶叶内含量成分容易泡出且耐冲泡。晒青茶加工基本上都采用机械揉捻。一般采用热揉，以逐步加压，即开始无压，中间加压，最后又轻压或无压。揉捻过程中投叶量要适宜，揉捻均匀，成条率高。

### （三）干燥

干燥的目的是整理条形，塑造外形，发展茶香，增进滋味，蒸发水分，便于储藏。晒青绿茶采用晒干方式最简单，但易受天气的影响，品质常有日晒味，现只用于普洱毛茶加工。

## 二、普洱茶加工流程

普洱茶加工流程可分为原料茶（晒青毛茶）—潮水—渥堆—翻堆—解块—再渥堆—摊晾—起堆—筛分—整形—拼配—装箱—成品。其中渥堆—翻堆—解块—再渥堆需多次进行。

渥堆是普洱茶加工的关键性环节，其作用如下。

**（1）湿热作用** 当渥堆叶含有一定水分，在适当堆积的条件下，产生了一定的温度，发生湿热作用，这种热化作用引起多酚类和其他物质的变化，改变了原有品质的色、香、味。

**（2）酶促作用** 主要是多酚氧化酶和过氧化物酶在湿热适宜的环境下，产生多酚类化合物的自动氧化。

**（3）微生物作用** 微生物在渥堆中，如黑曲霉（*Aspergillus niger*）、青霉属（*Penicllium*）、根霉属（*Rhizopus*）、灰绿曲霉（*Aspergillus gloucus*）、酵母属（*Saccharomyces*）等会进行繁殖。其中黑曲霉最多，它能产生葡萄糖淀粉酶、果胶酶、纤维素酶等；酵母次之，除它本身含有极丰富的对人体有益的营养物质、丰富的酶系统和生理活性物质外，酵母菌还能代谢产生维生素 $B_1$、维生素 $B_2$、维生素 C 等物质。这些微生物对普洱茶品质形成都直接或间接地起作用，可促使多酚类物质的氧化，有效地引起多酚类物质的变化。

在渥堆过程中，水分是基础，湿度是条件，温度是关键。水分在渥堆过程中，既是一系列化学变化的介质，又是某些反应的基质。如果没有外加适当水分，茶叶很难产生物理和化学变化。湿热作用在渥堆中占主导地位。湿热是保证茶堆产生和保持一定温度的条件，在渥堆发酵阶段，温度对酶作用影响最为显著。温度适宜，酶的活性明显提高，50～55℃时，酶的活动最为强烈；超过65℃，酶的催化机能钝化。因此，在渥堆过程中，室内相对湿度应在 80%～90% 之间，室温应在 25～30℃之间，而茶堆温度则一般应掌握在 50～60℃之内，严禁超过 65℃以上。

根据“普洱茶（熟茶）自动化发酵技术研究”，其设备由不锈钢 DSG1506 型转筒式茶叶自动加湿机、KGP1709型茶叶自动发酵柜（自动翻堆）、CDM0703型移动布料机（自动布料）及CDN0709型带式输送机等组装而成，完成了普洱茶自动化发酵的成套设备生产。该设备全程由电子系统控制，整个发酵过程自动翻堆，实现数字化管理。设备结构合理、运行可靠、安全卫生、品质稳定，具有良好的发酵效果。该设备的研制成功，改变了传统普洱茶地面渥堆发酵的方式，实现了普洱茶的自动化发酵，标志着普洱茶生产工艺新的里程碑，必将对普洱茶的生产方式产生深远的影响。

## 三、普洱茶渥堆的操作规程

### （一）场地

加工场地一般要求有500～1000m² 面积，大些更好。发酵车间最好能坐北朝南，避免阳光直射。南北要有门窗，便于通风透气。场地及四周环境应清洁卫生，水源方便，无污染、无异味。地面以木板或水泥地板为宜，要平整结实，避免凹凸不平或松散不实。

### （二）潮水

潮水量根据茶叶的级别及气候而定。总的原则是高档茶的水分要潮少一些，低档茶的水分要潮多些，气候干燥，水分应适当地增加，一般掌握在30%～35%，青毛茶6～8级潮水30%，青毛茶9～10级及级外茶潮水35%。根据普洱地区的气候特点，冬季干燥，则在允许范围内增加水分5%左右。

### （三）渥堆

潮水后的茶叶立即起堆，堆高一般为1.2～1.5m，每100m² 场地以堆积茶叶4000～6000kg为宜，应预留出翻堆散热解块之用地。起堆后的第二天（24h）应进行翻堆，这次翻堆的目的主要是为了使整堆茶的水分分布均匀，弥补潮水时可能产生的不匀和积水现象。全部翻匀后即用盖布或麻袋覆盖，关闭门窗进行渥堆。

渥堆是普洱茶加工的关键。在渥堆过程中，茶堆温度会逐步上升，至45～55℃时，酶菌活动最为强烈，各类微生物交替生长，在酶菌和微生物的作用下，逐步形成了普洱茶特有的品质。因此，温度达不到45℃时，不利于酶菌活动，易发生腐烂变质，或茶酸馊而不能饮用。此时应覆盖麻袋并在四周用木炭火盆升温；但若堆温超过60℃时，则会使茶叶烧坏。

茶堆温度的测量，一般以离地面往上四分之三、堆面往下四分之一处为准。同时应在茶堆四周及中心同步测量，其中任何一点堆温达到 55～60℃时，都应立即翻堆，以开堆降温和散发水分。

## （四）翻堆

渥堆的过程中需要进行多次翻堆，开堆温度降低后需再次起堆渥堆，翻堆的目的是使茶堆散热和发酵均匀，翻堆的时间及次数不宜作硬性规定，以茶堆温度及发酵适度为标准。一般堆温升到 55～60℃时，大约 7～8 天的起堆渥堆时间，就要进行翻堆，堆温不能超过 65℃，否则会导致茶叶烧心而产生发酵过度、叶底碳化。一般从潮水起堆至发酵适度需翻堆 5～8 次，有时多达 8～10 次，伸缩性很大。整个过程需时 35～45 天，有时需 45～55 天，甚至更长的时间。总之，以茶叶后发酵适度为目的。

翻堆的主要依据是温度，但也要结合其他因素，有时起堆后 4～5 天温度仍升不上去，也必须进行翻堆，然后再采取升温措施，以免底层积水，造成茶叶糜烂。

翻堆过程中应注意及时解松团块，一般从第二次翻堆开始，底层茶叶即出现结块现象，应结合每次翻堆及时解松团块，不能等到渥堆后期或摊晾时进行，否则，团块中的茶叶会烧坏、沤坏，增加损耗，影响品质。

## （五）摊晾

渥堆过程中翻堆 5～8 次，一般可达到后发酵适度，此时应密切注视渥堆茶的变化，可在大堆四周及中心取样审评，如叶底、汤色由青黄转为红褐，滋味由苦涩变为醇和，有陈香气即为适度，即可揭包开堆、薄摊晾干。此时应打开门窗，通风透气。摊晾的厚度应视当时的气温、湿度、渥堆叶本身的水分及场地的通风条件而定。一般以 15～25cm 为宜，过厚不易晾干，过薄则成品色泽易带灰白。摊晾的过程中仍应经常翻拌，以使水分消失迅速均匀。若有些场地雨水天气、水泥地面回潮，湿度过大，虽翻堆通风仍无法及时晾干时，应设法转移场地。禁止日晒或烘焙，因为一经日晒或烘焙，普洱茶特有的陈香即会降低或消失。

## （六）起堆

摊晾后的茶叶，水分仍可保持在 11%～12%，此时可按需要进行筛选，剔出团块、撩头割末、风去细片后即为成品，可对样拼配。

普洱茶的包装可用麻袋或符合卫生条件的编织袋，以能通风透气为原则。内层不能加用塑料薄膜，因为装包后的普洱茶仍保持 11%～12%的水分，仍有缓慢的后发酵作用。茶包间应留一定的空间，堆头不应过密过大，如发现茶堆中温度过高，应及时转堆散热。

## 四、质量安全主要控制点

### （一）茶园生产的控制

有机普洱茶原料生产必须严格按照有机茶生产技术要求，制定规范的操作规程进行管理。

**(1) 隔离带** 健全有机茶与常规茶园之间的隔离带及时检查其安全性。

**(2) 标识** 有机茶园和有机转换茶园地块标有警示牌，以引起人们的注意，防止污染。

**(3) 投入物** 有机茶园和常规茶园的所有肥料、农药等投入物必须分放，专人保管。

**(4) 工具** 有机茶和常规茶园的农机器及工具，专门分开、专门分放、专人保管，并有明显标记。

**(5) 鲜叶** 不同茶园的鲜叶要有明显标识，分装、分运、分放、分记，专人负责。

**(6) 记录** 有机茶园和常规茶园农事记录分开记载，分别保存。

### （二）加工过程的控制

无论加工何种有机普洱茶，必须按有机茶加工技术要求，制定规范的操作规程进行加工。

**(1) 验收** 不同青叶分别验收。

**(2) 摊放** 不同茶叶分不同场地进行摊放，有机茶和有机转换茶叶不直接接地摊放、堆放，不同茶叶标有明显的标记。

**(3) 加工** 有机茶、转换有机茶和常规茶实施错时加工，加工常规茶后加工有机茶和有机转换茶时，机具场地要清洗清扫，加工先出的“茶头”要作常规茶处理，加工有机转换茶后再加工有机茶的机具和场地也要清洗清扫，加工先出的“茶头”要作有机转换茶处理。

**(4) 成品茶** 成品茶标识明确，分别记数分别入库，专库专用。

**(5) 记录** 工艺过程分别记录，分类别装订，分类别移交，分类别保存。

### （三）交易过程的控制

无论加工何种有机普洱茶，其终端产品的流通要严格按有机茶储运销售规定的要求，制定规范的操作规程进行。

**（1）入库** 有机茶和有机转换茶设专用仓库保存。

**（2）运输** 有机茶和有机转换茶、常规茶分别运送、标识清楚，不许混运。

**（3）包装** 有机茶、有机转换茶和常规茶分不同场所进行包装，标记清楚，按《有机产品》有关规定正确加施有机茶和有机转换茶标志。

**（4）交易** 有机茶和有机转换茶批发交易按认证机构规定，开具销售证书，带证按量交易，零售采用有机茶专卖店和专柜交易，单独建账。

**（5）记录** 储、运、包、销分开记录，分别装订，分别移交保存。

### （四）监督和检查

所有的有机普洱茶必须严格按照有机茶统一的有机产品认证标志进行产品标识，统一进行管理。

检验部门和内部检查员对全过程进行监督和检查，保证过程有序无误运行。对容易混淆和造成交叉污染的关键环节进行不定时的重点抽检。

# 第五节　有机黑砖茶生产技术

黑茶是我国六大茶类之一，也是我国边疆少数民族日常生活中不可缺少的饮料。成品茶现有四川的南路边茶、西路边茶，湖南的天尖、贡尖、生尖、花砖茶、茯砖茶，广西六堡茶，湖北青砖茶，云南紧茶等。产量占全国茶叶总产量的四分之一左右，以边销为主，部分内销，少量侨销，因而，习惯上称黑茶为“边销茶”，由于常加工成砖形成品，也称为“紧压茶”、“砖茶”。我国现阶段有机黑茶的生产以四川雅安和湖南安化居多，其次是云南和广西梧州。

有机黑砖茶的加工工艺因花色品种不同而异，其中较有代表性的是南路边茶和茯砖茶的加工。普洱茶是另一类有代表性的外销黑茶，它以晒青绿毛茶为原料，并历经长时间渥堆加工而成。由于本章已将有机普洱茶生产技术从有机黑茶中独立出来自成一节，故本节有机黑砖茶生产技术所涉及的对象主要为除普洱茶外的其他黑茶品类。

## 一、茶鲜叶质量安全及管理

鲜叶是形成茶叶品质的物质基础。有机黑砖茶品质的好坏，与其他茶类一样，决定于两个主要因素：一是鲜叶质量；二是制茶技术。有机黑砖茶鲜叶原料较为粗老，多为立夏前后采摘的一芽四五叶新梢。为保证鲜叶原料不受污染，有机黑砖茶的生产同样需要制定一套严格的全面质量管理体系。有机黑砖茶的鲜叶要求采自颁证的有机茶园，单独采收、单独存放和单独付制，决不允许与常规茶园的鲜叶相混合。鲜叶的管理是指鲜叶从采摘后到加工前的过程，包括鲜叶质量要求、运送、验收及摊放处理等，对成茶质量起着至关重要的作用。

## （一）鲜叶质量要求

**1. 嫩度要求**

有机黑砖茶鲜叶原料较为粗老，多为立夏前后采摘的一芽四五叶新梢。不同种类的有机黑砖茶对鲜叶的嫩度有不同的要求，采收鲜叶时必须制定相应的采摘标准，使所采鲜叶原料符合加工茶类的要求。例如，四川边茶通常是采割当年的“收巅红梗”（即嫩梢形成驻芽以后）和老叶；湖南黑茶的鲜叶原料相对较嫩，但因成品茶粗细悬殊，故对鲜叶嫩度的要求不一；湖北老青茶对鲜叶的要求按新梢的皮色分：“洒面”以白梗为主，稍带红梗，即嫩茎基部呈红色（俗称乌巅白梗红脚）；“底面”以红梗为主，稍带白梗；“里茶”则为当年新生红梗。

**2. 匀度要求**

有机黑砖茶在规定的采摘标准下，力求做到鲜叶原料均匀一致，芽叶中某种芽叶占绝大多数，必要时有些品种茶类要进行原料嫩度分级处理，以保证有机茶鲜叶嫩度的一致性。例如，湖南的一级黑茶原料一般要求一芽三四叶为主，二级以一芽四五叶为主，三级以一芽五六叶为主，四级以“开面”为主。

**3. 净度要求**

有机黑砖茶鲜叶原料内不得混入落地老叶、病虫腐烂叶以及品质劣变叶，不得含有非茶类夹杂物，要求鲜叶纯净一致。

**4. 新鲜度要求**

有机黑砖茶要求鲜叶原料采下后其理化性状不能发生较大的变化，以保证鲜叶不萎、不变红、不发热。

## （二）鲜叶运送

为防止鲜叶变质和污染，采割下来的有机黑砖茶鲜叶原料应及时采用清洁、通风性良好的竹编网眼篓筐盛装，避免机械损伤、混杂和污染，并尽快送往制茶厂。有机鲜叶运输必须使用清洁的工具，并在工具及容器上设立专门的标志和标识，避免与常规鲜叶原料混杂，也方便其他人作出辨别，不至误用、误装。

### （三）鲜叶验收

有机黑砖茶鲜叶的验收，首先是检查鲜叶的来源。鲜叶应来自通过认证的有机茶园，有合理的标签，注明品种、产地、采摘时间及操作方式。其次进厂鲜叶根据其品种、老嫩度、匀净度、新鲜度等进行定级、称重、登记、归堆、分别摊放。不得收购掺假、含杂质以及品质劣变的鲜叶原料，不合格的鲜叶应另行堆放和处理。制定鲜叶追溯记录表，完整、准确地记录鲜叶的来源和流转情况。

### （四）鲜叶摊放处理

有机黑砖茶鲜叶运抵加工厂后，应单独摊放于清洁卫生、设施完好的储青间，不宜将鲜叶直接摊放在水泥地面上。有些品种茶类需要进行原料嫩度分级处理的，应根据需求将鲜叶分开摊放。鲜叶不得堆积过厚，严防鲜叶发热变质，并须及时加工。黑茶产区有“日采夜制”的习惯，是保证原料新鲜付制的措施。如因加工设备条件有限，当时鲜叶数量又多，来不及将鲜叶全部加工完毕的，则须掌握先采先制和嫩叶先制的原则，并须将留待次日加工的鲜叶进行薄摊散热。

## 二、加工工艺

黑砖茶初加工包括杀青、揉捻、渥堆、干燥四道工序，其中渥堆是黑茶初制独有的工序，也是黑毛茶色、香、味品质形成的关键工序。由于特殊的加工工艺，使黑毛茶香味醇和不涩，汤色橙黄不绿，叶底黄褐不青，其品质风味既不同于绿茶，亦有别于红茶，形成独具一格的品质特征。

我国黑砖茶花色品种繁多，且产地不同、原料各异，故其加工工艺也各具特色。有的黑毛茶在初制时，经杀青后便直接干燥，不经过揉捻和渥堆工序，如南路边茶中的金玉茶和毛庄茶；有的黑毛茶的干燥方法有别于其他茶类，系采用松柴明火烘焙，使黑茶形成油黑色并带松烟香，如广西六堡茶和湖南黑茶；有的黑茶在初制过程中要加入出晒工艺，如湖北青砖茶；有的黑茶在成品茶加工过程中，系采用发花干燥的方法使茶砖长出“金花”，如茯砖茶。另外，各类黑砖茶在毛茶付制时，其拼堆、筛分、蒸压、干燥等工艺也有各自的标准。

### （一）有机黑砖茶的初制

黑砖茶初加工主要包括杀青、揉捻、渥堆、干燥四道工序，也有个别茶类例外，如南路边茶金玉茶初制工艺：老叶或枝叶—杀青—拣梗—干燥；南路边茶毛庄茶初制工艺：老叶或枝叶—杀青—干燥；湖北老青茶初制工艺：老叶或枝叶—

杀青—揉捻—出晒—渥堆—干燥。以下将围绕黑砖茶的四道主要初制工艺进行简单介绍。

**1. 杀青**

可采用锅炒，也可用蒸汽杀青。锅炒杀青时，由于新梢较老，水分含量低，不易杀匀杀透，所以在杀青前应先洒水（俗称“打浆”或“灌浆”），一般每100kg鲜叶约洒水10kg左右，即茶与水的比例大致为10∶1。杀青锅温300～320℃，每锅投叶量8～10kg，待叶片失去光泽，变为暗绿色，发出香气，叶质柔软，则标志杀青匀透，即可出锅，趁热揉捻。蒸汽杀青法是将生叶装满蒸桶，放在沸水锅上蒸，最好是用锅炉蒸汽。蒸到蒸汽从桶盖边缘冒出、叶质变软时，就可倒出进行揉捻。用蒸锅约需蒸8～10min，用锅炉蒸汽就只需蒸1～2min。

洒水灌浆和制造蒸汽所用水源必须符合GB 5749生活饮用水卫生标准。

**2. 揉捻**

用粗茶揉捻机揉捻，共揉两次。第一次揉捻是在杀青后进行，趁热揉捻，不加压，只揉1～2min。湖南黑茶初揉的目的是使大部分粗大茶叶初步皱折成条，茶汁溢附于叶面，为渥堆的理化变化创造条件。而南路边茶初揉的主要目的是使梗叶分离，揉后将茶梗拣出另行处理。茶叶烘到六七成干（含水分32%～37%）趁热进行复揉。如用晒干法，应下锅炒热使茶复软后再揉。复揉稍加轻压揉捻5～6min，以茶叶成条而叶片不破碎为适度。

**3. 渥堆**

经揉捻下机的茶坯便可进行渥堆发酵，堆高1～2m不等，因花色品种不同而有所区别。渥堆应选择背窗、洁净易清洗的地面（不宜选择水泥地面，且应与非渥堆区域隔断），避免阳光直射。堆面用草席或湿布覆盖，借以保温保湿。渥堆适宜的环境条件是室温在25℃以上，渥堆2～3天后拌翻一次，再渥堆3～4天。待茶堆表层重新出现水珠，叶色棕褐，青气消除，叶片黏性不大，即为发酵适度。即可拆堆拣梗，进行足干。

**4. 干燥**

四川边茶原料粗老，生叶原料含水量约64%，锅炒杀青后的水分含量在50%左右，蒸汽杀青后，水分有所增加，所以初揉后要进行一次干燥，达到六成半干，再进行加压复揉成条。最后干燥到八成半干即可。

湖北老青茶的干燥一般选择摊放在洁净的晒簟上（不得摊放在水泥晒坪上）晒干，待晒至手捏茶叶感到刺手，折梗可断，含水量13%左右即可。

广西六堡茶和传统湖南黑茶的干燥方法有别于其他茶类，系采用松柴明火烘焙，使黑茶形成油黑色并带松烟香。广西六堡茶的初制干燥分毛火和足火两次进行；湖南黑茶则使用分层累加湿坯和长时间一次干燥法。

## （二）各类花色成品茶的精制

### 1. 南路边茶的精制

四川省现在生产的康砖和金尖两个品种都是经过蒸压而成的砖形茶。康砖品质高于金尖，两者的加工方法相同，只是所用原料茶的品质有差别。

南路边茶的精制过程，可分为毛茶整理、净料拼配、蒸茶压制和包装四个工段。

**(1) 毛茶整理** 制造南路边茶的毛茶是指做庄茶和条茶、尖茶（切忌将有机黑毛茶与常规黑毛茶拼合付制）。整理的主要对象是做庄茶，经过筛分、风选、切铡和拣剔等作业，制成“面茶”和“里茶”等不同品质规格的净料，以供拼配。筑制时撒在茶块上下两面的叫“面茶”或叫“洒面”，夹在中间的叫“里茶”。其整理方法大致如下。

① 面茶的整理。康砖的洒面用四五级青毛茶（如果用烘炒青，必须经过汽蒸发酵处理降低其苦涩味，并转变其色泽），通过平圆筛提取 4 孔筛下和 16 孔筛上部分，经剔去长梗、除去杂质后作洒面茶。金尖的洒面是选用质量好的一二级做庄茶，用平圆筛提取筛孔边长 2.0cm 筛下和 1.0cm 筛上部分，经过风选和拣剔，除去杂质和长梗后作洒面茶。提取面茶后筛面、筛底茶，经整理后作里茶。

② 里茶的整理。康砖的一部分里茶是级外青毛茶、条茶和尖茶，用平圆筛机筛孔边长 2.0cm 和 80 目两张筛网筛分。2.0cm 筛面茶经拣去杂质后进行切断，重复筛分。80 目筛面茶进行风选，剔除杂物，存仓备用。80 目筛下为灰末，弃去不用。作康砖和金尖里茶的做庄茶，如带梗多的，先用强力风选取出长梗，拣去杂质，将梗铡短存入净梗仓备用。取梗后的茶和一般做庄茶，先用平圆筛筛分。康砖里茶筛网配置同上述，金尖里茶筛网配置是上层用筛孔边长 3.0cm、底层用 80 目筛网。筛头茶经拣剔杂物后切短，重复过筛。80 目筛面茶经风选、拣去杂物和粗老梗、超长梗后，存仓备用。从做庄茶中分离出来的茶果外果皮和花蕾，清理后作里茶配料；绿苔红梗，铡短后也作里茶配料，长度不超过 3cm，如属生梗，应蒸制渥堆，转色变味后干燥备用。

**(2) 配料拼配**

① 配料比例。用于压制南路边茶的配料很多，有做庄茶、青毛茶、条茶、尖茶、茶梗等（禁止混入非有机茶作为配料），各种配料的品质不同，水浸出物含量高低悬殊，所以在拼配之前，必先测知各种配料的水浸出物含量。然后根据规定标准（水浸出物含量康砖要求达到 30%～34%，金尖要求达到20%～24%）和成品茶的品质要求，订出拼配比例的方案，先试拼小样，小样达到标准后再拼大堆。

② 配料的水分。配料的水分必须掌握适度，才能保证成品茶水分符合标准。依制茶季节做如下掌握，康砖配料水分：一、四季度 12%～13%，二、三季度

13%～13.5%。金尖配料水分：一、四季度 13%～13.5%，二、三季度 13%～14%。

③ 配料匀堆。金尖（成品）的每批拼配数量大，为了便于拌匀，匀堆时各种配料茶均分三次分层倒入堆中，要摊开摊匀，不能粗细混倒。康砖配料种类多，各种配料数量较多的均分三次分层拼入，数量少量可分二次拼入，决不能因某种配料量少而一次配完。配料匀堆时，各种配料均按粗在下细在上的顺序，分层拼入摊匀。堆边扎紧弄整齐，做到层次清楚。在送往蒸压车间时拌和均匀。

**(3) 蒸茶压制**　这是南路边茶精制的中心环节，分秤茶、蒸茶和筑包三道工序。

① 秤茶。为了保证每砖重量符合规定，付蒸前必须准确秤料。由于配料水分含量常有少许变化，压制和包装过程中还要散失一些配料，所以秤茶前应根据成品茶计重标准水分（14%）、配料的含水率平均加工散失量和洒面茶加入量，按下列公式计算每砖应称配料重量：

$$应秤配料茶重量 = 每块茶砖标准重量 \times \frac{1-成品茶计重标准水分}{1-原料茶含水量} - 洒面茶重 + 散失茶重$$

② 蒸茶。用蒸汽蒸茶要调节好汽量大小，既要防止汽量过大冲失茶叶，又要防止汽量过小不能及时蒸透软化。康砖每秤茶约蒸 12～15s，金尖每秤茶约蒸 30～40s。蒸后放入长形撮箕，再喂料入模盒内的篾斗中，喂料要倒均匀，尽量不使茶叶撒出斗外，以免影响成品的外形和重量。

③ 筑包。各厂都使用夹板锤筑包机进行筑制。操作方法是将长条形篾斗装入模子（模子由两片模板合拢而成，内空形状与产品标准规格近似而略大 0.4cm）扣紧模盒，按开斗口，撒入面茶（康砖每块撒面茶 12g，金尖每块撒面茶 25g），再将蒸好的里茶均匀地喂入斗内，同时开动筑包机进行筑制（康砖每块筑 2～3 下，金尖每块筑 8～10 下）。一块筑完后，又撒入与上述数量相同的面茶，用度斗放入一片篾（起隔离作用），即为第一块茶。然后再如此重复操作，筑制第二块茶。康砖每块 0.5kg，每包筑 20 块；金尖每块重 2.5kg，每包筑 4 块。筑完一包，随即关闭电源，停止筑包用手从左右抄摺斗篾再向前卷叠好斗口，用 V 形竹（铁）钉钉住斗口后，打开模盒，取出茶包。每天筑制出来的茶包，要堆放 4 天以上，冷却定型，并蒸发部分水分达到出厂标准。按规定抽取样茶，检验水分、灰分、梗量、杂质和水浸出物等，符合出厂标准者进行包装。

**(4) 包装**　先将茶包封口拆开，倒出茶块，取去篾页，按测知的水分换算成应有重量标准，再过秤检查每块重量是否符合规定。如发现超轻超重或形状不符合要求的，均应剔出返工。符合标准的，逐块放置商标纸一张，用黄色纸包摺整齐（康砖每 5 块，另用一张大纸包成一大包），摺口的一包，加包牛皮纸（50～60g/m²）以防茶叶散漏。用长篾条捆扎 4 块（或 4 大包）为一条，然后装入原来的条形篾摺中，摺好捂口，用竹篾捆扎。直捆千斤篾两根，排匀捆紧，横捆篾 5

道，用穿套法（俗称狗牙套），按 7cm、13cm、23cm、23cm、27cm、7cm 的距离捆扎好横篾，即成条包。也有用麻布包装的以 3 条包的数量（30kg）捆扎一包，称为大包。

为了便于识别，以利仓库分堆和管理，规定在康砖包外打印一个红色圆圈，金尖包外打印一个黑色圆圈，圆圈直径 7cm。在上述加包的牛皮纸上，印上厂别代号和生产日期，以便查核。在产品包装上使用的印刷油墨或标签及封签中使用的黏着剂、印油、墨水等必须是无毒的。每批加工产品应编制加工批号或系列号，批号或系列号一直沿用到产品终端销售，并在相应的票据上注明加工批号或系列号。

**（5）联装自动压砖机** 四川省雅安茶厂自行设计研制的联装自动压砖机已投入生产。该机结构的特点是从输送配料→秤茶（每块 250g）→蒸茶→压砖→冷却→出砖全程联装自动化。每砖蒸茶时间 2.8s，每 1min 可压制 20 片。出砖后修边、上架、晾干，再交包装机包纸，贴上商标后，交打包机捆扎成件。劳动强度比前述半机械化大大降低，一般女工都能胜任。

**2. 茯砖茶的制法**

茯砖茶是边疆兄弟民族需要较多的一种成品茶，分特制茯砖和普通茯砖两种产品。湖南益阳茶厂生产特制茯砖，临湘茶厂生产普通茯砖。四川西路边茶中的茯砖现由北川、灌县、邛崃茶厂生产。

**（1）毛茶拼配** 特制茯砖以黑毛茶三级为主，拼入部分四级。但配料时必须考虑春、夏茶和地区品质差异的特点。益阳茶厂一般是按毛茶地区划分：即汉寿、沅江和益阳一部分地区的黑毛茶为一个类型；桃江、宁乡等地为另一个类型，两个类型的茶按照一定的比例进行拼配。而临湘茶厂的普通茯砖，其毛茶配方是：改制黑茶占 60%～75%，老青茶占 25%～40%。

**（2）拼堆筛分** 筛制前，按照毛茶配方比例和指定仓位，平衡配车领料，达到品质均匀。在领料出仓时，做好毛茶水分检验工作，为核算实际投量提供依据。

① 均匀投料。均匀投料是密切关系到产品质量的一个重要问题。投料过多，作业机负荷过重，容易发生故障，且筛分不清，取茶率少，循环量大，产量和质量达不到要求；反之，投料过少，产量既低，质量也不匀齐。因此，必须控制投料流量，贯彻均匀投料。益阳茶厂的经验，特制茯砖每小时投料 5～6t 为宜。

② 筛制程序。益阳茶厂采取切碎多抖、循环切抖、分身取料、四孔成茶的筛制方法。

毛茶先经滚圆筛筛分，筛网组合为 4 孔、4 孔、4 孔、4 孔，4 孔头子茶经大风机扇除砂石等杂物，然后经破碎机切细切断，再上双层抖筛（4 孔紧门），过筛后即成待拼半制品。

滚圆筛机 4 孔底上平圆筛机，筛网组合为 4 孔、8 孔、16 孔、24 孔，其中 4

孔、8孔、16孔底分别上风选机，扇除砂石等夹杂物，即成待拼半制品。24孔底的茶则上平圆筛机，筛网组合为40孔、60孔、80孔、100孔，分别上风选机隔除细沙、灰末后为待拼半制品。

**(3) 汽蒸渥堆** 是茯砖压制中的特有过程，汽蒸渥堆要通过如下三个过程。

① 汽蒸。先将成堆的半成品，按平行横线分段开堆，用铁齿耙由上而下垂直下挖，挖下的茶，加以拌和装入篓内，过磅后送入蒸汽机加热。蒸汽机系立式方形铁桶，分内外两层，内层铁板钻有透汽孔，通上蒸汽管，完成汽蒸而自动下落到渥堆间内堆积。在汽蒸过程中，投茶上输送带必须均匀适当，要排除汽管内余水，并试行运转设备，检查有无其他故障，清扫机内残留的茶块茶末，根据进茶速度，合理调节供汽开关，防止蒸汽不够和过度，茶受蒸汽时间一般为50s左右，蒸汽温度为98～102℃。

② 堆积。汽蒸后渥堆，堆高为2～3m，因茶叶自然下降，堆呈圆锥形。堆积时间一般为3～4h，不得少于2h。适度标准是：青气消失，色泽由黄绿变为黄褐。按照季节气温高低的不同，要适当掌握堆积的数量、高度和时间。如遇堆温过高，应采取转堆、抽沟等通风措施，保证堆积的茶符合质量要求。

③ 散热。堆积的“半成品”，叶温一般高达75～88℃。堆积时间过短，色味不能达到要求；反之，时间过长，则形成“老化”，结块成团，色泽变成暗褐或黑褐，色味减退，影响“发花”，严重“老化”者甚至不能“发花”。因此，当堆积时间长或堆温高时，必须进行散热，借以降低茶坯温度。方法是：将堆积的茶坯逐层挖散，并把堆积的高度放低，一般不超过1.5m。经过散热后，茶坯温度下降，一般为45～58℃，如有特殊原因，堆积时间需要延长，则需再散热一次，以充分抖散团块，翻拌干湿不匀的茶坯，促使整个茶堆冷热干湿均匀。

**(4) 压制定型** 压制技术的掌握是否恰当，直接影响到茯砖成品质量。兹按工艺流程简述如下。

① 水分检验。经过汽蒸渥堆的半制品，吸收水分，一般约增加3%；同时，在散热中又散发一部分水分，堆积时间的长短和气候的变化，都将影响水分含量。在压制前必须扦取有代表性的茶样测定水分，以正确决定付料量，避免砖片超重或减重。

② 输茶投料。经过散热通气和扦样检验的半制品，均匀上输送带入司秤机。投料时，要注意清除茶内混入的夹杂物和局部出现的湿茶结块，同时要注意司秤机储茶斗内的茶坯不得过于堆满，以免发生故障。

③ 称茶蒸茶。传统制法分称茶、加茶汁、搅拌、蒸茶等四道工序，通过益阳茶厂技术革新，现今采用称茶、加茶汁搅拌、蒸茶搅拌联合自动作业。其中，熬制茶汁所用的茶梗、茶果必须来自颁证的有机茶园，所用水源必须符合GB 5749生活饮用水卫生标准。

各工序的单位作业时间，是与装匣紧压完全相适应的，每台司秤机有两台秤座，分别供应两座搅拌器，轮换供应一台蒸茶搅拌机。因而，称茶和加茶汁搅拌的时间为10～12min，保证蒸茶搅拌时间为5～6s。

④ 装匣紧压。汽蒸后的茶坯，流入输送带再入木戽内装匣。输送带输茶，既把半成品由蒸汽台运到加压台，又能散热，降低叶温（由蒸汽的100℃下降到80℃左右）。半制品入匣后，迅速用手插一下，达到中间低、边角满的要求，促使成品砖片边角坚实，然后盖上铅板，向前推送到第二片装匣位置，同样迅速用手插一下。再推向大压机座压紧上闩。益阳茶厂1973年技术革新，改人力推进为机器推进，对减轻劳动强度和节约时间收到了良好的效果。

⑤ 冷却定型。压紧茶匣，用行车送至轨道凉置车上冷却定型，经2h左右，砖温由80℃左右下降到40℃左右，便可完成冷却定型，按先后次序，用行车运至退砖工序，用退砖机将茶砖退出。

⑥ 验收包砖。砖片退出后，以迅速而准确的动作，及时取出退砖机下的砖片，避免堵塞，并将砖片平直轻巧放上输送带，不得乱丢乱放，以免碰坏边角，验砖按照品质规定，检查验收，如发现砖片有过厚过薄、轻重不合格、四角不分明、龟裂或起层脱面等现象，均须退料复制。合格的就运往包砖台，用商标纸逐片包装。按照包砖质量要求，商标纸紧贴砖面，封口严实，边框与砖身不歪斜。包好的砖片，放置稳当，码放整齐，待运进烘。

**(5) 发花干燥** 成封砖茶进入烘房，采取由上而下、由内而外有规则地侧立排列在烘架上，砖的间距为2cm左右，不宜过密，更忌相互贴合或呈“鱼尾砖”、“人字砖”，以防通风不良，砖片霉烂。

砖片进入烘房后，根据技术要求分为两个阶段。即进入烘房后的12～15天内为“发花期”阶段，以后的5～7天为“干燥期”阶段。各阶段所需外界条件不同，“发花”阶段的温度应保持在28℃左右，相对湿度保持在75%～85%，以利黄霉菌的繁殖生长。“干燥”阶段的温度则应逐渐升高，一般自30℃上升至45℃为止，相对湿度则应逐渐降低。从“发花”到“干燥”历时20～22天。

茯砖进烘房的1～2天内，室内相对湿度常高达90%以上，通常商标纸面因潮湿而孳生一种白霉（俗称风霉），只要注意开放门窗排湿，促使空气对流，一般问题不大。但如湿度不减，纸面相继孳生青霉，纸内孳生黑霉，且具有一种恶臭气味则是变质象征，这种现象常在进烘房后的7～8天或在春季气温低、湿度大和通气不好的条件下发生。所以，茯砖进烘房后，必须勤加检查，以便及时采取有效措施。第一次检查在进烘房后8天前后，检查发花情况，看孢子的色泽、颗粒的大小等，来判断“发花”的条件是否适宜，以便决定采取有关措施；第二次检查是在进烘房后13天前后，检查“发花”质量是否普遍茂盛，来决定是否转入干燥阶段。

控制烘房相对湿度，一般是采取通风排湿，在烘房顶部通常开设天窗，天花板则以木板、竹片为佳，忌用石灰粉刷。而控制温度则采用增减煤火，掌握火道的热量。

当烘房湿度增大时，应及时开放气窗排湿，一般排湿是在每天的中午前后；

若湿度不是过大，可隔天排湿一次；在后期如湿度适当，则不必排湿。如遇空气相对湿度过低，则应关闭门窗，并在烘房内采取喷雾等措施。

为确保茯砖“发花”质量优良，应按照气象预报，随时掌握气温变化情况，如寒潮侵袭、暴风骤雨来临等，事先做好充分准备，检查天窗屋面，采取相应措施。当茯砖达到干燥标准，经检验合格时，即可停止生火，打开门窗促使茶砖冷却后，再行出烘房。

**(6) 成品包装** 为保证产品不受潮变质，保持色香味的品质特点，出烘房后要立即包装。茯砖包装采用方底麻袋，外刷唛头（刷唛用油墨必须是无毒的），每袋20片，端正套紧袋身，麻袋缝好封口，然后用包装铁皮捆成“井”字形。包装好后，运往仓库堆码，每码4袋，置放整齐，储藏保管，待运出厂。每批加工产品应编制加工批号或系列号，批号或系列号一直沿用到产品终端销售，并在相应的票据上注明加工批号或系列号。

### 3. 方包茶的制法

方包茶以四川灌县（今都江堰）和平武两县为主产区。因茶叶炒后筑制在长方形的篾包中，所以叫做方包茶。每包重35kg。其品质特点是梗多叶少，老叶占40%，红梗、麻梗占60%。汤色浅而滋味淡、有强烈的焦烟气味。

方包茶的制造过程，可分原料整理、炒茶筑包和烧包晾包三个工段。

**(1) 原料整理** 方包茶是采割1～2年生或多年生的茶树枝叶晒干后作原料。须经过铡茶、筛选、配料、蒸茶渥堆等处理。

① 铡茶。先将原料中的非茶类杂质和粗杆白梗剔除干净，然后用铡刀或铡梗机铡成短节，长度不超过3cm，茶梗直径不超过0.8cm。

② 筛选。梗叶铡短后，用筛孔边长2.0cm的竹筛筛分，筛下部分叫“米子”，用24孔筛割除灰末；筛面茶叫“坯子”，用人工剔出过长梗和粗老梗。米子和坯子分别堆放待拼配。

③ 配料。将筛选后的原料，按梗子占58%～59%、叶子占41%～42%的比例进行拼配，以保证成品茶的叶子应占40%的标准规定。配料数量是按每天生产量配够。例如，灌县茶厂每天计划加工方包茶110包，则在前一天配料约4000kg。坯子茶和束子茶按比例分次分层拼入蒸茶室待蒸。

④ 蒸茶渥堆。有的茶厂是将上述坯子茶装入蒸桶内，用沸水锅蒸软后渥堆。灌县茶厂是将配料堆在蒸室里蒸。在午后四点钟左右通入蒸汽90～100min，至蒸汽透出茶堆，即停汽任其渥堆发酵。到第二天上班前再冲汽15～20min即可。渥堆时间约14～15h，至叶子变成油褐色，具有老茶香气为适度。

**(2) 炒茶筑包**

① 秤料。将渥堆茶拌和均匀后进行秤料。加工方包茶是炒3锅茶筑成1包。所以每次秤料应为每包重量的三分之一。每次（锅）秤料重量的计算公式如下。

$$每次秤料重量=\frac{每包茶标准重量\times 成品茶标准干度}{蒸料干度\times(1-制茶损耗率2\%)}\div 3$$

② 炒茶。秤好的渥堆茶，投入红锅中炒制。铁锅直径105cm，烧到锅面有二分之一变红时倒茶入锅。倒茶动作要快，茶叶入锅后立即加入煮沸了的茶汁（用梗叶熬的卤水）0.8～1kg，使茶受水热变软，减少焦末。倒入茶汁后用木杈迅速翻炒。约炒1min后，见锅中发生浓厚白烟时立即出锅，趁热速送筑包。炒好出锅的茶叶温度应在90℃以上，含水量应在20%～22%。

③ 筑包。先将篾包装入筑包机的木模内（木模成箱形，内长68cm×高50cm×厚32cm），然后将炒好的三锅热茶，先后分次趁热倒入篾包内，将模箱转入机下开动筑包机，层层筑紧，筑到与模箱相平。筑完后将模箱转出机外，篾包口从四方向中间卷摺整齐，中间压上压片，用"U"形大竹钉3个，将包口钉牢，用大锤打成槽形；四角用棒捶打平整，"U"形小竹钉4个将四角钉牢；茶包出模后再在包底中心打入竹钉1个。筑包手续即告完成，送往库房"烧包"。

**(3) 烧包与晾包**　茶包出模后称重，如筑包茶水分为20%～22%时，每包净重应有38～39kg。重量符合要求后，即在包外刷上唛头（代字代号），趁热进行"烧包"。烧包是筑包后的堆积发酵过程。方法是将茶包重叠紧密堆放，堆成长方形，高度以重叠6包为限。烧包时间，夏秋季为3～4天，春冬季为5～6天。开始烧包两天后将上面一层茶包翻转堆放，以求烧包均匀。

晾包是方包茶的自然干燥过程，即将烧包后的茶包移到通风良好的场所，堆放成品字形，包口向下，底层填码脚通风。包与包间有2～3cm的间隙。茶堆高度不超过8包。茶堆之间应有通风道和人行道。晾包时间约需20～30天，晾包后茶叶含水分应在20%以下。如晾包后水分过高，可再密堆"烧大汗"，至适度再晾干。

#### 4. 天尖、贡尖、生尖的制法

白沙溪茶厂将黑毛茶一级、二级、三级，加工为天尖、贡尖、生尖，分为筛分、匀堆、压制三大工序。

**(1) 筛分**　一二级黑毛茶，首先通过滚圆筛，筛面的茶头再进入脱梗机，打碎后经大风车风选，分为三口。第一口为砂口，第二口茶过双层抖筛机，4孔和5孔筛底经捞筛取梗，筛面为茶头和茶梗，筛底经风选，正口为天尖、贡尖半成品。双层抖筛的5孔筛面茶再汽蒸3～4min后，用揉捻机揉3～4min，再在七星灶上烘焙2h左右，重入双层抖筛机加工成贡尖。而大风车的第三口茶则压制黑砖茶或花砖茶。

生尖的毛茶比较粗老，大多成片状，含梗较多。据白沙溪茶厂的经验，须通过如下两大措施：一是用100～102℃的蒸汽蒸3～4min，把茶叶蒸软，然后在揉捻机内趁热揉捻3～4min，把茶叶揉细揉紧成为条索状；二是进行烘焙，发展其色、香、味。其具体操作方法是：揉捻后进行烘焙，掌握每焙150～175kg；正确掌握火温，贯彻由低到高的火温方法，火温以80～100℃为宜，必须使茶叶表面水干透后，才能适当加温，但温度最高不得超过150℃；待茶叶烘至变色达70%

时，即进行翻焙；茶叶下焙后，即行打浆，控制水分含量在12%左右。经过上述两个方面的处理，再筛分除去砂石、草屑等物，即可进行压制。

**(2) 匀堆** 将半成品各花色，按筛号分层打堆，以使前后品质一致，防止过高过低现象。匀堆时要注意层层打紧，以防散堆。每层堆放厚度以不超过20cm为宜，并要铺放均匀，堆高以1.6～1.8m为宜。

**(3) 压制** 天尖、贡尖、生尖的压制技术基本相同。只是生尖和贡尖较天尖粗老，每篓装茶较天尖少。其压制程序如下。

① 称茶。每压一篓需称茶五次（俗称五吊），每次称茶重量天尖为10kg（生尖和贡尖为9kg），重量力求做到一致，每篓分两次紧压。

② 汽蒸。称好了的茶，放在安装有蒸汽管的木板台上，以100～102℃的蒸汽蒸20～30s，促使茶叶蒸软（蒸茶时要将茶向四周推开，使受汽均匀），便于压紧。同时要掌握蒸茶吸收水分不得超过5%，以防晾干时烧心变质。

③ 装篓。先将竹篓放在"箱形架"里，然后再将蒸好的茶提出（俗称提包）装篓，连续装茶三次，在提包装篓时须迅速操作，不使（或少使）蒸汽散失，茶须扒平，做到周围四角饱满。

④ 紧压。推"箱形架"进压机时，必须在左右两端推送一致，并对正机头，然后由四人用螺旋压力机压一次，接着松开压机，推出"箱形架"，再装第四吊和第五吊茶，然后进行第二次施压。在这次压包时，应特别注意一次用力加压，防止中途停顿，以免产生回松现象。

⑤ 捆包。茶包出架后，必须抽包过磅，检查重量和吸水量是否适当。然后捆包，将茶篓捆上十字状篾条；捆包时，茶包封口力求做到平伏、不漏茶，茶包形状须四角分明，高矮规格一致。

⑥ 打气针。茶包经捆紧后，即在篾包顶上插上5个孔（俗称打梅花针）；深度约40cm，然后在每个孔内插上三根丝茅，以利水分的散失和热气的散发，避免因水分过多而产生霉变，降低品质。

⑦ 晾干。将压制好的茶包，运至通风干燥的地方晾干。约经4～5天，检验水分含量在14.5%以内，即可出厂。为易于区别起见，各种产品刷唛的颜色标志是：天尖刷红色，贡尖刷绿色，生尖刷黑色。刷唛用油墨必须是无毒的。

### 5. 黑砖和花砖的制法

湖南黑茶成品有"三尖"和"三砖"之称。"三砖"指黑砖、花砖和茯砖。黑砖和花砖的制法基本相同，但又略有差异。

**(1) 毛茶拼配** 根据砖茶种类及其品质规格的不同，在压制前必须对半制品组成进行拼配，方能付制。如过去黑砖压制分为洒面和包心两种半制品，压制时把差的压在里面，较好的压在砖的表面，内外品质既不一致，技术操作也较烦琐。现已改变了压砖方法，在提高面茶和里茶质量的前提下，将面茶和里茶混合压制，做到表里一致。现今黑砖茶半制品是以黑毛茶三级为主，并拼入部分四级，总含梗量不超过 18%。花砖茶则几乎全部是黑毛茶三级，仅有少部分下降而来的二级毛茶，总含梗量不超过 15%。

**(2) 毛茶筛分** 筛分前，根据加工标准样，逐批选料试制小样，经品质审评确定毛茶配方，以保持全年各批次砖茶的品质水平基本一致。然后根据配方和付制要求，经水分测定，符合付料标准 12% 左右时，即可将各种毛茶进行匀堆付制。

① 筛分程序。毛茶先经滚圆筛，筛面经大风车。一口再经风选机后，隔除砂石，其余第二、第三口茶返回滚圆筛机，筛网组合 2 孔、2 孔、3.5 孔、3.5 孔。第一次大风车的第二口茶，经破碎后即成待拼清茶；滚圆筛的筛底茶则全部过平圆筛机，筛网组合 2 孔、9 孔、24 孔，除 2 孔面返回滚圆筛外，筛底茶过风选机，一口隔砂，第二、第三口则为待拼清茶。

② 筛分要求。毛茶筛分须切实掌握规格，实行机口鉴定，根据成品质量要求，严防"半成品"过粗过细；在筛分、风选过程中，要特别注意产品卫生和剔除非茶类夹杂物；严格注意各种筛号茶的品质规格，并按比例进行拼堆；无论黑砖或花砖，要求做到茶片、茶梗、茶末拼堆均匀。

**(3) 压制技术** 分称茶、蒸茶、预压、压制、冷却、退砖、修砖、检砖等八个工序。

① 称茶。称茶重量必须根据产品单位重量标准、付料含水量指标和加工损耗等，予以校正。例如压制一片重量为 2kg 的黑砖，付料水分为 12%，则实际称茶重量为 2kg。但付料水分往往不是恰好 12%，而是超过这一标准，如在 14.5%～15.0%范围内，则实际称量应为 2.06～2.07kg。在称茶时，为了始终保持称量的准确性，必须经常对衡器进行检查校正，一般每天须校正四次，以减少误差。

② 蒸茶。蒸茶要做到蒸匀、蒸透，避免外湿内干，控制交烘砖片水分含量在 17% 左右，最高不超过 18%。茶坯通过蒸茶器，在 $6kgf/cm^2$[1] 蒸汽压力和 102℃热蒸汽下，经 3～4s 汽蒸，茶坯变为柔软且富有黏性，即可套箱接茶。在套箱接茶时，首先要放好木衬板和铅底板（铅底板要擦好茶油，不得与茶坯直接接触），然后接茶入匣并趁热扒茶。扒茶时要求做到四边四角稍厚，并用手按紧，中心稍薄，促使砖片匀齐，四角分明，茶末更要扒散扒匀，因茶末较难发散水分，如集中一处就会导致砖片含水不一，在干燥中容易"烧心"和影响砖片外形不一。茶扒好后，要趁热盖好花板（事先也要擦好油），以防蒸汽散失。

③ 预压。将装好的茶匣，推入预压机下预压，目的在于缩小体积，以便同一匣内能压两片砖，从而提高功效。与此同时，还要进行第二片砖的称茶与蒸茶，方法与第一次相同，装匣完毕，即可推送至紧压工序。

④ 压制。黑、花砖压制采用摩擦轮压力机。其主要结构有摩擦轮、机架及

---

[1] $1kgf/cm^2=98.0665kPa$，全书余同。

机头等部分，压力为 80t，该机每次可压两片砖，但在操作中必须前后压力一致，以达产品厚度均匀，保持外形匀整光滑。

⑤ 冷却。经汽蒸紧压后的茶砖，在压模内冷却，使其形状紧实定型。为了保证砖片不致松泡和起皮脱层，无论黑砖或花砖，冷却定型时间最少不得短于 100min。

⑥ 退砖。按冷却定型的先后顺序，将凉砖车上的冷砖推送到 3.5t 压力的小摩擦轮退砖机下退砖，在砖匣未对正机头以前，机头不得下降，以免压坏砖匣。

⑦ 修砖。退出的砖茶，经输送带投入到分为两组、各安装有四个刀片的修砖机上进行修砖，将砖的八角边缘外溢的茶剖平修齐，促进外形符合产品要求，达到四角分明。

⑧ 检砖。修砖后，即进行茶砖检验。一方面检验砖的外形是否符合规格，砖面的商标是否清晰，厚薄是否均匀一致（正负误差为 0.16cm），重量是否合格（正差为 2.5%，负差 1.25%），如有不符合规格要求者，则应退料重新处理压制；另一方面检验水分含量是否符合要求（压制后砖茶含水量在 17%左右），因为这时的含水量对进烘房后的产品质量影响很大。

**（4）烘房作业** 茶砖进烘房后应规则地排列在烘架上，上架应按先后次序，由里而外、由上而下，层层侧立排列，砖的间距约 1cm 宽，不得过密，更忌互相挤拢碰撞，待整间烘房排列置放后（约可容纳砖片 1.8 万片，合 36t 左右），即可生火升温，温度掌握先低后高，逐步均衡上升。如升温过急过高，砖茶内部水分来不及扩散到表面，则结果会因表面过于干燥，而造成“龟裂”；如温度突然下降，则会使表里收缩不一而产生“烧心”现象。烘房作业掌握“高温排湿，按时加温”的原则。据白沙溪茶厂的经验：采取“三八”加温方法效果较好，即开始温度为 38℃，1～3 天内，每隔 8h 加温 1℃；4～6 天每隔 8h 加温 2℃；以后每隔 8h 加温 3℃，掌握最高不超过 75℃。在气候正常情况下，适时开放门窗，使空气对流，排除室内潮湿，加速砖片干燥。一般在烘时间约 8 天，待砖片含水量达 13%以下时，即可停火，准备出烘。

**（5）包装作业** 出烘后的黑砖或花砖，即进行包装。包装前必须对砖片重量和包装材料进行严格检查。包装时，做到商标纸必须端正，刷浆匀薄，以能粘紧为度。装袋时，做到片数准确，每袋装 20 片，麻袋（或篾篓）必须齐边对角，不得歪斜，捆扎锁口要坚固平整，商标刷唛（刷唛用油墨必须是无毒的）要字迹清楚。成品仓储应按生产先后整齐堆码，地面如有潮湿，必须使用码架或采取其他防潮措施，确保在储存中不受潮变质。每批加工产品应编制加工批号或系列号，批号或系列号一直沿用到产品终端销售，并在相应的票据上注明加工批号或系列号。

### 6. 青砖茶的精制

湖北青砖茶的毛茶加工分筛分、压制、干燥、包装四大工序。

**(1) 毛茶筛分**　根据洒面、底面和里茶的不同要求，在毛茶付制前，把渥堆后的不同堆别的毛茶进行扦样审评，按品质优次，统一安排（切忌将有机黑毛茶与常规黑毛茶拼合付制），对照加工标准样试拼小样，决定毛茶付制的拼配比例，然后按洒面、底面、里茶分别进行交叉取料付制。

① 毛茶拼堆。青砖茶的品质规格只有一种，即“27”青砖一种规格。毛茶加工是单级付制、单级收回，掌握拼配比例与拼配均匀，以达到前后品质一致，是毛茶加工中的主要一环。

a. 拼前准备。在毛茶入库时，按照标准样进行鉴评，决定等级进行拼配渥堆。并根据全年收购毛茶的品质情况，按库存数量计算毛茶拼配比例，取料付制，保证符合成品品质要求。

b. 拼堆方法。洒面茶和底面茶的拼堆是：在毛茶入库时，根据品质优次分为正副两堆，再根据全年正副堆收购总数计算出毛茶拼配比例作为掌握的依据。经筛分后的各号茶坯通过拣剔后进行拼料，按各号茶依次逐层铺放。

c. 对里茶的拼堆是：在毛茶入库时，根据茶叶生产的季节性，在春、夏茶中，根据品质情况各分为正副两堆，共四个堆；然后根据全年各堆收购总量，计算出毛茶拼配比例作为依据。

② 筛分除杂。主要是剔除非茶类物质，整理茶条，使大小、长短基本一致，达到成品品质规格要求。

a. 洒面和底面。分筛分、脱梗、风选、拣剔等作业。毛茶经输送带进入滚圆筛，筛网组合为 7/16 孔、1/2 孔、7/8 孔，筛底茶经机动风选，除一口为茶头须再进行筛分去梗外，第二、第三口茶分别拣梗后，即为待拼清茶；而滚圆筛的筛面，经脱梗机，上第二部滚圆筛，筛网组合为 7/8 孔、13/16 孔、9/16 孔、1/2 (25.4mm) 孔，筛底茶全部入机动风选（与第一部滚圆筛筛底茶合并风选），滚圆筛的筛面茶，则系粗梗并入里茶加工。

b. 里茶。分切断、筛分、风选等作业。加工技术与洒面、底面茶相近似。不同的是增加平圆筛割茶灰和风选机隔除砂石。即毛茶经齿滚机，上滚圆筛（筛网组合同洒面、底面茶），筛底再入第二部滚圆筛，筛网组合为 1/2 孔、1/2 孔、1/16（25.4mm），筛底入平圆筛机，筛网组合为 4 孔、8 孔、24 孔、60 孔（25.4mm），4 孔面和 4 孔、8 孔底均经风选除砂后为清茶，24 孔和 60 孔底分别用 90 孔抖筛和 90 孔平圆筛割去茶灰后，即为拼堆清茶。

**(2) 压制定型**　分称茶、汽蒸、预压、紧压、定型、退砖、修砖等工序。

① 称茶。根据洒面、底面各占 6.25%及里茶占 87.5%的比例，称洒面、底面茶各 0.125kg，里茶 1.75kg。然后分别按先底面茶、后里茶、再洒面茶的分层装法，顺序而均匀地装入蒸茶庠内。其计算公式与黑砖相同。

② 汽蒸。把装有“半制品”蒸茶盒（为一长方形，上不加盖，下装两块满布圆孔的活动底板，以增加蒸汽热源），经自动推进器把蒸茶盒送进蒸茶笼内汽蒸（蒸茶笼为一长方形的桶锅），笼内温度要求保持在 100～102℃，叶温要求不

低于 90℃，时间约 5～6min。

在汽蒸过程中，要根据毛茶的老嫩、含水量的多少，蒸汽的供应情况、蒸锅水位的高低、茶坯透气性和外界条件等具体情况进行适当调节。若蒸锅内的水长期不换，则会引起浓度增大，有碍蒸汽大量产生。因而，一般需每天换水 1 次，且所用水应符合 GB 5749—2006 生活饮用水卫生标准。

③ 预压。将蒸茶笼自动推出的热茶盒，按先底面、次里茶、后洒面分层下料装进斗模，使茶叶分布四角饱满，厚薄匀整，茶梗不外露，确保砖片重量一致。操作时力求敏捷，以免散热难于压紧，影响砖片紧结光滑。青砖茶是采用电动曲柄式预压机，将推出的热茶盒迅速移到铳锤下，待对准自动线上输送斗模的固定部位时，先铺底面，立即按动电钮将茶盒内里茶冲进斗模内，再加上洒面茶，加盖铅板商标与角铁翅后，自动输送至压机下进行紧压成型。

④ 紧压。斗模须对准压锤，压力须均匀，关闩螺丝和钩耳须松紧程度一致，以防砖形紧结程度不一和产生泡砖现象。青砖系采用 63t 电动开式双柱可倾压力机，由一部 5.5kW 的电动机带动，预压后的斗模，由自动线运至主压机下，对准压锤时，只需用脚踏一下开关，压锤随即下压自动关闩，然后斗模再由自动线推至上车斗，冷却定型。

⑤ 定型。在斗模内通过一定时间冷却，使其形状固定后，才可退模，避免松散。采取自然冷却，时间不得少于 1.0h。如定型时间过短，砖片冷却不够，易产生砖片松泡和起层脱面现象。若适当延长定型时间，则砖面紧结，色泽油润。冷却定型时间，须适当根据气温高低和生产实际情况加以调节。

⑥ 退砖。把定型的斗模，从斗车上推至自动线上，先由电动开闩机抵开铁挂耳，再由电动取翅机取掉纱帽翅，然后由自动线将斗模送至曲柄式退砖机下，立即自动而准确地将茶砖冲出。

⑦ 修砖。茶砖退出后，须对照在制品加工样，检查砖片是否完整，面茶与底茶是否分布均匀。若砖茶边角不够整齐，需通过修砖机进行修理后，方可送烘房干燥。如重量超过规定的正负误差则返工重压。

**(3) 烘房干燥** 目前青砖干燥是采用汽干法。将蒸汽回流铁管安装在干燥室的地面上，蒸汽管内通入热蒸汽，提高室温。而蒸汽系压制车间及蒸茶锅的回流余汽（经做功后的废蒸汽），收集在锅炉房的储藏箱内，再从储藏箱内输出蒸汽，充分利用回流的蒸汽热进行干燥。干燥室内设有进入蒸汽的开关，把开关打开后，蒸汽即逸入蒸汽铁管内，热量从蒸汽管内扩散出来。室内还设有排汽排水开关，以排除室内的潮湿水汽。

热砖茶进烘房干燥，按烘房规定的容量和排列的规划，并根据室内温度和失水情况，以及上、中、下各部位失水不同的规律，结合热砖茶的正负误差进行调节。码垛方法按照在修砖检砖时分别称出来的较重、适当、较轻的砖片，运进烘房并按次序码垛。码垛上层温度较高，下层次之，中层较低。从空气对流来说，上层较好，下层次之，中层较差。码垛时，下层码适当的，中层码较轻的，上层码较重的，借以达到干燥程度基本一致，符合规格要求。一般码垛离墙 20～30cm，砖垛间保持 10cm，砖片间 1cm，以免霉变。码垛采取砖片侧立，纵横叠码的方法，每层 4 块，堆叠高度为 12～14 层。最上层须与天花板有一定距离，以利于空气流通。码垛要保持平直整齐以免发生倒塌。待砖片码垛好后，经晾置 1～2 天，借渗透作用，使砖片内外水分分布均匀，有利于干燥中水分蒸发。

在干燥中，温度的调节应本着先低后高逐渐加温的原则。一般在干燥初期的 1～3 天内，保持 35～40℃的温度、90%的相对湿度，以免加温过急造成砖片松脱；中期 3～4 天内，保持 40～55℃的温度、80%左右的相对湿度；末期 3～4 天，保持 55～70℃的温度、70%左右的相对湿度。最后两天温度上升至 75℃左右，待干燥适度后，停止通入蒸汽加温，并冷却 1～2 天后，再行出烘，即便于人工包装，又能防止趁热包装出现回潮发霉，降低品质。

**(4) 成品包装** 分“成码”、“包砖”、“装篓”、“捆扎”四个步骤。“成码”要首先进行刷灰剔杂，然后把青砖堆码起来；“包砖”用商标纸把每块砖茶包封，做到整齐美观，接口浆糊以粘紧为度；“装篓”把包好的砖片装入衬有笋叶的篾篓内，将砖片分成三叠，每叠 9 块，合计 27 块，净重 54kg 一篓；“捆扎”在篾篓外面用麻绳捆成“井”字形，捆扎成包后，置于干燥场所，堆放整齐。每批加工产品应编制加工批号或系列号，批号或系列号一直沿用到产品终端销售，并在相应的票据上注明加工批号或系列号。

**7. 六堡茶的精制**

六堡茶成品分为 1～5 级，毛茶加工采取单级付制、分级收回的方式。由于六堡茶要求条索粗壮成条，因此，在毛茶加工中，力求避免条索断碎。毛茶加工分为：筛分拣剔、分级拼配、初蒸渥堆、复蒸包装、晾置陈化五个工序。

**(1) 筛分拣剔** 毛茶经过抖、圆筛机和风选机筛制后，分别成为粗细、长短和轻重不同的各路机口茶，再行拣剔，剔除不符合品质规格要求的梗片，成为待拼配的机口茶。六堡茶的紧门筛规格，1～5 级茶分别为 5 孔、5 孔、4.5 孔、4 孔、3 孔。

**(2) 分级拼配** 根据各路机口茶的品质，进行上升下降的拼和，按比例拼配成各级的半成品茶，做到规格一致。

**(3) 初蒸渥堆** 将拼配好的半成品，根据干度情况，决定是否加水，然后输送入蒸茶机内，通以锅炉蒸汽进行汽蒸，时间 1～1.5min，按原料老嫩不同而定，高级茶汽蒸时间稍短，低级茶略长些，当茶叶变得软绵湿润、能捏成团、松手不散即达适度。

出蒸后略加摊晾，叶温下降到 80℃左右时，进行渥堆，1～3 级堆厚 65cm 左右，不宜超过 80cm，4～5 级 1m 左右，宽度 1.0～1.3m。1～2 级茶要压实堆边，堆面盖席。3～5 级茶要踩边压紧，做到边紧中松。渥堆时密闭窗门，中间翻堆 1 次，待叶片色泽转为红褐、发出醇香、叶底黄褐、汤色转红即为适度。

渥堆叶温以控制在 40℃左右、不超过 50℃为好，相对湿度 85%～90%，茶叶含水量控制在 18%～20%。

据试验，渥堆叶温在 45～55℃，茶坯含水量在 20%左右，茶叶质变很快，2～3 天汤色显著变红，具有甜味，但滋味淡薄；叶温在 20℃，茶叶含水量在 18%左右，茶叶质变进行缓慢，约经 20～30 天，汤色才能变红，但滋味较浓厚，变得醇陈。

根据以上情况，有人提出低温缓慢渥堆法，即茶叶初蒸后进行摊晾，使叶温下降到 80℃以下再行渥堆，茶堆不宜过大过厚，以 0.7～1.0m 高、1.0～1.3m 宽为适度，控制叶温在 40℃左右，水分含量 18%，相对湿度 85%左右，密闭窗门，经 1 个月左右即可获得比较理想的质变要求。但也有人主张高温快速渥堆法，即茶叶经汽蒸后不予摊晾，即行渥堆，掌握渥堆叶温在 60～70℃，经 8～16h，可获得色泽红褐，发出醇香的要求。

**(4) 复蒸包装** 六堡茶是篓装紧压茶，随成品级别不同，每篓重量为 30～50kg 不等（嫩茶每篓重量多，老茶每篓重量少），包装时，将初蒸渥堆后的半制品，再行复蒸 1min 左右，掌握蒸机内温度 100℃，汽要透顶，蒸后须摊晾、散热，待叶温降至 80℃以下（否则会“烧心”，引起质变），装茶入篓。用机压实，边紧中松，每篓分三层装压，加盖缝合，即为成品茶。

**(5) 晾置陈化** 加工后的成品茶，温度较高、水分较多，因此，先要放置在阴凉通风的地方，以降低温度，散发水分，一般经 6～7 天，篓内温度可下降到与气温一样，然后进仓堆放，经半年左右时间，汤色变得更为红浓，且产生陈味。形成六堡茶特有的“红、浓、醇、陈”的品质特点，如茶面有“金花”，则品质更佳。

成品茶在最初入库时要做到窗门密闭，保持室内相对湿度 80%左右，密闭两个月后，待汤色已达理想时，再打开门窗，使空气流通，降低茶叶含水量，确保茶叶质量优良。

## 三、质量安全主要控制点

参见第四节“质量安全主要控制点”内容。

# 附　录

## 附录1　国家质量监督检验检疫总局令2004年67号：有机产品认证管理办法

### 有机产品认证管理办法

（2004年11月5日公告，2005年4月1日实施）

#### 第一章　总　　则

**第一条**　为促进有机产品生产、加工和贸易的发展，规范有机产品认证活动，提高有机产品的质量和管理水平，保护生态环境，根据《中华人民共和国认证认可条例》等有关法律、行政法规的规定，制定本办法。

**第二条**　本办法所称的有机产品，是指生产、加工、销售过程符合有机产品国家标准的供人类消费、动物食用的产品。

本办法所称的有机产品认证，是指认证机构按照有机产品国家标准和本办法的规定对有机产品生产和加工过程进行评价的活动。

**第三条**　在中华人民共和国境内从事有机产品认证活动以及有机产品生产、加工、销售活动，应当遵守本办法。

**第四条**　国家认证认可监督管理委员会（以下简称国家认监委）负责有机产品认证活动的统一管理、综合协调和监督工作。

地方质量技术监督部门和各地出入境检验检疫机构（以下统称地方认证监督管理部门）按照各自职责依法对所辖区域内有机产品认证活动实施监督检查。

**第五条** 国家制定统一的有机产品认证基本规范、规则，统一的合格评定程序，统一的标准，统一的标志。

**第六条** 国家按照平等互利的原则开展有机产品认证认可的国际互认。

从事有机产品认证的机构（以下简称有机产品认证机构），应当按照国家认监委对外签署的有机产品认证互认协议开展相关互认活动。

## 第二章 机构管理

**第七条** 有机产品认证机构应当依法设立，具有《中华人民共和国认证认可条例》规定的基本条件和从事有机产品认证的技术能力，并取得国家认监委确定的认可机构（以下简称认可机构）的认可后，方可从事有机产品认证活动。

境外有机产品认证机构在中国境内开展有机产品认证活动的，应当符合《中华人民共和国认证认可条例》和其他有关法律、行政法规以及本办法的有关规定。

**第八条** 从事有机产品认证的检查员应当经认可机构注册后，方可从事有机产品认证活动。

**第九条** 从事与有机产品认证有关的产地（基地）环境检测、产品样品检测活动的机构（以下简称有机产品检测机构）应当具备相应的检测条件和能力，并通过计量认证或者取得实验室认可。

**第十条** 国家认监委对符合本办法第七条规定的有机产品认证机构予以批准。

国家认监委定期公布符合本办法第七条和第九条规定的有机产品认证机构和有机产品检测机构的名录。不在目录所列范围之内的认证机构和产品检测机构，不得从事有机产品的认证和相关检测活动。

## 第三章 认证实施

**第十一条** 有机产品认证机构实施有机产品认证，应当依据有机产品国家标准。

出口的有机产品，应当符合进口国家或者地区的特殊要求。

**第十二条** 有机产品认证机构，应当公开有机产品认证依据的标准、认证基本规范、规则和收费标准等信息。

**第十三条** 有机产品生产、加工单位和个人或者其代理人（以下统称申请人），可以自愿向有机产品认证机构提出有机产品认证申请。申请时，应当提交下列书面材料：

（一）申请人名称、地址和联系方式；

（二）产品产地（基地）区域范围，生产、加工规模；

（三）产品生产、加工或者销售计划；

（四）产地（基地）、加工或者销售场所的环境说明；

（五）符合有机产品生产、加工要求的质量管理体系文件；

（六）有关专业技术和管理人员的资质证明材料；

（七）保证执行有机产品标准、技术规范和其他特殊要求的声明；

（八）其他材料。

申请人不是有机产品的直接生产者或者加工者的，还应当提供其与有机产品的生产者或者加工者签定的书面合同。

**第十四条** 有机产品认证机构应当自收到申请人书面申请之日起 10 日内，完成申请材料的审核，并作出是否受理的决定；对不予受理的，应当书面通知申请人，并说明理由。

**第十五条** 有机产品认证机构受理有机产品认证后，应当按照有机产品认证基本规范、规则规定的程序实施认证活动，保证有机产品认证等过程的完整、客观、真实，并对认证过程作出完整记录，归档留存。

**第十六条** 有机产品认证机构应当按照相关标准或者技术规范的要求及时作出认证结论，并保证认证结论的客观、真实。

有机产品认证机构应当对其作出的认证结论负责。

**第十七条** 对符合有机产品认证要求的，有机产品认证机构应当向申请人出具有机产品认证证书，并允许其使用中国有机产品认证标志；对不符合认证要求的，应当书面通知申请人，并说明理由。

**第十八条** 按照有机产品国家标准在转换期内生产的产品，或者以转换期内生产的产品为原料的加工产品，证书中应当注明“转换”字样和转换期限，并应当使用中国有机转换产品认证标志。

**第十九条** 有机产品认证机构应当按照规定对获证单位和个人、获证产品进行有效跟踪检查，保证认证结论能够持续符合认证要求。

**第二十条** 有机产品认证机构不得对有机配料含量（指重量或者液体体积，不包括水和盐）低于 95%的加工产品进行有机认证。

**第二十一条** 生产、加工、销售有机产品的单位及个人和有机产品认证机构，应当采取有效措施，按照认证证书确定的产品范围和数量销售有机产品，保证有机产品的生产和销售数量的一致性。

## 第四章 认证证书和标志

**第二十二条** 国家认监委规定有机产品认证证书的基本格式和有机产品认证标志的式样。

**第二十三条** 有机产品认证证书应当包括以下内容：

（一）获证单位和个人名称、地址；

（二）获证产品的数量、产地面积和产品种类；

（三）有机产品认证的类别；

（四）依据的标准或者技术规范；

（五）有机产品认证标志的使用范围、数量、使用形式或者方式；

（六）颁证机构、颁证日期、有效期和负责人签字；

（七）在有机产品转换期内生产的产品或者以转换期内生产的产品为原料的加工产品，应当注明“转换”字样和转换期限。

**第二十四条** 有机产品认证证书有效期为一年。

**第二十五条** 获得有机产品认证证书的单位或者个人，在有机产品认证证书有效期内，发生下列情形之一的，应当向有机产品认证机构办理变更手续：

（一）获证单位或者个人发生变更的；

（二）有机产品生产、加工单位或者个人发生变更的；

（三）产品种类变更的；

（四）有机产品转换期满，需要变更的。

**第二十六条** 获得有机产品认证证书的单位或者个人，在有机产品认证证书有效期内，发生下列情形之一的，应当向有机产品认证机构重新申请认证：

（一）产地（基地）、加工场所或者经营活动发生变更的；

（二）其他不能持续符合有机产品标准、相关技术规范要求的。

**第二十七条** 获得有机产品认证证书的单位或者个人，发生下列情形之一的，认证机构应当及时作出暂停、撤销认证证书的决定：

（一）获证产品不能持续符合标准、技术规范要求的；

（二）获证单位或者个人发生变更的；

（三）有机产品生产、加工单位发生变更的；

（四）产品种类与证书不相符的；

（五）未按规定加施或者使用有机产品标志的。

对于撤销的证书，有机产品认证机构应当予以收回。

**第二十八条** 有机产品认证标志分为中国有机产品认证标志和中国有机转换产品认证标志，图案见附件。

中国有机产品认证标志标有中文“中国有机产品”字样和相应英文(ORGANIC)。

在有机产品转换期内生产的产品或者以转换期内生产的产品为原料的加工产品，应当使用中国有机转换产品认证标志。该标志标有中文“中国有机转换产品”字样和相应英文（CONVERSION TO ORGANIC)。

**第二十九条** 有机产品认证标志应当在有机产品认证证书限定的产品范围、数量内使用。

获证单位或者个人，应当按照规定在获证产品或者产品的最小包装上加施有机产品认证标志。

获证单位或者个人可以将有机产品认证标志印制在获证产品标签、说明书及广告宣传材料上，并可以按照比例放大或者缩小，但不得变形、变色。

**第三十条** 在获证产品或者产品最小包装上加施有机产品认证标志的同时，

应当在相邻部位标注有机产品认证机构的标识或者机构名称，其相关图案或者文字应当不大于有机产品认证标志。

**第三十一条** 未获得有机产品认证的产品，不得在产品或者产品包装及标签上标注“有机产品”、“有机转换产品”（“ORGANIC”、“CONVERSION TO ORGANIC”）和“无污染”、“纯天然”等其他误导公众的文字表述。

**第三十二条** 有机配料含量等于或者高于95%的加工产品，可以在产品或者产品包装及标签上标注“有机”字样。

有机配料含量低于95%且等于或者高于70%的加工产品，可以在产品或者产品包装及标签上标注“有机配料生产”字样。

有机配料含量低于70%的加工产品，只能在产品成分表中注明某种配料为“有机”字样。

有机配料，应当获得有机产品认证。

**第三十三条** 有机产品认证机构在作出撤销、暂停使用有机产品认证证书的决定的同时，应当监督有关单位或者个人停止使用、暂时封存或者销毁有机产品认证标志。

## 第五章 监督检查

**第三十四条** 国家认监委应当组织地方认证监督管理部门和有关单位对有机产品认证以及有机产品的生产、加工、销售活动进行监督检查。监督检查可采取以下方式：

（一）组织同行进行评议；

（二）向被认证的企业或者个人征求意见；

（三）对认证及相关检测活动及其认证决定、检测结果等进行抽查；

（四）要求从事有机产品认证及检测活动的机构报告业务情况；

（五）对证书、标志的使用情况进行抽查；

（六）对销售的有机产品进行检查；

（七）受理认证投诉、申诉，查处认证违法、违规行为。

**第三十五条** 获得有机产品认证的生产、加工单位或者个人，从事有机产品销售的单位或者个人，应当在生产、加工、包装、运输、储藏和经营等过程中，按照有机产品国家标准和本办法的规定，建立完善的跟踪检查体系和生产、加工、销售记录档案制度。

**第三十六条** 进口的有机产品应当符合中国有关法律、行政法规和部门规章的规定，并符合有机产品国家标准。

**第三十七条** 申请人对有机产品认证机构的认证结论或者处理决定有异议的，可以向作出结论、决定的认证机构提出申诉，对有机产品认证机构的处理结论仍有异议的，可以向国家认监委申诉或者投诉。

## 第六章　罚　　则

**第三十八条**　违反本办法第二十条规定，对有机配料含量低于95%的加工产品实施有机产品认证的，责令改正，并处2万元罚款。

**第三十九条**　违反本办法第二十一条规定的，责令改正，并处1万元以上3万元以下罚款。

**第四十条**　违反本办法第二十九条、第三十条和第三十一条规定的，责令改正，并处1万元以上3万元以下罚款。

**第四十一条**　违反本办法第三十二条规定的，责令改正，并处1万元以上3万元以下罚款。

**第四十二条**　对伪造、冒用、买卖、转让有机产品认证证书、认证标志等其他违法行为，依照有关法律、行政法规、部门规章的规定予以处罚。

**第四十三条**　有机产品认证机构、有机产品检测机构以及从事有机产品认证活动的人员出具虚假认证结论或者出具的认证结论严重失实的，按照《中华人民共和国认证认可条例》第六章的规定予以处罚。

## 第七章　附　　则

**第四十四条**　有机产品认证收费应当按照国家有关价格法律、行政法规的规定执行。

**第四十五条**　本办法由国家质量监督检验检疫总局负责解释。

**第四十六条**　本办法自2005年4月1日起施行。

### 有机产品认证标志图案

1. 中国有机产品认证标志（彩图见文前）：

C:100 M:0 Y:100 K:0

C:0 M:60 Y:100 K:0

2. 中国有机转换产品认证标志（彩图见文前）：

有机产品认证标志根据使用需要，分为 10mm、15mm、20mm、30mm 和 60mm 等五种规格。

# 附录2 国家认监委2011年第34号公告：关于发布《有机产品认证实施规则》的公告

进一步完善有机产品认证制度，规范有机产品认证活动，保证认证活动的一致性和有效性，根据《中华人民共和国认证认可条例》和《有机产品认证管理办法》等法规、规章的有关规定，国家认监委对2005年6月发布的《有机产品认证实施规则》（国家认监委2005年第11号公告，以下简称旧版认证实施规则）进行了修订，现将修订后的《有机产品认证实施规则》（以下简称新版认证实施规则）予以公布，并就有关事项公告如下：

一、新版认证实施规则自2012年3月1日起实施。各机构应尽快依据新版认证实施规则修订管理体系文件，并做好新版认证实施规则和GB/T 19630—2011《有机产品》国家标准的宣贯。

二、自2012年3月1日起，认证机构对新申请有机产品认证企业及已获认证企业的认证活动均需依据新版认证实施规则执行。

三、国家认监委2005年第11号公告自2012年3月1日起废止。

附件：有机产品认证实施规则（CNCA-N-009：2011）

二〇一一年十二月二日

## 有机产品认证实施规则

## 目录（省略）

### 1. 目的和范围

**1.1** 为规范有机产品认证活动，根据《中华人民共和国认证认可条例》、《有机产品认证管理办法》等有关规定制定本规则。

**1.2** 本规则规定了从事有机产品认证的认证机构（以下简称认证机构）实施有机产品认证的程序与管理的基本要求。

**1.3** 对在中华人民共和国境内销售的有机产品进行的认证活动，应当遵守本规则的规定。

对从与国家认证认可监督管理委员会（以下简称“国家认监委”）签署了有机产品认证体系等效备忘录或协议的国家/地区进口的有机产品进行的认证活动，应当遵守备忘录或协议的相关规定。

**1.4** 遵守本规则的规定，并不意味着可免除其所承担的法律责任。

**2. 认证机构要求**

**2.1** 从事有机产品认证活动的认证机构，应当具备《中华人民共和国认证认可条例》规定的条件和从事有机产品认证的技术能力，并获得国家认监委的批准。

**2.2** 认证机构应在获得国家认监委批准后的12个月内，向国家认监委提交其实施有机产品认证活动符合本规则和GB/T 27065《产品认证机构通用要求》的证明文件。认证机构在未提交相关证明文件前，每个批准认证范围颁发认证证书数量不得超过5张。

**3. 认证人员要求**

**3.1** 从事认证活动的人员应当具备必要的个人素质；具有相关专业教育和工作经历；接受过有机产品生产、加工、经营、食品安全及认证技术等方面的培训，具备相应的知识和技能。

**3.2** 有机产品认证检查员应取得中国认证认可协会的执业注册资质。

**3.3** 认证机构应对本机构的认证检查员的能力做出评价，以满足实施相应认证范围的有机产品认证活动的需要。

**4. 认证依据**

GB/T 19630《有机产品》

**5. 认证程序**

**5.1** 认证申请

5.1.1 认证委托人应具备以下条件：

(1) 取得国家工商行政管理部门或有关机构注册登记的法人资格；

(2) 已取得相关法规规定的行政许可（适用时）；

(3) 生产、加工的产品符合中华人民共和国相关法律、法规、安全卫生标准和有关规范的要求；

(4) 建立和实施了文件化的有机产品管理体系，并有效运行3个月以上；

(5) 申请认证的产品种类应在国家认监委公布的《有机产品认证目录》内；

(6) 在五年内未因8.5中（1）至（4）的原因，被认证机构撤销认证证书；

(7) 在一年内，未因8.5中（5）至（11）的原因，被认证机构撤销认证证书。

5.1.2 认证委托人应提交的文件和资料：

(1) 认证委托人的合法经营资质文件复印件，如营业执照副本、组织机构代码证、土地使用权证明及合同等。

(2) 认证委托人及其有机生产、加工、经营的基本情况：

a）认证委托人名称、地址、联系方式；当认证委托人不是产品的直接生产、加工者时，生产、加工者的名称、地址、联系方式；

b）生产单元或加工场所概况；

c）申请认证产品名称、品种及其生产规模包括面积、产量、数量、加工量等；同一生产单元内非申请认证产品和非有机方式生产的产品的基本信息；

d）过去三年间的生产历史，如植物生产的病虫草害防治、投入物使用及收获等农事活动描述；野生植物采集情况的描述；动物、水产养殖的饲养方法、疾病防治、投入物使用、动物运输和屠宰等情况的描述；

e）申请和获得其他认证的情况。

(3) 产地（基地）区域范围描述，包括地理位置、地块分布、缓冲带及产地周围临近地块的使用情况等；加工场所周边环境描述、厂区平面图、工艺流程图等。

(4) 有机产品生产、加工规划，包括对生产、加工环境适宜性的评价，对生产方式、加工工艺和流程的说明及证明材料，农药、肥料、食品添加剂等投入物质的管理制度以及质量保证、标识与追溯体系建立、有机生产加工风险控制措施等。

(5) 本年度有机产品生产、加工计划，上一年度销售量、销售额和主要销售市场等。

(6) 承诺守法诚信，接受行政监管部门及认证机构监督和检查，保证提供材料真实、执行有机产品标准、技术规范的声明。

(7) 有机生产、加工的管理体系文件。

(8) 有机转换计划（适用时）。

(9) 当认证委托人不是有机产品的直接生产、加工者时，认证委托人与有机产品生产、加工者签订的书面合同复印件。

(10) 其他相关材料。

**5.2** 认证受理

5.2.1 认证机构应至少公开以下信息：

(1) 认证资质范围及有效期；

(2) 认证程序和认证要求；

(3) 认证依据；

(4) 认证收费标准；

(5) 认证机构和认证委托人的权利与义务；

(6) 认证机构处理申诉、投诉和争议的程序；

(7) 批准、注销、变更、暂停、恢复和撤销认证证书的规定与程序；

(8) 获证组织使用中国有机产品认证标志、认证证书和认证机构标识或名称的要求；

(9) 获证组织正确宣传的要求。

5.2.2 申请评审

对符合5.1要求的认证委托人，认证机构应根据有机产品认证依据、程序等要求，在10个工作日内对提交的申请文件和资料进行评审并保存评审记录，以确保：

(1) 认证要求规定明确、形成文件并得到理解；

(2) 认证机构和认证委托人之间在理解上的差异得到解决；

(3) 对于申请的认证范围，认证委托人的工作场所和任何特殊要求，认证机构均有能力开展认证服务。

5.2.3 评审结果处理

申请材料齐全、符合要求的，予以受理认证申请。

对不予受理的，应当书面通知认证委托人，并说明理由。

**5.3** 现场检查准备与实施

5.3.1 根据所申请产品的对应的认证范围，认证机构应委派具有相应资质和能力的检查员组成检查组。每个检查组应至少有一名相应认证范围注册资质的专业检查员。

对同一认证委托人的同一生产单元不能连续3年以上（含3年）委派同一检查员实施检查。

5.3.2 检查任务

认证机构在现场检查前应向检查组下达检查任务书，内容包括但不限于：

(1) 认证委托人的联系方式、地址等；

(2) 检查依据，包括认证标准、认证实施规则和其他规范性文件；

(3) 检查范围，包括检查的产品种类、生产加工过程和生产加工基地等；

(4) 检查组成员，检查的时间要求；

(5) 检查要点，包括管理体系、追踪体系、投入物的使用和包装标识等；

(6) 上年度认证机构提出的不符合项（适用时）。

5.3.3 文件评审

在现场检查前，应对认证委托人的管理体系文件进行评审，确定其适宜性、充分性及与认证要求的符合性，并保存评审记录。

5.3.4 检查计划

5.3.4.1 检查组应制定检查计划，并在现场检查前得到认证委托人的确认。

认证监管部门对认证机构检查方案、计划有异议的，应至少在现场检查前2天提出。认证机构应当及时与该部门进行沟通，协调一致后方可实施现场检查。

5.3.4.2 现场检查时间应当安排在申请认证产品的生产、加工的高风险阶段。因生产季等原因，初次现场检查不能覆盖所有申请认证产品的，应当在认证证书有效期内实施现场补充检查。

5.3.4.3 应对生产单元的全部生产活动范围逐一进行现场检查；多个农户

负责生产（如农业合作社或公司+农户）的组织应检查全部农户。应对所有加工场所实施检查。需在非生产、加工场所进行二次分装/分割的，也应对二次分装/分割的场所进行现场检查，以保证认证产品的完整性。

现场检查还应考虑以下因素：

——有机与非有机产品间的价格差异；

——组织内农户间生产体系和种植、养殖品种的相似程度；

——往年检查中发现的不符合项；

——组织内部控制体系的有效性；

——再次加工分装分割对认证产品完整性的影响（适用时）。

5.3.5 检查实施

根据认证依据的要求对认证委托人的管理体系进行评审，核实生产、加工过程与认证委托人按照5.1.2条款所提交的文件的一致性，确认生产、加工过程与认证依据的符合性。检查过程至少应包括：

(1) 对生产、加工过程和场所的检查，如生产单元存在非有机生产或加工时，也应对其非有机部分进行检查；

(2) 对生产、加工管理人员、内部检查员、操作者的访谈；

(3) 对GB/T 19630.4所规定的管理体系文件与记录进行审核；

(4) 对认证产品的产量与销售量的汇总核算；

(5) 对产品和认证标志追溯体系、包装标识情况的评价和验证；

(6) 对内部检查和持续改进的评估；

(7) 对产地和生产加工环境质量状况的确认，并评估对有机生产、加工的潜在污染风险；

(8) 样品采集；

(9) 对上一年度提出的不符合项采取的纠正和/或纠正措施进行验证（适用时）。

检查组在结束检查前，应对检查情况进行总结，向受检查方及认证委托人明确并确认存在的不符合项，对存在的问题进行说明。

5.3.6 样品检测

5.3.6.1 应对申请认证的所有产品进行检测，并在风险评估基础上确定检测项目。认证证书发放前无法采集样品的，应在证书有效期内进行检测。

5.3.6.2 认证机构应委托具备法定资质的检测机构对样品进行检测。

5.3.6.3 有机生产或加工中允许使用物质的残留量应符合相关法规、标准的规定。有机生产和加工中禁止使用的物质不得检出。

5.3.7 产地环境质量状况

认证委托人应出具有资质的监（检）测机构对产地环境质量进行的监（检）测报告以证明其产地的环境质量状况符合GB/T 19630《有机产品》规定的要求。土壤和水的检测报告委托方应为认证委托人。

5.3.8　有机转换要求

5.3.8.1　未能保持有机认证的生产单元，需重新经过有机转换才能再次获得有机认证。

5.3.8.2　有机转换计划须获得认证机构批准，并且在开始实施转换计划后每年须经认证机构核实、确认。未按转换计划完成转换的生产单元不能获得认证。

5.3.9　投入品

5.3.9.1　有机生产或加工过程中允许使用GB/T 19630.1附录A、附录B及GB/T 19630.2附录A、附录B列出的物质。

5.3.9.2　对未列入GB/T 19630.1附录A、附录B或GB/T 19630.2附录A、附录B的投入品，认证委托人应在使用前向认证机构提交申请，详细说明使用的必要性和申请使用投入品的组分、组分来源、使用方法、使用条件、使用量以及该物质的分析测试报告（必要时），认证机构应根据GB/T 19630.1附录C或GB/T 19630.2附录C的要求对其进行评估。经评估符合要求的，由认证机构报国家认监委批准后方可使用。

5.3.9.3　国家认监委可在专家评估的基础上，公布有机生产、加工投入品临时补充列表。

5.3.10　检查报告

5.3.10.1　认证机构应规定检查报告的格式。

5.3.10.2　应通过检查记录、检查报告等书面文件，提供充分的信息使认证机构能做出客观的认证决定。

5.3.10.3　检查报告应包括检查组通过风险评估对认证委托人的生产、加工活动与认证要求符合性的判断，对其管理体系运行有效性的评价，对检查过程中收集的信息以及对符合与不符合认证要求的说明，对其产品质量安全状况的判定等内容。

5.3.10.4　检查组应对认证委托人执行标准的总体情况做出评价，但不应对认证委托人是否通过认证做出书面结论。

**5.4**　认证决定

5.4.1　认证机构应基于对产地环境质量在现场检查和产品检测评估的基础上做出认证决定。认证决定同时应考虑的因素还应包括：产品生产、加工特点，企业管理体系稳定性，当地农兽药管理和社会整体诚信水平等。

对于符合认证要求的认证委托人，认证机构应颁发认证证书（基本格式见附件1、2）。

对于不符合认证要求的认证委托人，认证机构应以书面的形式明示其不能通过认证的原因。

5.4.2　认证委托人符合下列条件之一，予以批准认证：

(1) 生产加工活动、管理体系及其他审核证据符合本规则和认证标准的要求；

(2) 生产加工活动、管理体系及其他审核证据虽不完全符合本规则和认证依据标准的要求，但认证委托人已经在规定的期限内完成了不符合项纠正或（和）纠正措施，并通过认证机构验证。

5.4.3　认证委托人的生产加工活动存在以下情况之一，不予批准认证：

(1) 提供虚假信息，不诚信的；

(2) 未建立管理体系或建立的管理体系未有效实施的；

(3) 生产加工过程使用了禁用物质或者受到禁用物质污染的；

(4) 产品检测发现存在禁用物质的；

(5) 申请认证的产品质量不符合国家相关法规和（或）标准强制要求的；

(6) 存在认证现场检查场所外进行再次加工、分装、分割情况的；

(7) 一年内出现重大产品质量安全问题或因产品质量安全问题被撤销有机产品认证证书的；

(8) 未在规定的期限完成不符合项纠正或者（和）纠正措施，或者提交的纠正或者（和）纠正措施未满足认证要求的；

(9) 经监（检）测产地环境受到污染的；

(10) 其他不符合本规则和（或）有机标准要求，且无法纠正的。

5.4.4　申诉

认证委托人如对认证决定结果有异议，可在10个工作日内向认证机构申诉，认证机构自收到申诉之日起，应在30个工作日内进行处理，并将处理结果书面通知认证委托人。

认证委托人如认为认证机构的行为严重侵害了自身合法权益，可以直接向认证监管部门申诉。

## 6. 认证后管理

**6.1**　认证机构应当每年对获证组织至少实施一次现场检查。认证机构应根据申请认证产品种类和风险、生产企业管理体系的稳定性、当地诚信水平总体情况等，合理确定现场检查频次。同一认证的品种在证书有效期内如有多个生产季的，则每个生产季均需进行现场检查。

此外，认证机构还应在风险评估的基础上每年至少对5%的获证组织实施一次不通知的现场检查。

**6.2**　认证机构应及时获得获证组织变更信息，对获证组织有效管理，以保证其持续符合认证的要求。

**6.3**　认证机构在与认证委托人签订的合同中，应明确约定获证组织需建立信息通报制度，及时向认证机构通报以下信息：

(1) 法律地位、经营状况、组织状态或所有权变更的信息；

(2) 组织和管理层变更的信息；

(3) 联系地址和场所变更的信息；

(4) 有机产品管理体系、生产、加工、经营状况或过程变更的信息；

(5) 认证产品的生产、加工、经营场所周围发生重大动、植物疫情的信息；

(6) 生产、加工、经营的有机产品质量安全重要信息，如相关部门抽查发现存在严重质量安全问题或消费者重大投诉等；

(7) 获证组织因违反国家农产品、食品安全管理相关法律法规而受到处罚；

(8) 采购的原料或产品存在不符合认证依据要求的情况；

(9) 不合格品撤回及处理的信息；

(10) 其他重要信息。

**6.4** 销售证

6.4.1 认证机构应制定销售证申请和办理程序，要求获证组织在销售认证产品前向认证机构申请销售证。

6.4.2 认证机构应对获证组织与顾客签订的供货协议、销售的认证产品范围和数量进行审核。对符合要求的，颁发有机产品销售证。

6.4.3 销售证由获证组织在销售获证产品时转交给购买单位。获证组织应保存销售证的复印件，以备认证机构审核。

6.4.4 销售证基本格式见附件 3。

## 7. 再认证

**7.1** 获证组织应至少在认证证书有效期结束前 3 个月向认证机构提出再认证申请。

获证组织的有机产品管理体系和生产、加工过程未发生变更时，可适当简化申请评审和文件评审程序。

**7.2** 认证机构应当在认证证书有效期内进行再认证检查。因不可抗拒力的原因，不能在认证证书有效期内进行再认证检查时，获证组织应在证书有效期内向认证机构提出书面申请，说明原因。经认证机构确认，再认证可在认证证书有效期后的 3 个月内实施，但不得超过 3 个月。延长期内生产的产品，不得作为有机产品进行销售。

**7.3** 不能在认证证书有效期内进行现场检查，在 3 个月延长期内未实施再认证的生产单元需重新进行转换认证。

## 8. 认证证书、认证标志的管理

**8.1** 认证证书基本格式

有机产品认证证书有效期为一年，认证证书基本格式应符合本规则附件 1、2 的规定。认证证书的编号应当从“中国食品农产品认证信息系统”中获取，认证机构不得自行编制认证证书编号发放认证证书。

**8.2** 认证证书的变更

获证产品在认证证书有效期内，有下列情形之一的，认证委托人应当向认证机构申请认证证书的变更：

(1) 有机产品生产、加工单位名称或者法人性质发生变更的；

(2) 产品种类和数量减少的；

(3) 有机产品转换期满的；

(4) 其他需要变更的情形。

**8.3** 认证证书的注销

有下列情形之一的，认证机构应当注销获证组织认证证书，并对外公布：

(1) 认证证书有效期届满前，未申请延续使用的；

(2) 获证产品不再生产的；

(3) 认证委托人申请注销的；

(4) 其他依法应当注销的情形。

**8.4** 认证证书的暂停

有下列情形之一的，认证机构应当暂停认证证书1～3个月，并对外公布：

(1) 未按规定使用认证证书或认证标志的；

(2) 获证产品的生产、加工过程或者管理体系不符合认证要求，且在30日内不能采取有效纠正或（和）者纠正措施的；

(3) 未按要求对信息进行通报的；

(4) 认证监管部门责令暂停认证证书的；

(5) 其他需要暂停认证证书的情形。

**8.5** 认证证书的撤销

有下列情况之一的，认证机构应当撤销认证证书，并对外公布：

(1) 获证产品质量不符合国家相关法规、标准强制要求或者被检出禁用物质的；

(2) 生产、加工过程中使用了有机产品国家标准禁用物质或者受到禁用物质污染的；

(3) 虚报、瞒报获证所需信息的；

(4) 超范围使用认证标志的；

(5) 产地（基地）环境质量不符合认证要求的；

(6) 认证证书暂停期间，认证委托人未采取有效纠正或者（和）纠正措施的；

(7) 获证产品在认证证书标明的生产、加工场所外进行了再次加工、分装、分割的；

(8) 对相关方重大投诉未能采取有效处理措施的；

(9) 获证组织因违反国家农产品、食品安全管理相关法律法规，受到相关行政处罚的；

(10) 获证组织不接受认证监管部门、认证机构对其实施监督的；

（11）认证监管部门责令撤销认证证书的；

（12）其他需要撤销认证证书的。

**8.6** 认证证书的恢复

认证证书被注销或撤销后，不能以任何理由予以恢复。

被暂停证书的获证组织，需认证证书暂停期满且完成不符合项纠正或（和）纠正措施并经认证机构确认后方可恢复认证证书。

**8.7** 证书与标志使用

认证证书和认证标志的管理、使用应当符合《认证证书和认证标志管理办法》、《有机产品认证管理办法》和《有机产品》国家标准的规定。

中国有机产品认证标志分为中国有机产品认证标志和中国有机转换产品认证标志。获证产品或者产品的最小销售包装上应当加施中国有机产品认证标志及其唯一编号（编号前应注明“有机码”以便识别）、认证机构名称或者其标识。

初次获得有机转换产品认证证书一年内生产的有机转换产品，只能以常规产品销售，不得使用有机转换产品认证标志及相关文字说明。

认证证书暂停期间，认证机构应当通知并监督获证组织停止使用有机产品认证证书和标志，暂时封存仓库中带有有机产品认证标志的相应批次产品；获证组织应将注销、撤销的有机产品认证证书和未使用的标志交回认证机构或获证组织应在认证机构的监督下销毁剩余标志和带有有机产品认证标志的产品包装。必要时，召回相应批次带有有机产品认证标志的产品。

## 9. 信息报告

认证机构应当按照要求及时将下列信息通报相关政府监管部门：

（1）认证机构应当按要求，及时向“中国食品农产品认证信息系统”填报认证活动信息，现场检查计划应在现场检查5个工作日前录入信息系统。

（2）认证机构应当在10个工作日内将撤销、暂停认证证书的获证组织名单和原因，向国家认监委和该组织所在地的省级质量监督、检验检疫、工商行政管理部门报告，并向社会公布；

（3）认证机构在获知获证组织发生产品质量安全事故后，应当及时将相关信息向国家认监委和获证组织所在地的省级质量监督、检验检疫、工商行政管理部门通报；

（4）认证机构应当于每年3月底之前将上年度有机产品生产/加工（如包含加工企业时）企业认证工作报告报送国家认监委，报告内容至少包括：颁证数量、获证产品质量分析、暂停和撤销认证证书清单及原因分析等。

## 10. 认证收费

认证机构应根据相关规定收取认证费用。

**附件1:**

## 有机产品认证证书基本格式

证书编号：*************

# 有机产品认证证书

认证委托人（证书持有人）名称 *************************

地址 *************************

生产（加工）企业名称 *************************

地址 *************************

有机产品认证的类别：生产/加工（生产类注明植物生产、野生植物采集、畜禽养殖、水产养殖具体类别）

产品标准 GB/T 19630.1 有机产品：生产

(GB/T 19630.2 有机产品：加工)

GB/T 19630.3 有机产品：标识与销售

GB/T 19630.4 有机产品：管理体系

| 序号 | 基地（加工厂）名称 | 基地（加工厂）地址 | 基地面积 | 产品名称 | 产品描述 | 生产规模 | 产量 |
|---|---|---|---|---|---|---|---|
| | | | | | | | |
| | | | | | | | |
| | | | | | | | |
| | | | | | | | |

（可设附件描述，附件与本证书同等效力）

以上产品及其生产（加工）过程符合有机产品认证实施规则的要求，特发此证。

**初次发证日期：** 年 月 日

**本次发证日期：** 年 月 日

**证书有效期至：** 年 月 日

**负责人签字：** ______________ 盖章

**认证机构名称**

**认证机构地址**

**联系电话**

（认证机构标识） （认可标志）

附件2：

## 有机转换产品认证证书基本格式

证书编号：*************

# 有机转换产品认证证书

认证委托人（证书持有人）名称　************************

地址　************************

生产（加工）企业名称　************************

地址　************************

有机产品认证的类别：生产/加工（生产类注明植物生产、野生植物采集、畜禽养殖、水产养殖具体类别）

产品标准　GB/T 19630.1 有机产品：生产

GB/T 19630.2 有机产品：加工

GB/T 19630.3 有机产品：标识与销售

GB/T 19630.4 有机产品：管理体系

| 序号 | 基地（加工厂）名称 | 基地（加工厂）地址 | 基地面积 | 产品名称 | 产品描述 | 生产规模 | 产量 |
|---|---|---|---|---|---|---|---|
| | | | | | | | |
| | | | | | | | |
| | | | | | | | |
| | | | | | | | |

（可设附件描述，附件与本证书同等效力）

以上产品及其生产（加工）过程符合有机产品认证实施规则的要求，特发此证。

**初次发证日期：**　年　月　日

**本次发证日期：**　年　月　日

**证书有效期至：**　年　月　日

**负责人签字：**＿＿＿＿＿＿＿＿　盖章

**认证机构名称**

**认证机构地址**

**联系电话**

（认证机构标识）　（认可标志）

**附件 3：**

## 有机产品销售证基本格式

# 有机产品销售证

☐有机产品　　☐有机转换产品

编号（TC# ）：________________

认证证书号：________________

认证类别：________________

获证组织名称：________________

产品名称：________________

购买单位：________________

数量：________________

产品批号：________________

合同号：________________

交易日期：________________

售出单位：________________

此证书仅对购买单位和获《有机产品》（GBT 19630）国家标准认证的产品交易有效。

发证日期：

负责人签字：________________　　盖章

**认证机构名称**
**认证机构地址**
**联系电话**

**附件 4：**

## 有机产品认证证书编号规则

有机产品认证采用统一的认证证书编号规则。认证机构在食品农产品系统中录入认证证书、检查组、检查报告、现场检查照片等方面相关信息后，经格式校验合格后，由系统自动赋予认证证书编号，认证机构不得自行编号。

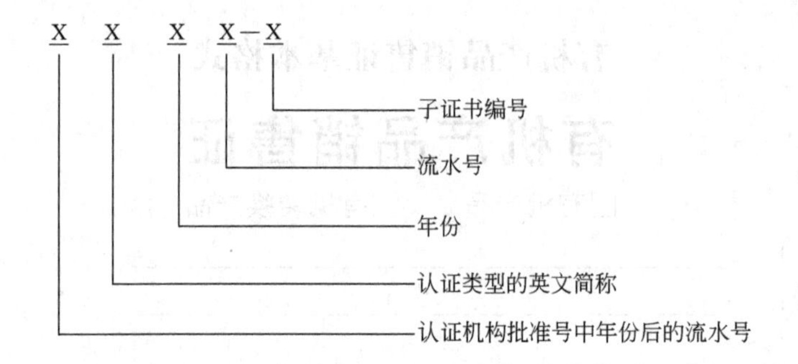


（一）认证机构批准号中年份后的流水号

认证机构批准号的编号格式为“CNCA-R/RF-年份-流水号”，其中 R 表示内资认证机构，RF 表示外资认证机构，年份为 4 位阿拉伯数字，流水号是内资、外资分别流水编号。

内资认证机构认证证书编号为该机构批准号的 3 位阿拉伯数字批准流水号；外资认证机构认证证书编号为：F+ 该机构批准号的 2 位阿拉伯数字批准流水号。

（二）认证类型的英文简称

有机产品认证英文简称为 OP。

（三）年份

采用年份的最后 2 位数字，例如 2011 年为 11。

（四）流水号

为某认证机构在某个年份该认证类型的流水号，5 位阿拉伯数字。

（五）子证书编号

如果某张证书有子证书，那么在母证书号后加“-”和子证书顺序的阿拉伯数字。

（六）其他

再认证时，证书号不变。

**附件 5：**

## 国家有机产品认证标志编码规则

为保证国家有机产品认证标志的基本防伪与追溯，防止假冒认证标志和获证产品的发生，各认证机构在向获证组织发放认证标志或允许获证组织在产品标签上印制认证标志时，应当赋予每枚认证标志一个唯一的编码，其编码由认证机构代码、认证标志发放年份代码和认证标志发放随机码组成。

示例：

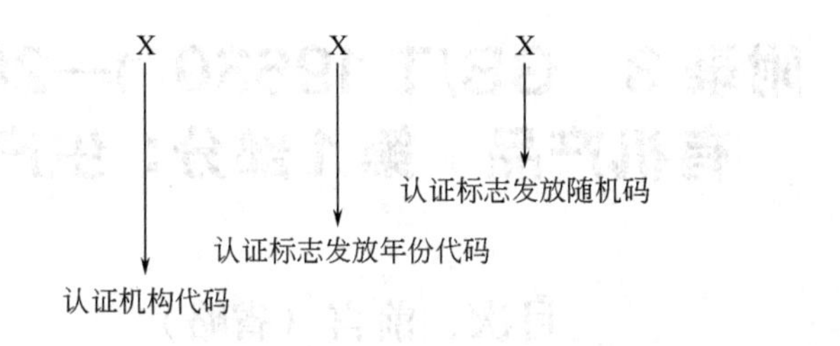


（一）认证机构代码（3位）

认证机构代码由认证机构批准号后三位代码形成。内资认证机构为该认证机构批准号的3位阿拉伯数字批准流水号；外资认证机构为：9+该认证机构批准号的2位阿拉伯数字批准流水号。

（二）认证标志发放年份代码（2位）

采用年份的最后2位数字，例如2011年为11。

（三）认证标志发放随机码（12位）

该代码是认证机构发放认证标志数量的12位阿拉伯数字随机号码。数字产生的随机规则由各认证机构自行制定。

# 附录3　GB/T 19630.1—2011 有机产品　第1部分：生产

## 目次、前言（省略）

## 引　言

有机农业在发挥其生产功能即提供有机产品的同时，关注人与生态系统的相互作用以及环境、自然资源的可持续管理。有机农业基于健康的原则、生态学的原则、公平的原则和关爱的原则。具体而言，有机农业的基本原则包括：

——在生产、加工、流通和消费领域，维持和促进生态系统和生物的健康，包括土壤、植物、动物、微生物、人类和地球的健康。有机农业尤其致力于生产高品质、富营养的食物，以服务于预防性的健康和福利保护。因此，有机农业尽量避免使用化学合成的肥料、植物保护产品、兽药和食品添加剂。

——基于活的生态系统和物质能量循环，与自然和谐共处，效仿自然并维护自然。有机农业采取适应当地条件、生态、文化和规模的生产方式。通过回收、循环使用和有效的资源和能源管理，降低外部投入品的使用，以维持和改善环境质量，保护自然资源。

——通过设计耕作系统、建立生物栖息地，保护基因多样性和农业多样性，以维持生态平衡。在生产、加工、流通和消费环节保护和改善我们共同的环境，包括景观、气候、生物栖息地、生物多样性、空气、土壤和水。

——在所有层次上，对所有团体——农民、工人、加工者、销售商、贸易商和消费者，以公平的方式处理相互关系。有机农业致力于生产和供应充足的、高品质的食品和其他产品，为每个人提供良好的生活质量，并为保障食品安全、消除贫困作出贡献。

——以符合社会公正和生态公正的方式管理自然和环境资源，并托付给子孙后代。有机农业倡导建立开放、机会均等的生产、流通和贸易体系，并考虑环境和社会成本。

——为动物提供符合其生理需求、天然习性和福利的生活条件。

——在提高效率、增加生产率的同时，避免对人体健康和动物福利的风险。因为对生态系统和农业理解的局限性，对新技术和已经存在的技术方法应采取谨慎的态度进行评估。有机农业在选择技术时，强调预防和责任，确保有机农业是健康、安全的以及在生态学上是合理的。有机农业拒绝不可预测的技术例如基因工程和电离辐射，避免带来健康和生态风险。

# 有机产品
# 第1部分：生产

## 1 范围

GB/T 19630的本部分规定了植物、动物和微生物产品的有机生产通用规范和要求。

本部分适用于植物、动物和微生物产品的生产、收获和收获后处理、包装、储藏和运输。

## 2 规范性引用文件

下列文件对于本文件的应用是必不可少的。凡是注日期的引用文件，仅注日期的版本适用于本文件。凡是不注日期的引用文件，其最新版本（包括所有的修改单）适用于本文件。

GB 3095 环境空气质量标准

GB 5084 农田灌溉水质标准

GB 5749 生活饮用水卫生标准

GB 9137 保护农作物的大气污染物最高允许浓度

GB 11607 渔业水质标准

GB 15618 土壤环境质量标准

GB 18596 畜禽养殖业污染物排放标准

GB/T 19630.2—2011 有机产品 第2部分：加工

GB/T 19630.4 有机产品 第4部分：管理体系

## 3 术语和定义

下列术语和定义适用于本部分。

**3.1 有机农业 organic agriculture**

遵照特定的农业生产原则，在生产中不采用基因工程获得的生物及其产物，不使用化学合成的农药、化肥、生长调节剂、饲料添加剂等物质，遵循自然规律和生态学原理，协调种植业和养殖业的平衡，采用一系列可持续的农业技术以维持持续稳定的农业生产体系的一种农业生产方式。

**3.2 有机产品 organic product**

按照本标准生产、加工、销售的供人类消费、动物食用的产品。

**3.3 常规 conventional**

生产体系及其产品未按照本标准实施管理的。

**3.4 转换期 conversion period**

从按照本标准开始管理至生产单元和产品获得有机认证之间的时段。

**3.5　平行生产　parallel production**

在同一生产单元中，同时生产相同或难以区分的有机、有机转换或常规产品的情况。

**3.6　缓冲带　buffer zone**

在有机和常规地块之间有目的设置的、可明确界定的用来限制或阻挡邻近田块的禁用物质漂移的过渡区域。

**3.7　投入品　input**

在有机生产过程中采用的所有物质或材料。

**3.8**　（省略）

**3.9**　（省略）

**3.10　植物繁殖材料　propagating material**

在植物生产或繁殖中使用的除一年生植物的种苗以外的植物或植物组织，包括但不限于根茎、芽、叶、扦插苗、根、块茎。

**3.11　生物多样性　biodiversity**

地球上生命形式和生态系统类型的多样性，包括基因的多样性、物种的多样性和生态系统的多样性。

**3.12　基因工程技术**（转基因技术）　**genetic engineering**（genetic modification）

指通过自然发生的交配与自然重组以外的方式对遗传材料进行改变的技术，包括但不限于重组脱氧核糖核酸、细胞融合、微注射与宏注射、封装、基因删除和基因加倍。

**3.13　基因工程生物**（转基因生物）　**genetically engineered organism**（genetically modified organism）

通过基因工程技术/转基因技术改变了其基因的植物、动物、微生物。不包括接合生殖、转导与杂交等技术得到的生物体。

**3.14　辐照　irradiation**（ionizing radiation）

放射性核素高能量的放射，能改变食品的分子结构，以控制食品中的微生物、病菌、寄生虫和害虫，达到保存食品或抑制诸如发芽或成熟等生理过程。

## 4　通则

### 4.1　生产单元范围

有机生产单元的边界应清晰，所有权和经营权应明确，并且已按照 GB/T 19630.4 的要求建立并实施了有机生产管理体系。

### 4.2　转换期

由常规生产向有机生产发展需要经过转换，经过转换期后播种或收获的植物产品或经过转换期后的动物产品才可作为有机产品销售。生产者在转换期间应完全符合有机生产要求。

**4.3 基因工程生物/转基因生物**

4.3.1 不应在有机生产体系中引入或在有机产品上使用基因工程生物/转基因生物及其衍生物，包括植物、动物、微生物、种子、花粉、精子、卵子、其他繁殖材料及肥料、土壤改良物质、植物保护产品、植物生长调节剂、饲料、动物生长调节剂、兽药、渔药等农业投入品。

4.3.2 同时存在有机和非有机生产的生产单元，其常规生产部分也不得引入或使用基因工程生物/转基因生物。

**4.4 辐照**

不应在有机生产中使用辐照技术。

**4.5 投入品**

4.5.1 生产者应选择并实施栽培和/或养殖管理措施，以维持或改善土壤理化和生物性状，减少土壤侵蚀，保护植物和养殖动物的健康。

4.5.2 在栽培和/或养殖管理措施不足以维持土壤肥力和保证植物和养殖动物健康，需要使用有机生产体系外投入品时，可以使用附录A和附录B列出的投入品，但应按照规定的条件使用。在附录A和附录B涉及有机农业中用于土壤培肥和改良、植物保护、动物养殖的物质不能满足要求的情况下，可以参照附录C描述的评估准则对有机农业中使用除附录A和附录B以外的其他投入品进行评估。

4.5.3 作为植物保护产品的复合制剂的有效成分应是附录A表A.2列出的物质，不应使用具有致癌、致畸、致突变性和神经毒性的物质作为助剂。

4.5.4 不应使用化学合成的植物保护产品。

4.5.5 不应使用化学合成的肥料和城市污水污泥。

4.5.6 认证的产品中不得检出有机生产中禁用物质。

## 5 植物生产

**5.1 转换期**

5.1.1 一年生植物的转换期至少为播种前的24个月，草场和多年生饲料作物的转换期至少为有机饲料收获前的24个月，饲料作物以外的其他多年生植物的转换期至少为收获前的36个月。转换期内应按照本标准的要求进行管理。

5.1.2 新开垦的、撂荒36个月以上的或有充分证据证明36个月以上未使用本标准禁用物质的地块，也应经过至少12个月的转换期。

5.1.3 可延长本标准禁用物质污染的地块的转换期。

5.1.4 对于已经经过转换或正处于转换期的地块，如果使用了有机生产中禁止使用的物质，应重新开始转换。当地块使用的禁用物质是当地政府机构为处理某种病害或虫害而强制使用时，可以缩短5.1.1规定的转换期，但应关注施用产品中禁用物质的降解情况，确保在转换期结束之前，土壤中或多年生作物体内的残留达到非显著水平，所收获产品不应作为有机产品或有机转换产品销售。

5.1.5 野生采集、食用菌栽培（土培和覆土栽培除外）、芽苗菜生产可以免除转换期。

**5.2 平行生产**

5.2.1 在同一个生产单元中可同时生产易于区分的有机和非有机植物，但该单元的有机和非有机生产部分（包括地块、生产设施和工具）应能够完全分开，并能够采取适当措施避免与非有机产品混杂和被禁用物质污染。

5.2.2 在同一生产单元内，一年生植物不应存在平行生产。

5.2.3 在同一生产单元内，多年生植物不应存在平行生产，除非同时满足以下条件：

a) 生产者应制定有机转换计划，计划中应承诺在可能的最短时间内开始对同一单元中相关非有机生产区域实施转换，该时间最多不能超过5年；

b) 采取适当的措施以保证从有机和非有机生产区域收获的产品能够得到严格分离。

**5.3 产地环境要求**

有机生产需要在适宜的环境条件下进行。有机生产基地应远离城区、工矿区、交通主干线、工业污染源、生活垃圾场等。

产地的环境质量应符合以下要求：

a) 土壤环境质量符合GB 15618中的二级标准；

b) 农田灌溉用水水质符合GB 5084的规定；

c) 环境空气质量符合GB 3095中二级标准和GB 9137的规定。

**5.4 缓冲带**

应对有机生产区域受到邻近常规生产区域污染的风险进行分析。在存在风险的情况下，则应在有机和常规生产区域之间设置有效的缓冲带或物理屏障，以防止有机生产地块受到污染。缓冲带上种植的植物不能认证为有机产品。

**5.5 种子和植物繁殖材料**

5.5.1 应选择适应当地的土壤和气候条件、抗病虫害的植物种类及品种。在品种的选择上应充分考虑保护植物的遗传多样性。

5.5.2 应选择有机种子或植物繁殖材料。当从市场上无法获得有机种子或植物繁殖材料时，可选用未经禁止使用物质处理过的常规种子或植物繁殖材料，并制订和实施获得有机种子和植物繁殖材料的计划。

5.5.3 应采取有机生产方式培育一年生植物的种苗。

5.5.4 不应使用经禁用物质和方法处理过的种子和植物繁殖材料。

**5.6 栽培**

5.6.1 一年生植物应进行三种以上作物轮作，一年种植多季水稻的地区可以采取两种作物轮作，东北地区冬季休耕的地区可不进行轮作。轮作植物包括但不限于种植豆科植物、绿肥、覆盖植物等。

5.6.2 宜通过间套作等方式增加生物多样性、提高土壤肥力、增强有机植物的抗病能力。

5.6.3 应根据当地情况制定合理的灌溉方式（如滴灌、喷灌、渗灌等）。

**5.7 土肥管理**

5.7.1 应通过适当的耕作与栽培措施维持和提高土壤肥力，包括：

a）回收、再生和补充土壤有机质和养分来补充因植物收获而从土壤带走的有机质和土壤养分；

b）采用种植豆科植物、免耕或土地休闲等措施进行土壤肥力的恢复。

5.7.2 当5.7.1描述的措施无法满足植物生长需求时，可施用有机肥以维持和提高土壤的肥力、营养平衡和土壤生物活性，同时应避免过度施用有机肥，造成环境污染。应优先使用本单元或其他有机生产单元的有机肥。如外购商品有机肥，应经认证机构按照附录C评估后许可使用。

5.7.3 不应在叶菜类、块茎类和块根类植物上施用人粪尿；在其他植物上需要使用时，应当进行充分腐熟和无害化处理，并不得与植物食用部分接触。

5.7.4 可使用溶解性小的天然矿物肥料，但不得将此类肥料作为系统中营养循环的替代物。矿物肥料只能作为长效肥料并保持其天然组分，不应采用化学处理提高其溶解性。不应使用矿物氮肥。

5.7.5 可使用生物肥料；为使堆肥充分腐熟，可在堆制过程中添加来自于自然界的微生物，但不应使用转基因生物及其产品。

5.7.6 有机植物生产中允许使用的土壤培肥和改良物质见附录A表A.1。

**5.8 病虫草害防治**

5.8.1 病虫草害防治的基本原则应从农业生态系统出发，综合运用各种防治措施，创造不利于病虫草害孳生和有利于各类天敌繁衍的环境条件，保持农业生态系统的平衡和生物多样化，减少各类病虫草害所造成的损失。应优先采用农业措施，通过选用抗病抗虫品种、非化学药剂种子处理、培育壮苗、加强栽培管理、中耕除草、耕翻晒垡、清洁田园、轮作倒茬、间作套种等一系列措施起到防治病虫草害的作用。还应尽量利用灯光、色彩诱杀害虫，机械捕捉害虫，机械或人工除草等措施，防治病虫草害。

5.8.2 5.8.1提及的方法不能有效控制病虫草害时，可使用附录A表A.2所列出的植物保护产品。

**5.9 其他植物生产**

5.9.1 设施栽培

5.9.1.1 应使用土壤或基质进行植物生产，不应通过营养液栽培的方式生产。不应使用禁用物质处理设施农业的建筑材料和栽培容器。转换期应符合5.1的要求。

5.9.1.2 应使用附录A表A.1列出的有机植物生产中允许使用的土壤培肥和改良物质作为基质，不应含有禁用的物质。

使用动物粪肥作为养分的来源时应堆制。可使用附录A表A.1列出的物质作为辅助肥源。可使用加热气体或水的方法取得辅助热源，也可以使用辅助光源。

5.9.1.3 可采用以下措施和方法：

a）使用附录A表A.1列出的土壤培肥和改良物质作为辅助肥源。使用动物粪肥作为养分来源时应堆制；

b）使用火焰、发酵、制作堆肥和使用压缩气体提高二氧化碳浓度；

c）使用蒸汽和附录A表A.3列出的清洁剂和消毒剂对栽培容器进行清洁和消毒；

d）通过控制温度和光照或使用天然植物生长调节剂调节生长和发育。

5.9.1.4 应采用土壤再生和循环使用措施。在生产过程中，可采用以下方法替代轮作：

a）与抗病植株的嫁接栽培；

b）夏季和冬季耕翻晒垡；

c）通过施用可生物降解的植物覆盖物（如作物秸秆和干草）来使土壤再生；

d）部分或全部更换温室土壤，但被替换的土壤应再用于其他的植物生产活动。

5.9.1.5 在可能的情况下，应使用可回收或循环使用的栽培容器。

5.9.2 芽苗菜生产

5.9.2.1 应使用有机生产的种子生产芽苗菜。

5.9.2.2 生产用水水质应符合GB 5749。

5.9.2.3 应采取预防措施防止病虫害，可使用蒸汽和附录A表A.3列出的清洁剂和消毒剂对培养容器和生产场地进行清洁和消毒。

**5.10 分选、清洗及其他收获后处理**

5.10.1 植物收获后在场的清洁、分拣、脱粒、脱壳、切割、保鲜、干燥等简单加工过程应采用物理、生物的方法，不应使用GB/T 19630.2—2×××附录A以外的化学物质进行处理。

5.10.2 用于处理非有机植物的设备应在处理有机植物前清理干净。对不易清理的处理设备可采取冲顶措施。

5.10.3 产品和设备器具应保证清洁，不得对产品造成污染。

5.10.4 如使用清洁剂或消毒剂清洁设备设施时，应避免对产品的污染。

5.10.5 收获后处理过程中的有害生物防治，应遵守GB/T 19630.2—2×××中4.2.3的规定。

**5.11 污染控制**

5.11.1 应采取措施防止常规农田的水渗透或漫入有机地块。

5.11.2 应避免因施用外部来源的肥料造成禁用物质对有机生产的污染。

5.11.3 常规农业系统中的设备在用于有机生产前，应采取清洁措施，避免常规产品混杂和禁用物质污染。

5.11.4 在使用保护性的建筑覆盖物、塑料薄膜、防虫网时，不应使用聚氯类产品，宜选择聚乙烯、聚丙烯或聚碳酸酯类产品，并且使用后应从土壤中清除，不应焚烧。

### 5.12 水土保持和生物多样性保护

5.12.1 应采取措施，防止水土流失、土壤沙化和盐碱化。应充分考虑土壤和水资源的可持续利用。

5.12.2 应采取措施，保护天敌及其栖息地。

5.12.3 应充分利用作物秸秆，不应焚烧处理，除非因控制病虫害的需要。

## 6 野生植物采集

6.1 野生植物采集区域应边界清晰，并处于稳定和可持续的生产状态。

6.2 野生植物采集区应是在采集之前的36个月内没有受到任何禁用物质污染的地区。

6.3 野生植物采集区应保持有效的缓冲带。

6.4 采集活动不应对环境产生不利影响或对动植物物种造成威胁，采集量不应超过生态系统可持续生产的产量。

6.5 应制订和提交有机野生植物采集区可持续生产的管理方案。

6.6 野生植物采集后的处理应符合5.10的要求。

## 7 食用菌栽培（省略）

## 8 畜禽养殖（省略）

## 9 水产养殖（省略）

## 10 蜜蜂和蜂产品（省略）

## 11 包装、储藏和运输

### 11.1 包装

11.1.1 包装材料应符合国家卫生要求和相关规定；宜使用可重复、可回收和可生物降解的包装材料。

11.1.2 包装应简单、实用。

11.1.3 不应使用接触过禁用物质的包装物或容器。

### 11.2 储藏

11.2.1 应对仓库进行清洁，并采取有害生物控制措施。

11.2.2 可使用常温储藏、气调、温度控制、干燥和湿度调节等储藏方法。

11.2.3 有机产品尽可能单独储藏。如与常规产品共同储藏，应在仓库内划出特定区域，并采取必要的包装、标签等措施，确保有机产品和常规产品的识别。

### 11.3 运输

11.3.1 应使用专用运输工具。如果使用非专用的运输工具，应在装载有机产品前对其进行清洁，避免常规产品混杂和禁用物质污染。

11.3.2 在容器和/或包装物上，应有清晰的有机标识及有关说明。

## 附录 A
### （规范性附录）
# 有机植物生产中允许使用的投入品

**表 A.1　土壤培肥和改良物质**

| 类别 | 名称和组分 | 使用条件 |
| --- | --- | --- |
| Ⅰ．植物和动物来源 | 植物材料（秸秆、绿肥等） | |
| | 畜禽粪便及其堆肥（包括圈肥） | 经过堆制并充分腐熟 |
| | 畜禽粪便和植物材料的厌氧发酵产品（沼肥） | |
| | 海草或海草产品 | 仅直接通过下列途径获得：<br>物理过程，包括脱水、冷冻和研磨；<br>用水或酸和/或碱溶液提取；<br>发酵 |
| | 木料、树皮、锯屑、刨花、木灰、木炭及腐殖酸类物质 | 来自采伐后未经化学处理的木材，地面覆盖或经过堆制 |
| | 动物来源的副产品（血粉、肉粉、骨粉、蹄粉、角粉、皮毛、羽毛和毛发粉、鱼粉、牛奶及奶制品等） | 未添加禁用物质，经过堆制或发酵处理 |
| | 蘑菇培养废料和蚯蚓培养基质 | 培养基的初始原料限于本附录中的产品，经过堆制 |
| | 食品工业副产品 | 经过堆制或发酵处理 |
| | 草木灰 | 作为薪柴燃烧后的产品 |
| | 泥炭 | 不含合成添加剂。不应用于土壤改良；只允许作为盆栽基质使用 |
| | 饼粕 | 不能使用经化学方法加工的 |
| Ⅱ．矿物来源 | 磷矿石 | 天然来源，镉含量小于等于 90mg/kg 五氧化二磷 |
| | 钾矿粉 | 天然来源，未通过化学方法浓缩。氯含量少于60% |
| | 硼砂 | 天然来源，未经化学处理、未添加化学合成物质 |
| | 微量元素 | 天然来源，未经化学处理、未添加化学合成物质 |
| | 镁矿粉 | 天然来源，未经化学处理、未添加化学合成物质 |
| | 硫磺 | 天然来源，未经化学处理、未添加化学合成物质 |
| | 石灰石、石膏和白垩 | 天然来源，未经化学处理、未添加化学合成物质 |
| | 黏土（如珍珠岩、蛭石等） | 天然来源，未经化学处理、未添加化学合成物质 |
| | 氯化钠 | 天然来源，未经化学处理、未添加化学合成物质 |
| | 石灰 | 仅用于茶园土壤 pH 值调节 |
| | 窑灰 | 未经化学处理、未添加化学合成物质 |
| | 碳酸钙镁 | 天然来源，未经化学处理、未添加化学合成物质 |
| | 泻盐类 | 未经化学处理、未添加化学合成物质 |

续表

| 类别 | 名称和组分 | 使用条件 |
| --- | --- | --- |
| Ⅲ. 微生物来源 | 可生物降解的微生物加工副产品，如酿酒和蒸馏酒行业的加工副产品 | 未添加化学合成物质 |
| | 天然存在的微生物提取物 | 未添加化学合成物质 |

**表 A.2 植物保护产品**

| 类别 | 名称和组分 | 使用条件 |
| --- | --- | --- |
| Ⅰ. 植物和动物来源 | 楝素(苦楝、印楝等提取物) | 杀虫剂 |
| | 天然除虫菊素(除虫菊科植物提取液) | 杀虫剂 |
| | 苦参碱及氧化苦参碱(苦参等提取物) | 杀虫剂 |
| | 鱼藤酮类(如毛鱼藤) | 杀虫剂 |
| | 蛇床子素(蛇床子提取物) | 杀虫、杀菌剂 |
| | 小檗碱(黄连、黄柏等提取物) | 杀菌剂 |
| | 大黄素甲醚(大黄、虎杖等提取物) | 杀菌剂 |
| | 植物油(如薄荷油、松树油、香菜油) | 杀虫剂、杀螨剂、杀真菌剂、发芽抑制剂 |
| | 寡聚糖(甲壳素) | 杀菌剂、植物生长调节剂 |
| | 天然诱集和杀线虫剂(如万寿菊、孔雀草、芥子油) | 杀线虫剂 |
| | 天然酸(如食醋、木醋和竹醋) | 杀菌剂 |
| | 菇类蛋白多糖(蘑菇提取物) | 杀菌剂 |
| | 水解蛋白质 | 引诱剂，只在批准使用的条件下，并与本附录的适当产品结合使用 |
| | 牛奶 | 杀菌剂 |
| | 蜂蜡 | 用于嫁接和修剪 |
| | 蜂胶 | 杀菌剂 |
| | 明胶 | 杀虫剂 |
| | 卵磷脂 | 杀真菌剂 |
| | 具有驱避作用的植物提取物(大蒜、薄荷、辣椒、花椒、薰衣草、柴胡、艾草的提取物) | 驱避剂 |
| | 昆虫天敌(如赤眼蜂、瓢虫、草蛉等) | 控制虫害 |
| Ⅱ. 矿物来源 | 铜盐(如硫酸铜、氢氧化铜、氯氧化铜、辛酸铜等) | 杀真菌剂，防止过量施用而引起铜的污染 |
| | 石硫合剂 | 杀真菌剂、杀虫剂、杀螨剂 |
| | 波尔多液 | 杀真菌剂，每年每公顷铜的最大使用量不能超过 6kg |
| | 氢氧化钙(石灰水) | 杀真菌剂、杀虫剂 |
| | 硫黄 | 杀真菌剂、杀螨剂、驱避剂 |

续表

| 类别 | 名称和组分 | 使 用 条 件 |
|---|---|---|
| Ⅱ. 矿物来源 | 高锰酸钾 | 杀真菌剂、杀细菌剂;仅用于果树和葡萄 |
| | 碳酸氢钾 | 杀真菌剂 |
| | 石蜡油 | 杀虫剂,杀螨剂 |
| | 轻矿物油 | 杀虫剂、杀真菌剂;仅用于果树、葡萄和热带作物(例如香蕉) |
| | 氯化钙 | 用于治疗缺钙症 |
| | 硅藻土 | 杀虫剂 |
| | 黏土(如:斑脱土、珍珠岩、蛭石、沸石等) | 杀虫剂 |
| | 硅酸盐(硅酸钠,石英) | 驱避剂 |
| | 硫酸铁(3 价铁离子) | 杀软体动物剂 |
| Ⅲ. 微生物来源 | 真菌及真菌提取物剂(如白僵菌、轮枝菌、木霉菌等) | 杀虫、杀菌、除草剂 |
| | 细菌及细菌提取物(如苏云金芽孢杆菌、枯草芽孢杆菌、蜡质芽孢杆菌、地衣芽孢杆菌、荧光假单胞杆菌等) | 杀虫、杀菌剂、除草剂 |
| | 病毒及病毒提取物(如核型多角体病毒、颗粒体病毒等) | 杀虫剂 |
| Ⅳ. 其他 | 氢氧化钙 | 杀真菌剂 |
| | 二氧化碳 | 杀虫剂,用于储存设施 |
| | 乙醇 | 杀菌剂 |
| | 海盐和盐水 | 杀菌剂,仅用于种子处理,尤其是稻谷种子 |
| | 明矾 | 杀菌剂 |
| | 软皂(钾肥皂) | 杀虫剂 |
| | 乙烯 | 香蕉、猕猴桃、柿子催熟,菠萝调花,抑制马铃薯和洋葱萌发 |
| | 石英砂 | 杀真菌剂、杀螨剂、驱避剂 |
| | 昆虫性外激素 | 仅用于诱捕器和散发皿内 |
| | 磷酸氢二铵 | 引诱剂,只限用于诱捕器中使用 |
| Ⅴ. 诱捕器、屏障 | 物理措施(如色彩诱器、机械诱捕器) | |
| | 覆盖物(网) | |

**表 A.3 清洁剂和消毒剂**

| 名 称 | 使 用 条 件 |
|---|---|
| 醋酸(非合成的) | 设备清洁 |
| 醋 | 设备清洁 |
| 乙醇 | 消毒 |
| 异丙醇 | 消毒 |

续表

| 名 称 | 使 用 条 件 |
| --- | --- |
| 过氧化氢 | 仅限食品级的过氧化氢，设备清洁剂 |
| 碳酸钠、碳酸氢钠 | 设备消毒 |
| 碳酸钾、碳酸氢钾 | 设备消毒 |
| 漂白剂 | 包括次氯酸钙、二氧化氯或次氯酸钠，可用于消毒和清洁食品接触面。直接接触植物产品的冲洗水中余氯含量应符合 GB 5749—2006 的要求。 |
| 过乙酸 | 设备消毒 |
| 臭氧 | 设备消毒 |
| 氢氧化钾 | 设备消毒 |
| 氢氧化钠 | 设备消毒 |
| 柠檬酸 | 设备清洁 |
| 肥皂 | 仅限可生物降解的。允许用于设备清洁 |
| 皂基杀藻剂/除雾剂 | 杀藻、消毒剂和杀菌剂，用于清洁灌溉系统，不含禁用物质 |
| 高锰酸钾 | 设备消毒 |

## 附录 B

（规范性附录）

## 有机动物养殖中允许使用的物质（省略）

## 附录 C

（资料性附录）

## 评估有机生产中使用其他投入品的准则

在附录 A 和 B 涉及有机动植物生产、养殖的产品不能满足要求的情况下，可以根据本附录描述的评估准则对有机农业中使用除附录 A 和 B 以外的其他物质进行评估。

**C.1 原则**

C.1.1 土壤培肥和改良物质

C.1.1.1 该物质是为达到或保持土壤肥力或为满足特殊的营养要求，为特定的土壤改良和轮作措施所必需的，而本部分及附录 A 所描述的方法和物质所不能满足和替代。

C.1.1.2 该物质来自植物、动物、微生物或矿物，并可经过如下处理：

a）物理（机械，热）处理；

b）酶处理；

c）微生物（堆肥，消化）处理。

C.1.1.3 经可靠的试验数据证明该物质的使用应不会导致或产生对环境的

不能接受的影响或污染，包括对土壤生物的影响和污染。

C.1.1.4 该物质的使用不应对最终产品的质量和安全性产生不可接受的影响。

C.1.2 植物保护产品

C.1.2.1 该物质是防治有害生物或特殊病害所必需的，而且除此物质外没有其他生物的、物理的方法或植物育种替代方法和（或）有效管理技术可用于防治这类有害生物或特殊病害。

C.1.2.2 该物质（活性成分）源自植物、动物、微生物或矿物，并可经过以下处理：

a）物理处理；

b）酶处理；

c）微生物处理。

C.1.2.3 有可靠的试验结果证明该物质的使用应不会导致或产生对环境的不能接受的影响或污染。

C.1.2.4 如果某物质的天然形态数量不足，可以考虑使用与该天然物质性质相同的化学合成物质，如化学合成的外激素（性诱剂），但前提是其使用不会直接或间接造成环境或产品污染。

C.1.3 （省略）

C.1.4 （省略）

**C.2 评估程序**

C.2.1 必要性

只有在必要的情况下才能使用某种投入品。投入某物质的必要性可从产量、产品质量、环境安全性、生态保护、景观、人类和动物的生存条件等方面进行评估。

某投入品的使用可限制于：

a）特种农作物（尤其是多年生农作物）；

b）特殊区域；

c）可使用该投入品的特殊条件。

C.2.2 投入品的性质和生产方法

C.2.2.1 投入品的性质

投入品的来源一般应来源于（按先后选用顺序）：

a）有机物（植物、动物、微生物）；

b）矿物。

可以使用等同于天然物质的化学合成物质。

在可能的情况下，应优先选择使用可再生的投入品。其次应选择矿物源的投入品，而第三选择是化学性质等同天然物质的投入品。在允许使用化学性质等同的投入品时需要考虑其在生态上、技术上或经济上的理由。

C.2.2.2　生产方法

投入品的配料可以经过以下处理：

a）机械处理；

b）物理处理；

c）酶处理；

d）微生物作用处理；

e）化学处理（作为例外并受限制）。

C.2.2.3　采集

构成投入品的原材料采集不得影响自然环境的稳定性，也不得影响采集区内任何物种的生存。

C.2.3　环境安全性

投入品不得危害环境或对环境产生持续的负面影响。投入品也不应造成对地面水、地下水、空气或土壤的不可接受的污染。应对这些物质的加工、使用和分解过程的所有阶段进行评价。

应考虑投入品的以下特性：

a）可降解性

所有投入品应可降解为二氧化碳、水和（或）其矿物形态。

对非靶生物有高急性毒性的投入品的半衰期最多不能超过 5d。

对作为投入的无毒天然物质没有规定的降解时限要求。

b）对非靶生物的急性毒性

当投入品对非靶生物有较高急性毒性时，需要限制其使用。应采取措施保证这些非靶生物的生存。可规定最大允许使用量。如果无法采取可以保证非靶生物生存的措施，则不得使用该投入品。

c）长期慢性毒性

不得使用会在生物或生物系统中蓄积的投入品，也不得使用已经知道有或怀疑有诱变性或致癌性的投入品。如果投入这些物质会产生危险，应采取足以使这些危险降至可接受水平和防止长时间持续负面环境影响的措施。

d）化学合成物质和重金属

投入品中不应含有致害量的化学合成物质（异生化合制品）。仅在其性质完全与自然界的物质相同时，才可允许使用化学合成的物质。

应尽可能控制投入的矿物质中的重金属含量。由于缺乏代用品以及在有机农业中已经被长期、传统地使用，铜和铜盐目前尚被允许使用，但任何形态的铜都应视为临时性允许使用，并且就其环境影响而言，应限制使用量。

C.2.4　对人体健康和产品质量的影响

C.2.4.1　人体健康

投入品应对人体健康无害。应考虑投入品在加工、使用和降解过程中的所有阶段的情况，应采取降低投入品使用危险的措施，并制定投入品在有机农业中使用的标准。

C.2.4.2　产品质量

投入品对产品质量（如味道，保质期和外观质量等）不得有负面影响。

C.2.5　（省略）

C.2.6　社会经济方面

消费者的感官：投入品不应造成有机产品的消费者对有机产品的抵触或反感。消费者可能会认为某投入品对环境或人体健康是不安全的，尽管这在科学上可能尚未得到证实。投入品的问题（例如基因工程问题）不应干扰人们对天然或有机产品的总体感觉或看法。

## 附录 D

（规范性附录）

**省略**

# 附录4　GB/T 19630.2—2011 有机产品　第2部分：加工

## 目次、前言（省略）

## 有机产品
## 第2部分：加工

### 1　范围

GB/T 19630的本部分规定了有机加工的通用规范和要求。

本部分适用于以按GB/T 19630.1生产的未加工产品为原料进行的加工及包装、储藏和运输的全过程，包括食品、饲料和纺织品。

### 2　规范性引用文件

下列文件对于本部分的应用是必不可少的。凡是注日期的引用文件，仅注日期的版本适用于本部分。凡是不注日期的引用文件，其最新版本（包括所有的修改单）适用于本部分。

GB 2721　食用盐卫生标准

GB 2760　食品添加剂使用卫生标准

GB 4287　纺织染整工业水污染物排放标准

GB 5749　生活饮用水卫生标准

GB 14881　食品企业通用卫生规范

GB/T 16764　配合饲料企业卫生规范

GB/T 18885　生态纺织品技术要求

GB/T 19630.1　有机产品　第1部分：生产

### 3　术语和定义

下列术语和定义适用于本部分。

**3.1　配料　ingredients**

在制造或加工产品时使用的、并存在（包括改性的形式存在）于产品中的任何物质，包括添加剂。

**3.2　食品添加剂　food additives**

为改善食品品质和色、香、味以及为防腐、保鲜和加工工艺的需要而加入食品中的人工合成或者天然物质。

**3.3　饲料添加剂　feed additives**

在饲料加工、制作、使用过程中添加的少量或者微量物质，包括营养性饲料添加剂和一般饲料添加剂。

**3.4　加工助剂　processing aids**

本身不作为产品配料用，仅在加工、配料或处理过程中为实现某一工艺目的而使用的物质或物料（不包括设备和器皿）。

## 4　要求

### 4.1　通则

4.1.1　应当对本部分所涉及的加工及其后续过程进行有效控制，以保持加工后产品的有机属性，具体表现在如下方面：

a) 配料主要来自 GB/T 19630.1 所描述的有机农业生产体系，尽可能减少使用非有机农业配料，有法律法规要求的情况除外；

b) 加工过程尽可能地保持产品的营养成分和原有属性；

c) 有机产品加工及其后续过程在空间或时间上与非有机产品加工及其后续过程分开。

4.1.2　有机产品加工应当符合相关法律法规的要求。有机食品加工厂应符合 GB 14881 的要求，有机饲料加工厂应符合 GB/T 16764 的要求，其他加工厂应符合国家及行业部门有关规定。

4.1.3　有机产品加工应考虑不对环境产生负面影响或将负面影响减少到最低。

### 4.2　食品和饲料

4.2.1　配料、添加剂和加工助剂

4.2.1.1　来自 GB/T 19630.1 所描述的有机农业生产体系的有机配料在终产品中所占的质量或体积不少于配料总量的 95%。

4.2.1.2　当有机配料无法满足需求时，可使用非有机农业配料，但应不大于配料总量的 5%。一旦有条件获得有机配料时，应立即用有机配料替换。

4.2.1.3　同一种配料不应同时含有有机、常规或转换成分。

4.2.1.4　作为配料的水和食用盐应分别符合 GB 5749 和 GB 2721 的要求，且不计入 4.2.1.1 所要求的配料中。

4.2.1.5　对于食品加工，可使用附录 A 中表 A.1 和表 A.2 所列的食品添加剂和加工助剂，使用条件应符合 GB 2760 的规定。

4.2.1.6　对于饲料加工，可使用附录 B 所列的饲料添加剂，使用时应符合国家相关法律法规的要求。

4.2.1.7　需使用其他物质时，首先应符合 GB 2760 的规定，并按照附录 C 中的程序对该物质进行评估。

4.2.1.8　在下列情况下，可以使用矿物质（包括微量元素）、维生素、氨基酸：

a）不能获得符合本标准的替代物；

b）如果不使用这些配料，产品将无法正常生产或保存，或其质量不能达到一定的标准；

c）其他法律法规要求的。

4.2.1.9 不应使用来自转基因的配料、添加剂和加工助剂。

4.2.2 加工

4.2.2.1 不应破坏食品和饲料的主要营养成分，可以采用机械、冷冻、加热、微波、烟熏等处理方法及微生物发酵工艺；可以采用提取、浓缩、沉淀和过滤工艺，但提取溶剂仅限于水、乙醇、动植物油、醋、二氧化碳、氮或羧酸，在提取和浓缩工艺中不应添加其他化学试剂。

4.2.2.2 应采取必要的措施，防止有机与非有机产品混合或被禁用物质污染。

4.2.2.3 加工用水应符合 GB 5749 的要求。

4.2.2.4 不应在加工和储藏过程中采用辐照处理。

4.2.2.5 不应使用石棉过滤材料或可能被有害物质渗透的过滤材料。

4.2.3 有害生物防治

4.2.3.1 应优先采取以下管理措施来预防有害生物的发生：

a）消除有害生物的孳生条件；

b）防止有害生物接触加工和处理设备；

c）通过对温度、湿度、光照、空气等环境因素的控制，防止有害生物的繁殖。

4.2.3.2 可使用机械类、信息素类、气味类、黏着性的捕害工具、物理障碍、硅藻土、声光电器具，作为防治有害生物的设施或材料。

4.2.3.3 可使用下述物质作为加工过程需要使用的消毒剂：乙醇、次氯酸钙、次氯酸钠、二氧化氯和过氧化氢。消毒剂应经国家主管部门批准。不应使用有毒有害物质残留的消毒剂。

4.2.3.4 在加工或储藏场所遭受有害生物严重侵袭的紧急情况下，提倡使用中草药进行喷雾和熏蒸处理；不应使用硫黄熏蒸。

4.2.4 包装

4.2.4.1 提倡使用由木、竹、植物茎叶和纸制成的包装材料，可使用符合卫生要求的其他包装材料。

4.2.4.2 所有用于包装的材料应是食品级包装材料，包装应简单、实用，避免过度包装，并应考虑包装材料的生物降解和回收利用。

4.2.4.3 可使用二氧化碳和氮作为包装填充剂。

4.2.4.4 不应使用含有合成杀菌剂、防腐剂和熏蒸剂的包装材料。

4.2.4.5 不应使用接触过禁用物质的包装袋或容器盛装有机产品。

4.2.5 储藏

4.2.5.1 有机产品在储藏过程中不得受到其他物质的污染。

4.2.5.2 储藏产品的仓库应干净、无虫害，无有害物质残留。

4.2.5.3 除常温储藏外，可以采用下述储藏方法：

a）储藏室空气调控；

b）温度控制；

c）干燥；

d）湿度调节。

4.2.5.4 有机产品应单独存放。如果不得不与常规产品共同存放，应在仓库内划出特定区域，并采取必要的措施确保有机产品不与其他产品混放。

4.2.6 运输

4.2.6.1 运输工具在装载有机产品前应清洁。

4.2.6.2 有机产品在运输过程中应避免与常规产品混杂或受到污染。

4.2.6.3 在运输和装卸过程中，外包装上的有机认证标志及有关说明不得被玷污或损毁。

**4.3 纺织品**（省略）

## 附录 A

（规范性附录）

## 有机食品加工中允许使用的食品添加剂、助剂和其他物质

### A.1 食品添加剂

表 A.1 食品添加剂列表

| 序号 | 名称 | 使用条件 | INS |
|---|---|---|---|
| 1 | 阿拉伯胶(arabic gum) | 增稠剂，用于 GB 2760—2011 表 A.3 所列食品之外的各类食品，按生产需要适量使用 | 414 |
| 2 | 刺梧桐胶(karaya gum) | 稳定剂，用于调制乳和水油状脂肪乳化制品以及 GB 2760—2011 表 A.3 所列食品之外的各类食品，按生产需要适量使用 | 416 |
| 3 | 二氧化硅(silicon dioxide) | 抗结剂，用于脱水蛋制品、乳粉、可可粉、可可脂、糖粉、固体复合调味料、固体饮料类、香辛料类，按 GB 2760—2011 限量使用 | 551 |
| 4 | 二氧化硫(sulfur dioxide) | 漂白剂、防腐剂、抗氧化剂，用于未加糖果酒，最大使用量为 50mg/L；用于加糖果酒，最大使用量为 100mg/L；用于红葡萄酒，最大使用量为 100mg/L，用于白葡萄酒和桃红葡萄酒，最大使用量为 150mg/L。最大使用量以二氧化硫残留量计 | 220 |
| 5 | 甘油(glycerine) | 水分保持剂、乳化剂，用于 GB 2760—2011 表 A.3 所列食品之外的各类食品，按生产需要适量使用 | 422 |

| 序号 | 名　称 | 使用条件 | INS |
| --- | --- | --- | --- |
| 6 | 瓜尔胶(guar gum) | 增稠剂,用于 GB 2760—2011 表 A.3 所列食品之外的各类食品,按生产需要适量使用;用于稀奶油和较大婴儿和幼儿配方食品时按 GB 2760—2011 限量使用 | 412 |
| 7 | 果胶(pectins) | 乳化剂、稳定剂、增稠剂,用于发酵乳、稀奶油、黄油和浓缩黄油、生湿面制品(如面条、饺子皮、馄饨皮、烧麦皮)、生干面制品、其他糖和糖浆(如红糖、赤砂糖、槭树糖浆)、香辛料类以及 GB 2760—2011 表 A.3 所列食品之外的各类食品,按生产需要适量使用;用于果蔬汁(浆)时按 GB 2760—2011 限量使用 | 440 |
| 8 | 海藻酸钾(potassium alginate) | 增稠剂,用于 GB 2760—2011 表 A.3 所列食品之外的各类食品,按生产需要适量使用 | 402 |
| 9 | 海藻酸钠(sodium alginate) | 增稠剂,用于发酵乳、稀奶油、黄油和浓缩黄油、生湿面制品(如面条、饺子皮、馄饨皮、烧麦皮)、生干面制品、果蔬汁(浆)、香辛料类以及 GB 2760—2011 表 A.3 所列食品之外的各类食品,按生产需要适量使用;用于其他糖和糖浆(如红糖、赤砂糖、槭树糖浆)时按 GB 2760—2011 限量使用 | 401 |
| 10 | 槐豆胶(carob bean gum) | 增稠剂,用于 GB 2760—2011 表 A.3 所列食品之外的各类食品,按生产需要适量使用;用于婴幼儿配方食品时按 GB 2760—2011 限量使用 | 410 |
| 11 | 黄原胶(xanthan gum) | 增稠剂,用于 GB 2760—2011 表 A.3 所列食品之外的各类食品,按生产需要适量使用;稳定剂、增稠剂,用于稀奶油、果蔬汁(浆)、香辛料类时按生产需要适量使用;用于黄油和浓缩黄油、生湿面制品(如面条、饺子皮、馄饨皮、烧麦皮)、生干面制品、其他糖和糖浆(如红糖、赤砂糖、槭树糖浆)时按 GB 2760—2011 限量使用 | 415 |
| 12 | 焦亚硫酸钾(potassium metabisulphite) | 漂白剂、防腐剂、抗氧化剂,用于啤酒时,按 GB 2760—2011 限量使用;用于未加糖果酒,最大使用量为 50mg/L;用于加糖果酒,最大使用量为 100mg/L;用于红葡萄酒,最大使用量为 100mg/L,用于白葡萄酒和桃红葡萄酒,最大使用量为 150mg/L。最大使用量以二氧化硫残留量计 | 224 |
| 13 | L(+)-酒石酸和酒石酸[L(+)-tartaric acid, tartaric acid] | 酸度调节剂,用于 GB 2760—2011 表 A.3 所列食品之外的各类食品,按生产需要适量使用 | 334 |
| 14 | 酒石酸氢钾(potassium bitartrate) | 膨松剂,用于小麦粉及其制品、焙烤食品。按生产需要适量使用 | 336 |

续表

| 序号 | 名 称 | 使用条件 | INS |
|---|---|---|---|
| 15 | 卡拉胶(carrageenan) | 增稠剂,用于GB 2760—2011表A.3所列食品之外的各类食品,按生产需要适量使用。乳化剂、稳定剂、增稠剂,用于稀奶油、黄油和浓缩黄油、生湿面制品(如面条、饺子皮、馄饨皮、烧麦皮)、果蔬汁(浆)、香辛料类时按生产需要适量使用;用于生干面制品、其他糖和糖浆(如红糖、赤砂糖、槭树糖浆)以及婴幼儿配方食品时按GB 2760—2011限量使用 | 407 |
| 16 | 抗坏血酸(维生素C)(ascorbic acid) | 抗氧化剂,用于浓缩果蔬汁(浆)及用于GB 2760—2011表A.3所列食品之外的各类食品,按生产需要适量使用。面粉处理剂,用于小麦,按GB 2760—2011限量使用 | 300 |
| 17 | 磷酸氢钙(calcium hydrogen phosphate) | 膨松剂,用于小麦粉及其生湿面制品(如面条、饺子皮、馄饨皮、烧麦皮)、烘烤食品和膨化食品。按GB 2760—2011中使用范围及限量使用 | 341ii |
| 18 | 硫酸钙(天然)(calcium sulfate) | 稳定剂和凝固剂、增稠剂、酸度调节剂,用于豆制品,按生产需要适量使用;用于面包、糕点、饼干、腌腊肉制品(如咸肉、腊肉、板鸭、中式火腿、腊肠等)(仅限腊肠)、肉灌肠类时按GB 2760—2011限量使用 | 516 |
| 19 | 氯化钙(calcium chloride) | 凝固剂、稳定剂、增稠剂,用于稀奶油和豆制品,按生产需要适量使用;用于水果罐头、果酱、蔬菜罐头、装饰糖果、顶饰和甜汁、调味糖浆、其他饮用水时按GB 2760—2011限量使用 | 509 |
| 20 | 氯化钾(potassium chloride) | 用于盐及代盐制品,按GB 2760—2011限量使用 | 508 |
| 21 | 氯化镁(天然)(magnesium chloride) | 稳定剂和凝固剂,用于豆类制品,按生产需要适量使用 | 511 |
| 22 | 明胶(gelatin) | 增稠剂,用于GB 2760—2011表A.3所列食品之外的各类食品,按生产需要适量使用 | |
| 23 | 柠檬酸(citric acid) | 酸度调节剂,应是碳水化合物经微生物发酵的产物。用于婴幼儿配方食品、婴幼儿辅助食品以及GB 2760—2011表A.3所列食品之外的各类食品,按生产需要适量使用 | 330 |
| 24 | 柠檬酸钾(tripotassium citrate) | 酸度调节剂,用于婴幼儿配方食品、婴幼儿辅助食品以及GB 2760—2011表A.3所列食品之外的各类食品,按生产需要适量使用 | 332ii |
| 25 | 柠檬酸钠(trisodium citrate) | 酸度调节剂,用于婴幼儿配方食品、婴幼儿辅助食品以及GB 2760—2011表A.3所列食品之外的各类食品,按生产需要适量使用 | 331iii |
| 26 | 苹果酸(malic acid) | 酸度调节剂,不能是转基因产品,用于GB 2760—2011表A.3所列食品之外的各类食品,按生产需要适量使用 | 296 |

续表

| 序号 | 名　称 | 使 用 条 件 | INS |
|---|---|---|---|
| 27 | 氢氧化钙(calcium hydroxide) | 酸度调节剂,用于乳粉(包括加糖乳粉)和奶油粉及其调制产品、婴儿配方食品,按生产需要适量使用 | 526 |
| 28 | 琼脂(agar) | 增稠剂,用于 GB 2760—2011 表 A.3 所列食品之外的各类食品,按生产需要适量使用 | 406 |
| 29 | 乳酸(lactic acid) | 酸度调节剂,不能是转基因产品,用于婴幼儿配方食品以及 GB 2760—2011 表 A.3 所列食品之外的各类食品,按生产需要适量使用 | 270 |
| 30 | 乳酸钠(sodium lactate) | 水分保持剂、酸度调节剂、抗氧化剂、膨松剂、增稠剂、稳定剂,用于 GB 2760—2011 表 A.3 所列食品之外的各类食品,按生产需要适量使用;用于生湿面制品(如面条、饺子皮、馄饨皮、烧麦皮),按 GB 2760—2011 限量使用 | 325 |
| 31 | 碳酸钙(calcium carbonate) | 膨松剂、面粉处理剂,用于 GB 2760—2011 表 A.3 所列食品之外的各类食品,按生产需要适量使用 | 170i |
| 32 | 碳酸钾(potassium carbonate) | 酸度调节剂,用于婴幼儿配方食品以及 GB 2760—2011 表 A.3 所列食品之外的各类食品,按生产需要适量使用;用于面食制品(生湿面制品和生干面制品除外),按 GB 2760—2011 限量使用 | 501i |
| 33 | 碳酸钠(sodium carbonate) | 酸度调节剂,用于生湿面制品(如面条、饺子皮、馄饨皮、烧麦皮)、生干面制品以及 GB 2760—2011 表 A.3 所列食品之外的各类食品,按生产需要适量使用 | 500i |
| 34 | 碳酸氢铵(ammonium hydrogen carbonate) | 膨松剂,用于 GB 2760—2011 表 A.3 所列食品之外的各类食品,按生产需要适量使用 | 503ii |
| 35 | 硝酸钾(potassium nitrate) | 护色剂、防腐剂,用于肉制品,最大使用量 80mg/kg,最大残留量 30mg/kg(以亚硝酸钠计) | 252 |
| 36 | 亚硝酸钠(sodium nitrite) | 护色剂、防腐剂,用于肉制品,最大使用量 80mg/kg,最大残留量 30mg/kg(以亚硝酸钠计) | 250 |
| 37 | 胭脂树橙(红木素、降红木素)(annatto extract) | 着色剂,用于再制干酪、其他油脂或油脂制品(仅限植脂末)、冷冻饮品(03.04 食用冰除外)、果酱、巧克力和巧克力制品、除 05.01.01 以外的可可制品、代可可脂巧克力及使用可可脂代用品的巧克力类似产品、糖果、面糊(如用于鱼和禽肉的面糊)、裹粉、煎炸粉,按 GB 2760—2011 限量使用 | 160b |

## A.2　加工助剂

**表 A.2　加工助剂列表**

| 序号 | 中文名称 | 英文名称 | INS |
|---|---|---|---|
| 1 | 氮气(nitrogen) | 用于食品保存,仅允许使用非石油来源的不含石油级的 | 941 |

续表

| 序号 | 中文名称 | 英文名称 | INS |
|---|---|---|---|
| 2 | 二氧化碳(非石油制品)(carbon dioxide) | 防腐剂、加工助剂,应是非石油制品。用于碳酸饮料,其他发酵酒类(充气型) | 290 |
| 3 | 高岭土(kaolin) | 澄清或过滤助剂,用于葡萄酒、果酒、配制酒的加工工艺和发酵工艺 | 559 |
| 4 | 固化单宁(immobilized tannin) | 澄清剂,用于配制酒的加工工艺和发酵工艺 | |
| 5 | 硅胶(silica gel) | 澄清剂,用于啤酒、葡萄酒、果酒、配制酒和黄酒的加工工艺 | |
| 6 | 硅藻土(diatomaceous earth) | 过滤助剂 | |
| 7 | 活性炭(activated carbon) | 加工助剂 | |
| 8 | 硫酸(sulfuric acid) | 絮凝剂,用于啤酒的加工工艺 | |
| 9 | 氯化钙(calcium chloride) | 加工助剂,用于豆制品加工工艺 | 509 |
| 10 | 膨润土(皂土、斑脱土)(bentonite) | 吸附剂、助滤剂、澄清剂,葡萄酒、果酒、黄酒和配制酒的加工工艺、发酵工艺 | |
| 11 | 氢氧化钙(calcium hydroxide) | 用作玉米面的添加剂和食糖加工助剂 | 526 |
| 12 | 氢氧化钠(sodium hydroxide) | 酸度调节剂,加工助剂 | 524 |
| 13 | 食用单宁(edible tannin) | 黄酒、啤酒、葡萄酒和配制酒的加工工艺、油脂脱色工艺 | 181 |
| 14 | 碳酸钙(calcium carbonate) | 加工助剂 | 170i |
| 15 | 碳酸钾(potassium carbonate) | 用于葡萄干燥 | 501i |
| 16 | 碳酸镁(magnesium carbonate) | 加工助剂,用于面粉加工 | 504i |
| 17 | 碳酸钠(sodium carbonate) | 用于食糖的生产 | 500i |
| 18 | 纤维素(cellulose) | 用于白明胶的生产 | |
| 19 | 盐酸(hydrochloric acid) | 用于白明胶的生产 | 507 |
| 20 | 乙醇(ethanol) | 用作原料的乙醇必须是有机来源的 | |
| 21 | 珍珠岩(pearl rock) | 助滤剂,用于啤酒、葡萄酒、果酒和配制酒的加工工艺、发酵工艺 | |
| 22 | 滑石粉(talc) | 脱模剂,用于糖果的加工工艺 | 553iii |

A.3 **调味品**

a）香精油：以油、水、酒精、二氧化碳为溶剂通过机械和物理方法提取的天然香料；

b）天然烟熏味调味品；

c）天然调味品：须根据附录C评估添加剂和加工助剂的准则来评估认可。

A.4 **微生物制品**

a）天然微生物及其制品：基因工程生物及其产品除外；

b）发酵剂：生产过程未使用漂白剂和有机溶剂。

A.5 **其他配料**

a）饮用水；

b）食盐；

c）矿物质（包括微量元素）和维生素：法律规定必须使用，或有确凿证据证明食品中严重缺乏时才可以使用。

## 附录B
（规范性附录）
### 有机饲料加工中允许使用的添加剂
（省略）

## 附录C
（资料性附录）
### 评估有机加工添加剂和加工助剂的准则

附录A和附录B所列的允许使用的添加剂和加工助剂不能涵盖所有符合有机生产原则的物质。当某种物质未被列入附录时，应根据以下准则对该物质进行评估，以确定其是否适合在有机加工中使用。

C.1 **原则**

每种添加剂和加工助剂只有在必需时才可在有机生产中使用，并且应遵守如下原则：

a）遵守产品的有机真实性；

b）没有这些添加剂和加工助剂，产品就无法生产和保存。

C.2 **核准添加剂和加工助剂的条件**

添加剂和加工助剂的核准应满足如下条件：

a）没有可用于加工或保存有机产品的其他可接受的工艺；

b）添加剂或加工助剂的使用应尽量起到减少因采用其他工艺可能对食品造成的物理或机械损坏；

c）采用其他方法，如缩短运输时间或改善储存设施，仍不能有效保证食品卫生；

d）天然来源物质的质量和数量不足以取代该添加剂或加工助剂；

e）添加剂或加工助剂不危及产品的有机完整性；

f）添加剂或加工助剂的使用不会给消费者留下一种印象，似乎最终产品的质量比原料质量要好，从而使消费者感到困惑。这主要涉及但不限于色素和香料；

g）添加剂和加工助剂的使用不应有损于产品的总体品质。

**C.3 使用添加剂和加工助剂的优先顺序**

C.3.1 应优先选择如下方案以替代添加剂或加工助剂的使用：

a）按照有机认证标准的要求生产的作物及其加工产品，而且这些产品不需要添加其他物质，例如作增稠剂用的面粉或作为脱模剂用的植物油；

b）仅用机械或简单的物理方法生产的植物和动物来源的食品或原料，如盐。

C.3.2 第二选择是：

a）用物理方法或用酶生产的单纯食品成分，例如淀粉、酒石酸盐和果胶；

b）非农业源原料的提纯产物和微生物，例如金虎尾（acerola）果汁、酵母培养物等酶和微生物制剂。

C.3.3 在有机产品中不应使用以下种类的添加剂和加工助剂：

a）与天然物质“性质等同的”物质；

b）基本判断为非天然的或为“产品成分新结构”的合成物质，如乙酰交联淀粉；

c）用基因工程方法生产的添加剂或加工助剂；

d）合成色素和合成防腐剂。

添加剂和加工助剂制备中使用的载体和防腐剂也应考虑在内。

# 附录5　GB/T 19630.3—2011 有机产品　第3部分：标识与销售

## 目次、前言（省略）

## 有机产品
## 第3部分：标识与销售

### 1　范围

GB/T 19630.3的本部分规定了有机产品标识和销售的通用规范及要求。

本部分适用于按GB/T 19630.1生产或GB/T 19630.2加工并获得认证的产品的标识和销售。

### 2　规范性引用文件

下列文件对于本文件的应用是必不可少的。凡是注日期的引用文件，仅注日期的版本适用于本文件。凡是不注日期的引用文件，其最新版本（包括所有的修改单）适用于本文件。

GB/T 19630.1 有机产品　第1部分：生产

GB/T 19630.2 有机产品　第2部分：加工

GB/T 19630.4 有机产品　第4部分：管理体系

### 3　术语和定义

下列术语和定义适用于本部分。

**3.1　标识　labeling**

在销售的产品上、产品的包装上、产品的标签上或者随同产品提供的说明性材料上，以书写的、印刷的文字或者图形的形式对产品所作的标示。

**3.2　认证标志　certification mark**

证明产品生产或者加工过程符合有机标准并通过认证的专有符号、图案或者符号、图案以及文字的组合。

**3.3　销售　marketing**

批发、直销、展销、代销、分销、零售或以其他任何方式将产品投放市场的活动。

### 4　通则

**4.1**　有机产品应按照国家有关法律法规、标准的要求进行标识。

**4.2** “有机”术语或其他间接暗示为有机产品的字样、图案、符号，以及中国有机产品认证标志只应用于按照 GB/T 19630.1、GB/T 19630.2 和 GB/T 19630.4 的要求生产和加工并获得认证的有机产品的标识，除非“有机”表述的意思与本标准完全无关。

**4.3** “有机”、“有机产品”仅适用于获得有机产品认证的产品，“有机转换”、“有机转换产品”仅适用于获得转换产品认证的产品。不得误导消费者将常规产品作为有机转换产品或者将有机转换产品作为有机产品。

**4.4** 标识中的文字、图形或符号等应清晰、醒目。图形、符号应直观、规范。文字、图形、符号的颜色与背景色或底色应为对比色。

**4.5** 进口有机产品的标识和有机产品认证标志也应符合本标准的规定。

## 5 产品的标识要求

**5.1** 有机配料含量等于或者高于 95%并获得有机产品认证的产品，方可在产品名称前标识“有机”，在产品或者包装上加施中国有机产品认证标志。

**5.2** 有机配料含量等于或者高于 95%并获得有机转换产品认证的产品，方可在产品名称前标识“有机转换”，在产品或者包装上加施中国有机转换产品认证标志。

**5.3** 有机配料含量低于 95%、等于或者高于 70%的产品，可在产品名称前标识“有机配料生产”，并应注明获得认证的有机配料的比例。

**5.4** 有机配料含量低于 95%、等于或者高于 70%的产品，有机配料为转换期产品的，可在产品名称前标识“有机转换配料生产”，并应注明获得认证的有机转换配料的比例。

**5.5** 有机配料含量低于 70%的加工产品，只可在产品配料表中将获得认证的有机配料标识为“有机”，并应注明有机配料的比例。

**5.6** 有机配料含量低于 70%的加工产品，有机配料为转换期产品的，只可在产品配料表中将获得认证的配料标识为“有机转换”，并注明有机转换配料的比例。

## 6 有机配料百分比的计算

**6.1** 有机配料百分比的计算不包括加工过程中及以配料形式添加的水和食盐。

**6.2** 对于固体形式的有机产品，其有机配料百分比按照式 (1) 计算：

$$Q=\frac{W_1}{W}\times 100\% \qquad (1)$$

式中 $Q$——有机配料百分比，单位百分比 (%)；

$W_1$——产品有机配料的总重量，单位为千克 (kg)；

$W$——产品总重量，单位为千克 (kg)。

注：计算结果均应向下取整数。

**6.3** 对于液体形式的有机产品，其有机配料百分比按照式(2)计算（对于由浓缩物经重新组合制成的，应在配料和产品成品浓缩物的基础上计算其有机配料的百分比)：

$$Q=\frac{V_1}{V}\times 100\% \qquad (2)$$

式中 $Q$——有机配料百分比，单位百分比（%）；

$V_1$——产品有机配料的总体积，单位为升（L）；

$V$——产品总体积，单位为升（L）。

注：计算结果均应向下取整数。

**6.4** 对于包含固体和液体形式的有机产品，其有机配料百分比按照式(3)计算：

$$Q=\frac{W_1+W_2}{W}\times 100\% \qquad (3)$$

式中 $Q$——有机配料百分比，单位百分比（%）；

$W_1$——产品中固体有机配料的总重量，单位为千克（kg）；

$W_2$——产品中液体有机配料的总重量，单位为千克（kg）；

$W$——产品总重量，单位为千克（kg）。

注：计算结果均应向下取整数。

## 7 中国有机产品认证标志

**7.1** 中国有机产品认证标志和中国有机转换产品认证标志的图形与颜色要求如图1、图2所示。

图1 中国有机产品认证标志

图2 中国有机转换产品认证标志

**7.2** 标识为“有机”或“有机转换”的产品应在获证产品或者产品的最小

销售包装上加施中国有机产品认证标志或中国有机转换产品认证标志及其唯一编号、认证机构名称或者其标识。

**7.3** 中国有机/有机转换产品认证标志可以根据产品的特性，采取粘贴或印刷等方式直接加施在产品或产品的最小包装上。对于散装或裸装产品，以及鲜活动物产品，应在销售专区的适当位置展示中国有机产品认证标志、认证证书复印件。不直接零售的加工原料，可以不加施。

**7.4** 印制的中国有机产品认证标志和中国有机转换产品认证标志应当清楚、明显。

**7.5** 印制在获证产品标签、说明书及广告宣传材料上的中国有机产品认证标志和中国有机转换产品认证标志，可以按比例放大或者缩小，但不得变形、变色。

## 8 销售

**8.1** 为保证有机产品的完整性和可追溯性，销售者在销售过程中应采取但不限于下列措施:

——有机产品应避免与非有机产品的混合。

——有机产品避免与本标准禁止使用的物质接触。

——建立有机产品的购买、运输、储存、出入库和销售等记录。

**8.2** 有机产品进货时，销售商应索取有机产品认证证书、有机产品销售证等证明材料，有机配料低于95%并标识“有机配料生产”等字样的产品，其证明材料应能证明有机产品的来源。

**8.3** 生产商、销售商在采购时应对有机产品认证证书的真伪进行验证，并留存认证证书复印件。

**8.4** 对于散装或裸装产品，以及鲜活动物产品，应在销售场所设立有机产品销售专区或陈列专柜，并与非有机产品销售区、柜分开。

**8.5** 在有机产品的销售专区或陈列专柜，应在显著位置摆放有机产品认证证书复印件。

# 附录 6　GB/T 19630.4—2011 有机产品　第 4 部分：管理体系

## 目次、前言（省略）

## 有机产品 第 4 部分：管理体系

### 1　范围

GB/T 19630 的本部分规定了有机产品生产、加工、经营过程中应建立和维护的管理体系的通用规范和要求。

本部分适用于有机产品生产、加工、经营者。

### 2　规范性引用文件

下列文件对于本文件的应用是必不可少的。凡是注日期的引用文件，仅注日期的版本适用于本文件。凡是不注日期的引用文件，其最新版本（包括所有的修改单）适用于本文件。

GB/T 19630.1 有机产品　第 1 部分：生产

GB/T 19630.2 有机产品　第 2 部分：加工

GB/T 19630.3 有机产品　第 3 部分：标识与销售

### 3　术语和定义

下列术语和定义适用于本部分。

**3.1　有机产品生产者　organic producer**

按照本标准从事有机种植、养殖以及野生植物采集，其生产单元和产品已获得有机产品认证机构的认证，产品已获准使用有机产品标志的单位或个人。

**3.2　有机产品加工者　organic processor**

按照本标准从事有机产品加工，其加工单位和产品已获得有机产品认证机构的认证，产品已获准使用有机产品标志的单位或个人。

**3.3　有机产品经营者　organic handler**

按照本标准从事有机产品的运输、储存、包装和贸易，其经营单位和产品获得有机产品认证机构的认证，产品获准使用有机产品认证标志的单位和个人。

**3.4　内部检查员　internal inspector**

有机产品生产、加工、经营组织内部负责有机管理体系审核，并配合有机认证机构进行检查、认证的管理人员。

## 4 要求

### 4.1 通则

4.1.1 有机产品生产、加工、经营者应有合法的土地使用权和合法的经营证明文件。

4.1.2 有机产品生产、加工、经营者应按 GB/T 19630.1、GB/T 19630.2、GB/T 19630.3 的要求建立和保持有机生产、加工、经营管理体系，该管理体系应形成本部分 4.2 要求的系列文件，加以实施和保持。

### 4.2 文件要求

4.2.1 文件内容

有机生产、加工、经营管理体系的文件应包括：

a）生产单元或加工、经营等场所的位置图；

b）有机生产、加工、经营的管理手册；

c）有机生产、加工、经营的操作规程；

d）有机生产、加工、经营的系统记录。

4.2.2 文件的控制

有机生产、加工、经营管理体系所要求的文件应是最新有效的，应确保在使用时可获得适用文件的有效版本。

4.2.3 生产单元或加工、经营等场所的位置图

应按比例绘制生产单元或加工、经营等场所的位置图，并标明但不限于以下内容：

a）种植区域的地块分布，野生采集区域、水产捕捞区域、水产养殖场、蜂场及蜂箱的分布，畜禽养殖场及其牧草场、自由活动区、自由放牧区、粪便处理场所的分布，加工、经营区的分布；

b）河流、水井和其他水源；

c）相邻土地及边界土地的利用情况；

d）畜禽检疫隔离区域；

e）加工、包装车间、仓库及相关设备的分布；

f）生产单元内能够表明该单元特征的主要标示物。

4.2.4 有机产品生产、加工、经营管理手册

应编制和保持有机产品生产、加工、经营组织管理手册，该手册应包括但不限于以下内容：

a）有机产品生产、加工、经营者的简介；

b）有机产品生产、加工、经营者的管理方针和目标；

c）管理组织机构图及其相关岗位的责任和权限；

d）有机标识的管理；

e）可追溯体系与产品召回；

f）内部检查；

g）文件和记录管理；

h）客户投诉的处理；

i）持续改进体系。

4.2.5　生产、加工、经营操作规程

应制定并实施生产、加工、经营操作规程，操作规程中至少应包括：

a）作物种植、食用菌栽培、野生采集、畜禽养殖、水产养殖/捕捞、蜜蜂养殖等生产技术规程；

b）防止有机生产、加工和经营过程中受禁用物质污染所采取的预防措施；

c）防止有机产品与非有机产品混杂所采取的措施；

d）植物产品收获规程及收获、采集后运输、加工、储藏等各道工序的操作规程；

e）动物产品的屠宰、捕捞、提取、加工、运输及储藏等环节的操作规程；

f）运输工具、机械设备及仓储设施的维护、清洁规程；

g）加工厂卫生管理与有害生物控制规程；

h）标签及生产批号的管理规程；

i）员工福利和劳动保护规程。

4.2.6　记录

有机产品生产、加工、经营者应建立并保持记录。记录应清晰准确，为有机生产、加工、经营活动提供有效证据。记录至少保存5年并应包括但不限于以下内容：

a）生产单元的历史记录及使用禁用物质的时间及使用量；

b）种子、种苗、种畜禽等繁殖材料的种类、来源、数量等信息；

c）肥料生产过程记录；

d）土壤培肥施用肥料的类型、数量、使用时间和地块；

e）病、虫、草害控制物质的名称、成分、使用原因、使用量和使用时间等；

f）动物养殖场所有进入、离开该单元动物的详细信息（品种、来源、识别方法、数量、进出日期、目的地等）；

g）动物养殖场所有药物的使用情况，包括：产品名称、有效成分、使用原因、用药剂量；被治疗动物的识别方法、治疗数目、治疗起始日期、销售动物或其产品的最早日期；

h）动物养殖场所有饲料和饲料添加剂的使用详情，包括种类、成分、使用时间及数量等；

i）所有生产投入品的台账记录（来源、购买数量、使用去向与数量、库存数量等）及购买单据；

j）植物收获记录，包括品种、数量、收获日期、收获方式、生产批号等；

k）动物（蜂）产品的屠宰、捕捞、提取记录；

l）加工记录，包括原料购买、入库、加工过程、包装、标识、储藏、出库、运输记录等；

m）加工厂有害生物防治记录和加工、储存、运输设施清洁记录；

n）销售记录及有机标识的使用管理记录；

o）培训记录；

p）内部检查记录。

**4.3　资源管理**

4.3.1　有机产品生产、加工、经营者应具备与有机生产、加工、经营规模和技术相适应的资源。

4.3.2　应配备有机产品生产、加工、经营的管理者并具备以下条件：

a）本单位的主要负责人之一；

b）了解国家相关的法律、法规及相关要求；

c）了解 GB/T 19630.1、GB/T 19630.2、GB/T 19630.3，以及本部分的要求；

d）具备农业生产和（或）加工、经营的技术知识或经验；

e）熟悉本单位的有机生产、加工、经营管理体系及生产和（或）加工、经营过程。

4.3.3　应配备内部检查员并具备以下条件：

a）了解国家相关的法律、法规及相关要求；

b）相对独立于被检查对象；

c）熟悉并掌握 GB/T 19630.1、GB/T 19630.2、GB/T 19630.3，以及本部分的要求；

d）具备农业生产和（或）加工、经营的技术知识或经验；

e）熟悉本单位的有机生产、加工和经营管理体系及生产和（或）加工、经营过程。

**4.4　内部检查**

4.4.1　应建立内部检查制度，以保证有机生产、加工、经营管理体系及生产过程符合 GB/T 19630.1、GB/T 19630.2、GB/T 19630.3 以及本部分的要求。

4.4.2　内部检查应由内部检查员来承担。

4.4.3　内部检查员的职责是：

a）按照本部分，对本企业的管理体系进行检查，并对违反本部分的内容提出修改意见；

b）按照 GB/T 19630.1、GB/T 19630.2、GB/T 19630.3 的要求，对本企业生产、加工过程实施内部检查，并形成记录；

c）配合认证机构的检查和认证。

### 4.5 可追溯体系与产品召回

有机产品生产、加工、经营者应建立完善的可追溯体系，保持可追溯的生产全过程的详细记录（如地块图、农事活动记录、加工记录、仓储记录、出入库记录、销售记录等）以及可跟踪的生产批号系统。

有机产品生产、加工、经营者应建立和保持有效的产品召回制度，包括产品召回的条件、召回产品的处理、采取的纠正措施、产品召回的演练等。并保留产品召回过程中的全部记录，包括召回、通知、补救、原因、处理等。

### 4.6 投诉

有机产品生产、加工、经营者应建立和保持有效的处理客户投诉的程序，并保留投诉处理全过程的记录，包括投诉的接受、登记、确认、调查、跟踪、反馈。

### 4.7 持续改进

组织应持续改进其有机生产、加工和经营管理体系的有效性，促进有机生产、加工和经营的健康发展，以消除不符合或潜在不符合有机生产、加工和经营的因素。有机生产、加工和经营者应：

a）确定不符合的原因；

b）评价确保不符合不再发生的措施的需求；

c）确定和实施所需的措施；

d）记录所采取措施的结果；

e）评审所采取的纠正或预防措施。

# 附录 7 NY 5196—2002 有机茶

## 前言（省略）

## 有　机　茶

### 1　范围

本标准规定了有机茶的术语和定义、要求、试验方法、检验规则、标志、标签、包装、储藏、运输和销售的要求。

本标准适用于有机茶。

### 2　规范性引用文件

下列文件中的条款通过本标准的引用而成为本标准的条款。凡是注日期的引用文件，其随后所有的修改单（不包括勘误的内容）或修订版均不适用于本标准，然而，鼓励根据本标准达成协议的各方研究是否可使用这些文件的最新版本。凡是不注日期的引用文件，其最新版本适用于本标准。

GB 191　包装储运图示标志

GB/T 5009.12　食品中铅的测定方法

GB/T 5009.13　食品中铜的测定方法

GB/T 5009.19　食品中六六六、滴滴涕残留量的测定方法

GB/T 5009.20　食品中有机磷农药残留量的测定方法

GB 7718　食品标签通用标准

GB/T 8302　茶　取样

GB 11680　食品包装用原纸卫生标准

GB/T 17332　食品中有机氯和拟除虫菊酯类农药多种残留的测定

### 3　术语和定义

下列术语和定义适用于本标准。

**有机茶　organic tea**

在原料生产过程中遵循自然规律和生态学原理，采取有益于生态和环境的可持续发展的农业技术，不使用合成的农药、肥料及生长调节剂等物质，在加工过程中不使用合成的食品添加剂的茶叶及相关产品。

## 4 要求

### 4.1 基本要求

4.1.1 产品具有各类茶叶的自然品质特征，品质纯正，无劣变、无异味。

4.1.2 产品应洁净，且在包装、储藏、运输和销售过程中不受污染。

4.1.3 不着色，不添人工合成的化学物质和得味物质。

### 4.2 感官品质

各类有机茶的感官品质应符合本类本级实物标准样品质特征或产品实际执行的相应常规产品的国家标准、行业标准、地方标准或企业标准规定的品质要求。

### 4.3 理化品质

各类有机茶的理化品质应符合产品实际执行的相应常规产品的国家标准行业标准、地方标准或企业标准的规定。

### 4.4 卫生指标

各类有机茶的卫生指标必须符合表1规定。

**表1 有机茶的卫生指标**

| 项　　目 | 指标/(mg/kg) | 备注 |
| --- | --- | --- |
| 铅(以 Pb 计) | ≤2 | 紧压茶≤5 |
| 铜(以 Cu 计) | ≤30 | |
| 六六六(BHC) | <LOD[a] | |
| 滴滴涕(DDT) | <LOD[a] | |
| 三氯杀螨醇(dicofol) | <LOD[a] | |
| 氰戊菊酯(fenvalerate) | <LOD[a] | |
| 联苯菊酯(biphenthrin) | <LOD[a] | |
| 氯氰菊酯(cypermethrin) | <LOD[a] | |
| 溴氰菊酯(deltamethrin) | <LOD[a] | |
| 甲胺磷(methamidophos) | <LOD[a] | |
| 乙酰甲胺磷(acephate) | <LOD[a] | |
| 乐果(dimethoate) | <LOD[a] | |
| 敌敌畏(dichlorvos) | <LOD[a] | |
| 杀螟硫磷(fenitrothion) | <LOD[a] | |
| 喹硫磷(quinalphos) | <LOD[a] | |
| 其他化学农药 | <LOD[a] | 视需要检测 |

[a] 为指定方法检出限。

### 4.5 包装净含量允差

定量包装规格由企业自定。单件定量包装有机茶的净含量负偏差见表2。

表 2　净含量负偏差

| 净　含　量 | 负　偏　差 | |
|---|---|---|
| | 占净含量的百分比/% | 质量/g |
| 5g～50g | 9 | — |
| 50g～100g | — | 4.4 |
| 100g～200g | 4.5 | — |
| 200g～300g | — | 9 |
| 300g～500g | 3 | — |
| 501g～1000g | — | 15 |
| 1kg～10kg | 1.5 | — |
| 10kg～15kg | — | 150 |
| 15kg～25kg | 1.0 | — |

## 5　试验方法

### 5.1　取样

按 GB/T 8302 规定执行。

### 5.2　卫生指标的检测

5.2.1　铅的检测按 GB/T 5009.12 规定执行。

5.2.2　铜的检测按 GB/T 5009.13 规定执行。

5.2.3　六六六、滴滴涕检测按 GB/T 5009.19 规定执行。

5.2.4　三氯杀螨醇、氰戊菊酯、联苯菊酯、氯氰菊酯和溴氰菊酯检测按 GB/T 17332 规定执行。

5.2.5　乐果、敌敌畏、杀螟硫磷、喹硫磷和甲胺磷、乙酰甲胺磷检测按 GB/T 5009.20 规定执行。

### 5.3　净含量检测

用感量为 1g 的秤称取去除包装的产品，与产品标示值对照进行。

### 5.4　包装标签检验

按 GB 7718 规定执行。

## 6　检验规则

### 6.1　组批规则

产品均应按批（唛）为单位，同批（唛）有机茶的品质规格和包装应一致。

### 6.2　交收（出厂）检验

6.2.1　每批产品交收（出厂）前，生产单位应进行检验，检验合格并附有合格证的产品方可交收（出厂）。

6.2.2　交收（出厂）检验内容为感官品质、水分、粉末、净含量和包装标签。

6.2.3 卫生指标为交收（出厂）定期抽检项目。

6.2.4 总灰分、水浸出物、粗纤维为交收（出厂）抽检项目。

**6.3 型式检验**

6.3.1 型式检验是对产品质量进行全面考核，有下列情形之一者，应对产品质量进行型式检验：

a）因人为或自然因素使生产环境发生较大变化；

b）国家质量监督机构或主管部门提出型式检验要求。

6.3.2 型式检验即对本标准规定的全部要求进行检验。

**6.4 检验结果判定**

6.4.1 凡劣变、污染、有异气味茶叶，均判为不合格产品。

6.4.2 卫生指标检验不合格，不得作为有机茶。

6.4.3 交收检验时，按 6.2.3 规定的检验项目进行检验，其中有一项检验不合格，不得作为有机茶。

6.4.4 型式检验时，技术要求规定的各项检验，其中有一项不符合技术要求的产品，不得作为有机茶。

**6.5 复验**

对检验结果产生异议时，应对留存样进行复检，或在同批（唛）产品中重新按 GB/T 8302 规定加倍取样，对不合格的项目进行复检，以复检结果为准。

**6.6 跟踪检查**

建立从种植开始到贸易全过程各个环节的文档资料及质量跟踪记录系统，供发现质量问题时进行跟踪检查。

## 7 标志、标签

**7.1 标志**

7.1.1 有机茶标志要醒目、整齐、规范、清晰、持久。

7.1.2 产品出厂按顺序编制唛号。唛号刷于外包装。唛号纸加注件数净重，贴于箱盖或置于包装袋中。

**7.2 标签**

有机茶产品的包装标签必须按照 GB 7718 规定执行。

## 8 包装、储藏、运输

**8.1 包装**

8.1.1 有机茶避免过度包装。

8.1.2 包装必须符合牢固、整洁、防潮、美观的要求，能保护茶叶品质，便于装卸、仓储和运输。

8.1.3 同批次（唛）茶叶的包装样式、箱种、尺寸大小、包装材料、净质量必须一致。

8.1.4 包装材料

8.1.4.1 包装（含大小包装）材料必须是食品级包装材料，主要有：纸板、聚乙烯（PE）、铝箔复合膜、马口铁茶听、白板纸、内衬纸及捆扎材料等。

8.1.4.2 包装材料应具有防潮、阻氧等保鲜性能，无异味，必须符合食品卫生要求，不受杀菌剂、防腐剂、熏蒸剂、杀虫剂等物品的污染，并不得含有荧光染料等污染物。

8.1.4.3 包装材料的生产及包装物的存放必须遵循不污染环境的原则。宜选用容易降解或再生的材料。禁用聚氯乙烯（PVC）、混有氯氟碳化合物（CFC）的膨化聚苯乙烯等作包装材料。

8.1.4.4 包装用纸必须符合GB 11680规定。

8.1.4.5 对包装废弃物应及时清理、分类，进行无害化处理。

**8.2 储藏**

8.2.1 禁止有机茶与人工合成物质接触，严禁有机茶与有毒、有害、有异味、易污染的物品接触。

8.2.2 有机茶与常规茶叶必须分开储藏，提倡设有机茶专用仓库。仓库必须清洁、防潮、避光和无异味，周围环境清洁卫生，远离污染源。

8.2.3 用生石灰及其他防潮材料除湿时，要避免茶叶与生石灰等除湿材料直接接触，并定期更换。宜采用低温、充氮或真空储藏。

8.2.4 入库的有机茶标志和批次号系统要清楚、醒目、持久。严禁标签、唛号与货物不符的茶叶进入仓库。不同批号、日期的产品要分别存放。建立齐全的仓库管理档案，详细记载出入仓库的有机茶批号、数量和时间。

8.2.5 保持仓库的清洁卫生，搞好防鼠、防虫、防霉工作。禁止吸烟和吐痰，严禁使用化学合成的杀虫剂、灭鼠剂及防霉剂。

**8.3 运输**

8.3.1 运输工具必须清洁卫生，干燥，无异味。严禁与有毒、有害、有异味、易污染的物品混装、混运。

8.3.2 装运前必须进行有机茶的质量检查，在标签、批号和货物三者符合的情况下才能运输。

8.3.3 包装储运图示标志必须符合GB 191规定。

## 9 销售

**9.1** 有机茶进货、销售、账务、消毒及工具要有专人负责。严禁有机茶与常规茶拼合作有机茶销售。

**9.2** 销售点应远离厕所、垃圾场和产生有毒、有害化学物质的场所，室内建筑材料及器具必须无毒、无异气味。室内必须卫生清洁，并配有有机茶的储藏、防潮、防蝇和防尘设施，禁止吸烟和随地吐痰。

**9.3** 直接盛装有机茶的容器必须严格消毒，彻底清洗干净，并保持干燥整洁。

**9.4** 销售人员应持健康合格证上岗，保持销售场地、柜台、服装、周围环境的清洁卫生。销售人员应了解有机茶的基本知识。

**9.5** 销售单位要把好进货关，供货单位应提交有机茶证书附件并提供有机茶交易证明，以及相应的其他法律或证明文件。严格按有机茶质量标准检查，检查内容包括茶叶品质、规格、批号和卫生状况等。拒绝接受证货不符或质量不符合标准的有机茶产品。

**9.6** 销售人员对所出售的茶叶应随时检查，一旦发现变质、过期等不符合标准的茶叶应立即停止销售。有异议时，应对留存样进行复验，或在同批（唛）产品中重新按 GB/T 8302 规定加倍取样，对有异议的项目进行复验，以复验结果为准。如意见仍不一致，可以封存茶样，委托上级部门或法定检验检测机构进行仲裁。

# 附录8 NY/T 5197—2002 有机茶生产技术规程

## 前言（省略）

## 有机茶生产技术规程

### 1 范围

本标准规定了有机茶生产的基地规划与建设、土壤管理和施肥、病虫草害防治、茶树修剪和采摘、转换、试验方法和有机茶园判别。

本标准适用于有机茶的生产。

### 2 规范性引用文件

下列文件中的条款通过本标准的引用而成为本标准的条款。凡是注日期的引用文件，其随后所有的修改单（不包括勘误的内容）或修订版均不适用于本标准，然而，鼓励根据本标准达成协议的各方研究是否可使用这些文件的最新版本。凡是不注日期的引用文件，其最新版本适用于本标准。

GB 11767 茶树种子和苗木

GB/T 14551 生物质量 六六六和滴滴涕的测定 气相色谱法

NY 227 微生物肥料

NY 5196 有机茶

NY 5199 有机茶产地环境条件

GL 32（Rev. 1） 联合国有机食品生产、加工、标识和市场导则

### 3 基地规划与建设

**3.1** 有机茶生产基地应按NY 5199的要求进行选择。

**3.2** 基地规划

3.2.1 有利于保持水土，保护和增进茶园及其周围环境的生物多样性，维护茶园生态平衡，发挥茶树良种的优良种性，便于茶园排灌、机械作业和田间日常作业，促进茶叶生产的可持续发展。

3.2.2 根据茶园基地的地形、地貌、合理设置场部（茶厂）、种茶区（块）、道路、排蓄灌水利系统，以及防护林带、绿肥种植区和养殖业区等。

3.2.3 新建基地时，对坡度大于25°，土壤深度小于60cm，以及不宜种植茶树的区域应保留自然植被。对于面积较大且集中连片的基地，每隔一定面积应保

留或设置一些林地。

3.2.4 禁止毁坏森林发展有机茶园。

**3.3** 道路和水利系统

3.3.1 设置合理的道路系统，连接场部、茶厂、茶园和场外交通，提高土地利用率和劳动生产率。

3.3.2 建立完善的排灌系统，做到能蓄能排。有条件的茶园建立节水灌溉系统。

3.3.3 茶园与四周荒山陡坡、林地和农田交界处应设置隔离沟、带；梯地茶园在每台梯地的内侧开一条横沟。

**3.4** 茶园开垦

3.4.1 茶园开垦应注意水土保持，根据不同坡度和地形，选择适宜的时期、方法和施工技术。

3.4.2 坡度15°以下的缓坡地等高开垦；坡度在15°以上的，建筑等高梯级园地。

3.4.3 开垦深度在60cm以上，破除土壤中硬塥层、网纹层和犁底层等障碍层。

**3.5** 茶树品种与种植

3.5.1 品种应选择适应当地气候、土壤的茶类，并对当地主要病虫害有较强的抗性。加强不同遗传特性品种的搭配。

3.5.2 种子和苗木应来自有机农业生产系统，但在有机生产的初始阶段无法得到认证的有机种子和苗木时，可使用未经禁用物质处理的常规种子与苗木。

3.5.3 种苗质量应符合GB 11767中规定的1、2级标准。

3.5.4 禁止使用基因工程繁育的种子和苗木。

3.5.5 采用单行或双行条栽方法种植，坡地茶园等高种植。种植前施足有机底肥，深度为30cm～40cm。

**3.6** 茶园生态建设

3.6.1 茶园四周和茶园内不适合种茶的空地应植树造林，茶园的上风口应营选防护林。主要道路、沟渠两边种植行道树，梯壁坎边种草。

3.6.2 低纬度低海拔茶区集中连片的茶园可因地制宜种植遮阴树，遮光率控制在20%～30%。

3.6.3 对缺丛断行严重、密度较低的茶园，通过补植缺株，合理剪、采、养等措施提高茶园覆盖率。

3.6.4 对坡度过大、水土流失严重的茶园应退茶还林或还草。

3.6.5 重视生产基地病虫草害天敌等生物及其栖息地的保护，增进生物多样性。

**3.7** 每隔$2hm^2$～$3hm^2$茶园设立一个地头积肥坑。并提倡建立绿肥种植区。尽可能为茶园提供有机肥源。

**3.8** 制订和实施有针对性的土壤培肥计划，病、虫、草害防治计划和生态改善计划等。

**3.9** 建立完善的农事活动档案，包括生产过程中肥料、农药的使用和其他栽培管理措施。

## 4 土壤管理和施肥

### 4.1 土壤管理

4.1.1 定期监测土壤肥力水平和重金属元素含量，一般要求每 2 年检测一次。根据检测结果，有针对性地采取土壤改良措施。

4.1.2 采用地面覆盖等措施提高茶园的保土蓄水能力。将修剪枝叶和未结粗的杂草作为覆盖物，外来覆盖材料如作物秸秆等应未受有害或有毒物质的污染。

4.1.3 采取合理耕作、多施有机肥等方法改良土壤结构。耕作时应考虑当地降水条件，防止水土流失。对土壤深厚、松软、肥沃，树冠覆盖度大，病虫草害少的茶园可实行减耕或免耕。

4.1.4 提倡放养蚯蚓和使用有益微生物等生物措施改善土壤的理化和生物性状，但微生物不能是基因工程产品。

4.1.5 行距较宽、幼龄和台刈改造的茶园，优先间作豆科绿肥，以培肥土壤和防止水土流失，但间作绿肥或作物必须按有机农业生产方式栽培。

4.1.6 土壤 pH 值于 4.5 的茶园施用白云石粉等矿物质，而高于 6.0 的茶园可使用硫黄粉调节土壤 pH 值至 4.5～6.0 的适宜范围。

4.1.7 土壤相对含水量低于 70% 时，茶园宜节水灌溉。灌溉用水符合 NY 5199 的要求。

### 4.2 施肥

4.2.1 肥料种类

4.2.1.1 有机肥，指无公害化处理的堆肥、沤肥、厩肥、沼气肥、绿肥、饼肥及有机茶专用肥。但有机肥料的污染物质含量应符合表 1 的规定，并经有机认证机构的认证。

4.2.1.2 矿物源肥料、微量元素肥料和微生物肥料，只能作为培肥土壤的辅助材料。微量元素肥料在确认茶树有潜在缺素危险时作叶面肥喷施。微生物肥料应是非基因工程产物，并符合 NY 227 的要求。

4.2.1.3 土壤培肥过程中允许和限制使用的物质见附录 A。

4.2.1.4 禁止使用化学肥料和含有毒、有害物质的城市垃圾、污泥和其他物质等。

4.2.2 施肥方法

4.2.2.1 基肥一般每 667m² 施农家肥 1000kg～2000kg，或用有机肥 200kg～400kg，必要时配施一定数量的矿物源肥料和微生物肥料，于当年秋季开沟深施，施肥深度 20cm 以上。

4.2.2.2 追肥可结合茶树生育规律进行多次，采用腐熟后的有机肥，在根际浇施；或每 667m² 每次施商品有机肥 100kg 左右，在茶叶开采前 30d～40d 开沟施入，沟深 10cm 左右，施后覆土。

4.2.2.3 叶面肥根据茶树生长情况合理使用，但使用的叶面肥必须在农业部登记并获得有机认证机构的认证。叶面肥料在茶叶采摘前 10d 停止使用。

**表 1 商品有机肥料污染物质允许含量** 单位为毫克每千克

| 项目 | | 浓度限值 |
|---|---|---|
| 砷 | ≤ | 30 |
| 汞 | ≤ | 5 |
| 镉 | ≤ | 3 |
| 铬 | ≤ | 70 |
| 铅 | ≤ | 60 |
| 铜 | ≤ | 250 |
| 六六六 | ≤ | 0.2 |
| 滴滴涕 | ≤ | 0.2 |

## 5 病、虫、草害防治

**5.1** 遵循防重于治的原则，从整个茶园生态系统出发，以农业防治为基础，综合运用物理防治和生物防治措施，创造不利于病虫草害孳生而有利于各类天敌繁衍的环境条件，增进生物多样性，保持茶园生物平衡，减少各类病虫草害所造成的损失。

**5.2 农业防治**

5.2.1 换种改植或发展新茶园时，选用对当地主要病虫抗性较强的品种。

5.2.2 分批多次采茶，采除假眼小绿叶蝉、茶橙瘿螨、茶白星病等危害芽叶的病虫，抑制其种群发展。

5.2.3 通过修剪，剪除分布在茶丛中上部的病虫。

5.2.4 秋末结合施基肥，进行茶园深耕，减少土壤中越冬的鳞翅目和象甲类害虫的数量。

5.2.5 将茶树根际落叶和表土清理至行间深埋，防治叶病和在表土中越冬的害虫。

**5.3 物理防治**

5.3.1 采用人工捕杀，减轻茶毛虫、茶蚕、蓑蛾类、卷叶蛾类、茶丽纹象甲等害虫的危害。

5.3.2 利用害虫的趋性，进行灯光诱杀、色板诱杀、性诱杀或糖醋诱杀。

5.3.3 采用机械或人工方法防除杂草。

**5.4　生物防治**

5.4.1　保护和利用当地茶园中的草蛉、瓢虫和寄生蜂等天敌昆虫，以及蜂蛛、捕食螨、蛙类、蜥蜴和鸟类等有益生物，减少人为因素对天敌的伤害。

5.4.2　允许有条件地使用生物源农药，如微生物源农药、植物源农药和动物源农药。

**5.5　农药使用准则**

5.5.1　禁止使用和混配化学合成的杀虫剂、杀菌剂、杀螨剂、除草剂和植物生长调节剂。

5.5.2　植物源农药宜在病虫害大量发生时使用。矿物源农药应严格控制在非采茶季节使用。

**5.6**　从国外或外地引种时，必须进行植物检疫，不得将当地尚未发生的危险性病虫草随种子或苗木带入。

**5.7**　有机茶园主要病虫害及防治方法见附录 B。

**5.8**　有机茶园病虫病防治允许、限制使用的物质与方法见附录 C。

## 6　茶树修剪与采摘

**6.1　茶树修剪**

6.1.1　根据茶树的树龄、长势和修剪目的分别采用定型修剪、轻修剪、深修剪、重修剪和台刈等方法，培养优化型树冠，复壮树势。

6.1.2　覆盖度较大的茶园，每年进行茶树边缘修剪，保持茶行间 20cm 左右的间隙，以利田间作业和通风透光，减少病虫害发生。

6.1.3　修剪枝叶应留在茶园内，以利于培肥土壤。病虫枝条和粗干枝清除出园，病虫枝待寄生蜂等天敌逸出后再行销毁。

**6.2　采摘**

6.2.1　应根据茶树生长特性和成品茶对加工原料的要求，遵循采留结合、量质兼顾和因树制宜的原则，按标准适时采摘。

6.2.2　手工采茶宜采用提手采，保持芽叶完整、新鲜、匀净，不夹带鳞片、茶果与老枝叶。

6.2.3　发芽整齐，生长势强，采摘面平整的茶园提倡机采。采茶机应使用无铅汽油，防止汽油、机油污染茶叶、茶树和土壤。

6.2.4　采用清洁、通风性良好的竹编网眼茶篮或篓筐盛装鲜叶。采下的茶叶应及时运抵茶厂，防止鲜叶变质和混入有毒、有害物质。

6.2.5　采摘的鲜叶应有合理的标签，注明品种、产地、采摘时间及操作方式。

## 7　转换

**7.1**　常规茶园成为有机茶园需要经过转换。生产者在转换期间必须完全按本生产技术规程和要求进行管理和操作。

**7.2** 茶园的转换期一般为3年。但某些已经在按本生产技术规程管理或种植的茶园，或荒芜的茶园，如能提供真实的书面证明材料和生产技术档案，则可以缩短甚至免除转换期。

**7.3** 已认证的有机茶园一旦改为常规生产方式，则需要经过转换才有可能重新获得有机认证。

## 8 试验方法

**8.1** 商品有机肥料中砷、汞、镉、铬、铅、铜的测定按NY 227执行。

## 9 有机茶园判别

**9.1** 茶园的生态环境达到有机茶产地环境条件的要求。

**9.2** 茶园管理达到有机茶生产技术规程的要求。

**9.3** 由认证机构根据标准和程序判别。

## 附录A

（规范性附录）

### 有机茶园允许和限制使用的土壤培肥和改良物质

**表A.1**

| 类别 | 名称 | 使用条件 |
|---|---|---|
| 有机农业体系生产的物质 | 农家肥 | 允许使用 |
| | 茶树修剪枝叶 | 允许使用 |
| | 绿肥 | 允许使用 |
| 非有机农业体系生产物质 | 茶树修剪枝叶、绿肥和作物秸秆 | 限制使用 |
| | 农家肥(包括堆肥、沤肥、厩肥、沼气肥、家畜粪尿等) | 限制使用 |
| | 饼肥(包括菜籽饼、豆籽饼、棉籽饼、芝麻饼、花生饼等) | 未经化学方法加工的允许使用 |
| | 充分腐熟的人粪尿 | 只能用于浇施茶树根部,不能用作叶面肥 |
| | 未经化学处理木材产生的材料、树皮、锯屑、刨花、木灰和木炭等 | 限制使用 |
| | 海草及其用物理方法生产的产品 | 限制使用 |
| | 未掺杂防腐剂的动物血、肉、骨头和皮毛 | 限制使用 |
| | 不含合成添加剂的食品工业副产品 | 限制使用 |
| | 鱼粉、骨粉 | 限制使用 |
| | 不含合成添加剂的泥炭、褐炭、风化煤等含腐殖酸类的物质 | 允许使用 |
| | 经有机认证机构认证的有机茶专用肥 | 允许使用 |

续表

| 类 别 | 名 称 | 使用条件 |
| --- | --- | --- |
| 矿物质 | 白云石粉、石灰石和白垩 | 用于严重酯化的土壤 |
| | 碱性炉渣 | 限制使用，只能用于严重酸化的土壤 |
| | 低氯钾矿粉 | 未经化学方法浓缩的允许使用 |
| | 微量元素 | 限制使用，只作叶面肥使用 |
| | 天然硫黄粉 | 允许使用 |
| | 镁矿粉 | 允许使用 |
| | 氯化钙、石膏 | 允许使用 |
| | 窑灰 | 限制使用，只能用于严重酸化的土壤 |
| | 磷矿粉 | 镉含量不大于 90mg/kg 的允许使用 |
| | 泻盐类（含水硫酸岩） | 允许使用 |
| | 硼酸岩 | 允许使用 |
| 其他物质 | 非基因工程生产的微生物肥料（固氮菌、根瘤菌、磷细菌和硅酸盐细菌肥料等） | 允许使用 |
| | 经农业部登记和有机认证的叶面肥 | 允许使用 |
| | 未污染的植物制品及其提取物 | 允许使用 |

# 附录 B

（规范性附录）

## 有机茶园主要病虫害及其防治方法

**表 B.1**

| 病虫害名称 | 防治时期 | 防治措施 |
| --- | --- | --- |
| 假眼小绿叶蝉 | 5～6 月、8～9 月若虫盛发期，百叶虫口；夏茶 5～6 头、秋茶＞10 头时施药防治 | 1. 分批多次采茶，发生严重时可机采或轻修剪；<br>2. 湿度大的天气，喷施白僵菌制剂；<br>3. 秋末采用石硫合剂封园；<br>4. 可喷施植物源农药：鱼藤酮、清源保 |
| 茶毛虫 | 各地代数不一，防治时期有异。一般在 5～6 月中旬，8～9 月。幼虫 3 龄前施药 | 1. 人工摘除越冬卵块或人工摘除群集的虫叶；结合清园，中耕消灭茧蛹；灯光诱杀成虫；<br>2. 幼虫期喷施茶毛虫病毒制剂；<br>3. 喷施 Bt 制剂或用植物源农药：鱼藤酮、清源保 |
| 茶尺蠖 | 年发生代数多，以第 3、第 4、第 5 代（6～8 月下旬）发生严重，每平方米幼虫数＞7 头幼即应防治 | 1. 组织人工挖蛹，或结合冬耕施基肥深埋虫蛹；<br>2. 灯光诱杀成虫；<br>3. 1～2 龄幼虫期喷施茶尺蠖病毒制剂；<br>4. 喷施 Bt 制剂或喷施植物源农药：鱼藤酮、清源保 |
| 茶橙瘿螨 | 5 月中下旬、8～9 月发现个别枝条有为害状的点片发生时，即应施药 | 1. 勤采春茶；<br>2. 发生严重的茶园，可喷施矿物源农药：石硫合剂、矿物油 |

续表

| 病虫害名称 | 防治时期 | 防治措施 |
| --- | --- | --- |
| 茶丽纹象甲 | 5～6月下旬，成虫盛发期 | 1. 结合茶园中耕与冬耕施基肥，消灭虫蛹；<br>2. 利用成虫假死性人工振落捕杀；<br>3. 幼虫期土施白僵菌制剂或成虫期喷施白僵菌制剂 |
| 黑刺粉虱 | 江南茶区5月中下旬，7月中旬，9月下旬至10月上旬 | 1. 及时疏枝清园、中耕除草，使茶园通风透光；<br>2. 湿度大的天气喷施粉虱真菌制剂；<br>3. 喷施石硫合剂封园 |
| 茶饼病 | 春、秋季发病期，5天中有3天上午日照＜3h，或降雨量2.5mm～5mm芽梢发病率＞35％ | 1. 秋季结合深耕施肥，将根际枯枝落叶深埋土中；<br>2. 喷施多抗霉素；<br>3. 喷施波尔多液 |

# 附录C

（规范性附录）

## 有机茶园病虫害防治允许和限制使用的物质与方法

表C.1

| 种类 | | 名称 | 使用条件 |
| --- | --- | --- | --- |
| 生物源农药 | 微生物源农药 | 多抗霉素（多氧霉素） | 限量使用 |
| | | 浏阳霉素 | 限量使用 |
| | | 华光霉素 | 限量使用 |
| | | 春雷霉素 | 限量使用 |
| | | 白僵菌 | 限量使用 |
| | | 绿僵菌 | 限量使用 |
| | | 苏云金杆菌 | 限量使用 |
| | | 核型多角体病毒 | 限量使用 |
| | | 颗粒体病毒 | 限量使用 |
| | 动物源农药 | 性信息素 | 限量使用 |
| | | 寄生性天敌动物，如赤眼蜂、昆虫病原线虫 | 限量使用 |
| | | 捕食性天敌动物，如瓢虫、捕食螨、天敌蜘蛛 | 限量使用 |
| | 植物源农药 | 苦参碱 | 限量使用 |
| | | 鱼藤酮 | 限量使用 |
| | | 除虫菊素 | 限量使用 |
| | | 印楝素 | 限量使用 |
| | | 苦楝素 | 限量使用 |
| | | 川楝素 | 限量使用 |
| | | 植物油 | 限量使用 |
| | | 烟叶水 | 只限于非采茶季节 |

续表

| 种类 | 名称 | 使用条件 |
| --- | --- | --- |
| 矿物源农药 | 石硫合剂 | 非生产季节使用 |
| | 硫悬浮剂 | 非生产季节使用 |
| | 可湿性硫 | 非生产季节使用 |
| | 硫酸铜 | 非生产季节使用 |
| | 石灰半量式波尔多液 | 非生产季节使用 |
| | 石油乳油 | 非生产季节使用 |
| 其他物质和方法 | 二氧化碳 | 允许使用 |
| | 明胶 | 允许使用 |
| | 糖醋 | 允许使用 |
| | 卵磷脂 | 允许使用 |
| | 蚁酸 | 允许使用 |
| | 软皂 | 允许使用 |
| | 热表消毒 | 允许使用 |
| | 机械诱捕 | 允许使用 |
| | 灯光诱捕 | 允许使用 |
| | 色板诱杀 | 允许使用 |
| | 漂白粉 | 限制使用 |
| | 生石灰 | 限制使用 |
| | 硅藻土 | 限制使用 |

## 附录 D
（规范性附录）
## 有机茶生产中使用其他物质的评估

未列入附录 A 和附录 C 的在有机茶园使用的其他物质和方法，根据本附录进行评价。

**D.1　使用土壤培肥和土壤改良物质的原则**

D.1.1　该物质是为了保持土壤肥力或为满足特殊的营养要求所必需的。

D.1.2　该物质的配料来自植物、动物、微生物或矿物，宜经过物理（机械、热）处理或微酶处理或生物（堆肥、消化）处理。

D.1.3　该物质的使用不会导致对环境的污染以及对土壤生物的影响。

D.1.4　该物质的使用不应对最终产品的质量和安全性产生较大的影响。

**D.2　使用控制植物病虫草害物质的原则**

D.2.1　该物质是防治有害生物或特殊病害所必需的，而且除此物质外没有其他可以替代的方法和技术。

D.2.2 该物质（活性化合物）来源于植物、动物、微生物或矿物，宜经过物理处理、酶处理或微生物处理。

D.2.3 该物质的使用不会导致环境污染。

D.2.4 如果某物质的天然数量不足，可考虑使用与该自然物质的性质相同的化学合成物质，如化学合成的外激素（性诱剂），使用前提是不会直接或间接造成环境或产品的污染。

**D.3 评估**

D.3.1 评估意义

定期对外部投入的物质进行评价能促使有机生产对人类、动物以及环境和生态系统越来越有益。

D.3.2 评估投入物质的准则

对投入物质应从作物产量、品质、环境安全性、生态保护、景观、人类和动物的生存条件等方面进行全面评估。限制投入物质用于特种农作物（尤其是多年生农作物）、特定的区域和特定的条件。

D.3.3 投入物质的来源和生产方法

D.3.3.1 投入物质一般应来源于（按先后选用顺序）有机物（植物、动物、微生物）、矿物、等同于天然产品的化学合成物质。应优先选择可再生的投入物质，再选择矿物源物质，最后选择化学性质等同天然产品的投入物质。在允许使用化学性质等同的投入物质时需要考虑其在生态上、技术上或经济上的理由。

D.3.3.2 投入物质的配料可以经过机械处理、物理处理、酶处理、微生物作用处理、化学处理（作为例外并受限制）。

D.3.3.3 采集投入物质的原材料时，不得影响自然环境的稳定性，也不得影响采集区内任何物种的生存。

D.3.4 环境影响

D.3.4.1 投入物质不得危害环境，如对地面水、地下水、空气和土壤造成污染。这些物质在加工、使用和分解过程中对环境的影响必须进行评估。

D.3.4.2 投入物质可降解为二氧化碳、水和其他矿物形态。对投入的无毒天然物质没有规定的降解时限。

D.3.4.3 对非靶生物有高急性毒性的投入物质的半衰期不能超过5天，并限制其使用，如规定最大允许使用量。若无法采取可以保证非靶生物生存的措施，则不得使用该投入物质。

D.3.4.4 不得使用在生物或生物系统中蓄积的投入物质，也不得使用已经知道有或怀疑有诱变性或致癌性的投入物质。

D.3.4.5 投入物质中不应含有致害的化学合成物质（异生化合制品）。仅在其性质完全与自然界的产品相同时，才允许使用化学合成的产品。

D.3.4.6 投入矿物质的重金属含量应尽可能低。任何形态铜的使用必须视为临时性，必须限制使用。

D.3.5 人体健康和产品质量

D.3.5.1 投入物质必须对人体健康没有影响。必须考虑投入物质在加工、使用和降解过程中是否有危害。应采取一些措施，降低投入物质的使用危险，并制定投入物质在有机茶中使用的标准。

D.3.5.2 投入物质对产品质量如味道、保质期和外观质量等应无不良影响。

D.3.5.3 伦理和信心

D.3.5.3.1 投入物质对饲养动物的自然行为或机体功能应无不利影响。

D.3.5.3.2 投入物质的使用不应造成消费者对有机茶产品产生抵触或反感。投入物质的问题不应干扰人们对天然或有机产品的总体感觉或看法。

# 附录9 NY/T 5198—2002 有机茶加工技术规程

## 前言（省略）

## 有机茶加工技术规程

### 1 范围

本标准规定了有机茶加工的要求、试验方法和检验规则。

本标准适用于各类有机茶初制、精制加工，再加工和深加工。

### 2 规范性引用文件

下列文件中的条款通过本标准的引用而成为本标准的条款。凡是注日期的引用文件，其随后所有的修改单（不包括勘误的内容）或修订版均不适用于本标准，然而，鼓励根据本标准达成协议的各方研究是否可使用这些文件的最新版本。凡是不注日期的引用文件，其最新版本适用于本标准。

GB 3095 环境空气质量标准

GB 5749 生活饮用水卫生标准

### 3 要求

#### 3.1 原料

3.1.1 鲜叶原料应采自颁证的有机茶园，不得混入来自非有机茶园的鲜叶。不得收购掺假、含杂质以及品质劣变的鲜叶或原料。鲜叶运抵加工厂后，应摊放于清洁卫生、设施完善的储青间；鲜叶禁止直接摊放在地面。

3.1.2 用于加工花茶的鲜花应采自有机种植园或有机转换种植园。颁证的芳香植物可窨制茶叶。

3.1.3 鲜叶和鲜花的运输、验收、储存操作应避免机械损伤、混杂和污染，并完整、准确地记录鲜叶和鲜花的来源和流转情况。

3.1.4 再加工和深加工产品所用的主要原料应是有机原料，有机原料按质量计不得少于95%（食盐和水除外）。

#### 3.2 辅料

3.2.1 允许使用认证的天然植物作茶叶产品的配料。

3.2.2 茶叶加工中可用制茶专用油、乌桕油润滑与茶叶直接接触的金属表面。

3.2.3　深加工的配料允许使用常规配料，但不得超过总质量的5%。常规配料不得是基因工程产品，应获得有机认证机构的许可，该许可需每年更新。一旦能获得有机食品配料，应立即用有机食品配料替换常规配料。

3.2.4　作为配料的水和食用盐，应符合国家食品卫生标准。

3.2.5　禁止使用人工合成的色素、香料、黏结剂和其他添加剂。

3.2.6　允许使用本标准附录A中所列的添加剂和加工助剂以及调味品、微生物制品；超出此范围的添加剂和加工助剂，应根据附录B进行评估。

**3.3　加工厂**

3.3.1　茶叶加工厂所处的大气环境应不低于GB 3095中规定的二级标准要求。

3.3.2　加工厂离开垃圾场、医院200m以上；离开经常喷洒化学农药的农田100m以上，离开交通主干道20m以上，离开排放“三废”的工业企业500m以上。

3.3.3　茶叶加工用水、冲洗加工设备用水应达到GB 5749的要求。

3.3.4　设计、建筑有机茶加工厂应符合《中华人民共和国环境保护法》、《中华人民共和国食品卫生法》的要求。

3.3.5　应有与加工产品、数量相适应的原料、加工和包装车间，车间地面应平整、光洁，易于冲洗；墙壁无污垢，并有防止灰尘侵入的措施。

3.3.6　加工厂应有足够的原料、辅料、半成品和成品仓库。原材料、半成品和成品不得混放。茶叶成品采用符合食品卫生要求的材料包装后，送入具有密闭、防潮和避光的茶叶仓库，有机茶与常规茶应分开储存。宜用低温保鲜库储存茶叶。

3.3.7　加工厂粉尘最高容许浓度为每立方米10mg。

3.3.8　加工车间应采光良好、灯光照度达到500lx以上。

3.3.9　加工厂应有更衣室、盥洗室、工休室，应配有相应的消毒、通风、照明、防蝇、防鼠、防蟑螂、污水排放、存放垃圾和废弃物的设施。

3.3.10　加工厂应有卫生行政管理部门发放的卫生许可证。

**3.4　加工设备**

3.4.1　不宜使用铅及铅锑合金、铅青铜、锰黄铜、铅黄铜、铸铝及铝合金材料制造接触茶叶的加工零部件。液态加工设备禁止使用易锈蚀的金属材料。

3.4.2　加工设备的炉灶、供热设备应布置在生产车间墙外；需在生产车间内添加燃料，应设搬运燃料的隔离通道，并备有燃料储藏箱和灰渣储藏箱。可用电、天然气、柴（重）油、煤作燃料，少用或不用木材作燃料。

3.4.3　加工设备有油箱、供气钢瓶以及锅炉等设施与加工车间应留有安全距离。

3.4.4　高噪声设备应安装在车间外或采取降低噪声的措施，车间内噪声不得超过80dB。强烈震动的加工设备应采取必要的防震措施。

3.4.5 允许使用无异味、无毒的竹、木等天然材料及不锈钢、食品级塑料制成的器具和工具。

3.4.6 新购设备和每年加工开始前要清除设备的防锈油和锈斑。茶季结束后，应清洁、保养加工设备。

3.4.7 有机茶加工应采用专门设备。

**3.5 加工人员**

3.5.1 加工人员上岗前应经过有机茶知识培训，了解有机茶的生产、加工要求。

3.5.2 加工人员上岗前和每年度均应进行健康检查，持健康证上岗。

3.5.3 加工人员进入加工场所应换鞋、穿戴工作衣、帽，并保持工作服的清洁。包装、精制车间工作人员需戴口罩上岗。

3.5.4 不得在加工和包装场所用餐和进食食品。

**3.6 加工方法**

3.6.1 加工工艺应保持原料的有效成分和营养成分，可以使用机械、冷冻、加热、微波、烟熏等处理方法、微生物发酵和自然发酵工艺；可以采用提取、浓缩、沉淀过滤工艺，但提取溶剂仅限于符合国家食品卫生标准的水、乙醇、二氧化碳、氮，在提取和浓缩工艺中不得采用其他化学试剂。

3.6.2 禁止在加工和储藏过程中采用离子辐射处理。

**3.7 质量管理及跟踪**

3.7.1 应制定符合国家或地方卫生管理法规的加工卫生管理制度，茶叶加工和茶叶包装场地应在加工开始前全面清洗消毒一次。茶叶深加工厂应每天清洗或消毒。所有加工设备、器具和工具使用前应清洗干净。若与常规加工共用设备，应在常规加工结束后彻底清洗或清洁。保证加工产品不被常规产品或外来物质污染。

3.7.2 应制定和实施质量控制措施，关键工艺应有操作要求和检验方法，并记录执行情况。

3.7.3 以建立原料采购、加工、储存、运输、入库、出库和销售的完整档案记录，原始记录应保存三年以上。

3.7.4 每批加工产品应编制加工批号或系列号，批号或系列号一直沿用到产品终端销售，并在相应的票据上注明加工批号或系列号。

## 附录 A

（规范性附录）

## 有机茶深加工产品中允许使用的非农业源配料

**A.1 添加剂、加工助剂和载体**

| 国际标号 | 添加剂名称 | 备注(限制条件) |
|---|---|---|
| INS170 | 碳酸钙 | |

续表

| 国际标号 | 添加剂名称 | 备注(限制条件) |
| --- | --- | --- |
| INS270 | 乳酸 | |
| INS290 | 二氧化碳 | |
| INS300 | 抗坏血酸 | 只有在不能获得天然的抗坏血酸产品时使用 |
| INS306 | 生育酚(混合天然浓缩剂) | |
| INS330 | 柠檬酸 | |
| INS333 | 柠檬酸钙 | |
| INS334 | 酒石酸 | |
| INS413 | 黄芪胶 | |
| INS414 | 阿拉伯树胶 | |
| INS415 | 黄原胶 | |
| INS500 | 碳酸钠、碳酸氢钠 | |
| INS524 | 氢氧化钠 | |
| INS941 | 氮 | |
| INS948 | 氧 | |
| (以下无标号) | 活性炭 | |
| | 不含石棉的过滤材料 | |
| | 膨润土 | |
| | 硅藻土 | |
| | 酒精 | |
| | 明胶 | |
| | 植物油 | |
| | 微生物及酶制品 | 限制使用为非基因工程产品 |
| | 其他添加剂和助剂 | 由有机认证机构按附录B准则进行评估 |

注：添加剂可能含载体，这些载体应予以评估。

**A.2　调味品**

A.2.1　香精油：以油、水、酒精、二氧化碳为溶剂通过机械和物理方法制成。

A.2.2　天然烟熏味调味。

A.2.3　天然调味品：由有机认证机构按附录B准则进行评估。

**A.3　微生物制品**

A.3.1　天然微生物及其制品：基因工程生物及其产品除外。

A.3.2　发酵剂：生产过程无漂白剂和有机溶剂。

**A.4　其他配料**

A.4.1　饮用水：符合GB 5749生活饮用水卫生标准。

A. 4. 2　食盐：符合国家食品卫生标准。

A. 4. 3　矿物质（包括微量元素）和维生素：法律规定应使用，或有确凿证据证明食品中严重缺乏时才可以使用。

## 附录 B

（规范性附录）

## 评估添加剂和加工助剂的准则

附录 A 中不能列出所有允许使用的物质，当某种物质未被列入附录时，认证机构应根据以下准则对该物质进行评估，以确定其是否适合在有机茶深加工中使用。

**B. 1　必要性**

每种添加剂和加工助剂在生产加工中必不可缺，没有这些添加剂和加工助剂，产品就无法生产和保存。

**B. 2　核准添加剂和加工助剂的条件**

B. 2. 1　没有可用于加工或保存有机产品的其他工艺。

B. 2. 2　添加剂或加工助剂的使用最大限度地降低了产品的物理损坏或机械损坏，并有效地保证食品卫生。

B. 2. 3　天然来源物质的质量和数量不足以取代该添加剂或加工助剂。

B. 2. 4　添加剂或加工助剂不妨碍产品的有机完整性。

B. 2. 5　添加剂或加工助剂的使用不会给消费者造成判断质量的困惑，但不限于色素和香料。

B. 2. 6　添加剂和加工助剂的使用不应损坏产品的总体品质。

**B. 3　使用添加剂和加工助剂的优先顺序**

B. 3. 1　应优先选用按照有机认证基地生产的作物及其加工产品，这些产品不需添加其他物质，例如作增稠剂用的面粉或作为脱模剂用的植物油。以及用机械或物理方法生产的植物和动物来源的食品或原料，如盐。

B. 3. 2　其次，选用物理方法或用酶生产的单纯食品成分，例如淀粉和果胶。非农业源原料的提纯产物和微生物，酵母培养物等酶和微生物制剂。

**B. 4　不允许使用的添加剂和加工助剂**

B. 4. 1　与天然物质“性质等同的”人工合成物质。

B. 4. 2　基本判断为非天然的或为“食品成分新结构”的合成物质，如乙酰交联淀粉。

B. 4. 3　用基因工程方法生产的添加剂或加工助剂。

B. 4. 4　人工合成色素和合成防腐剂。

# 附录10　NY 5199—2002 有机茶产地环境条件

## 前言（省略）

## 有机茶产地环境条件

### 1　范围

本标准规定了有机茶产地环境条件的要求、试验方法和检验规则。

本标准适用于有机茶产地。

### 2　规范性引用文件

下列文件中的条款通过本标准的引用而成为本标准的条款。凡是注日期的引用文件，其随后所有的修改单（不包括勘误的内容）或修订版均不适用于本标准，然而，鼓励根据本标准达成协议的各方研究是否可使用这些文件的最新版本。凡是不注日期的引用文件，其最新版本适用于本标准。

GB/T 6920　水质　pH值的测定　玻璃电极法

GB/T 7467　水质　六价铬的测定　二苯碳酰二肼分光光度法

GB/T 7468　水质　总汞的测定　冷原子吸收分光光度法（eqv ISO 5666-1～5666-3）

GB/T 7475　水质　铜、锌、铅、镉的测定　原子吸收分光光谱法（eqv ISO/DP 8288）

GB/T 7483　水质　氟化物的测定　氟试剂分光光度法

GB/T 7484　水质　氟化物的测定　离子选择电极法

GB/T 7485　水质　总砷的测定　二乙基二硫代氨基甲酸银分光光度法（eqv ISO 6595）

GB/T 7486　水质　氰化物的测定　第一部分：总氰化物的测定（eqv ISO 6703-1～6703-2）

GB/T 8170　数值修约规则

GB/T 11898　水质　游离氯和总氯的测定　*N*,*N*-二乙基-1,4-苯二胺分光光度法

GB/T 15262　环境空气　二氧化硫的测定　甲醛吸收-副玫瑰苯胺分光光度法

GB/T 15432　环境空气　总悬浮颗粒物的测定　重量法

GB/T 15433 环境空气 氟化物的测定 石灰滤纸·氟离子选择电极法

GB/T 15434 环境空气 氟化物质量浓度的测定 滤膜·氟离子选择电极法

GB/T 15435 环境空气 二氧化氮的测定 Saltzman 法

GB/T 16488 水质 石油类和动植物油的测定 红外光度法

GB/T 17134 土壤质量 总砷的测定 二乙基二硫代氨基甲酸银分光光度法

GB/T 17135 土壤质量 总砷的测定 硼氢化钾-硝酸银分光光度法

GB/T 17136 土壤质量 总汞的测定 冷原子吸收分光光度法

GB/T 17137 土壤质量 总铬的测定 火焰原子吸收分光光度法

GB/T 17138 土壤质量 铜、锌的测定 火焰原子吸收分光光度法

GB/T 17140 土壤质量 铅、镉的测定 KI-MIBK 萃取火焰原子吸收分光光度法

GB/T 17141 土壤质量 铅、镉的测定 石墨炉原子吸收分光光度法

NY/T 395—2000 农田土壤环境质量监测技术规范 采样技术和 pH 值的测定

NY/T 396—2000 农用水源环境质量监技术规范 采样技术

NY/T 397—2000 农区环境空气质量监技术规范 采样技术

## 3 要求

### 3.1 基本要求

3.1.1 有机茶产地应水土保持良好，生物多样性指数高，远离污染源和具有较强的可持续生产能力。有机茶园与交通干线的距离应在 1000m 以上。

3.1.2 有机茶园与常规农业生产区域之间应有明显的边界和隔离带，以保证有机茶园不受污染。隔离带以山和自然植被等天然屏障为宜，也可以是人工营造的树林和农作物。农作物应按有机农业生产方式栽培。

### 3.2 空气

有机茶园环境空气质量应符合表 1 的要求。

**表 1 有机茶园环境空气质量标准**

| 项　目 | | 日平均 | 1h 平均 |
|---|---|---|---|
| 总悬浮颗粒物(TSP)/($mg/m^3$)(标准状态) | ≤ | 0.12 | — |
| 二氧化硫($SO_2$)/($mg/m^3$)(标准状态) | ≤ | 0.05 | 0.15 |
| 二氧化氮($NO_2$)/($mg/m^3$)(标准状态) | ≤ | 0.08 | 0.12 |
| 氟化物(F)(标准状态) | ≤ | $7\mu g/m^3$ | $20\mu g/m^3$ |
| | | $1.8\mu g/(dm^2 \cdot d)$ | — |

注：日平均指任何一日的平均浓度；1h 平均指任何一小时的平均浓度。

## 3.3 土壤

有机茶园土壤环境质量应符合表2的要求。

**表2 有机茶园土壤环境质量标准**

| 项目 | | 浓度限值 |
|---|---|---|
| pH值 | | 4.0～6.5 |
| 镉/(mg/kg) | ≤ | 0.20 |
| 汞/(mg/kg) | ≤ | 0.15 |
| 砷/(mg/kg) | ≤ | 40 |
| 铅/(mg/kg) | ≤ | 50 |
| 铬/(mg/kg) | ≤ | 90 |
| 铜/(mg/kg) | ≤ | 50 |

## 3.4 灌溉水

有机茶园灌溉水应符合表3的要求。

**表3 有机茶园灌溉水质标准**

| 项目 | | 浓度限值 |
|---|---|---|
| pH值 | | 5.5～7.5 |
| 总汞/(mg/L) | ≤ | 0.001 |
| 总镉/(mg/L) | ≤ | 0.005 |
| 总砷/(mg/L) | ≤ | 0.05 |
| 总铅/(mg/L) | ≤ | 0.1 |
| 铬(六价)/(mg/L) | ≤ | 0.1 |
| 氰化物/(mg/L) | ≤ | 0.5 |
| 氯化物/(mg/L) | ≤ | 250 |
| 氟化物/(mg/L) | ≤ | 20 |
| 石油/(mg/L) | ≤ | 5 |

# 4 试验方法

## 4.1 取样方法

4.1.1 环境空气按NY/T 397—2000执行。

4.1.2 土壤按NY/T 395—2000执行。

4.1.3 灌溉水按NY/T 396—2000执行。

## 4.2 空气

4.2.1 总悬浮颗粒的测定：按GB/T 15432执行。

4.2.2 二氧化硫的测定：按 GB/T 15262 执行。

4.2.3 二氧化氮的测定：按 GB/T 15435 执行。

4.2.4 氟化物的测定：按 GB/T 15433 或 GB/T 15434 执行。

**4.3 土壤**

4.3.1 pH 值的测定：按 NY/T 395 提供的方法执行。

4.3.2 铅的镉的测定：按 GB/T 17140 或 GB/T 17141 执行。

4.3.3 汞的测定：按 GB/T 17137 执行。

4.3.4 砷的测定：按 GB/T 17134 或 GB/T 17135 执行。

4.3.5 铬的测定：按 GB/T 17137 执行。

4.3.6 铜的测定：按 GB/T 17138 执行。

**4.4 灌溉水**

4.4.1 pH 值的测定：按 GB/T 6920 执行。

4.4.2 汞的测定：按 GB/T 7468 执行。

4.4.3 铅和镉的测定：按 GB/T 7476 执行。

4.4.4 砷的测定；按 GB/T 7485 执行。

4.4.5 六价铬的测定：按 GB/T 7467 执行。

4.4.6 氰化物的测定：按 GB/T 7486 执行。

4.4.7 氯化物的测定：按 GB/T 11898 执行。

4.4.8 氟化物的测定：按 GB/T 7483 或 GB/T 7484 执行。

4.4.9 石油类的测定：按 GB/T 16488 执行。

## 5 检测规则

**5.1** 有机茶产地空气、土壤和灌溉水各项指标评价采用单项污染指数法，如有一项不合格，则该产地不符合有机茶产地环境条件。

**5.2** 检验结果的数据修订按 GB/T 8170 执行。

# 附录 11　国际有机农业运动联盟基本标准（种植、加工部分，2004 年版）

（北京爱科赛尔认证中心有限公司提供译文，编著者摘选）

## 引　言

**有机农业的必要性**

在过去几十年里，随着新的知识、机械和化学工业的发展，农业发生了质的变化。虽然农业产量得到了很大提高，但农业生产也产生了很多负影响。

与此同时，有良好生态和环境意识的农民已经开发出了他们认为在生态友好和可持续的农业耕作方法和过程。这种农业系统以土壤、植物、动物、人类、生态系统和环境的动态相互作用为基础。这种农业系统的目标是增强自然生命循环，而不是去压抑自然。它在很大程度上依赖于当地可获得资源的数量和质量。

如今我们称这些农民为有机农民，他们已经向世界证明：他们的农业系统与其他农业系统是有显著区别的。而且，他们的农业系统更有竞争性，能够在减少副作用的同时为人类提供优质农产品。

当有机农业的产品进一步进行加工时，基本的要求是保持其重要的内在质量。因此，应该限制加工过程，节省能源消耗，尽量减少加工助剂和食品添加剂的使用。

有机农业能够为人类提供一个生态优良的未来。本小册子描述了有机农业生产和有机加工的原则和理想。

**什么是国际有机农业运动联盟（IFOAM）的基本标准**

现在所使用的“IFOAM 基本标准”（以下简称“基本标准”）反映了目前有机农业生产和加工方法的发展水平。这些标准不应当作最后的说明，而应该作为在全世界范围内推动有机农业发展的一项工作。

IFOAM 的基本标准不能直接用于认证。基本标准为世界范围内的认证计划提供了一个制定自己国家或地区标准的框架。这些国家或地区的认证标准要结合当地条件，可以比基本标准更为严格。

当标有有机农业标签的产品在市场上出售时，农民和加工者必须按照国家或地区体系所制定的标准操作而且应得到国家或地区的认证。这就需要一个定期的检查和认证。这种认证体系将有助于确保有机产品的可信度以及建立消费者的信心。

IFOAM 的基本标准同时也构成了 IFOAM 授权体系（IFOAM Accreditation Programme）运作的基础。IFOAM 授权体系根据 IFOAM 的授权标准和基本标准对各认证体系进行评估和授权。

除非特别指明是国家认证标准，否则本标准中所设计的标准都是指 IFOAM 的基本标准。

**排列**

该标准的文本分为总原则、建议和标准。标准是认证体系确保必须达到的最低要求。目前可以的偏离以斜体字印刷。

**基本标准的修改**

本标准的修改按照一定的时间表进行。IFOAM 的标准委员会向 IFOAM 会员建议标准修改的信息，然后根据会员的意见进行修订，在 IFOAM 的会员大会上提交并表决。在 2 年之内，认证体系必须将新修改或通过的基本标准包含在内。IFOAM 鼓励会员及时向 IFOAM 提交他们对标准的修改意见。

对于新制定的内容，在下一次会员大会召开以前以草案的形式呈现，以避免认证体系由于没有包含新的标准而受到惩罚。在本标准内，第 6 章——水产养殖和第 8 章——纺织品加工属于草案标准。

在 IFOAM 标准与国家或地区的法律相悖的情况下，认证机构应及时向 IFOAM 标准委员会提议审核。

## 1. 有机农业和加工的原则性目标

有机农业和加工是以一系列原则和概念为基础的。这些原则和概念具有同等的重要性。它们是：

- 生产足量的高营养、优质食品。
- 以建设性和丰富生活的方式与自然系统和自然循环相互影响和相互作用。
- 要考虑到农业系统较广的社会和生态影响。
- 在农业系统中鼓励和增强生物循环，包括微生物、土壤动植物区系、植物和动物。
- 开发有价值的、持续的水产系统。
- 维持和提高土壤的长期肥力。
- 维持农业系统及其周围环境的遗传多样性，包括植物和野生动物栖息地的保护。
- 促使健康地使用和正确地保护水、水资源和其中相关的所有生物。
- 有当地组织的农业系统中尽量使用可再生资源。
- 创造作物生产和畜牧生产之间的协调平衡。
- 向所有牲畜提供能够让其按天生行为进行生产的条件。
- 减少所有形式的污染。
- 用可再生资源加工有机产品。
- 生产可完全生物降解的有机产品。
- 生产使用期长、优质的纺织品。
- 允许每个人参与有机农业生产，以及拥有能满足其基本需求的有质量的生活，从工作中获得足够的收益和满足（包括安全的工作环境）。
- 向社会公正、生态负责的全方位的有机农业生产、加工和营销体系迈进。

## 2. 基因工程

**总原则**

在有机生产和加工中不能存在基因工程。

定义：基因工程是一系列分子生物技术（比如重组 DNA）引起的，植物、动物、微生物、细胞和其他生物单元的基因物质被某种方法或方式进行了改变，而且这种改变不属于自然繁殖或自然重组。

**标准**

2.1 有机认证组织应该制定标准，尽最大措施确保在有机生产和加工中没有转基因生物或材料，这些措施包括有关的文件和文字证明。

## 3. 作物生产和畜牧养殖的基本要求

### 3.1 转换要求

**总原则**

有机农业意味着发展一个有生命力的、持续性农业生态系统的过程。从开始进行有机农业管理到作物和/或畜牧业生产被认证为有机农业的时间称为转换期。

**建议**

为了达到农业生态系统功能的最优，作物生产和畜牧养殖的多样性应完善管理，以便农场内的所有组分都能相互作用。

转换应在一定时间内完成，农场可以逐步完成转换。

作物生产和畜牧养殖应完整的向有机管理转换。

农场主应拥有一个清楚的如何向有机农业转换的计划。必要时，该计划应予更新。转换计划将涉及相应标准的所有方面。

认证机构应制定标准以保证在生产、文件记录等方面对不同的农场系统清楚地分开。标准还应该决定如何避免投入材料的混合。

**标准**

3.1.1 在转换期内有机标准的要求都应该达到。标准的所有方面从转换期开设就适用。

3.1.2 在农场/项目被认证以前，检查应该已在转换期内完成。转换期的计算可以按照以下方法计算：向认证机构提出申请算起，或从最后一次使用不允许使用的材料算起，但不论按哪种方法计算，都应充分证明从转换期开始标准的要求已经达到。

转换期长度请参考 4.2 和 5.2。

3.1.3 当标准的所有要求已经满足了多年而且可以用多种方式证明，完全的转换不需要。在这种情况下，检查应在收获以前合适的时间进行。

### 3.2 平行生产

**总原则**

整个农场，包括畜禽，应该在一段时间内根据标准进行转换。

**建议**

对不同农作系统，在生产和文件上应清楚的隔离和分开，对此认证机构制定相应的标准。标准应预防投入物质和产品的混合。

**标准**

3.2.1 如果整个农场没有完全转换，认证机构应确保有机和常规生产严格分开，并对整个生产系统进行检查。

3.2.2 在农场内同时生产常规、转换期、有机的作物或动物必须明显分开。

3.2.3 为了确保有机和常规生产清楚的隔离，认证机构应检查整个生产系统（从生产到最终市场）。见 IFOAM 授权标准。

3.2.4 如果在农场同时进行有机和常规生产，在常规部分中使用 GMO 转基因生物是不允许的。

### 3.3 有机管理的维护

**总原则**

有机认证的基础是有机管理的持续性。

**建议**

认证机构只能对那些有长期有机管理可能性的生产进行认证。

**标准**

3.3.1 已转换的土地和动物不能在有机农业和常规农业之间来回改变。

### 3.4 景观

**总原则**

有机生产应对生态系统做出有益的贡献。

**建议**

在以下地区应该合理管理并相互联系以增进生物多样性：

- 粗放管理的草原，例如：沼泽、芦苇荡或旱地；
- 在一般情况下，未进行轮作和施肥量较少的所有区域：粗放管理的草地、草垫草原，粗放管理的草场，粗放管理的果园、绿篱、成行的树篱、树群和/或灌木丛以及森林线；
- 生态富有的休闲地或可耕地（无投入物）；
- 生态多样化的（广阔的）土地边缘；
- 在集约化的农业生产和渔业生产中尚未利用的水系、水池、温泉、沟渠、湿地、沼泽地和其他水源丰富的区域；
- 拥有杂草植物区系的区域。

认证机构应该制定农场面积最低百分比的标准，以维持生物多样性。

**标准**

3.4.1 认证机构应制定景观和生物多样性标准。

## 4. 作物生产

### 4.1 作物和品种的选择

**总原则**

所有种子和植物材料都应是认证为有机的。

**建议**

栽培的类型和品种应该适应土壤和气候条件，对病虫害有抵抗力。

在选择品种时基因多样性应予以考虑。

**标准**

4.1.1 如果可以得到有机的种子和种苗，生产上就必须采用。认证机构应该制定时间限制要求使用认证的有机种子和种苗。

4.1.2 如果没有认证的有机种子和种苗，应使用未经化学处理的常规材料。

如果没有其他的替代措施，可以使用化学处理的植物材料。

认证机构应该对例外情况作出具体规定，对使用化学处理的植物材料的时间也应该制定限制。

4.1.3 不准使用遗传工程生产的种子、花粉、转基因植物或植物材料。

### 4.2 转换期长度

**总原则**

有机管理系统的建立以及土壤肥力的维护需要一个过渡时期即转换期。转换期时间不一定非得足够长以改善土壤肥力以及重新建立生态系统的平衡，但应该是为达到这些目标开始采取行动的时间。

**建议**

转换期长度应考虑到

- 土地过去的使用情况;
- 生态条件。

**标准**

4.2.1 在标准的要求都得到满足时，在生产周期开始前至少有 12 个月的时间满足了基本标准要求的植物才能够被认证为有机农业植物产品。在第一次收获之前至少有 18 个月的时间是按照标准要求进行管理的多年生植物（牧场和草地除外）才能够被验证为有机农业植物产品。牧场、草地及其产品在有机管理 12 个月后可以被认证为有机产品。

当认证机构能够得到三年或三年以上没有使用禁用材料的相关文件时，则在申请后 12 个月得到认证。

4.2.2 认证机构有权根据过去对土地的使用情况和环境条件延长转换期。

4.2.3 认证机构可以允许在生产周期开始前至少有 12 个月的时间满足了标准要求的植物以“转换期有机农业产品”或一种类似的描述在市场上销售。

### 4.3 作物生产中的多样性

**总原则**

在园艺、耕作、林业生产中，作物生产的基础是考虑周围及自身的机构和土壤肥力，在尽量减少养分损失的情况下提高多样性。

**建议**

作物生产的多样性可以由以下措施综合实现：

- 包括豆科植物在内的多样轮作；
- 在一年内尽可能利用多种植物种类覆盖土壤。

**标准**

4.3.1 在合适的情况下，认证机构应该要求在合适的时间和地点内获得多样性，在维持或改善土壤肥力、有机质、生物活性以及土壤健康的情况下，充分考虑虫、草、病及其他害虫的压力。对于非多年生作物，一般通过但不局限于作物轮作实现。

## 4.4 施肥政策

**总原则**

应该将足量的微生物、植物和动物可生物降解材料归还到土壤中，以增加或至少维持土壤的肥力和生物活性。

有机农场内生产的微生物、植物和动物可生物降解材料应该成为施肥计划的基础。

**建议**

施肥政策时应尽量减少养分流失。

应避免重金属和其他污染物质的积累。

非人工合成的矿物肥料和购买的生物肥料应该作为而不是养分循环的替代。

应在土壤内维持适宜的 pH。

**标准**

4.4.1 微生物、植物和动物可生物降解材料应该成为施肥计划的基础。

4.4.2 认证机构应根据当地条件和作物的特性，对投入的农场内的微生物、植物和动物可生物降解材料的总量进行控制。

4.4.3 在有污染危险的情况下，认证机构应制定标准以限制动物肥料的过度使用。

4.4.4 从农场外引入的材料（包括堆肥）应符合附件 1 和 2 的要求。

4.4.5 除非含有人粪尿肥料的卫生条件符合要求，否则不能使用到人类食用的蔬菜上。认证机构应制定明确的卫生要求和措施以防止病虫卵和其他传染性物质的传染。

4.4.6 矿物肥料只能是以碳为基础的肥料的补充。只有其他肥力管理措施最优化以后才允许使用。

4.4.7 矿物肥力应按照其本来的自然组成使用，不允许用化学的方法使其更容易溶解。

认证机构应对例外情况做出详细规定。且例外情况不包括含氮的矿物肥料（见附件 1）。

4.4.8　认证机构应对矿物钾肥、镁肥、微量元素肥料的使用做出规定，以防止重金属或其他不需要物质的积累，比如矿渣、矿物磷酸盐以及生活污泥（见附件1和2）。

4.4.9　智利硝石以及所有的人工合成的氮素肥料包括尿素都不允许使用。

**4.5　病虫草管理**（包括生长调节剂）

**总原则**

有机耕作应该保证由于病虫草害造成的损失最低。重点采用适应当地环境的作物和其他品种、平衡的施肥计划、较高生物活性的土壤及合适的轮作、间作和绿肥等措施。

生长和发育应自然发生。

**建议**

病虫草的控制应通过一系列栽培技术以限制其发展，如合适的轮作、绿肥、平衡施肥、早播、覆盖、机械和干扰害虫的发育循环。

病虫害的天敌应通过合适的生境管理来保护，如篱笆、寄居场所等。

害虫的管理应通过限制害虫的生态需求来调控。

**标准**

4.5.1　从当地植物、动物和微生物获得的控制病虫草害物质可以使用。如果生态系统或有机产品的质量有可能受到影响，应采用评价有机农业（附件3）外来材料的程序或其他标准判断是否可以使用这些物质。有商标的产品也应该进行评价。

4.5.2　可以使用热、物理措施控制病虫草害。

4.5.3　利用热消毒措施来控制病虫害只能限于合适的轮作或土壤更新可以及时进行的土壤。且许可应由认证机构对具体情况进行具体处理。

4.5.4　在用于有机生产以前，所有的常规耕作使用的器具应合理清洗以避免物质残留的污染。

4.5.5　不允许使用人工合成的除草剂、杀菌剂、杀虫剂和其他农药。病虫草害控制允许使用的材料见附件2。

4.5.6　不允许使用人工合成的生长调节剂和染色剂。

4.5.7　不允许使用基因工程生物或产物。

**4.6　污染控制**

**总原则**

应采用各种相关措施减少农场外来和内部的污染。

**建议**

如果存在污染危险或怀疑有污染的危险，认证机构应制定标准规定重金属和其他污染物质的最大使用量。

重金属和其他污染物的污染应该予以控制。

**标准**

4.6.1　如果有理由怀疑污染，认证机构应确保对相关产品和可能的污染源

(土壤和水、大气和投入物质)进行检测以确定污染的水平。

4.6.2 对于保护性结构设施、薄膜覆盖、剪毛、捕虫、饲料青储等,只允许使用聚乙烯、聚丙烯和其他多碳化合物。使用后应将其从土壤中清除,且不得在农田中燃烧。不准使用聚氯乙烯塑料产品。

**4.7 土壤和水保持**

**总原则**

土壤和水资源应按照可持续方式管理。

**建议**

应采取各种措施避免水土流失、土壤盐碱化、过度和不合理利用水资源以及对地下水和地表水的污染。

**标准**

4.7.1 应尽可能减少利用有机质燃烧、秸秆焚烧的方法对土壤进行清洁。

4.7.2 禁止对原始森林进行清伐。

4.7.3 应采取措施防止水土流失。

4.7.4 禁止对水资源的过度开发和利用。

4.7.5 认证机构应制定合适的载畜量,以防止土地退化和对地下水及地表水的污染。

4.7.6 应采取措施防止土壤和水的盐碱化。

**4.8 非栽培植物和蜂蜜的采集**

**总原则**

采集行为应对保护自然区域有积极作用。

**建议**

进行产品采收时,应注意对生态系统的可持续性维护。

**标准**

4.8.1 只有从稳定的、可持续的生长环境中采收的野生产品才能被认证为有机产品。采收行为不能超过生态系统的可持续产量或对动植物品种的生存造成危害。

4.8.2 只有从明确的地区采收的产品才能被认证为有机产品,且该地区设有被禁用物质污染,能够被检查。

4.8.3 采收区应距常规农业、污染源一定的距离。

4.8.4 进行产品采收的人员应明确其身份,且他们应对采收区非常熟悉。

**5. 畜牧养殖**(省略)

**6. 水产品养殖**(省略)

**7. 食品加工和操作**

**7.1 总规定**

**总原则**

任何对有机产品的操作和加工应该保持产品的质量和完整性,尽量减少病虫害的发生。

**建议**

有机产品和非有机产品加工和操作应该在时间和空间上予以分开。

污染源应该可以辨识且避免。

调味剂应该采用物理措施从食品中获得（最好是有机食品）。

**标准**

7.1.1 应该防止有机食品和非有机食品的混合。

7.1.2 所有产品的全过程都应该明确标识。

7.1.3 认证机构应该制定标准防止和控制污染。

7.1.4 除非进行标识或者物理意义上的分开，否则有机产品和非有机产品不能在一起储藏和运输。

7.1.5 对于有机食品保存、操作、加工和储藏，认证机构应该规定哪些方法和措施可以使用以清洗和消毒。

7.1.6 除了储藏设施的环境温度，允许下列措施（见附件4）：

a. 空气调节；

b. 冷却；

c. 干燥；

d. 湿度调节。

7.1.7 允许使用乙烯气体催熟。

### 7.2 病虫害控制

**总原则**

应该采用有效的生产措施避免虫害，包括干净和整洁。尽量减少采用物质来控制虫害。

**建议**

建议使用物理障碍、声音、超声、光和紫外光、陷阱、温度控制、气体控制、硅藻土。

应该制订虫害控制和防治的计划。

**标准**

7.2.1 为了控制病虫害，下列措施应该按照先后顺序予以使用：

a. 防治措施如破坏、取消生境等；

b. 机械、物理和生物方法；

c. 本标准附录中的杀虫剂；

d. 其他诱捕使用的材料；

e. 禁止使用辐射。

7.2.2 有机产品和禁用产品之间（如杀虫剂）不应该有直接或间接接触。如果怀疑可能有接触应该保证产品中不会有残留。

7.2.3 不允许使用持久性或致癌性农药或消毒剂。

认证机构应该规定哪些保护试剂和消毒剂可以使用。

### 7.3 配料、添加剂和加工助剂

**总原则**

百分之百的配料应该是有机产品。

**建议**

生产酶和其他微生物产品时，基质应该是有机配料。

认证机构应该根据以下因素制定：

- 养分含量的保持；
- 生产相同产品的可能性。

**标准**

7.3.1 如果有机配料的数量和质量不能满足要求，认证机构可以允许使用非有机原料，而且定期接受检查和评估。原料不能够是基因工程产品。

7.3.2 同一产品内的相同配料不能既是有机的，又是非有机的。

7.3.3 水和盐可以用于有机食品。

7.3.4 不允许使用矿物质（包括微量元素）、维生素或其他成分。

7.3.5 在食品加工过程中，微生物准备或常规酶制剂可以使用，但不允许使用基因工程生物及其产品。

7.3.6 限制使用添加剂和加工助剂。

### 7.4 加工方法

**总原则**

加工方法应该主要是机械、物理和生物过程。

加工的每个过程中有机配料的质量都应该保持。

**建议**

所选择的加工方法应该对添加剂和加工助剂的数量和种类进行限制。

**标准**

7.4.1 以下加工方法允许使用：

- 机械和物理；
- 生物；
- 熏蒸；
- 提取；
- 沉淀；
- 过滤。

7.4.2 提取只能够用水、乙醇、植物和动物油、醋、二氧化碳、氮和羧酸。这些材料的使用应该是食品质量级的。

7.4.3 不允许使用辐射。

7.4.4 过滤材料不能够含有石棉或者其渗露物质对产品产生影响。

### 7.5 包装

**总原则**

包装的环境影响应该尽可能降低。

**建议**

应避免过度包装。

在可能的情况下应该循环和再生包装物质。

应该使用可以生物降解的材料。

**标准**

7.5.1 使用的包装材料不应该污染食品。

7.5.2 认证机构应该制定政策，减少包装材料的环境影响。

## 8. 纺织品加工（省略）

## 9. 森林管理（省略）

## 10. 标签

**总原则**

产品标签应该包含明确、正确的有机信息。

**建议**

如果全部标准都已满足，产品应该按照“有机农业产品”或相类似的描述进行出售。

转换期标志的使用可能导致消费者误解，不提倡使用。

标签上应该包括生产加工的负责人或公司的名称、地址。

产品标签对加工程序的描述不能够对产品的性状有明显影响。

其他产品信息应该根据需求予以提供。

产品所有的添加剂和加工助剂都应该注明。

野生生产的配料或产品也应该明确说明。

**标准**

10.1.1 产品生产和加工的法定负责人或公司应该能够辨识。

10.1.2 如果所有标准都已满足，单一配料产品可以按“有机农业产品”或类似描述标识。

10.1.3 混合配料的产品如果不是所有的配料（包括添加剂）都来自有机生产，产品标识按以下方式进行（原料重量）：

a. 如果产品至少95%的配料来自有机生产，产品可以标识为“有机认证”或其他类似描述，且产品应该带有认证机构的标志。

b. 如果产品大于70%、小于95%的配料来自有机生产，产品不能称为“有机”。“有机”字样可以按照“含有有机配料”方式明确说明有机配料的组成。可以使用说明由认证机构控制的信息，且文字应与配料比例靠近。

c. 如果产品小于70%来自有机生产，配料可以在产品配料表中说明。产品不能称为“有机”。

10.1.4 添加的水和盐不包括在有机配料中。

10.1.5 转换期产品的标签应该和有机产品的标签有明显差异。

10.1.6 多配料产品的所有原材料应该按照重量百分比的顺序予以列出。还应该明确说明哪些原材料是有机认证，哪些不是。所有添加剂应该用其全称。

如果草或香料在最终产品中的重量小于2%，不需要标出重量百分比。

## 11. 社会公平

**总原则**

社会公平和社会权力是有机农业和加工的组成部分。

**建议**

所有联合国劳工组织有关劳动者福利的规定和联合国关于儿童权利的宪章都应该遵守。

所有雇员及其家属都可以获得饮用水、食品、房子、教育、交通和健康保障。

包括生育、医疗和退休等方面的社会的社会安全都应该得到保障。

所有雇员应该同工同酬，且不论肤色、种族和性别有相同的机会。

在所有的生产和加工活动中，包括噪声、粉尘、光以及化学品污染等方面的劳动条件都应该符合标准，劳动者应该得到足够的标准。

土著居民的权利应该得到保护尊重。

**标准**

11.1 认证机构应该保证操作者有社会公平的政策。

11.2 认证机构对破坏人权的生产不能够进行认证。

**附件的介绍**

在有机农业中，土壤肥力的维护可以通过有机物质的循环达到，其中的养分可以通过土壤微生物和细菌的活动来获得。病虫草害可以通过农事操作来进行控制。有机产品的加工主要通过生物、机械或物理的方法进行。下面的附件可作为认证组织的指导，但并不详尽和综合。基本标准为附件1、2、4中的内容，认证机构可以通过附件3和5中的评价标准来进行解释。认证机构必须通过附件3中的6条评价标准来解释附件1和2，用附件5中的标准来解释附件4。

有机生产中许多物质的投入受到限制。在本附件中“限制”表示其使用条件和使用程序由认证机构来规定。其他比如污染、养分不平衡的危险、自然资源的损害等因素都需要考虑在内。

附件 1

## 肥料和土壤调节中的产品使用

- 农家肥，粪，尿　限制
- 鸟粪　限制
- 有污染监控来源的人类排泄物（见 4.4.5）　限制
- 蚓粪类　限制
- 血粉、肉粉、骨粉和羽毛粉，鱼和鱼割品，毛发和奶产品　限制
- 可以生物降解的微生物、植物或动物的加工副产品，包括食品、饲料油加工、发酵、蒸馏或纺织工业的有机副产品　限制
- 作物秸秆，绿肥，秸秆和其他的覆盖物
- 锯末、刨花和树皮，来自未经处理的木材　限制
- 海藻和海藻产品　限制
- 泥炭（防止进行土壤调节）
- 用附件中列出成分的堆肥，利用蘑菇生产的废料；蚯蚓或昆虫产生的有机质以及经过监测没有污染城市垃圾
- 植物制剂和提取物
- 来源于自然生长的昆虫和微生物的药剂
- 生物动力药剂
- 基本矿渣　限制
- 钙、镁岩　限制
- 钙化海草
- 石灰石、石膏、泥灰岩、白垩、甜菜加工后的石灰、氯化钙
- 镁岩、硫镁矾和泻盐（硫酸镁）
- 矿物钾（硫酸钾、钾盐镁矾、钾石盐）
- 天然磷酸盐　限制
- 粉末矿石　限制
- 黏土（膨润土、珍珠岩、蛭石、沸石）
- 氯化钠
- 微量元素　限制
- 微量元素　限制

附件 2

## 植物病虫害控制使用和生长调节的产品

- 藻类制剂

- 动物制剂和动物油 限制
- 菌类制剂（如 Bt）
- 蜂蜡
- 生物-动态制剂
- 氢氧化钙
- 二氧化碳
- 几丁质杀线虫剂（天然来源）
- 氯化钙 限制
- 黏土（膨润土、珍珠岩、蛭石、沸石）
- 咖啡末
- 铜盐（如硫酸盐、氢氧化铜，碱式氯酸铜、辛醇铜）限制铜的使用在 2002 年以后要减少到最大量为每年 8 千克/公顷或少于国家法律规定或私人的标准
- 谷物面筋粉（杂草控制）
- 乳制品（如奶酪蛋白）
- 硅藻土 限制
- 乙醇
- 真菌制剂 限制
- 明胶
- 卵磷脂
- 轻矿物油（石蜡） 限制
- 石灰硫黄（石硫合剂）
- 天然酸（如醋）
- 印楝素（从印楝树提取的物质） 限制
- 信息素——只能用来捕捉和驱散害虫
- 物理方法（有色粘板、机械陷阱）
- 塑料覆盖物 限制
- 植物油
- 植物制剂 限制
- 植物驱避剂 限制
- 碳酸钾
- 高锰酸钾 限制
- 蜂胶
- 类除虫菊酯（从拟除虫菊瓜叶菊中提取） 限制
- 鱼尼丁（*Ryania speciosa*）
- 烟草茶叶
- 苏林南苦木（*Quassia amara*） 限制
- 生石灰 限制

- 寄生虫、捕食者和可感染昆虫的释放　　限制
- 鱼藤根（鱼藤酮）
- 鱼尼丁（*Ryania speciosa*）　　限制
- 海盐和盐水
- 硅酸盐（如硅酸钠，石英）
- 苏打
- 碳酸钠　　限制
- 软肥皂
- 硫　　限制
- 二氧化硫　　限制
- 烟草制剂（禁止使用纯尼古丁）　　限制
- 病毒制剂（如颗粒性病毒）　　限制

**附件 3**

## 有机生产中，外部材料投入的评价程序

附件1和附件2列出了有机农业可以使用的材料，但很多时候有些材料不包括在内。本附件对评价程序进行了规定。

在修改肥料和土壤改良剂时，下列事宜应予以考虑：

• 对于保持土壤肥力或满足特殊养分需求该物质是必需的，且用第4章的方法和附件1的材料不能满足；

• 配料为植物、动物和微生物且用下列方法改造：

• 物理（机械、热）；

• 酶；

• 微生物（堆沤，消化）。

• 它们的使用不会对环境产生污染或不可接收的影响，且；

• 对产品无污染或不可接收的影响。

在修改植物保护制剂时，下列事宜应予以考虑：

• 对于控制植物病虫草害是必需的，且用其他的措施不能满足；

• 配料（活性成分）为植物、动物和微生物且用下列方法改造：

• 物理；

• 酶；

• 微生物。

• 它们的使用不会对环境产生污染或不可接收的影响，且；

• 性质可以辨别的材料如荷尔蒙如天然的不能满足需求且对产品无污染或不可接收的影响，可以考虑使用。

**引言**

产品在评价以前认证机构应调查它是否满足下列6个标准。在用于有机农业以前必须满足标准。投入应经常定期评估，应对环境、人类、动物和生态系统产生良好的影响。

**1. 必要性**

每一种投入物都必须是必要的/至关重要的。这要在该产品将使用的环境下予以考虑。首先，要对所有的可选择方案进行调查，包括已在有机农业生产中使用的投入物。

证明一种投入物的必要性的论据可能存在于以下领域：大田、产品质量、环境和/或生态系统保护、景观、人和/或动物福利。

一种投入物的使用可被限制在：

- 一种特定的（或几种）作物，（特别是多年生作物）；
- 一个特定的（或几个）地区；
- 该投入物可能使用的特定条件（环境条件、管理条件等等）。

**2. 生产的性质和方式**

**性质**

投入物的来源必须是（按优先顺序）：

- 有机的（植物性、动物性、微生物的），或；
- 矿物质。

可以使用虽属化学合成但与天然产品完全相同的非天然产品。

在有可选择方案时，最好首先使用可更新的投入物。第二要选择矿物质源的投入物。第三才选择化学上与天然产品完全一致的投入物。在允许使用化学上完全一致的投入物方面，可能还存在生态、技术或经济方面的争论。

**生产方式**

投入物的成分可经过以下加工工艺：

—机械加工工艺；

—物理加工工艺；

—酶加工工艺；

—微生物方式的加工工艺；

—化学加工工艺（作为例外，并加以限制）。

**采集**

采集投入物（的原料）既不能影响该物种的天然习性的稳定性，也不能影响在采集区维持该物种。

**3. 环境**

**环境安全**

投入物既不能对环境（植物、动物和微生物）有害，也不能对环境（植物、动物和微生物）产生持续的副作用。投入物也不得对地表水、地下水或井下水、空气或土壤产生不能接受的污染。

在加工、使用和分解的所有阶段都必须对投入物进行评价。

投入物的以下特性必须予以考虑。

**降解性**

所有的投入物必须能降解成为二氧化碳、水和/或这些投入物的矿物质形式。对非目标生物拥有，高急性毒力的投入物其半衰期不得超过5日。

被认为烈毒的天然物质（例如堆肥浸出物、粪肥）在用作投入物时不要求在限定的时期内降解。

**对非靶标生物的急性毒性**

投入物对非目标生物具有高急性毒力时，需要限制这些投入物的使用。必须采取措施保证那些非目标生物能够存活下来，并且必须提出可以使用的最大限量。要规定投入物的最高允许不能办到时，千万不允许使用该投入物。

**长期、慢性毒性**

不能使用会在生物体或生物系统沉积和被怀疑有致突变或致癌特性的投入物。

如果存在这种危险，必须采取充足的措施，将危险减少到可以接受的水平，防止对环境产生长期持久的负效应。

**化学合成产品和重金属**

投入物不应含有有害量的人工合成化合物，即：在自然界不存在的化合物(宾主共栖产物)。使用与自然界完全一致的化学合成产品是可以接受的。

矿物质投入物的重金属含量应尽量低。在开采和加工投入物时，如果适用，应考虑投入物对环境/生态系统的破坏作用。

由于缺乏合理的可选择办法，铜（盐）用作作物的保护剂可以作为例外情况处理。在使用铜（盐）时，其使用必须限制到能够满足所有的环境条件。

**4. 人类健康和产品质量**

**人类健康**

投入物不得对人类健康有害。必须重视投入物在加工、使用和降解的所有阶段。

如果存在危险，必须采取措施，将危险减少到可以接受的水平。可以专门为有机农业生产中使用的投入物制定标准。

**产品质量**

投入物不得对产品的质量产生负影响（例如：品味、保存质量、外观质量）。

**5. 伦理方面——动物福利**

投入物不得对饲养在农场的动物的天然习性和生理功能产生负影响。

**6. 社会经济方面**

**消费者的感觉**

投入物不应受到有机农业产品（潜在）消费者的抵制/反对。一种投入物可能被消费者视为对环境、生态系统或人类健康是不安全的，尽管这种想法尚未得到科学证实。投入物应该干扰人们对天然/有机农业产品的总体感觉/看法（例如：遗传变性的生物）。

## 附件 4

# 批准使用的非农业源成分和加工辅料名单

| 食品添加剂 | 产品类别* | 注解/限制 |
| --- | --- | --- |
| INS170 碳酸钙 | GA | |
| INS220 二氧化硫 | W | |
| INS224 焦亚硫酸钾 | W | |
| INS270 乳酸 | FV | 浓缩的果汁和蔬菜汁和发酵和植物性产品 |
| INS290 二氧化碳 | GA | |
| INS300 抗坏血酸(维生素 C) | FV | 如果没有天然的形式 |
| INS306 生育酚(维生素 E),混合,国家级精料 | GA | |
| INS322 卵磷脂 | GA | 不使用漂白和有机溶剂而获得 |
| INS330 柠檬酸 | FV | 浓缩水果和蔬菜汁,果酱和发酵的蔬菜产品 |
| | W | 限制量:1g/L |
| INS331 柠檬酸钠 | ME | |
| INS332 柠檬酸钾 | ME | |
| INS333 柠檬酸钙 | ME | |
| INS334 酒石酸 | W | |
| INS335 酒石酸钠 | CO/CB | |
| INS336 酒石酸钾 | C/CO/CB | |
| INS341 磷酸一钙 | C | 仅用于发面 |
| INS342 磷酸铵 | W | 限制用量:0.3g/L |
| INS406 琼脂 | GA | |
| INS407 角叉(菜)胶 | GA | |
| INS410 刺槐豆胶 | GA | |
| INS412 瓜耳豆胶 | GA | |
| INS413 黄芪胶 | GA | |
| INS414 阿拉伯胶 | GA | |
| INS415 黄原胶 | F/FV/CB/SA | |
| INS440(i)果胶(Pectin) | GA | 为未改性的 |
| INS500 碳酸钠 | CO/CB | |
| INS501 碳酸钾 | C/CO/CB | |
| INS503 碳酸铵 | C/CO/CB | |
| INS504 碳酸镁 | C/CO/CB | |
| INS508 氯化钾 | FV/SA | 只用于冷冻果蔬、果蔬罐头、蔬菜和味料、番茄沙司和芥末 |
| INS509 氯化钙 | ME/F/FV/SO | |
| INS511 氯化镁 | SO | |
| INS516 硫酸钙 | CB/SO | |
| | C | 仅用作面包酵母的添加剂<br>限制用量:0.3g/L |
| INS517 硫酸铵 | W | |
| INS938 氩 | GA | |
| INS941 氮 | GA | |
| INS948 氧 | GA | |

**调味剂**

- 使用溶剂，例如油、水、乙醇、二氧化碳和机械或物理加工工艺生产的挥发性芳香油（花中提出物）。
- 烟熏品味。
- 天然调味品制剂。应限制使用。批准使用应以 IFOAM 有关添加剂和加工辅料用于有机农业食品的评价指南（附件 5）为基础。

**微生物制剂（见 7.3）**

- 在食品加工中通常使用的任何微生物制剂，但基因工程微生物除外。
- 未使用漂白和有机溶剂生产的面包酵母。

**加工辅料和其他产品**

| 食品添加剂 | 产品类别* | 注解/限制 |
|---|---|---|
| 碳酸钙(INS170) | GA | |
| 单宁(INS181) | W | |
| 单宁酸(INS184) | W | 过滤助剂 |
| 二氧化硫(INS220) | W | |
| 乳酸(INS270) | ME | |
| 二氧化碳(INS290) | GA | |
| 卵磷脂(INS322) | CO/CB | 润滑剂 |
| 碳酸钾(INS501) | FV/VW | |
| 硫酸(INS513) | S | 调节提取水时酸碱度(pH 值) |
| 硫酸钙(INS516) | GA | 凝结剂 |
| 氢氧化钠(INS524) | S | |
| 酒石酸和食盐(INS334～337) | W | 来自同一产品批号 |
| 碳酸钠(INS500) | S | |
| 氯化镁(INS511) | SO | 用于大豆制品 |
| 二氧化硅(INS551) | W/T/FV | 用作胶或胶态溶液 |
| 滑石(INS553) | GA | |
| 蜂蜡(INS901) | GA | |
| 巴西棕榈蜡(INS903) | GA | |
| (INS941) 氮 | GA | |
| 活性炭 | GA | |
| 不含石棉的过滤材料 | GA | |
| 膨润土 | FV/W | |
| 酪蛋白 | W | |
| 硅藻土 | S/FV | |
| 蛋清白蛋白 | W | |
| 乙醇 | GA | |
| 明胶 | FV/W | |
| 鱼胶 | GA | |
| 高岭土 | GA | |
| 珍珠岩 | GA | |
| 树皮组分制剂 | S | |
| 植物油 | GA | |

**微生物和酶制剂**

应根据IFOAM的评价指南允许使用后作为加工助剂使用。

上表所用缩写名单：

| | |
|---|---|
| INS： | 国际编码系统（食品法案） |
| GA： | 从总体上不受限制 |
| M： | 奶产品 |
| F： | 脂肪制品 |
| ME： | 肉制品 |
| C： | 谷制品物 |
| FV： | 水果蔬菜制品 |
| W： | 葡萄酒 |
| S： | 食糖 |
| CO： | 糖果类 |
| CB： | 糕点饼干类 |
| SA： | 沙拉 |
| SO： | 大豆制品 |
| T： | 茶叶 |

**配料**

- 饮用水。
- 盐。
- 法律规定要求的矿物质（包括微量元素）和维生素以及有证据表明存在养分短缺的材料。

**附件5**

## 有机农业中添加剂和加工助剂的评价程序

**引言**

添加剂是添加到产品中后对其内在质量有影响的物质。加工助剂是在加工过程中不成为食品本身而是为了某一特殊技术需求添加的，有可能在产品中有不可避免的残存。因此，本程序包括调味剂、染料及其他添加到产品中的材料。

每种材料应定期评估，同时调查它们替代物质的供应程度。

**1. 必要性**

如添加剂和加工助剂对生产是至关重要的，它们才能用于有机生产，而且：

- 明确产品的真实性;
- 没有它产品就不能加工或保存。

**2. 评价标准**

- 没有其他替代技术。
- 该材料的使用可以减少其他技术对食品物理和机械的损伤。
- 其他方法不能保证产品的卫生条件。
- 没有其他天然的原料可以满足数量和质量的要求。
- 不影响产品的真实性。
- 不会给消费者错误认识认为产品的质量更好，如染色剂和调味剂的使用。
- 不会对产品的整体质量造成影响。

**3. 使用添加剂和加工助剂的逐步程序**

(1) 在使用添加剂和加工助剂以前，优先的选择是：

- 在有机条件下生产的食品是按照 IFOAM 的基本标准生产的——如面粉用来作为增稠剂，植物油作为疏松剂。
- 植物和动物材料只使用机械或简单的物理措施加工——如加盐。

(2) 第二个选择是：

- 隔离的食品是用物理或酶方法制造。
- 对非有机生产的原材料纯化如果汁提取或用酶或微生物制剂作为启动因子。

(3) 在有机生产中下列添加剂和加工助剂不允许使用：

- “同一性质”的材料。
- 判断为非天然的或新结构的合成物质。
- 用基因工程方法生产的添加剂和加工助剂。
- 合成的染色剂和防腐剂。

添加剂和加工助剂准备过程中使用的载体和防腐剂也应该予以考虑。

# 附录12　EC 834/2007欧盟委员会有机生产加工和标识条例

（北京爱科赛尔认证中心有限公司提供译文，编著者摘选）

## 第一部分：目标、适用范围和术语

### 第1条　目标和适用范围

1. 本法规的制定确定了有机生产可持续发展的基础，同时确保欧盟有机市场流通有效运行、市场竞争环境公平，同时达到增强消费者对有机产品的信心和保护消费者利益的目的。本法规确立了建立以下相关规定来巩固应共同遵循的有机农业目标和原则：

a）与生产、加工和销售有机产品相关的所有相关环节的标准及其控制措施；

b）在标签和宣传广告中如何体现有机生产方式。

2. 本法规适用于下列已经投放或计划投放市场的来源于农业（包括水产品）的产品：

a）鲜活或未加工的农产品；

b）用作食品的加工农产品；

c）饲料；

d）用于栽培的无性繁殖材料和种子。

通过野生动物狩猎和捕捞所获得的产品不得作为有机产品处理。本法规对于用于食品或饲料的酵母同样适用。

3. 本法规适用于第2段所涉及的产品的生产、加工和销售过程的所有操作者。但是，大众餐饮经营者不受本法规的限制，各成员国可以执行本国关于标识和控制源自大众餐饮业的产品的规定；如果本国没有相关规定，可以采用非官方标准，只要上述规定符合欧盟法律。

4. 执行EC 834/2008必须符合本法提及的产品生产、加工、营销、标识和管理等方面的欧盟法律规定，不得与其他欧盟或成员国法律法规相抵触。该原则也适用于饲料和动物营养等。

### 第2条　术语和定义

下列术语定义适用于本法规。

(a) 有机生产：指采用符合本法规定从事生产、加工和销售等所有环节的生产活动。

(b) 生产、加工和销售的各个阶段：指从有机产品的初级生产到产品储存、加工、运输、销售、提供给最终消费者的各个阶段，以及与此相关的标识、广告宣传、进口、出口及分包活动。

(c) 有机：直接来自于有机或与有机相关的生产活动。

(d) 操作者：指负责确保在其控制下的有机业务达到本法规要求的自然人或法人。

(e) 植物生产：指农作物产品的生产，包括采集野生植物产品用于商业目的。

(f) 畜禽养殖：指从事家养或驯化陆生动物（包括昆虫）的养殖活动。

(g) 渔业：本定义参见 2006 年 7 月 27 日发布的欧盟委员会 EC 118/2006 中关于欧洲渔业基金中所给的定义[1]。

(h) 转换：指在规定的时段内从非有机业转到有机业，但在该时段始终按照有机生产的规定进行操作和管理。

(i) 加工：指保存和/或加工有机产品的操作，包括畜禽产品的屠宰和切割，也包括包装、有机生产方法的标识和/或与其相关的修改。

(j) 食品、饲料和投放市场：定义参见欧洲议会和欧盟委员会 2002 年 1 月 28 日颁布的 EC 178/2002 法规，该法规制定了食品法的总原则和总要求，确定成立了欧洲食品安全局，并制定了食品安全管理规定[2]。

(k) 标识：指在任何包装、文件、通知、标签、标牌或环形物上出现的与某一产品有关的术语、词语、特定细节描述、商标、品牌、图标或符号。

(l) 预先包装食品：该具体定义参见 2000 年 3 月 20 欧洲议会和欧盟委员会颁布的 2000/13/EC 指令中的第 1 条（3）（b）（该指令是关于各成员国食品标识、宣传和广告法的等效原则）[3]。

(m) 广告：指除标签以外，通过任何方式向公众所作的宣传，其目的是为了或很有可能将影响或形成人们的态度、信念和行为，从而达到直接或间接销售有机产品的目的。

(n) 主管机构：指成员国有权力按照本法规的规定对有机生产政府监管的中央机构，或被赋予这一权力的其他机构。在具体情况下，也包括欧盟以外的第三国的相应机构。

(o) 监管当局：指各成员国主管机构将其根据本法规的规定进行有机生产检查和认证的全部或部分权力授予公共行政管理机构。在具体相关情况下，也包括在欧盟第三国相关当局，或在第三国运作的相应部门。

(p) 监管机构：指根据欧盟法规的规定进行有机生产检查和认证的非官方独

---

[1] OJ L 223，15.8.2006，p.1.

[2] OJ L 31，1.2.2002，p.1. Regulation as last amended by Commission Regulation (EC) No 575/2006 (OJ L 100，8.4.2006，p.3).

[3] OJ 109，6.5.2000，p.29. Directive as last amended by Commission Directive 2006/142/EC (OJ L 368，23.12.2006，p.110).

立的第三方。在具体相关情况下，也包括在欧盟第三国相关机构，或在第三国运作的相应部门。

(q) 合格标志：指声明达到某一专门的标准或其他标准化文件的要求的表现形式。

(r) 配料（组分）：具体定义参见 2000/13/EC 指令中的第 6 条（4）[1]。

(s) 植保产品：具体定义参见 1991 年 7 月 15 日颁布的欧盟委员会 91/414/EEC 号《关于将植保产品投放市场》的指令。

(t) 转基因生物（GMO）：详细定义参见 2001 年 3 月 12 日欧洲议会和欧盟委员会颁布的 2001/18/EC 指令，即《关于故意向环境释放转基因生物，废除欧盟委员会 90/220/EEC 指令[2]》，该转基因生物不是指通过该指令附件 1.B 中所列的基因修饰技术获得的。

(u) 来自于转基因生物（GMO）的产物：指全部或部分源自转基因生物（GMO），但不含 GMO 或不是由 GMO 本身所组成的产品。

(v) 基因生物（GMO）生产：指源自通过将转基因生物用作生产过程的最后活生物，但不含转基因生物（GMO）或不是由转基因生物（GMO）组成，也不是用转基因生物（GMO）生产的。

(w) 饲料添加剂：具体定义参见 2003 年 9 月 22 日欧洲议会和欧盟委员会颁布的欧盟 EC1831/2003 法规，即《关于用作动物营养的添加剂》[3]。

(x) 等同：尽管在不同体系或措施中应用不同描述的规定，但能够达到相同符合水准，也能够达到相同的目标和原则。

(y) 加工助剂：指本身不作为食品成分的产品，而是旨在用于原料、食品或其配料的加工，以便在处理或加工过程中达到特定的技术目的。使用加工助剂可能会导致本无意，但在技术上不可避免地造成其本身或其衍生物残留现象发生，但这些残留不会造成任何健康风险，也不会对成品造成后续的技术影响。

(z) 离子辐射：具体定义参见 1996 年 5 月 13 日颁布的欧盟委员会 96/29/欧洲原子能共同体指令，即《关于保护工人和公众健康不受离子辐射威胁的基本安全标准》[4]，并受到欧洲议会和欧盟委员会 1999 年 2 月 22 日颁布的欧盟 1999/2/EC 指令，即《关于用离子辐射处理食品和食品成分的成员国法规等效原则》[5] 第 1 条

---

[1] OJ 106，17.4.2001，p.1. Regulation as last amended by Commission Directive 2007/31/EC（OJ L 140，1.6.2007，p.44).

[2] OJ 106，17.4.2001，p.1. Regulation as last amended by Commission Regulation（EC）No 1830/2003（OJ L 268.18.10.2003，p.24).

[3] OJ L 268，18.10.2003，p.29. Regulation as last amended by Commission Regulation（EC）No 378/2005（OJ L 59，5.3.2005，p.8）.

[4] OJ L 159，29.6.1996，p.1.

[5] OJ L 66，13.3.1999，p.16. Directive as last amended by Regulation（EC）No 1882/2003（OJ L 284，31.10.2003，p.1).

(2)的限制。

(aa) 大众餐饮经营业务：指在餐馆、医院、餐厅和其他类似食品行业加工制作有机产品，并销售和提供给最终消费者的活动。

## 第二部分：有机生产的目标和原则

**第3条 目标**

有机生产应遵循下列总体目标。

(a) 建立可持续农业管理体系

(ⅰ) 尊重自然系统和循环，保持和增强土壤、水、动植物的健康及其之间的平衡；

(ⅱ) 为高水平的生物多样性作出贡献；

(ⅲ) 以负责任的态度利用能源和自然资源，如水、土壤、有机质和空气；

(ⅳ) 遵守较高的动物福利标准，尤其要满足各类动物的特殊行为需求。

(b) 致力于生产优质产品

(c) 致力于生产品种繁多的食品和其他农产品，以满足消费者需求，所采取的生产方法不危害环境、人体健康、植物健康或动物健康和福利。

**第4条 总体原则**

有机生产应基于以下原则：

(a) 根据生态系统，利用该系统的自然资源，通过下列方法对生物过程进行合理设计和管理：

(ⅰ) 使用活生物和机械生产方法；

(ⅱ) 实行与土地相关联的作物栽培和畜禽饲养或实行符合可持续渔业开发原则的农业生产；

(ⅲ) 拒绝使用转基因生物 (GMO)，以及用转基因生物或通过转基因生物生产的产品，兽药除外；

(ⅳ) 基于风险评估，在适当情况下采取预防措施。

(b) 有限制地使用外部投入物质。如果需要使用外部投入物，但 (a) 部分中提到的相应管理规范和方法不能够满足需求，投入物应限于：

(ⅰ) 来自有机生产；

(ⅱ) 天然物质或天然衍生的物质；

(ⅲ) 低溶解性矿物肥。

(c) 严格限制使用化学合成投入物，下列情况可以作为例外：

(ⅰ) 不存在切实的管理方法；

(ⅱ) (b) 段提到的外部投入物在市场上买不到；

(ⅲ) (b) 段提到的外部投入物会导致不可接受的环境影响。

(d) 在必需的情况下，在考虑卫生状况、各地气候和当地条件的差异、所处的发展阶段和具体的饲养方法等因素的前提下，并在本法规的框架体系内采纳有机生产方法。

### 第 5 条　有机农业的具体原则

除了第 4 条所述的总体原则外，有机农业还应基于以下具体原则：

(a) 保持和增强土壤生物和天然土壤肥力、土壤稳定性、土壤生物多样性，以防止土壤板结和土壤侵蚀，植物营养主要通过土壤生态系统实现。

(b) 最大限度减少使用不可再生资源和农场外投入物。

(c) 动植物源的废弃物和副产品通过用作动植物生产投入物达到循环使用目的。

(d) 在做生产计划时要考虑当地或区域的生态平衡。

(e) 通过增强动物的自然免疫能力，以及选择适当的品种和饲养方法来保持动物健康。

(f) 通过采取预防措施保持植物健康，如选择合适的抗病虫害品种、合适的作物轮作措施、机械和物理方法，和保护害虫的天敌等。

(g) 实行因地制宜，与土地接触的畜禽饲养。

(h) 遵循高水平的动物福利，满足各类动物的特殊需求。

(i) 生产来源于有机动物的产品，这些动物自出生或孵化直到其生命结束都要在有机体系内饲养和管理。

(j) 选择品种应考虑动物具备适应当地条件的生存能力、活力保持能力以及对疾病具有抗性，不存在健康问题等。

(k) 用来源于有机农业的配料和非农业的天然物质生产的有机饲料喂养畜禽。

(l) 采用的动物饲养方法应可以增强动物的免疫系统和自然的抗病能力，在特定情况下，尤其要包括经常性活动，进入户外区域和牧场。

(m) 拒绝饲养人工诱导多倍体动物。

(n) 在水产养殖过程中，保持自然水生态系统的多样性，水环境的持续健康和周围水生、陆地生态系统的质量。

(o) 喂养水生生物使用来自符合可持续渔业开发，参见 2002 年 12 月 20 日颁布的欧盟 EC 2371/2002 法规，即《关于共同渔业政策下保护和持续开发渔业资源》，第三条中的定义的饲料，或使用由有机农业源配料与非农业源物质组成的有机饲料。

### 第 6 条　适用于有机食品加工的具体原则

除第 4 条规定的总体原则外，有机食品加工的生产还应基于以下具体原则：

(a) 使用有机农业源配料生产有机食品，但某一有机配料在市场上买不到的情况下可以例外。

(b) 限制使用食品添加剂、主要作为技术功用和感官功用的非有机成分、微量营养元素及加工助剂。只有在技术上是必要的或者是用于特殊的营养目的的情况下，才可以使用，但应将其使用量降到最低。

(c) 禁止使用可能会损坏有机产品天然性质的物质和加工方法。

(d) 加工食品要特别注意，最好采用生物、机械和物理方法。

### 第 7 条　适用于有机饲料加工的具体原则

除第 4 条规定的总体原则外，有机饲料加工的生产还应基于以下具体原则：

(a) 使用有机农业源配料生产有机饲料食品，但某一有机配料在市场上买不到的情况下可以例外。

(b) 最大限度限制使用饲料添加剂和加工助剂，但只有在技术上或畜牧上认为是必要，或者用于特殊的营养目的的情况下可以例外。

(c) 禁止使用可能会损坏产品天然性质的物质和加工方法。

(d) 加工饲料要特别小心，最好采用生物、机械和物理方法。

## 第三部分：生产规则

## 第 1 章：总体生产规则

### 第 8 条　总体要求

操作者应符合本部分确定的生产规则以及第 38 条 (a) 中的实施规则。

### 第 9 条　禁用转基因生物 (GMO)

1. 转基因生物以及由转基因生物或通过转基因生物生产的产品不得在有机生产中用作食品、饲料、加工助剂、植保产品、土壤调节剂、种子、无性繁殖材料、微生物和动物。

2. 为了达到禁用第 1 段中所述的转基因生物以及用转基因生物生产的产品作为食品和饲料的目的，操作者可以借助产品上的标签或所附的任何其他文件，这些所提供的文件都要遵照欧洲议会和欧洲委员会 2003 年 9 月 22 日颁布的 2001/18/EC 和欧盟 (EC) 1829/2003 法规，即《关于转基因食品和饲料》[1] 的规定，或欧盟 EC1830/2003 法规，即《关于转基因生物的追踪和标识以及用转基因生物生产的食品和饲料的追踪》。

根据上述法规的规定，操作者可以认为所购食品和饲料的加工过程没有使用转基因生物或用转基因生物生产的产品。如果后者没有标识或没有附上文件的话，操作者又不从其他途径获得标签信息的话，是不符合本法规定的。

3. 为了达到禁用第 1 段所述的非食品和饲料的产品或通过转基因生物生产的产品的目的，使用这类从第三方购买的非有机产品的操作者应要求卖方确认所

---

[1] OJ L 268，18. 10. 2003，p. 1. Regulation as last amended by Commision (EC) No 1981/2006 (OJ L 368，23. 12. 2006，p. 99).

提供的产品不是用转基因生物或不是通过转基因生物生产的。

4. 欧盟委员会应根据第 37 条（2）中的程序，决定实施禁用转基因生物和使用转基因生物或通过转基因生物生产的产品的措施。

### 第 10 条　禁止使用离子辐射处理

禁止使用离子辐射有机食品或有机饲料，或处理有机食品或有机饲料所用的原料。

## 第 2 章　农 场 生 产

### 第 11 条　农业生产总体规则

整个农业区域应按照有机生产的要求进行管理。

但是，依据第 37 条（2）中的程序所确定的特殊条件，依据该特殊条件，可以将土地清楚地分成不是完全按照有机生产方法管理的单位或农业生产场所。对于动物，有机和非有机养殖应采用不同的种类来区分。对于水产养殖，只要各生产场所可以充分分隔开，可以有相同的种类。对于植物，有机和非有机作物应采用易于区分的不同种类的作物品种。

根据上段（第 2 小段）的规定，某一公司的多个单元并非都是按照有机方式进行生产，那么，操作者应确保有机和非有机单元生产管理所使用的土地、涉及的动物和产品相互分开，并保留充分记录以证明已作了有效分隔。

### 第 12 条　植物生产规则

1. 除第 11 条中的农业生产总体规则外，下列规则也适用于有机植物生产：

(a) 有机植物生产应采用能保持或增加土壤有机质含量、增强土壤稳定性和土壤生物多样性，并能防止土壤板结和土壤侵蚀的耕作和栽培和管理措施。

(b) 应通过一年生作物的多年轮作（包括豆种作物和其他绿肥作物）、施用来源于有机体系的畜禽粪肥有机材料，两者最好经过堆制，来保持和增加土壤的肥力和生物活性。

(c) 允许使用生物动力制剂。

(d) 此外，肥料和土壤调节剂只有已根据第 16 条规定获得批准在有机生产中使用时，才可以使用。

(e) 不得使用矿物氮肥。

(f) 采用任何植物技术都应防止或最大限度减少导致环境污染。

(g) 应主要依靠天敌保护、选择种类和品种、轮作、栽培技术和热处理来防止病虫害和杂草的不利影响。

(h) 在已确定对某一作物造成威胁的情况下，只有那些已根据第 16 条规定批准在有机生产中使用的植保产品，才能使用。

(i) 对于种子和无性繁殖材料以外产品的生产，应只使用有机生产的种子和繁育材料。为此，种子的母本和无性繁殖材料的亲本应根据本法规的规定至少生产了一代，或者，对于多年生作物，至少两个生长季节。

(j) 植物生产过程中使用的清洁和消毒产品，只有在它们已根据第16条规定批准在有机生产中使用后方能使用。

2. 对自然生长在自然区域、森林和农业区的野生植物或其部分进行采集，在满足以下条件时，可以认为是一种有机生产方法：

(a) 这些区域在采集前至少有3年未受到第16条规定允许在有机生产中使用的产品列表之外的物质的处理过。

(b) 采集活动不影响自然生境的稳定性，或采集区物种的保持。

3. 实施本条生产规则所必要的措施和条件应根据第37 (2) 条的程序规定而采用。

**第13条　海藻生产规则**（省略）

**第14条　畜禽饲养规则**（省略）

**第15条　水生动物的养殖规则**（省略）

**第16条　农业生产中使用的产品和物质，以及其批准规定**

1. 欧盟委员会应根据第37条 (2) 中的程序批准在有机农业中允许使用和限制使用产品清单，这些产品和物质可以用于下列目的：

(a) 用作植物保护品；

(b) 用作肥料和土壤调节剂；

(c) 用作来源于植物的非有机饲料物质，来源于动物和矿物的饲料物质以及某些用作动物营养的物质；

(d) 用作饲料添加剂和加工助剂；

(e) 用于动物养殖的池塘、笼箱、建筑、设施的清洁和消毒的产品；

(f) 用于清洁和消毒用于植物生产建筑物和建筑材料，包括农业生产场所的储存设施。

限用产品清单中的产品和物质只有在相关成员国根据欧盟法规的规定或与欧盟法律一致的国家法规允许在一般农业中使用的情况下，才能使用。

2. 第1段中所述的产品和物质的批准应根据第一部分中的“有机生产的目标和原则”确立的目标和原则，以及下列总体标准和特殊标准进行整体评估：

(a) 它们的使用是持续生产所必要的，同时为要达到的生产目的也是必需的。

(b) 所有的产品和物质应来源于植物、动物、微生物或矿物，除非来源于此的产品或物质没有充足的数量或质量，或没有替代品。

(c) 对于1 (a) 段所述产品，下列规定也适用：

(i) 其使用对于控制有害生物或某一特殊的疾病是必需的，而没有其他生物、物理或繁殖等替代措施，也没有栽培技术或其他有效管理技术可供采用。

(ⅱ) 如果产品不是来源于植物、动物、微生物或矿物，且不是与它们的天然形式完全一致，那么只有它们在使用时不与作物的食用部分直接接触的情况下，才有可能得到批准。

(d) 对于1 (b) 段所述产品，其使用应该是对于获得和保持土壤肥力，满足作物的特殊营养需求，或特殊的土壤调节目的是必需的。

(e) 对于1 (c) 和 (d) 段所述产品，下列规定应适用：

(ⅰ) 它们对于保持动物健康、动物福利和活力是必需的，有助于为满足相关种类动物的生理和行为需求提供适当的食物，但如不借助于这类物质，就不可能生产或保存这类饲料。

(ⅱ) 矿物源饲料、微量元素、维生素或维他命原应来源于自然。如果不能获得这些物质．那么可以批准有详细化学说明的类似物质在有机生产中使用。

3. (a) 欧盟委员会可以根据第37条 (2) 中的程序，就第1段所述产品和物质可以施用的农产品范围、施用方法、剂量、使用的期限和与农产品的接触方式制定使用条件和限制范围。在必要的情况下，欧盟委员会应决定取消这些产品和物质。

(b) 如果某成员国认为应将某一产品或物质增加进第1段所述清单或从清单中撤销，或认为应对 (a) 小段中的详细使用说明进行修订，那么该成员国应确保将其记述列入、撤销或修订原有的档案文件正式提交给委员会和所有成员国。修订或撤销的申请，以及就此作出的决定应予以公布。

(c) 在本法规通过前用于本条第1段相应目的的产品和物质可以在通过后继续使用。无论情况如何，欧盟委员会有权根据第37条 (2) 中的程序撤销这类产品和物质的使用。

4. 对于将有机农业中产品和物质用于有别于第1段所述的目的，成员国可以在其领土范围内予以规范，前提是这些物质的使用要遵循“第二部分：有机生产的目标和原则”规定的目标和原则，以及第2段中的总体标准和特殊标准，且还要求其遵守欧盟法律。相关成员国应通知其他成员国和欧盟委员会关于这类物质使用情况的国家法规。

5. 第1段和第4段以外的产品和物质，如果满足“第二部分：有机生产的目标和原则”规定的目标和原则，以及本条总体标准要求，则允许其在有机农业中使用。

### 第17条　有机转换

1. 下列规定适用于开始有机生产的农场：

(a) 有机转换期最早从操作者向主管部门通知其活动，并使其（土地）场所按照第28条 (1) 中的控制系统管理之日时算起。

(b) 在转换期间，必须执行本法规中的所有相关规定。

(c) 应根据作物或动物养殖的具体类型来确定转换期。

(d) 在部分进行有机生产，部分向有机生产转换的（土地）场所或单位上，操作者应将能够有机生产的产品和转换期产品分开；将这两种动物养殖分开或很容易区分，并分开记录，以证明所进行有机生产是分开进行的。

(e) 在确定上述具体转换期时，在满足具体要求的情况下，可以把有机生产开始之日前相衔接的一段时间计入有机转换时间。

(f) 在 (c) 小段所述转换期内生产的动物和动物产品在销售时不得在产品标签和广告中使用第 23、第 24 条所述标识。

2. 实施本条中的规定，尤其是 1 (c) 至 (f) 段所述的转换期，所要求的措施和条件应根据第 37 条 (2) 中的程序来明确。

## 第 3 章　加工饲料的生产

### 第 18 条　有机加工饲料的生产总规则（省略）

## 第 4 章　有机加工食品的生产

### 第 19 条　有机加工食品的生产总体规则

1. 有机和非有机食品的生产加工应在时间或空间上分开。

2. 下列条件应适用于有机食品加工的成分：

(a) 有机加工食品原料应主要来源于农业源产品。为了确定某一有机加工食品的原料是否主要由来自农业源配料，在计算时不需考虑所添加的水和食盐。

(b) 有机加工食品中只有为了特殊营养目的，并且已根据第 21 条规定获得批准后，才能使用添加剂、加工助剂、调味料、水、盐、微生物制剂和酶制剂、矿物、微量元素、维生素以及氨基酸和微量营养素。

(c) 非有机农业配料只有在已根据第 21 条规定批准，或某成员国临时批准后，才可以在有机生产中使用。

(d) 某一有机配料不得与相同的非有机配料或转换配料同时存在产品中。

(e) 用转换作物生产的食品应只含有一种来源于农业的作物配料。

3. 不得采用物质和技术复原有机食品在加工和储存时失去的特性，禁止纠正因在加工这些产品时的疏忽所导致的结果。否则，这些措施可能会损坏这些产品的天然性质。

实施本条中的生产规则所必需的措施和条件，尤其是关于加工方法和第 2 (c) 段所述成员国临时批准的条件，应根据第 37 条 (2) 中的程序确定。

### 第 20 条　有机酵母生产的总体规则

1. 生产有机酵母只能使用有机生产的培养基。其他产品和物质只有在已根据第 21 条的规定批准在有机生产中使用，才能使用。

2. 有机酵母不得与非有机酵母同时存在于有机食品或有机饲料中。

3. 生产细则可以根据第 37 条 (2) 中的程序制定。

**第 21 条　有机加工中某些产品和物质的标准**

1. 批准产品和物质在有机生产中使用或将它们列入第 19 条（2）（b）和（c）中所述的受限产品和物质清单应根据“有机生产的目标和原则”部分的目标和原则和下列标准进行整体评估：

（ⅰ）不能获得根据“第四章：加工食品的生产”部分批准的替代品。

（ⅱ）不借助于这些产品和物质，就不可能生产或储存该食品，或不可能达到欧盟法规规定的特定饮食要求。

此外，第 19 条（2）（b）中所述的产品和物质要求天然来源。在市场上不能获得足够数量和质量的这类来源的产品和物质时，可以使用只经过机械、物理、生物、酶促或微生物处理过程的产品和物质。

2. 欧盟委员会应根据第 37 条（2）中的程序决定批准本条第 1 段所述的产品和物质，以及将它们列入受限清单中，并制定它们使用的条件和限制，在必要时，决定撤销这些产品。

如果某个成员国认为某一产品或物质应添加到第 1 段中允许使用、限制使用，或从清单中撤销，或认为本段所述的详细使用说明应予修正，那么该成员国应确保将记述列入、撤销或修订原由的档案文件正式提交给欧盟委员会和所有成员国。

修订或撤销的申请，以及就此作出的决定应予以公布。

在本法规通过前已在使用的产品和物质，以及第 19 条（2）（b）和（c）项下的产品和物质可以在本法规通过后继续使用。但，无论如何，欧盟委员会都可以根据第 37 条（2）的规定撤销这类产品和物质。

## 第 5 章　灵　活　性

**第 22 条　生产规则的例外情况**

1. 欧盟委员会可以根据第 37 条（2）的程序和本条第 2 条的条件，以及“第二部分：有机生产的目标和原则”所列的目标和原则，评估并准予第 1 至 4 章中生产规则的例外情况。

2. 第 1 段所述的例外情况应尽可能少出现。如果在适当情况，应限定在一定的时间内，并应在下列情况下给予批准：

（a）对于确保在面临气候、地理或结构等限制因素下必须开始或保持有机生产，则有必要给予例外处理的。

（b）如果饲料、种子和无性繁殖材料、活的动物以及其他投入物不能从市场上获得有机的，有必要确保获得这些投入物的。

（c）对于农业源配料，如果不能从市场上获得有机的，有必要确保获得的。

（d）为了解决与有机畜禽管理相关的特殊问题有必要给予例外处理的。

（e）为确保生产历史悠久的有机食品而在第 19 条（2）（b）所述加工中使用的特殊产品和物质需要给予例外处理的。

(f) 为了让有机生产在灾难环境下能继续下去或重新开始，有必要采取临时性措施的。

(g) 有必要分别使用第 19 条 (2) (b) 和第 16 条 (1) (d) 中的食品添加剂和其他物质，而这类物质除用转基因生物生产外，在市场不能获得的。

(h) 如果根据欧盟法律或国家法律，要求使用第 19 条 (2) (b) 中的食品添加剂和其他物质，使用第 16 条 (1) (d) 中的饲料添加剂。

3. 欧盟委员会可以根据第 37 条 (2) 中的程序制定申请第 1 段提及的例外处理的特殊条件。

## 第四部分：有机标识

### 第 23 条 有机生产术语的使用

1. 就本法规而言，如果某一产品在其标签、广告材料或商业文件中描述其产品、配料或饲料物质所用的术语向购买者表明该产品、其配料或饲料物质是按照本法规的规定获得的，那么应认为该产品带有表明有机生产方法的术语。尤其是《附件》中所列的术语，其派生词或小词，如"bio"、"eco"，可以单独或结合起来，用任何欧盟语言在整个欧盟范围使用，以便对满足本法规要求和依据本法规要求的产品进行标识和广告。

另外，在对活的或未加工的农产品进行标识和广告宣传时，只有在该产品的所有配料也全都是按照本法规的要求生产的，才能使用表明有机生产方法的术语。

2. 对于不满足本法规要求的产品，不得在欧盟任何地方用任何语言在其标签、广告和商业文件上使用第 1 段所述的术语，除非这些术语不适用于食品或饲料中的农产品，或与有机生产显然无关。

此外，任何通过虚假暗示某一产品或其配料满足本法规要求而可能误导消费者或使用者的术语，包括使用在商标上或在标签或广告中，禁止使用。

3. 对于根据欧盟规定必须要在其标签或广告上标注含有转基因生物、由转基因生物构成或用转基因生物生产的产品，不得使用第 1 段所述术语。

4. 至于加工食品，第 1 段所述的术语可以：

(a) 在销售说明中使用，条件是：

(ⅰ) 加工食品满足第 19 条规定；

(ⅱ) 其农业源配料至少有 95%是有机的 (以重量计)；

(b) 只能在配料表使用，条件是该食品满足第 19 条 (1)、(2) (a)、(2) (b) 和 (2) (d) 的规定。

(c) 在配料表中以及与销售说明同一视野中的使用，条件是：

(ⅰ) 主要配料是狩猎或捕捞的产品；

(ⅱ) 其所含的其他农业源配料都是有机的；

(ⅲ) 该食品满足第 19 条 (1)、(2) (a)、(2) (b) 和 (2) (d) 的规定。

配料表中应指明哪些配料是有机。

如果本段（b）（c）两点适用的话，那么只能对有机配料标注有机生产方法，并且配料表中应标明有机配料占总农业源配料量的总百分比。

以上前一小段中所述的术语和百分比所用的文字应与配料表中其他说明在颜色、大小、字体方面都相同。

5. 各成员国应采取必要的措施，以确保符合本条规定。

6. 欧盟委员会可以按照第37条（2）中的程序改写本附录中的术语列表。

**第24条　强制性标识**

1. 如果使用第23条（1）中所述的术语：

（a）对最近的从事生产或制造的操作者进行控制的第27条（1）中所述的监管当局和监管机构，其代码也应显示在有机标识上。

（b）欧盟标志也应显示在第25条（1）中所述的预先包装食品的包装上。

（c）如果使用欧盟标志，那么构成该产品的农业原料的种植地点也应显示在与欧盟标识相同的视野里。根据实际情况，采用下列一种形式：

—如果农业原料是在欧盟种植的，就标“EU Agriculture”（译者注：欧盟农业）。

—如果农业原料是在欧盟以外的国家种植的，就标“non-EU Agriculture”（译者注：非欧盟农业）

—如果某产品的农业原料部分是在欧盟种植的，部分是在欧盟以外国家种植的，就标“EU/non-EU Agriculture”（译者注：欧盟/非欧盟农业）。

如果构成该产品的所有农业原料都是在某一国家种植的，那么也可以将上面所标的“EU”或“non-EU”用国名取代，或补上国名。

在产品中重量很小配料，如总重量如果不超过农业源原料总重量的2%，则可以忽略而不予标记，而在产品直接标注“EU Agriculture”或“non-EU Agriculture”。

标注上述“EU Agricultural”或“non-EU Agricultural”的尺寸、文字的颜色、大小和字体不得比该产品的销售说明更突出。

使用第25条（1）中所述的欧盟标志，以及第一小段中所述的标注内容对于从欧盟以外的第三国名单中的国家进口的产品是选择使用的。不过，如果第25条（1）中所述的欧盟标志一旦出现在产品标签上，那么第一小段中所述的标注内容也必须同时显示在标签上。

2. 第1段中所述的标注内容应标在显眼的位置，易于发现，易于辨认，并且不易磨损。

3. 欧盟委员会应根据第37条（2）所述的程序制定关于第1段（a）和（c）所述标注内容的表达、组成内容和大小的详细的专门标准。

**第25条　有机生产标识**

1. 欧盟有机生产标识可以在满足本法规要求的产品的标签、宣传和广告中使用。

欧盟标识不得在第23条（4）（b）和（c）中所述的转换产品和食品上使用。

2. 国家标志和非官方标识可以在满足本法规要求的产品的标签、宣传和广告中使用。

3. 委员会应根据第37条（2）中的程序制定关于欧盟标识的说明、布局、大小和图案的详细的专门标准。

**第26条　特殊的标识要求**

委员会应根据第37条（2）中的程序制定适用于下列产品的有机标识，及其组成内容的具体要求。

（a）有机饲料。

（b）植物源转换产品。

（c）用于栽培的无性繁殖材料和种子。

## 第五部分：监管体系

**第27条　监管体系**

1. 各成员国应建立一套控制系统，指定一个或多个主管机构负责实施根据欧盟EC 882/2004法规所制定的本法规中所确立要求。

2. 除欧盟EC 882/2004法规确定的条件外，根据本法规建立的控制系统应至少包括实行预防和控制措施，这些措施要由欧盟委员会按照第37条（2）中的程序通过。

3. 在本法规范围内，控制的类型和频率应根据对发生违反和违背本法规要求的风险进行评估来决定。无论如何，所有操作者，不包括仅经营预先包装产品的批发商以及第28条（2）中所述的向最终消费者或最终用户销售的经营者，每年应至少接受一次是否合格的核查。

4. 主管当局应：

（a）可以将其控制权力授予一个或多个控制部门。控制部门应充分保证客观、公平，并且有执行其职能所需的合格人员和资源供其支配。

（b）将控制任务委托给一个或多个控制部门。在这种情况下，该成员国应指定机构负责审批和监督这些机构。

5. 只有在欧盟EC 882/2004法规第5条（2）中规定的条件得到满足的情况下，主管当局才可以将监管业务委托给具体的控制部门，特别是：

（a）有关于控制部门可以执行的业务的准确描述，以及控制部门可以执行这些任务的条件。

（b）有证据可以证明控制部门：

（Ⅰ）具备执行所授任务所需的专业知识、设备和基本设施。

（Ⅱ）具备足够数量的适合的合格的、有经验的人员。

（Ⅲ）在执行所授任务时，须公正，且没有利益冲突。

(c) 控制部门要得到欧盟官方杂志 C 系列出版物中公布的最新欧洲 EN45011 或 IS065 指南（对操作产品认证系统的机构的一般要求）的认可，并且控制部门要经过主管机构的批准。

(d) 控制部门要定期，以及在主管机构任何时候提供这样的要求时，将控制的结果通知给主管机构。如果控制结果显示存在不合格之处或可能会出现不合格之处，那么控制部门应立即通知主管机构。

(e) 在授权的主管当局和控制部门之间要有有效的协调。

6. 除第 5 段中的规定外，主管机构在审批控制部门时应考虑下列标准：

(a) 所遵循的标准控制程序，包含一份关于该机构对其控制下的操作者实施的控制措施和预防措施的详细描述。

(b) 如果发现违反或违背标准的行为，控制部门准备采取的措施。

7. 主管当局不得将下列任务委托给控制部门

(a) 监督和审计其他控制部门。

(b) 授予根据第 22 条所述的例外处理的权力，但欧盟委员会在第 22 条（3）制定的特殊条件有类似的规定。

8. 根据欧盟 EC 882/2004 法规第 5 条（3）的规定，将监管任务委托给控制部门的主管当局在必要时应组织对控制部门的审计或检查。如果审计和检查的结果显示这些机构未能严格执行委托给他们的任务，那么负责委托的主管当局可以收回委托授权。如果控制部门未能及时采取适当的补救措施的话，主管当局应立即撤销授权委托。

9. 除第 8 段规定外，主管当局还应：

(a) 确保该控制部门所执行的控制业务是客观的、独立的；

(b) 核查控制的有效性；

(c) 注意已发现的违反或违背标准之处，以及实施的纠正措施。

(d) 如果该机构未能达到（a）和（b）中的要求，或者不再满足第 5、第 6 段中的标准，或者未能达到第 11、第 12 和第 14 段中的要求，要取消对该机构的授权委托。

10. 各成员国应给每个执行第 4 段所述控制业务的控制部门或控制机构一个代码。

11. 控制当局和控制机构应给予主管机构进行其开展业务的办公场所和设施，并提供主管机构认为履行其本条规定的职责所必需的信息资料和协助。

12. 控制当局和控制机构应确保至少要对受其控制的操作者实施第 2 段中所述的预防措施和控制措施。

13. 各成员国应确保所建立的控制系统能够对每种按照欧盟 EC 178/2002 法规第 18 条规定进行生产、加工和销售的产品在各个阶段进行追踪，特别是为了向消费者保证有机产品是按照本法规的要求生产出来的。

14. 控制部门和控制机构最迟要在每年的1月31日将截止到上年12月31日在其控制下的操作者名单提交给主管当局。在每年的3月31日要提交上一年所进行的控制活动的汇总报告。

### 第28条　如何符合控制系统

1. 任何生产、加工、储存或从非欧盟的第三国国家进口第1条（2）中所述产品的操作者，或将这类产品投放到市场的操作者，在将任何产品作为有机或向有机转换的产品投放市场前，应做到：

(a) 将其活动通知给活动所在的成员国的主管当局；

(b) 使其活动处于第27条所述控制系统的控制之下。

第一小段也适用于出口按照本法规生产规则生产的产品的出口商。

如果操作者将任何活动分包给第三方，那么，该操作者虽然遵守（a）和（b）两点的要求，但是，分包的活动也应受到控制系统的控制。

2. 对于直接将产品销售给最终消费者的操作者，如果他们不生产、加工、不在销售点以外储存，或不从非欧盟国家进口这类产品，或没有将这些活动分包给第三方，那么成员国可以批准本条对这些操作者不适用。

3. 各成员国应指定某个部门或批准某个机构接受上述通知。

4. 各成员国应确保符合本法规规定，并支付了合理控制费用的操作者有权受到该控制系统的控制。

5. 控制当局和控制机构应保留列有受其控制操作者的名称和地址的最新名单。该名单应可以提供给感兴趣方。

6. 欧盟委员会应根据第37条（2）中的程序，通过关于本条第1段所述的通知详细内容和提交程序的实施规则，尤其是关于本条第1（a）段所述通知中的应包括的信息。

### 第29条　证明文件

1. 第27条（4）中所述的控制当局和控制机构应向业务活动满足本法规要求的受其控制的操作者提供证明文件。证明文件上应至少包括操作者名称、产品的类型或范围以及有效期。

2. 操作者应核查其下级供应商的证明文件。

3. 第1段所指证明文件的形式应符合第37条（2）中的程序规定，并考虑以电子形式的优势进行验证。

### 第30条　违反的违背标准或出现不规范情况下的处理措施

1. 如果发现违反本法规要求的行为，如果这种做法与所违反规定的关联性相称的话，或与违规活动的性质和具体情况相应的话，控制当局和控制机构应确保受此影响的整个批次或流水生产的产品不得在其标签和广告中标注有机生产方法。

如果发现是严重违规，或是有长期影响的违规，那么控制当局或控制机构应禁止相关操作者在该成员国主管部门同意的期限内销售在标签或广告上标注有机生产方法的产品。

2. 影响某一产品有机状况的违规案例的信息应立即在控制当局、控制部门、主管部门和相关成员间共享，在适当的情况下，要通知欧盟委员会。

传递的层次取决于所发现违规的严重性和范围。

欧盟委员会可以根据第 37 条（2）中所述的程序就这类通知的形式和样式制定详细的规定。

**第 31 条　信息共享**

在有充分理由证明某一申请对保证某一产品按照本法规生产是必需的时，主管当局、控制部门和控制机构应与其他主管机构、控制部门和控制机构共享关于他们控制结果的相关信息。他们也可以主动交换这类信息。

## 第六部分：与非欧盟国家的贸易

**第 32 条　合格有机产品的进口**

1. 从非欧盟国家进行的产品可以作为有机产品投放欧盟市场，条件是：

(a) 该产品符合第二部分有机生产的目标和原则、第三部分生产规则和第四部分标签中的规定，并符合根据本法规通过的影响其生产的实施规则。

(b) 所有操作者，包括出口商，已处于按照第 2 段规定认可的控制部门或控制机构的控制之下。

(c) 相关操作者应在任何时候都能够向进口商或国家当局提供第 29 条所述的证明文件，该证明文件由（b）点中所述的控制部门或控制机构颁发，应可以发现进行最后操作的操作者，并可以让该操作者核查是否符合（a）和（b）两小点。

2. 委员会应根据第 37 条（2）中的程序认可本条第 1 段（b）中所述的控制当局和控制机构，包括第 27 条所述的控制当局和控制机构，这些控制当局和控制机构有能力在非欧盟国家的第三国执行控制，并且有能力颁发本条第 1 段（c）所述的证明文件，并建立一份这些控制部门和控制机构清单。

控制部门要得到欧盟官方杂志 C 系列出版物中公布的最新欧洲 EN45011 或 ISO 65 指南（对操作产品认证系统的机构的一般要求）的认可。控制机构应定期接受认可机构对其活动进行的现场评估、监督和每隔几年进行一次的再评估。

在审查认可申请时，欧盟委员会应要求控制当局或控制机构提供所有必要的信息。欧盟委员会也会委托专家到现场检查相关控制当局或控制机构在非欧盟国家的第三国执行生产规则和控制活动的情况。

得到认可的控制部门或控制机构，应提供由认可机构（或在相当情况下由主管当局）出具的关于对其活动进行现场评估、监督和每隔几年进行一次的再评估的评估报告。欧盟委员会根据评估报告，在成员国协助下，通过定期审评对控制部门和控制机构的认可，来确保对他们进行适当监督。监督的性质应在对发生违反本法规规定的风险评估基础上确定。

### 第 33 条　提供同等保障的有机产品的进口

1. 从非欧盟国家，即第三国进口的产品可以作为有机产品投放欧盟市场，条件是：

(a) 该产品是按照等同于本法规“生产规则（第三部分）”和“标识（第四部分）”中所述的生产规则生产出来的。

(b) 操作者已受到与本法规“监管体系（第五部分）”部分等效的控制措施的控制。这些控制措施已得到不变、有效地执行。

(c) 在生产、加工和销售各阶段的非欧盟，第三国操作者已使其活动处于按照第 2 段规定认可的控制系统的控制之下或处于某个按照第 3 段规定得到认可的控制部门或控制机构的控制。

(d) 该产品列在按照第 2 段的规定认可的非欧盟国家的主管当局、控制部门或控制机构所颁发的检查证书上，或按照第 3 段规定认可的控制部门或控制机构所颁发的检查证书上，该检查证书确认该产品满足本段中的条件。

2. 欧盟委员会可以按照第 37 条（2）中的程序，认可那些生产系统与本法规“有机生产的目标和原则（第二部分）”、“生产规则（第三部分）”和“标识（第四部分）”中的原则和生产规则等效，并且其控制措施与本法规“监管体系（第五部分）”部分的措施等效的非欧盟国家，欧盟委员会可以建立一份这些国家的清单。等效评估应考虑食品法典准则 CAC/GL32. 当审查认可申请时，委员会应要求该非欧盟国家提供所有必要信息。委员会可以委托专家现场审查相当非欧盟国家的生产规则和控制措施。在每年的 3 月 31 日，被认可的非欧盟国家应提供一份关于该国制定的控制措施的实施和执行情况的简洁的年度报告给欧盟委员会。欧盟委员会将根据这些年度报告的信息，在成员国协助下，通过定期审评对非欧盟国家的认可，来确保对他们进行适当监督。监督的性质应在对发生违反本法规规定的风险评估基础上确定。

3. 对于不是按照第 32 条规定进口，并且不是从按照本条第 2 段规定得到认可的非欧盟国家进口的产品，欧盟委员会可以为了第 1 段中的目的按照第 37 条（2）中的程序认可有能力在非欧盟国家进行控制和颁发证书的控制当局和控制机构，包括第 27 条所述的控制部门和控制机构，并建立一份这些控制部门和控制机构的清单。等效评估应考虑食品法典准则 CAC/GL 32。

欧盟委员会应审查任何非欧盟国家的控制部门或控制机构提出的认可申请。在审查认可申请时，委员会应要求控制当局或控制机构提供所有必要的信息。该控制当局或控制机构应接受认可机构（或在相关情况下，主管部门）对其活动定期进行的现场评估、监督和几年一次的重新评估。欧盟委员会也可以委托专家现场检查该控制部门或控制机构在非欧盟国家执行检查规则和控制措施的情况。

委员会根据评估报告，在成员国协助下，通过定期审评对这些控制部门和控制机构的认可，来确保对他们进行适当监督。监督的性质应在对发生违反本法规规定的风险评估基础上确定。

## 第七部分：最终规则和过渡性规则

### 第 34 条　有机产品的自由流通

1. 只要有机产品满足本法规中的要求，主管当局、控制部门和控制机构不得出于生产方法、标识或陈述生产方法的原因禁止或限制另一成员国的另一控制部门或控制机构所控制的有机产品的销售，特别是不得施加本法规“监管体系(第五部分)”部分预见之外的额外控制或经济负担。

2. 成员国可以在其领土范围内对有机植物和动物的生产实施更加严格的规定，如果这些规定也适用于非有机生产，并且它们与欧盟法律相一致，不得禁止或限制相关成员国领土以外生产的有机产品销售。

### 第 35 条　向欧盟委员会传递信息

各成员国应定期向欧盟委员会汇报下列信息。

(a) 主管当局的名称和地址，在适当情况下，它们的代码和符合标志。

(b) 控制当局、控制机构及其代码清单，在适当情况下，也包括他们的符合标志。欧盟委员会应定期公布控制部门和控制机构的名单。

### 第 36 条　统计资料

欧盟各成员国应将实施和监督本法规所必需的统计资料传递给委员会。这些统计资料应确定在欧盟统计计划范围内。

### 第 37 条　有机生产委员会

1. 欧盟委员会应得到制定有机生产法规委员会的协助。

2. 如果引用本段内容，那么 1999/468/EC 决议的第 5、第 7 条也实用。1999/468/EC 决议第 5 条 (6) 中规定的期限应定为 3 个月。

### 第 38 条　实施细则

欧盟委员会应按照第 37 条 (2) 中的程序，以及本法规“有机生产的目标和原则 (第二部分)”中的目标的原则，通过本法规的实施细则。其中尤其应包括以下内容。

(a) 关于本法规“生产规则 (第三部分)”中的细则，特别是操作者需遵守的具体要求和条件。

(b) 关于本法规“标识 (第四部分)”中的细则。

(c) 关于本法规“监管体系（第五部分）”中的控制系统细则，特别是关于最低控制要求、监督和审核，委托任务给非官方控制机构的具体标准，以及批准和取消这些机构和第 29 条所述的证明文件的标准。

(d) 关于本法规“与非欧盟国家贸易（第六部分）”中的从非欧盟国家进口的细则，特别是关于第 32 条和第 33 条下认可非欧盟国家和控制机构（包括公布得到认可的非欧盟国家和控制机构名单）所遵循的标准和程序，以及第 33 条 (1) (d) 点中所述的考虑电子认证优势的证书。

(e) 关于第 34 条中有机产品自由流通的细则，以及第 35 条中向委员会传递信息的细则。

**第 39 条　废除 EEC 2092/91 法规**

1. 从 2009 年 1 月 1 日起废除 EEC 2092/91 法规。

2. 引用废除的 EEC 2092/91 法规应诠解为引用本法规。

**第 40 条　过渡性措施**

如有必要，应根据第 37 条 (2) 中所述的程序通过便于将 EEC 2092/91 法规中的规定转到本法规的措施。

**第 41 条　向欧盟委员会报告**

1. 委员会应在 2011 年 12 月 31 时前向欧盟委员会提交一份报告。

2. 该报告应特别审评从本法规实施中获得的经验，尤其要考虑下列问题：

(a) 本法规的适用范围，特别是关于大众餐饮店加工的有机食品。

(b) 禁止使用转基因生物，包括不通过转基因生物生产的产品的可供量，卖方声明、具体容许阈值的可行性，以及它们对有机行业的影响。

(c) 国内市场和控制系统的功能，特别是评估现有规范是否不会导致有机产品的生产和销售中的不公平竞争或壁垒。

3. 如果在适当情况下，委员会应在该报告上附上有关建议。

**第 42 条　生效和实施**

本法规在欧盟官方杂志上公布后第 7 天生效。

对于某些种类的动物，某些水生植物和某些小藻，如果没有制定生产细则，那么第 23 条中的标识规则和“监管体系（第五部分）”中的控制规则适用。在列入详细的生产规则前，国家规定，或在没有国家规定的情况下，被该成员国接受或认可的非官方标准适用。

本法规应从 2009 年 1 月 1 日起生效。

本法规的内容是一个完整的整体，直接适用于所有成员国。

2007 年 6 月 28 日于卢森堡

致欧盟委员会

主席：S. GABRIEL

附件：

# 第23条（1）中所述的术语

| 保加利亚语 | BG | биологичен | 立陶宛语 | LT | ekologiškas |
|---|---|---|---|---|---|
| 西班牙语 | ES | ecológico, biológico. | 卢森堡语 | LU | biologesch |
| 捷克语 | CS | ekologické, biologické | 匈牙利语 | HU | ökológiai |
| 丹麦语 | DA | økologisk | 马耳他语 | MT | organiku |
| 德语 | DE | ökologisch, biologisch | 荷兰语 | NL | biologisch |
| 爱沙尼亚语 | ET | make, ökoloogiline | 波兰语 | PL | ekologiczne |
| 希腊语 | EL | βιολογικὸ | 葡萄牙语 | PT | biológico |
| 英语 | EN | organic | 罗马尼亚语 | RO | ecologic |
| 法语 | FR | biologique | 斯洛伐克语 | SK | ekologické, biologické |
| 爱尔兰语 | GA | orgánach | 斯洛文尼亚语 | SL | ekološki |
| 意大利语 | IT | biologico | 芬兰语 | FI | luonnonmukainen |
| 拉脱维亚语 | LV | bioloģisks, ekoloģisks | 沙特语 | SV | ekologisk |

# 附录13　欧盟有机农业条例889/2008（有机产品种植、加工部分）

（北京爱科赛尔认证中心有限公司提供译文，编著者摘选）

## 第Ⅰ部分　简　　介

### 第1条　主旨和范围

1. 此标准就有机生产、标识和欧盟有机条例834/2007第一条第二款有关产品控制方面制定了特殊规定。

2. 此标准不适用以下产品：

(a) 水产品；

(b) 海藻；

(c) 除第7条款外的畜产品；

(d) 用于食品或饲料的酵母。

尽管如此，在欧盟有机条例834/2007中对上述产品生产制定出详细规定之前，第二部分、第三部分和第四部分在作必要修正基础上也适用于对第一小段(a)、(b)、(c) 项所涉及的产品。

### 第2条　定义

除欧盟有机条例834/2007第二条中涉及的定义之外，下面的定义将适用于本标准。

(a)“非有机”：即不是来自于欧盟有机条例834/2007和此条例的产品。

(b)“兽医药品”：指欧盟议会和理事会关于兽医药产品统一编码的指令2001/82/EC(7)中第1条第2款所规定的产品。

(c)“进口商”：指在欧盟内可以提供货物自由流通到欧盟的自然人或法人，可以是自己或通过代理。

(d)“第一收货人”：指从事货物进口的自然人或法人，该人接收产品并对产品进行进一步处理或在共同体市场上销售。

(e)“场所”：指以生产农产品为目标的单一管理操作下的所有生产单元。

(f)“生产单元”：指用于生产部分的所有资产，例如生产资料、土地、包装、牧场、露天场所、牲畜圈舍、作物存储资料、作物产品、牲畜产品、原料和任何与这些特殊生产环节有关的其他投入物质。

(g)“营养液培养生产”：指的是将植物的根浸泡于仅含有矿物营养的培养液中或添加了惰性介质如珍珠岩、砾石或矿棉的营养液中进行培养的方法。

(h) “兽医治疗”：指的是治疗或预防一种特定疾病发生的所有方法。

(i) “转换期的饲料原料”：指的是在有机转换期内生产的饲料原料，但遵从欧盟有机条例 834/2007 第 17 条第 1 款 a 项所规定的开始转换之后的 12 个月内收获的产品除外。

(7) OJL 311, 28.11.2001, p.1.

# 第Ⅱ部分　有机产品生产、加工、包装、运输和存储规定

## 第 1 章　种 植 生 产

### 第 3 条　土壤管理和施肥

1. 当通过欧盟有机条例 834/2007 第 12 条第 1 款 a、b、c 项的方法无法满足植物的营养需求时，在必要时有机生产中仅可以使用本标准附则Ⅰ中涉及的肥料和土壤调节剂。操作者应保留必需使用这类产品的书面证明。

2. 欧盟委员会在 91/676/EEC[8] 指令细则中对牲畜粪便总量做出限制，为了预防农田中硝酸盐对水资源的污染，每年每公顷的土地上施氮含量不得超过 170kg，此规定仅适用于农家肥、干的农家肥或脱水家禽粪便、堆制的动物排泄物，其中包括家禽粪便，堆制的农家肥与液体动物排泄物。

3. 有机产品生产者可以与其他遵守有机生产规定的生产者或者企业达成书面合作协议，以达到分散有机生产中过剩畜粪的目的，在这种情况下，根据第二段的最大限值将以全部涉及合作的有机生产单元为基础计算。

4. 适当的使用微生物制剂，可以改善土壤的总体条件，或者改善土壤中或植物中养分的有效性。

5. 为使堆肥充分腐熟，可使用适当的植物或微生物制剂。

(8) OJL 375, 31.12.1991, p.1.

### 第 4 条　禁止营养液培养生产

禁止营养液培养生产。

### 第 5 条　虫害、疾病和杂草管理

1. 当通过欧盟有机条例 834/2007 第 12 条第 1 款 a、b、c 和 g 项的方法无法完全保护植物免受病虫害侵害时，有机生产中仅可以使用本标准附则Ⅱ中涉及的产品，操作者应保留必需使用这类产品的书面证明。

2. 在诱捕和释放中使用的产品，除了信息素，陷阱和/或释放剂应该防止药品释放到周边环境中，也要防止药品与周围农田作物的接触。陷阱必须使用后回收并进行安全处置。

省略：第 6 条　食用菌生产的特殊规定

省略　第 2 章　养殖生产

## 第 3 章　加 工 产 品

### 第 26 条　饲料和食品加工生产中的规定

1. 食品加工或饲料中使用的添加剂，加工助剂及其他物质和成分以及任何在加工操作中所应用的方式如烟熏，应遵守良好操作原则。

2. 在系统识别加工过程的关键控制步骤基础上，生产加工饲料或食品的操作者应建立并更新适当程序。

3. 本条第 2 款中涉及的申请者应确保产品生产加工的所有阶段均符合有机生产规定。

4. 操作者应按照并执行本条第 2 款中涉及的程序，特别是以下几项操作程序：

(a) 采取预防措施以避免由未批准的物质和产品引起的污染风险；

(b) 实施适当的清理措施，监察其成效并记录这些活动；

(c) 确保非有机产品不会以标示为有机生产方式的投放到市场。

5. 当非有机产品也在有机制备单元制备或储藏时，本条第 2 款和第 4 款对所有操作者要求其满足以下进一步的规定：

(a) 采取持续操作的方式直到全部处理完成，对相似的非有机产品的操作进行空间和时间上的分离；

(b) 在此操作之前或之后储藏有机产品与非有机产品进行空间和时间上的分离；

(c) 通知检查或认证机构，并随时提供所有业务和加工量的最新登记册；

(d) 采取必要措施以确保批号可以辨认，并避免与非有机产品混合或交换；

(e) 必须在对生产设备进行了适当的清洗之后才能开展有机产品的生产操作。

### 第 27 条　食品加工中使用的特定产品和物质

1. 根据欧盟有机条例 834/2007 第 19 条 2 款 b 项的要求，除酒以外只有下列物质可以在有机食品加工中使用。

(a) 本条例附则Ⅷ所列物质。

(b) 食品加工中通常允许使用微生物和酶。

(c) 欧盟理事会 88/388/EEC[9] 指令第 1 条第 2 款（b）（i）和第 1 条第 2 款（c）指定的物质和产品，这类物质和产品根据该指令的第 9 条第 1 款（d）和第 2 款的要求被标为天然香料物质或天然调味料。

(d) 当在肉类和蛋壳上使用彩色印章时，应分别采用欧盟议会第 2 条第 9 款的规定和法规（*）和欧盟理事会 94/36/EC[10] 的规定。

(e) 食品加工中通常使用饮用水和盐（基本组成部分为氯化钠或氯化钾）。

(f) 矿物质（包括微量元素）、维生素、氨基酸和微量元素，这些物质仅在法律要求食品必须含有这些成分的情况下才被批准。

2. 欧盟有机条例 834/2007 第 23 条 4 款 a 项（ⅱ）所涉及的计算部分。

(a) 附则Ⅷ所列的食品添加剂和在添加剂编号栏标有星号的，应计算为农业来源的成分。

(b) 本条 1 款 b 项、c 项、d 项、e 项和 f 项所涉及的制剂和物质，以及添加剂编号栏中没有标注星号的物质不能计算为农业来源的成分。

3. 在 2010 年 12 月 31 日前，需要重新审核下列物质，以确认其是否应限制或禁止使用。

(a) A 节中的亚硝酸钠和亚硝酸钾考虑从食品添加剂中删除。

(b) A 节中的二氧化硫和焦亚硫酸氢钾。

(c) B 节中加工高德干酪、伊顿干酪和 Maasdammer 干酪、Boerenkaas、Friese、Leidse Nagelkaas 干酪中使用的盐酸。

对于上列（a）中物质的重新审核应该考虑成员国是否可以找到亚硝酸盐/硝酸盐的安全替代物质，以及对有机肉类加工者/生产商进行的有关替代加工方法和卫生程序的培训项目。

(9) OJL 184, 15.7.1988, p.61.

(10) OJL 237, 10.9.1994, p.13.

**第 28 条　食品加工中特定的农业来源的非有机成分的使用**

根据欧盟有机条例 834/2007 第 19 条 2 款 b 项所列出的规定，只有列于附则Ⅸ的非有机农业成分可以在有机食品加工中使用。

**第 29 条　成员国授权的农业来源的非有机食品成分**

1. 如果某种农业来源的成分不包括在本条例附则Ⅸ中，则此成分只可在下列条件下使用：

(a) 操作者已通知成员国的主管部门提供所有必要的证据表明，有关的成分不能在欧盟内按照有机生产规定大量生产或不能从第三国进口；

(b) 在证实操作者已与供应商进行了必要的接触，可证实其缺乏就品质方面所要求的成分后，成员国主管当局已暂时授权批准的成分，最长使用期为 12 个月；

(c) 按照本条 3 款或 4 款的规定，还没有对有关成分给予批准撤回的决定。

成员国可就本条 b 项中批准的最长使用期 12 个月进行延长，最长时间可达 3 倍。

2. 凡本条 1 款中所提到的授权成分均已被批准，成员国应立即将下列资料通知其他会员国和委员会：

(a) 批准日期和可延期批准期的情况，首次批准日期；

(b) 名称，地址，电话，和相关批准者的传真、电子邮件；给予批准的权威机构的联系名称和地址；

(c) 有关农业来源成分的名称，并在必要时对其进行精确的描述和质量要求；

(d) 制备工作所要求的产品类型，其中所要求的成分是必须提供的；

(e) 所要求的数量和判断数量的依据；

(f) 原因，预计的期间，不足；

(g) 成员国通知其他会员国和委员会的日期。委员会和/或会员国可将这一信息提供给公众。

3. 如果一个成员国向可授权的委员会和成员国提出意见，这表明短缺期间产品是可获得供应的，成员国应考虑撤回授权或减少所设想的有效期，并须通知委员会和其他成员国，从收到信息之日起 15 个工作日内已经或将要采取的措施。

4. 在成员国的要求下或在委员会的倡议下，根据欧盟有机条例 834/2007 第 37 条规定，这一问题应提交委员会审查。按照本条 2 款规定的程序，它可能的决定是以前给予的授权应撤销或修订其有效期，或在适当情况下该有关成分应列入本条例附则Ⅸ。

5. 本条第 1 款 b 项需延长有效期的情况时，本条 2 款和 3 款的程序适用。

## 第 4 章　产品的采集、包装、运输和储藏

### 第 30 条　产品的采集以及到制备单元的运输

操作者可以同时采集有机产品和非有机产品，但是必须采取适当的措施以避免有机产品被非有机产品替换或发生混合，并且必须采取措施保证有机产品可以被识别。操作者必须保存好采集天数、小时数、运输路线以及接收产品的日期和时间等相关信息，保证检查机构或主管部门能够获得这些信息

### 第 31 条　流向其他操作者/操作单元的产品的包装和运输

1. 操作者必须保证运往其他单元的有机产品盛放在适当的包装、容器或运输工具中，这些包装、容器或运输工具必须是密封的并且在不破坏封条的情况下无法替换里面的产品，同时还必须带有标签，在不违背其他法律的前提下，标签应包含以下内容：

(a) 操作者的名称和地址，如果产品的所有者或销售者与操作者不同的话，也必须提供他们的名称和地址；

(b) 产品的名称或配合饲料的说明，必须提及有机生产方式；

(c) 操作者所属检查机构或主管部门的名称和/或代码；和，

(d) 相关时，标签上应包含根据批次号体系设计的批号，该批次号体系可以经国家、检查机构或主管部门认可并且能够反应在本标准第 66 条所指的记录文件中。

(a) 至 (d) 点中提及的信息也可以在附带的文件中进行描述，前提是这个文件必须与包装、容器或运输车辆在一起，文件中应包括供应商和/或运输者的信息。

2. 以下情况不需要使用密封的包装、容器或运输车辆：

(a) 在两个操作者之间直接运输，这两个操作者同属于一个有机控制体系，并且，

(b) 产品附带一个文件，文件包含 1 中所提及的信息，并且，

(c) 供应和接收有机产品的操作者都必须保留运输记录以保证认证机构或主管部门能够获得这些文件。

**第 32 条　饲料运输到其他生产/制备单元或仓库时的特殊规定（省略）**

**第 33 条　从其他单元或操作者处接收产品**

接收有机产品时，操作者应根据第 31 条的要求，对包装或容器的密封性进行必要的检查，同时要检查第 31 条中所提及的其他信息。

操作者应反复核查第 31 条所提及的标签与运输文件上的信息，核查结果应在第 66 条所提及的记录账目中进行详细的说明。

**第 34 条　从第三方国家接收有机产品的特殊规定**

从第三方国家进口的有机产品应被妥善包装或盛装在适宜的容器中，这些包装或容器应是密封的以保证产品不被替换，产品上应带有出口商的辨别信息以及能够对产品批号进行辨别的标记或者数字，同时还应带有从第三方国家进口产品的控制证书。

在接收从第三方国家进口的有机产品时，第一个接收者应检查包装或容器的密封性，并且如果产品是根据欧盟条例 834/2007 第 33 条进口的话，应检查接收产品的种类是否包含在此条例所提及的证书中。核查的结果应在本标准第 66 条所提及的记录文件中进行详细的描述。

**第 35 条　产品的储藏**

1. 有机产品的储藏区域应满足以下要求：产品的批次可以识别；能够避免有机产品被不符合有机产品标准要求的产品和/或物质混淆或污染；有机产品在任何时候都能够被清楚的识别。

2. 对有机植物和动物生产单元而言，不得存储本标准禁止在生产单元内使用的物质。

3. 允许在仓库中储存对抗疗法药剂和抗生素类产品，前提是这些药品是兽医根据欧盟条例 834/2007 第 14（1）（e）（ⅱ）条的规定使用的并储存在受控区域并且记入本标准第 76 条所提及的养殖记录中。

4. 如果操作者同时经营有机产品和非有机产品，并且有机产品的储藏区域中同时储存了其他农产品或饲料：

(a) 有机产品应与其他农产品和/或饲料相隔离;

(b) 操作者应采取所有措施以辨别有机产品并且避免其被非有机的产品混合或替换;

(c) 在存放有机产品前应采取适当的清洁措施来清洗仓库，操作者应检查这些措施的有效性并对此类操作进行记录。

## 第5章 转换标准

### 第36条 植物和植物产品

1. 欲被认证为有机的植物和植物产品，在转换期时必须遵守欧盟规则 834/2007 第9、第10、第11和第12条的要求以及本标准第一章的要求和适用时本标准第六章对放宽处理生产标准的要求，该转换期的长度至少为播种前2年，对草场和多年生饲料作物而言至少为作为有机饲料使用前2年，对饲料作物以外的其他多年生作物而言至少为收获前3年。

2. 满足以下条件，操作者前期的操作可被主管当局认可为转换期的一部分:

(a) 土地是根据欧盟条例 1257/99 或欧盟条例 1698/2005 所实施项目或其他官方项目的操作方式进行管理的，前提是所采取的操作未带入有机生产中禁用的物质，或者，

(b) 该地块是未使用本有机生产标准禁用物质处理过的自然区域或农业用地。

(b) 中所指的时期能够被追溯为转换期的一部分，前提是操作者能够向主管当局提供充分证据证明至少在过去3年的时间内该地块未经有机生产禁用物质处理过。

3. 在特定情况下，主管当局可以延长被本标准禁用物质污染土地的转换期，使其超过第1款的规定。

4. 对于已经经过转换或正处于转换期的地块，如果使用了有机生产中禁止使用的物质，在下列两种情况下成员国可以缩短第1款中所规定的转换期:

(a) 地块使用的禁用物质是欧盟成员国主管当局为处理某种病害或虫害而强制使用的;

(b) 地块中使用的禁用物质是欧盟成员国主管当局批准的科学试验的一部分;

在以上 (a)、(b) 两段所指条件下，应结合以下事实来确定转换期的长度:

(a) 应关注施用产品的降解情况，在转换期结束之前，土壤中或多年生作物体内的残留应达到非显著水平;

(b) 所收获产品不作为有机产品销售;

(c) 相关成员国应将其制定的强制性措施通报给其他成员国和欧盟委员会。

**第 37 条　有机畜牧生产中对土地转换期的特殊规定**（省略）

**第 38 条　畜禽及其产品**（省略）

## 第 6 章　放宽处理的生产标准

第 1 部分　因欧盟条例 834/2007 第 22（2）（a）条所规定的气候、地质或建筑原因引起的放宽处理的生产标准

**第 39 条　动物圈舍**（省略）

**第 40 条　平行生产**

1. 在欧盟规则 834/2007 第 22（2）（a）条适用的情况下，生产者可以在同一区域同时进行有机和非有机生产：

(a) 对于至少需要栽培 3 年的多年生作物的而言，如果品种不易区分，则必须满足以下条件：

(i) 操作者必须制订一个转换计划，计划中应承诺在可能的最短时间内开始对同一单元中相关非有机生产区域的转换，该时间最高不能超过五年；

(ii) 采取适当的措施以保证从不同地块收获的产品能够得到永久的分离；

(iii) 在欲收获每种产品时，至少提前 48 小时通知主管部门或认证机构得知；

(iv) 收获完成后，生产者应将各个地块的准确产量及产品的隔离措施通报给主管部门或认证机构；

(v) 操作者制订的转换计划和标题Ⅳ的第一章和第二章提到的控制措施须经主管当局批准，并且在开始执行转换计划后每年经主管当局核实；

(b) 经欧盟成员国主管当局批准用于农业研究或教育的土地且满足（a）点（ⅱ）（ⅲ）（ⅳ）的要求和（Ⅴ）的相关要求；

(c) 用于种子、植物繁殖材料和移栽材料的生产并且满足（a）点（ⅱ）（ⅲ）（ⅳ）的要求和（Ⅴ）的相关要求；

(d) 仅用于放牧的草原。

2. 在满足以下条件的前提下，主管当局可以批准同时饲养相同品种的有机和非有机畜禽：

(a) 在事先通知主管部门或检查机构欲采取措施的前提下，采取适当的措施保证不同单元的畜禽、畜禽产品、粪便和饲料能够永久隔离；

(b) 在递送或销售任何畜禽或其产品前通知主管部门或认证机构；

(c) 通知主管部门或认证机构各个单元生产产品的准确数量，同时提供任何产品的辨别特征，并且确定产品的隔离措施已经实施。

**第41条　授粉用养蜂单元的管理。第42条　非有机动物的使用。第43条　农业来源非有机饲料的使用。第44条　非有机蜂蜡的使用**（省略）

**第45条　非有机方法生产的种子或繁殖材料的使用**

1. 当欧盟条例834/2007第22（2）（b）条所描述情况适用时，

（a）可以使用转换期单元生产的种子和繁殖材料，

（b）当（a）条不适用时，如果无法从有机生产中获得，成员国可以授权使用非有机的种子或植物繁殖材料。然而，使用非有机种子和马铃薯种薯时必须满足下面第2至第9条款的要求。

2. 可以使用非有机的种子和马铃薯种薯，前提是种子或马铃薯种薯未经植物保护产品处理，除非是欲使用种子和种薯的成员国主管当局根据欧盟理事会2000/29/EC指令[11]、以检疫为目的、所有指定品种都必须强制执行的化学处理，条款5（1）中规定的种子处理物质除外。

3. 附则X列出了经确认在欧盟各个地区均可获得有机种子或马铃薯种薯、有机种子和马铃薯种薯数量充足且品种丰富的各类作物。

附则X列出的品种不能根据1（b）的规定进行处理，除非能够证明使用这些种子或马铃薯种薯符合5（d）列出的某个目的。

4. 成员国可以让他们监管下的另一个公共管理部门或欧盟条例834/2007第27条所提及的主管部门或检查机构代为行使1（b）中所提及的授权职能。

5. 只有在以下条件下才能授权使用非有机生产方法获得的种子或马铃薯种薯：

（a）操作者欲获得的作物种类未登记在第48条所指的数据库中；

（b）使用者是在合理的时间定购种子或马铃薯种薯，但是没有供应商（向其他操作者销售种子或马铃薯种薯的操作者）能够在播种或种植前及时提供；

（c）使用者想获得的品种未登记在第48条所提及的数据库中，而且使用者有证据证明数据库中也未注册可替换的该作物的其他品种，此种条件下可以授权操作者使用常规种子或种薯；

（d）能够证明常规种子或种薯是用于经成员国主管当局批准的研究、小规模大田试验或种质保存活动。

6. 必须在播种前获得授权。

7. 每次只能因一个原因对使用者进行单独的授权，并且授权的主管部门或认证机构须登记被授权使用的种子或马铃薯种薯的数量。

8. 经过对第7段的放宽处理，在以下条件下成员国主管当局可以统一授权使用者使用常规种子或种薯：

（a）当某一作物完全符合且只符合5（a）的规定时；

（b）当某一品种完全符合且只符合5（c）的规定时。

上段提及的授权应清晰反映在本标准第48条所提及的数据库中。

9. 只有在第 48 条所提及的数据库根据第 49（3）条的要求进行更新后才能实施上述授权行为。

（11）OJL 169, 10. 7. 2000, p.

第 3 部分对欧盟条例 834/2007 第 22（2）（d）条规定的有机畜产品生产特殊管理问题的放宽处理标准。第 46 条有机畜产品生产中特殊的管理问题。第 4 部分对欧盟条例 834/2007 第 22（2）（f）条规定的灾难性事件的放宽处理标准。第 47 条灾难性事件（省略）

## 第 7 章　种子数据库

### 第 48 条　数据库

1. 每个成员国应确保建立一个电脑数据库，在其中列出其管辖范围内能够获得的、通过有机生产方法得到的种子或马铃薯种薯的品种。

2. 该数据库应由成员国主管当局或成员国委派的主管部门或认证机构管理（下文中此类机构或部门被称为“数据库管理员”）。成员国也可在另一个国家指派一个主管部门或私人团体。

3. 每个成员国都应把他们指派的、管理数据库的主管部门或私人机构通知给欧盟委员会和其他成员国。

### 第 49 条　登记

1. 应根据供应商的要求，在第 48 条所指的数据库中登记以有机生产方法生产的、可获得的种子或马铃薯种薯品种。

2. 根据第 45（5）条的规定，任何未在数据库中登记的品种都被视为无法获得。

3. 各个成员国应规定在什么时间对其领土内生产的种类或种群的数据进行更新，数据库应保留与此规定相关的信息。

### 第 50 条　登记条件

1. 为了登记，供应商应：

（a）证明他自己或最后一个操作者（以免供应商仅接触包装前的种子或马铃薯种薯）隶属于欧盟条例 834/2007 第 27 条所提及的控制体系；

（b）证明欲在市场上销售的种子或马铃薯种薯符合种子和马铃薯种薯的一般要求；

（c）保证本标准第 51 条所要求的信息是可获得的，并且承诺根据数据库管理员的要求更新这些信息，承诺在任何必要的时候更新这些信息以确保其可靠性。

2. 数据库管理员可以在成员国主管当局的批准下拒绝供应商的登记申请或在供应商违背第 1 段的规定时删除先前已注册的该供应商的信息。

### 第 51 条　登记信息

1. 对于各个供应商登记的所有品种，第 48 条所提及的数据库应至少包括以下信息：

(a) 作物的学名和品种名称；

(b) 供应商或其代表的名字和详细的联系信息；

(c) 在通常所需的递送时间内供应商可递送种子或马铃薯种薯的区域；

(d) 根据欧盟指令 2002/53/EC 对“欧盟共同农业植物品种目录”的要求和欧盟理事会指令 2002/55/EC 对蔬菜种子销售的要求，该品种进行种子试验并获准使用的国家或地区；

(e) 从何时开始能够获得该种子或马铃薯种薯；

(f) 欧盟规则 834/2007 第 27 条中所提及的操作者的主管部门或认证机构的名字和/或编号。

2. 当任何已登记品种无法再获得时，供应商应立即告知数据库管理员，管理员应根据实际情况更新数据库。

3. 除第 1 段中强调的信息外，数据库应包括附则 X 中列出品种清单。

(12) OJL 193, 20. 7. 2002, p. 1.

(13) OJL 193, 20. 7. 2002, p. 33.

### 第 52 条　信息的获得

1. 种子或马铃薯种薯的使用者和公众可以通过因特网免费获得本标准第 48 条所提及的数据库中包含的信息。成员国任何根据欧盟规则 834/2007 第 28 (1) (a) 条的要求公布了其活动的使用者均可从数据库管理员处获得其需要的一个或几个作物种群的信息摘录。

2. 成员国应保证每年至少一次将本数据库系统及从中获得信息的方式通知给第 1 段中提及的所有使用者。

### 第 53 条　登记费用

每次登记都要收取一定的费用，该费用用于第 48 条所提及的数据库的信息导入和维护。欧盟成员国主管当局应规定数据库管理员可动用的经费数量。

### 第 54 条　年度报告

1. 被指派根据本标准第 45 条行使其职能的主管部门或认证机构，应登记所有授权行为并形成报告，以保证成员国主管当局和数据库管理员能够获得这些信息。

对于根据第 45 (5) 条所授权使用的品种，报告中应包括以下信息：

(a) 作物的学名和品种名称；

(b) 根据第 45 (5) 的 (a)、(b)、(c) 或 (d) 条获得授权的证据；

(c) 授权的总数；

(d) 所有授权使用种子或马铃薯种薯的数量；

(e) 第 45 (2) 条所提及的、以植物检疫为目的的化学处理。

2. 对于根据第 45 (8) 条的规定所作的授权，报告应包括本条款中第 1 款第 2 小段 (a) 点中提及的信息以及该授权的有效期。

**第 55 条　总结报告**

欧盟成员国主管当局应在每年的 3 月 31 日前收集报告并形成总结报告，该总结报告应包含过去一年中成员国的所有授权行为，总结报告应发送给欧盟委员会以及其他成员国。该报告应涵盖第 54 条所指定的信息。信息应在第 48 条所提及的数据库中公布。主管当局可以委派数据库管理员收集报告。

**第 56 条　必要时能够提供的信息**

在成员国或欧盟委员会需要时，应能够向其他成员国或欧盟委员会提供每个授权的详细信息。

## 标题Ⅲ　标签

### 第 1 章　欧盟委员会标识

**第 57 条　欧盟委员会标识**

根据欧盟条例 834/2007 第 25 (3) 条的规定，应按照附则 XI 提供的样本使用欧盟委员会标识。

在使用欧盟委员会标识时，应符合附则 XI 的规定。

**第 58 条　使用代码和原产地的条件**

1. 欧盟条例 834/2007 第 27 (1) (a) 条中所提及的主管部门或认证机构代码的表示应：

(a) 以成员国或第三方国家的首字母缩写开始，参照 ISO 3166 对标准两位字母国家代码的规定 (世界各国和地区名称代码)；

(b) 根据欧盟条例 834/2007 第 23 (1) 条的要求，应带有表征有机生产方式的字样；

(c) 包括主管当局确定的一个代码；并且，

(d) 当标签中使用欧盟委员会标识时，直接放在欧盟委员会标识的下面。

2. 根据欧盟条例 834/2007 第 24 (1) (c) 条的要求，应说明产品所使用的农业原料的原产地，这一说明应直接放在第 1 段所提到的代码的下面。

## 第 2 章　饲料产品标签的特殊要求（省略）

## 第 3 章　标签的其他特殊要求

### 第 62 条　植物来源的有机转换产品

植物来源的有机转换产品可以带有“有机转换产品”字样的说明，前提是：

(a) 在收获前至少经过 12 个月的转换期；

(b) 说明中文字的颜色、大小和字体不能比产品的销售说明更突出，整个说明中字体的大小应一致；

(c) 产品只包含一种农业来源的作物成分；

(d) 说明中应体现欧盟条例 834/2007 第 27 (10) 条所提及的检查机构或主管部门的代码。

# 标题Ⅳ　控制

## 第一章　最低的控制要求

### 第 63 条　控制协议和操作者的承诺

1. 当首次实施控制协议时，操作者应制定并在随后的操作中遵守以下规定：

(a) 对操作单元和/或财产和/或活动的全面描述；

(b) 所有为保证有机生产标准能够得到遵守而在单元和/或财产和/或活动中采取的实际措施；

(c) 为减少有机产品被不符合本标准要求的产品或物质污染的须采取的预防措施以及仓库和整个生产链中须采取的清洁措施。

2. 适用时，(a) 中对操作单元和/或财产和/或活动的全面描述以及 (b)、(c) 中提及的各种措施应成为操作者建立的质量控制体系的一部分。

3. 承担责任的操作者应作出书面声明并签字，该声明中除包含段 1 (a) 中提及的描述和 (b)、(c) 中所提及的各种措施外，还应包括以下承诺：

(a) 根据有机标准的要求组织生产操作；

(b) 如果发生侵害或有损有机生产标准的行为，愿意接受根据有机标准执行的惩罚措施；

(c) 为了确保有机生产方式的说明已经在产品上去除，向产品购买商出具书面通知。

4. 认证机构或主管部门应对上段所说的声明进行核实，然后以报告的形式告知操作者可能存在的不足之处和不符合有机标准要求的地方，操作者应在该报告上签字并采取必要的整改措施。

5. 根据欧盟条例 834/2007 第 28 (1) 条的要求，操作者应向主管当局通报以下信息：

(a) 操作者的名称与地址；

(b) 基地位置，适用时同时提供有机生产的其他操作场所（土地登记资料）；

(c) 操作和产品的性质；

(d) 根据欧盟条例 834/2007 和本标准进行生产的操作者所作的承诺；

(e) 就农场而言，生产者停止使用有机生产禁用物质的日期及相关地块；

(f) 操作者委托对其操作进行控制的机构名称，成员国通过对这些机构的认可来执行有机生产控制体系。

# 第四部分　检　　查

## 第一章　最低检查要求

### 第 63 条　操作者对检查的安排和承诺

1. 如果是第一次执行检查安排，操作者应当起草并保持：

(a) 对单元和/或经营场所和/或生产活动的详细说明；

(b) 为保证符合有机生产规则，对单元和/或经营场所和/或生产活动拟采取的所有实际措施；

(c) 为减少被禁用产品或物质污染的风险所采取的预防措施以及针对仓储设施和整个生产过程的清洁措施；

(d) 如果适用，此描述和措施应该是操作者所建立的质量体系的一部分。

2. 第 1 款中提到的描述和措施应当包括在操作者负责人签署的声明中。此外，该声明中还应当包括操作者的如下承诺：

(a) 按照有机生产规则来实施操作；

(b) 一旦发生偏离或违规操作，接受根据有机生产规则的规定采取的措施；

(c) 承诺将以书面的形式通知该产品的购买商以确保涉及有机生产方式的信息已经从该产品中去除；

(d) 这份声明应该由检查机构或者权威机构进行审核，识别其潜在不足以及与有机生产规则不符合之处并签发报告。操作者应签署该报告，并采取必要的改进措施。

3. 针对欧盟标准 EC 834/2007 条例第 28 条第（1）款的申请，操作者应当向主管部门通报以下信息：

(a) 操作者的姓名和地址；

(b) 经营场所的地址，如果适用，也应该提供操作者目前在操作的地块的信息（土地登记数据）；

(c) 操作的性质和产品；

(d) 操作者将按照欧盟标准 EC834/2007 条例和本条例执行操作的承诺;

(e) 如果是农田，提供生产者最后一次使用不符合物质的日期;

(f) 操作者委托检查的认证机构的名称，成员国已经对这些机构实施认可的控制系统。

**第 64 条 检查安排的变化**

操作者负责人应及时向权威机构或检查机构通报第 63 条中提到的描述或措施以及第 70、第 74、第 80、第 82、第 86 和第 88 条中涉及的最初检查安排的任何变化信息。

**第 65 条 检查访问**

1. 权威机构或检查机构每年应对所有的操作者执行至少一次现场检查。

2. 为了测试有机生产未批准使用的物质或审查不符合有机生产规则的生产技术，权威机构或检查机构可以进行取样分析。同样，为了分析未批准使用的产品可能带来的潜在污染，也可以取样进行检测。但是，这种分析应在怀疑使用了有机生产未批准的产品时进行。

3. 每次检查后，应草拟检查报告并由该单元的操作者或其代表签字确认。

4. 此外，在对不符合项风险综合评价的基础上，考虑上次检查的结果、相关产品数量以及产品交换的风险，权威机构或检查机构应当安排未通知的随机检查。

**第 66 条 账目文件**

1. 为了方便操作者识别和权威机构或检查机构的确认，在每个单元或经营场所必须保存如下的库存和财务记录:

(a) 产品的供应商，如果不一致，销售商或出口商。

(b) 进入单元的有机产品、所有购买的原料及使用 (如果相关) 以及混合饲料的成分 (如果相关) 的性质和数量，以及经营场所仓储设施所储存的有机产品的数量。

(c) 所有离开单元或第一接货方经营场所或仓储设施的产品的性质、数量以及接货方和买方 (如果和接货方不同，不是最终消费者)。

(d) 如果操作者不储藏或加工这些有机产品，所购买和销售的有机产品的性质和数量、供应商和卖方 (如果和供应商不同) 或者出口商和买方以及接货方 (如果和买方不同)。

2. 这些账目文件应当包括有机产品接收检查的结果以及权威机构或检查机构全面控制所必需的其他信息。账目中的数据应当有相应的证明文件，同时应当包括对投入和产出的平衡。

3. 如果操作者在同一区域经营几个生产单元，非有机生产单元和投入品的储藏库也应当符合最低检查要求。

### 第 67 条　设施访问

1. 操作者应当：

(a) 允许权威机构或检查机构检查访问单元的所有部分和经营场所，包括账目和相关单据；

(b) 向权威机构或检查机构提供检查所必需的所有信息；

(c) 如果权威机构或检查机构要求，提供质量保证体系的运行效果。

2. 除第 1 款的要求之外，进口商和第一接货方须提交 84 条中提到的进口货物信息。

### 第 68 条　书面证明

对于欧盟标准 EC834/2007 第 29 条第 1 款的申请，权威机构和检查机构可以使用本条例附则Ⅻ中建立的证明文件样本。

### 第 69 条　卖方声明

对于欧盟标准 EC 834/2007 第 9 条第 3 款的申请，卖方可以参照本条例附则 XIII 中建立的样本来出具所供应产品的非转基因声明。

## 第二章　对来自农业生产或采集的植物和植物产品的特殊检查要求

### 第 70 条　检查安排

1. 第 63 条第 1 款（a）项中提到的对单元的详细描述应包括下列内容：

(a) 说明操作者将其采集活动限制在哪些区域；

(b) 说明仓库、生产场所、地块和/或采集区域及适当加工和/或包装场所（适用时）并且；

(c) 说明最后一次在地块和/或采集区域使用不符合有机生产规则的相关产品的日期。

2. 对于野生植物的采集，第 63 条第 1 款（b）项中提到的实际措施应包括第三方的保证，确保操作者能够符合欧盟标准 EC 834/2007 第 12 条第 2 款的规定。

### 第 71 条　信息交流

每年，在权威机构或检查机构指定的日期之前，操作者应当向机构通报其该年度的种植计划，提供按地块统计的分类信息。

### 第 72 条　作物生产记录

作物生产记录应当编辑成册，并且方便权威机构或检查机构随时查看。除第 71 条要求之外，这些记录至少还应当包括如下信息。

(a) 肥料使用情况：肥料施用日期、类型和数量、涉及的地块；

(b) 植保产品使用情况：处理的原因和日期、产品类型和处理方法；

(c) 农业投入物质购买情况：购买日期、类型以及购买产品数量；

(d) 收获：有机或转换产品的收获日期、类型和数量。

**第 73 条　同一个操作者经营几个生产单元**

如果操作者在同一区域经营几个生产单元，那么非有机产品生产单元及其农业投入物质储藏库应当遵循第 1 章和本部分本章的一般和特殊检查要求。

## 第三章　畜牧和畜牧产品生产的检查要求，包括第 74 条检查安排、第 75 条牲畜的识别、第 76 条牲畜记录、第 77 条牲畜兽药的控制措施、第 78 条养蜂的特别控制措施、第 79 条同一操作者经营不同的生产单元（省略）

## 第四章　植物和畜产品以及由植物和畜产品组成的食品准备单元的检查要求，包括第 80 条检查安排（省略）

## 第五章　从第三国进口植物、植物产品、牲畜、畜产品和由植物和/或畜产品组成的食品、动物饲料、复合饲料和饲料原料的检查要求

**第 81 条　范围**

本章适用于所有为自己或其他操作者进口和/或接收有机产品的进口商和/或第一接货方。

**第 82 条　检查安排**

1. 对于进口商而言，第 63 条第 1 款（a）项提到的对单元的详细描述应包括进口商的经营场所及其进口行为、说明产品进入欧盟的地点以及产品在交付第一接货方之前进口商将使用的其他储藏设施。此外，第 63 条第 2 款提到的声明应包括进口商的承诺，保证其将使用的所有产品储藏设施接受检查机构或权威机构的检查，如果这些储藏设施位于其他成员国或地区，接受该成员国或地区认可的检查机构或权威机构的检查。

2. 对于第一接货方的情形，第 63 条第 1 款（a）项中提到的单元描述应包括用作接收和储藏产品的设施。

3. 如果进口商和第一接货方为同一法人并且在同一单元内执行操作，那么第 63 条第 2 款第二小段中提到的报告可以只编制一份。

**第 83 条　账目文件**

进口商和第一接货方应分别保存库存和财务记录，除非他们在同一个单元进行操作。

应权威机构或检查机构的要求，应提供从第三国的出口商到第一接货方以及从第一接货方经营场所或储藏设施到欧盟范围内的接货方全过程的运输信息。

**第 84 条　进口货物的信息**

进口商应及时向检查机构或权威机构通报将进口到成员国的每批货物的信

息，包括：

(a) 第一接货方的姓名和地址；

(b) 检查机构或控制机构可能要求的任何信息；

(i) 如果产品的进口符合欧盟标准 EC 834/2007 条例第 32 条的规定，则提供该条提到的文件证明；

(ii) 如果产品的进口符合欧盟标准 EC 834/2007 条例第 33 条的规定，则提供该条例提到的检查证书。

应进口商的检查机构或权威机构的要求，进口商须向检查机构或权威机构提交第一段中提到的第一接货方的信息。

**第 85 条　检查访问**

权威机构或检查机构应审核本条例第 83 条提到的账目文件以及欧盟标准 EC 834/2007 条例第 33 条第 1 款（d）项提到的证书或者第 32 条第 1 款（c）项提到的文件证明。

如果进口商通过不同的单元或场所来执行进口操作，那么他需要按要求提供本条例第 63 条第 2 款第二小段提到的针对每个设施的报告。

## 第六章　有机产品生产、准备或进口所涉及的单元和实际操作所涉及的部分或全部外包的单元的最低检查要求

**第 86 条　检查安排**

对于分包给第三方的操作，第 63 条第 1 款（a）项提到的对单元的详细描述应包括：

(a) 附有对分包方活动进行描述的分包方列表以及对审核分包方的检查机构或权威机构的说明；

(b) 分包方的书面承诺，承诺其操作将符合欧盟标准 EC 834/2007 条例第 V 部分的检查要求；

(c) 单元水平上采取的所有实际措施，包括适当的账目文件系统要保证操作者投放到市场上的产品适用时能够追溯到他们的供应商、卖方、接货方和买方。

## 第七章　饲料准备单元的检查要求，包括第 87 条范围、第 88 条检查安排、第 89 条账目文件、第 90 条检查访问（省略）

## 第八章　违规与信息交流

**第 91 条　怀疑产品违规和不符合要求时采取的措施**

1. 当操作者认为或怀疑他所生产、准备、进口或从其他操作者那里接收的产品不符合有机生产规则，他应启动相应的程序，撤销这些产品所提及的有机生产方式或者隔离并识别这些产品。只有在怀疑解除后他才可以把这些产品投入加

工或者包装或者投放市场，除非这些产品不作为有机产品销售。一旦有这样的怀疑发生，操作者应立即通知检查机构或权威机构。权威机构或检查机构可以要求投放到市场的产品不能标识为有机，直到从操作者或其他来源的信息显示该怀疑已经被解除。

2. 如果权威机构或检查机构有证据怀疑操作者计划将不符合有机生产规则的产品作为有机产品投放市场，该权威机构或检查机构可以要求该操作者在机构规定的一定时期内暂时停止将该产品投放市场。在正式的决定发布之前，权威机构或检查机构应允许操作者发表意见。如果权威机构或检查机构确认产品不符合有机生产要求，可以撤销该产品的有机标识。

然而，如果怀疑在给定的时期内没有被证实，那么第一段中提及的决定应在期满前撤销。操作者应当全面配合权威机构或检查机构解除怀疑。

3. 成员国应采取任何必要的措施或制裁来防止欺诈性使用欧盟委员会 EC 834/2007 条例第Ⅳ部分和本条例第Ⅲ部分和/或附则Ⅺ提到的标识。

**第 92 条 信息交换**

1. 如果操作者及其分包商由不同的权威机构或检查机构检查，那么第 63 条第 2 款中提及的声明应包括操作者及其分包商同意不同的检查机构或权威机构之间可以就该操作者的检查交换信息，并保证该信息交换能够得到实施的承诺。

2. 如果一个成员国发现来自另一个成员国的本条例申请者的产品不符合或违反了本条例的要求，但是仍然在使用欧盟标准 EC834/2007 条例第Ⅳ部分和本条例第Ⅲ部分和/或附则Ⅺ提到的标识，应通知该成员的检查机构或权威机构以及欧盟委员会。

# 第五部分 欧盟委员会信息传递、过渡期和最终规定

## 第一章 欧盟委员会信息传递

**第 93 条 统计信息**

1. 成员国应在每年 7 月 1 日前通过计算机系统向委员会提供欧盟标准 EC 834/2007 条例第 36 条提到的有机生产的年度统计信息，保证委员会能够获取到电子版的文件和信息。

2. 第一段中提到的统计信息应特别包括以下数据：

(a) 有机生产者、加工者、进口商和出口商的数量；

(b) 有机转换期产品和有机产品的种类和面积；

(c) 有机牲畜的数量和所有有机动物产品；

(d) 按活动类型统计的有机企业生产数据。

3. 对于第一段和第二段中提到的统计数据的传递，各成员国应使用委员会提供的专用入口（Eurostat）。

4. 统计数据和元数据特征应在第一段中提及的系统所利用的模板或调查问卷的基础上进行规定，并在欧盟统计计划中进行详细说明。

### 第 94 条　其他信息

1. 成员国应通过计算机系统向委员会提供以下信息，保证委员会（欧盟委员会农业和农村发展总署）能够获取到电子版的文件和信息。

（i）在 2009 年 1 月 1 日之前，欧盟标准 EC 834/2007 条例第 35 条（a）中提及的信息及其后发生的任何修订；

（ii）在每年的 3 月 1 号之前，欧盟标准 EC 834/2007 条例第 35 条（b）提及的信息，上一年度 12 月 31 日之前被认可的权威机构和检查机构；

（iii）在每年的 7 月 1 日之前，根据本条例要求必须或需要提供的其他信息。

2. 数据应在第一款所提到的系统中，由欧盟标准 EC 834/2007 条例第 35 条提到的主管部门或其委任的机构进行交流、输入并更新。

3. 统计数据和元数据特征应在第一款中提及的系统所利用的模板或调查问卷的基础上进行规定。

## 第二章　过渡期和最终规定

### 第 95 条　过渡措施

1. 在截止到 2010 年 12 月 31 日的过渡期内，如果操作者可以为牲畜提供规律性的活动而且饲养条件符合动物福利的要求，如有舒适的稻草区及个体管理，同时得到主管部门许可，牲畜可以用绳子拴在 2000 年 8 月 24 日前修建的圈舍内。主管部门可以应个别操作者的请求，在 2013 年 12 月 31 日之前的有限时期内继续授权该项措施，但前提是第 65 条第 1 项中提到的检查访问须每年至少执行两次。

2. 在截止到 2010 年 12 月 31 日的过渡期内，主管部门可以认可基于欧盟委员会 EEC 2092/91 条例附则Ⅰ的 B 部分 8.5.1 点对于牲畜生产的饲养环境和饲养密度的放宽处理。受益于此延期处理的操作者应向权威机构或检查机构提供一份计划，包括为确保在过渡期结束之前，使操作符合有机生产规则而进行的安排。主管部门可以应个别操作者的请求，在 2013 年 12 月 31 日之前的有限时期内继续授权该项措施，但前提是第 65 条第 1 项中提到的检查访问须每年至少执行两次。

3. 在截止到 2010 年 12 月 31 日的过渡期内，欧盟委员会 EEC 2092/91 条例中附则Ⅰ的 B 部分 8.3.4 点规定的用于产肉的羊和猪的最终育肥阶段可以在室内进行将继续有效，但前提是第 65 条第 1 项中提到的检查访问须每年至少执行两次。

4. 在 2011 年 12 月 31 日之前的过渡期内，对于猪仔的阉割可以在不使用麻醉和/或无痛措施的条件下进行。

5. 对于未决定包括的宠物食品的加工规则，国家规定或者如果没有的话，获得成员国承认或认可的私人标准可以适用。

6. 按照欧盟标准 EC 834/2007 第 12 条第 1 款（j）项的要求及第 16 条（f）项对于未决定包括的特殊物质的规定，只有获得主管部门许可的产品才可以使用。

7. 在欧盟委员会 EC 207/93 条例中成员国允许使用的非有机的农业来源物质，本条例也准许使用。然而按照前一个条例第 36 条第 6 款的规定，该许可仅在 2009 年 12 月 31 日前有效。

8. 对于截止到 2010 年 7 月 1 日的过渡期，操作者可继续使用欧盟委员会 EEC 2092/91 条例规定的标签：

（ⅰ）食品有机成分百分比的计算系统；

（ⅱ）检查机构和/或权威机构的编号和/或名称。

9. 在 2009 年 1 月 1 日之前生产、包装、贴标的符合欧盟委员会 EEC 2092/91 条例的库存产品可以作为有机产品继续投放到市场直到库存销售完。

10. 在 2012 年 1 月 1 日之前，符合欧盟 EEC 2092/91 条例的包装材料，如果符合欧盟标准 EC 834/2007 条例的要求，则可以继续用于投入市场的有机产品。

**第 96 条　废止**

欧盟委员会 EC 207/93、欧盟委员会 EC 223/2003 和欧盟委员会 EC 1452/2003 条例废止。

有关废止条例以及 EEC 2092/91 条例的分析将编入本条例，可以查阅附件 XIV 的相关对照表。

**第 97 条　生效和实施**

本条例将在欧盟官方期刊上发布，并于发布后的第 7 天生效。

本条例将于 2009 年 1 月 1 日起正式实施。

然而，第 27 条第 2 款（a）项和第 58 条将于 2010 年 7 月 1 日实施。

该条例将作为整体直接适用于所有成员国。

完成于布鲁塞尔，2008 年 9 月 5 日

欧盟委员会

Mariann FISCHER BOEL

欧盟委员会成员

## 附则 I
## 第 3 条（1）中提及的肥料和土壤调节剂

注：

A：根据 EEC 2092/91 标准使用及 834/2007 法规第 16 条（3）（c）进行

实施。

B：根据 EC 834/2007 法规要求。

| 批准 | 名称 | 描述、成分、要求、使用条件 |
| --- | --- | --- |
| A | 复合产品或仅包含下列物质的产品：农家肥 | 包含动物粪便和植物材料(牲畜垫草)的混合物。禁止使用工厂化来源的产品 |
| A | 干农家肥和脱水的禽类粪便 | 禁止使用工厂化来源的产品 |
| A | 混合的动物粪便，包括禽类粪便和堆制的农家肥 | 禁止使用工厂化来源的产品 |
| A | 液态动物粪便 | 在可控条件下发酵后和/或适当稀释后使用，禁止使用工厂化来源的产品 |
| A | 堆制或发酵的庭院废弃物 | 分开的庭院废弃物堆肥<br>只能是植物和动物废弃物<br>在成员国认可的封闭、可监控的系统中生产的干物质中元素的最大含量(mg/kg)：<br>镉：0.7；铜：70；镍：25；铅：45；锌：200；汞：0.4；总铬：70；铬(Ⅵ)：0(*)；(*)测定限 |
| A | 泥炭、草炭 | 仅在园艺范围内使用(园艺、花卉栽培、树木栽培、苗圃) |
| A | 蘑菇培养废料 | 基质的初始成分必须限于目前目录中的产品 |
| A | 蚯蚓和昆虫类粪便 | |
| A | 海鸟粪 | |
| A | 植物材料堆制或发酵的混合物 | 植物材料混合物制成的堆肥或厌氧发酵产生的沼气产品 |
| A | 下列动物来源的产品和副产品：<br>血粉<br>蹄粉<br>角粉<br>骨粉或去角骨粉<br>鱼粉<br>肉粉<br>羽毛和毛发粉<br>羊毛<br>皮毛<br>毛发<br>乳制品 | 干物质中铬(Ⅵ)的最大含量(mg/kg)：0 |
| A | 用作肥料的植物原料产品和副产品 | 例如菜籽饼粉、可可壳、麦芽秆等 |
| A | 海草及海草产品 | 仅直接通过下列途径获得：<br>物理过程，包括脱水、冷冻和研磨；<br>用水或酸和/或碱溶液提取；<br>发酵 |
| A | 锯末和木屑 | 树木砍伐后未经化学处理 |
| A | 堆沤的树皮 | 树木砍伐后未经化学处理 |

续表

| 批准 | 名称 | 描述、成分、要求、使用条件 |
| --- | --- | --- |
| A | 木灰 | 来自砍伐后未经化学处理的树木 |
| A | 磷酸盐矿石 | 2003 法规中附则 IA.2. 中第 7 点指定的产品，并在欧洲国会和委员会关于肥料的第 7 款做明确说明<br>$P_2O_5$ 中 Cd 的含量不大于 90mg/kg |
| A | 铝钙磷酸盐 | 2003 法规中附则 IA.2. 中第 6 点指定的产品，$P_2O_5$ 中 Cd 的含量不大于 90mg/kg<br>限于在碱性土壤上使用(pH＞7.5) |
| A | 碱性矿渣 | 2003 法规中附则 IA.2. 第 1 点指定的产品 |
| A | 天然钾盐 | 2003 法规中附则 IA.3. 第 1 点指定的产品 |
| A | 硫酸钾，可能含有镁盐 | 从天然钾盐中通过物理过程提取的产品，可能也含有镁盐 |
| A | 蒸馏或蒸馏提取物 | 不包含铵蒸馏物 |
| A | 天然碳酸钙[如白垩、泥灰岩、基质石灰石、改良剂、(粉煤灰)、磷酸盐白垩] | 仅限于天然来源 |
| A | 碳酸钙镁 | 仅限于天然来源的镁质白垩、地面镁、石灰石 |
| A | 硫酸镁盐(如硫酸镁石) | 仅限于天然来源 |
| A | 氯化钙溶液 | 在诊断缺钙后苹果树叶的处理 |
| A | [硫酸钙(石膏)] | 2003 法规附则 ID 中第 1 点指定的产品<br>仅限于天然来源 |
| A | 来源于糖生产中的工业石灰 | 来自糖用甜菜的糖生产的副产品 |
| A | 来源于真空制盐生产中的工业石灰 | 来自山区盐水的真空盐生产的副产品 |
| A | 硫 | 2003 法规附则 ID.3 中指定的产品 |
| A | 微量元素 | 2003 法规附则 I 的 E 部分指定的无机营养素 |
| A | 氯化钠 | 限于矿井盐 |
| A | 石粉和黏土 | |

(1)OJL 304，21.11.2003，p.1.

## 附则Ⅱ

## 农药—第 5 条 (1) 中提及的植物保护产品

注：

A：根据 EEC 2092/91 标准使用及 834/2007 法规第 16 条 (3) (c) 进行实施。

B：根据 EC 834/2007 法规要求。

### 1. 来源于作物或动物的物质

| 批准 | 名　称 | 描述、成分要求、使用条件 |
| --- | --- | --- |
| A | 从印楝树中提取出来的印楝素 | 杀虫剂 |
| A | 蜂蜡 | 修枝剂 |
| A | 白明胶 | 杀虫剂 |
| A | 水解蛋白质 | 引诱剂；<br>只在批准使用的条件下，并与本附则的适当产品结合使用 |
| A | 卵磷脂 | 杀真菌剂 |
| A | 植物油(例如薄荷油、松树油、香菜油) | 杀虫剂、杀螨剂、杀真菌剂、发芽抑制剂 |
| A | 从拟除虫菊瓜叶菊叶中提取的类除虫菊酯制剂 | 杀虫剂 |
| A | 从苦木提取的苦味液 | 杀虫剂、驱避剂 |
| A | 从鱼藤中提取的鱼藤酮制剂 | 杀虫剂 |

### 2. 用于生物防治害虫的微生物

| 批准 | 名　称 | 描述、成分要求、使用条件 |
| --- | --- | --- |
| A | 微生物(细菌、病毒和真菌) | |

### 3. 微生物产生的物质

| 批准 | 名　称 | 描述、成分要求、使用条件 |
| --- | --- | --- |
| A | 杀菌 | 杀虫剂<br>采取措施时只在最大程度的降低拟寄生物风险及减少抗药性的风险 |

### 4. 在诱捕和/或驱避剂中使用的物质

| 批准 | 名　称 | 描述、成分要求、使用条件 |
| --- | --- | --- |
| A | 磷酸氢二铵 | 引诱剂，只在诱捕中使用 |

| 批准 | 名　称 | 描述、成分要求、使用条件 |
| --- | --- | --- |
| A | 信息素 | 引诱剂；性行为干扰剂<br>在诱捕和驱避中使用 |
| A | 拟除虫菊酯类(只是溴氰菊酯或氯氟氰菊酯) | 杀虫剂；<br>与特定引诱剂一起在诱捕中使用；<br>只用来防治 *Batrocera oleae* 和 *Ceratitis capitata* 地中海果实蝇 |

### 5. 在栽培的作物表面喷施的制剂

| 批准 | 名　称 | 描述、成分要求、使用条件 |
| --- | --- | --- |
| A | 磷酸铁(3 价铁离子) | 杀软体动物剂 |

### 6. 在有机农业中传统使用的其他物质

| 批准 | 名 称 | 描述、成分要求、使用条件 |
| --- | --- | --- |
| A | 氢氧化铜、碱式氯酸铜、(三盐基)硫酸铜、氧化亚铜、辛酸铜盐 | 杀真菌剂；<br>每年每公顷铜的最大施用量不能超过6kg；<br>对于多年生作物，成员国可通过对前段的放宽处理规定以5年为一个时间段某一年的施用量可超过6kg，但前4年的施用量不得超过6kg |
| A | 乙烯 | 香蕉、猕猴桃、柿子催熟，菠萝调花，抑制马铃薯和洋葱萌发 |
| A | 钾皂(软皂) | 杀虫剂 |
| A | 纤钾明矾 | 防止香蕉成熟 |
| A | 石灰硫黄(石硫合剂) | 杀真菌剂、杀虫剂、杀螨剂 |
| A | 石蜡油 | 杀虫剂，杀螨剂 |
| A | 矿物油 | 杀虫剂、杀真菌剂；<br>只用在果树、葡萄树、橄榄树和热带作物上(例如香蕉) |
| A | 高锰酸钾 | 杀真菌剂、杀菌剂；<br>只用在果树、橄榄树和葡萄树上 |
| A | 石英砂 | 驱避剂 |
| A | 硫黄 | 杀真菌剂、杀螨剂、驱避剂 |

### 7. 其他物质

| 批准 | 名 称 | 描述、成分要求、使用条件 |
| --- | --- | --- |
| A | 氢氧化钙 | 杀真菌剂<br>仅用于果树，包括苗圃，控制苹果树枝溃疡病 |
| A | 碳酸氢钾 | 杀真菌剂 |

附则Ⅲ第10条（4）中提及的对于不同品种和种类的动物生产、畜舍的室内、室外最小面积及其他特性（省略）

附则Ⅳ　根据第15（2）条，每公顷最大动物数（省略）

附则Ⅴ第22（1）、（2）、（3）条所指的动物饲料（省略）

附则Ⅵ　第22（4）条所指的添加剂、用于动物营养和饲料加工的一些物质（省略）

附则Ⅶ　第23条（4）中所提及的清洁和消毒产品（省略）

附则Ⅷ

## 第 27 条 1 款（a）中所提及的有机食品加工中准许使用的物质

注：

A：欧盟标准 EEC 2092/91 中允许使用的物质并在欧盟标准 EC 834/2007 第 27 条（2）中规定延续使用的物质。

B：欧盟标准 EC 834/2007 中允许使用的物质。

### A 部分—食品添加剂，包括载体

为了计算欧盟标准 EC 834/2007 第 23 条第 4 款（a）（ⅱ）所提及的内容，在代码栏中用星号标注的食品添加剂作为农业来源配料计算。

| 批准 | 编码 | 名　　称 | 食品制备 | | 具体条件 |
|---|---|---|---|---|---|
| | | | 植物来源 | 动物来源 | |
| A | E 153 | 植物源碳 | | × | 灰山羊干酪<br>莫尔碧叶奶酪 |
| A | E 160b * | 胭脂、胭脂树橙、降红木素 | | × | 红列斯特干酪<br>双格洛斯特干酪<br>苏格兰切达干酪<br>美莫勒干酪 |
| A | E 170 | 碳酸钙 | × | × | 不能用作染色剂及产品补钙剂 |
| A | E220<br>或<br>E224 | 二氧化硫<br><br>焦亚硫酸氢钾 | ×<br><br>× | ×<br><br>× | 未加糖的果酒（*）（包括苹果酒、梨酒或蜂蜜酒）：50mg（**）<br>发酵后加糖或浓缩果汁的苹果酒和梨酒：100mg（**）<br>（*）这部分中“果酒”指由除葡萄外的水果制造的酒<br>（**）所有来源的最大量，以 $SO_2$ 计 |
| A | E 250<br>或<br>E 252 | 亚硝酸钠<br><br>硝酸钾 | | ×<br><br>× | 对于肉制品(1)：<br>对 E250：进入量用 $NaNO_2$ 表示为 80mg/kg<br>对 E252：进入计量用 $NaNO_3$ 表示为 80mg/kg<br>对 E250：最大残留量用 $NaNO_2$ 表示为 50mg/kg<br>对 E252：最大残留量用 $NaNO_3$ 表示为 50mg/kg |
| A | E 270 | 乳酸 | × | × | |
| A | E 290 | 二氧化碳 | × | × | |
| A | E 296 | 苹果酸 | × | | |

续表

| 批准 | 编码 | 名　称 | 食品制备 | | 具体条件 |
|---|---|---|---|---|---|
| | | | 植物来源 | 动物来源 | |
| A | E 300 | 抗坏血酸 | × | × | 肉制品(2)<br>A |
| A | E 301 | 抗坏血酸钠 | | × | 与硝酸盐和亚硝酸盐共同用于肉制品(2) |
| A | E 306 * | 富含维生素 E 提取液 | × | × | 脂肪和油脂中抗氧化剂 |
| A | E 322 * | 卵磷脂 | × | × | 奶制品(2) |
| A | E 325 | 乳酸钠 | | × | 奶制品及肉制品 |
| A | E 330 | 柠檬酸 | × | | |
| A | E 331 | 柠檬酸钠 | | × | |
| A | E 333 | 柠檬酸钙 | × | | |
| A | E 334 | 酒石酸[L(+)-] | × | | |
| A | E 335 | 酒石酸钠 | × | | |
| A | E 336 | 酒石酸钾 | × | | |
| A | E 341(i) | 磷酸一钙 | × | | 自发粉发酵剂 |
| A | E 400 | 藻酸 | × | × | 乳制品(2) |
| A | E 401 | 藻酸钠 | × | × | 乳制品(2) |
| A | E 402 | 藻酸钾 | × | × | 乳制品(2) |
| A | E 406 | 琼脂 | × | × | 乳制品及肉制品(2) |
| A | E 407 | 角叉菜 | × | × | 乳制品(2) |
| A | E 410 * | 刺槐豆胶 | × | × | |
| A | E 412 * | 瓜尔豆胶 | × | × | |
| A | E 414 * | 阿拉伯胶 | × | × | |
| A | E 415 | 黄原胶 | × | × | |
| A | E 422 | 甘油(丙三醇) | × | | 植物提取 |
| A | E 440(i)* | 果胶 | × | × | 乳制品(2) |
| A | E 464 | 羟丙基甲基纤维素 | × | × | 胶囊外壳材料 |
| A | E 500 | 碳酸钠 | × | × | “Dulce de leche”(3)及酸软的黄油和酸奶酪(2) |
| A | E 501 | 碳酸钾 | × | | |
| A | E 503 | 碳酸铵 | × | | |
| A | E 504 | 碳酸镁 | × | | |
| A | E 509 | 氯化钙 | | × | 乳凝剂 |

| 批准 | 编码 | 名　　称 | 食品制备 | | 具体条件 |
|---|---|---|---|---|---|
| | | | 植物来源 | 动物来源 | |
| A | E 516 | 硫酸钙 | × | | 载体 |
| A | E 524 | 氢氧化钠 | × | | “Laugengebäck”的表面处理 |
| A | E 551 | 二氧化硅 | × | | 香草和香料中的抗结块剂 |
| A | E 553b | 云母 | × | × | 肉制品的包膜剂 |
| A | E 938 | 氩 | × | × | |
| A | E 939 | 氦 | × | × | |
| A | E 941 | 氮 | × | × | |
| A | E 948 | 氧 | × | × | |

(1) 如果在向主管当局证明其技术上无可取代、不能获得同等效果和/或是为了维持产品特性的情况下，此类添加剂才能使用。

(2) 该限制仅适用于动物产品。

(3) “Dulce de leche” 或 “Confiture de lait” 指由甜炼乳制成的，柔软的、甜味的、棕色奶酪。

## B 部分—加工助剂和其他产品，它们可能用于加工有机生产的农业来源的配料

注释：

A：欧盟标准 EEC 2092/91 中允许使用的物质并在欧盟标准 EC834/2007/第 21 条 (2) 中延续使用的物质。

B：欧盟条例 EC 834/2007/中允许使用的物质。

| 批准 | 名　　称 | 植物来源的食品制备 | 动物来源的食品制备 | 具体条件 |
|---|---|---|---|---|
| A | 水 | × | × | 理事会法规 98/83/EC 关于饮用水的规定 |
| A | 氯化钙 | × | | 凝结剂 |
| A | 碳酸钙 | × | | |
| | 氢氧化钙 | × | | |
| A | 硫酸钙 | × | | 凝结剂 |
| A | 氯化镁（或盐卤 nigari） | × | | 凝结剂 |
| A | 碳酸钾 | × | | 烘干葡萄 |
| A | 碳酸钠 | × | | 糖的生产 |
| A | 乳酸 | | × | 干酪生产盐洗过程中调节 pH 值(1) |
| A | 柠檬酸 | × | | 干酪生产盐洗过程中调节 pH 值(1)；油的生产和淀粉的水解(2) |

续表

| 批准 | 名　称 | 植物来源的食品制备 | 动物来源的食品制备 | 具体条件 |
|---|---|---|---|---|
| A | 氢氧化钠 | × | | 糖的生产；<br>油菜(*Brassica* spp.)籽的榨油生产 |
| A | 硫酸 | × | × | 白明胶的生产[1]；<br>糖的生产[2] |
| A | 盐酸 | | × | 白明胶的生产；<br>加工高德干酪、伊顿干酪和 Maasdammer 干酪、Boerenkaas、Friese、Leidse Nagelkaas 时，盐洗过程中 pH 值的调节 |
| A | 氢氧化铵 | | × | 白明胶的生产 |
| A | 过氧化氢 | | × | 白明胶的生产 |
| A | 二氧化碳 | × | × | |
| A | 氮 | × | × | |
| A | 乙醇 | × | × | 溶剂 |
| A | 单宁酸 | × | | 过滤助剂 |
| A | | | | |
| A | 卵蛋白质 | × | | |
| A | 酪蛋白 | × | | |
| A | 白明胶 | × | | |
| A | 明胶 | × | | |
| A | 植物油 | × | × | 润滑剂、释放剂或防泡剂 |
| A | 二氧化硅或凝胶溶液 | × | | |
| A | 活性炭 | × | | |
| A | 云母 | × | | 符合食品添加剂 E553b 中明确的纯度标准 |
| A | 膨润土(斑脱土) | × | × | 蜂蜜酒的黏着剂[1]；<br>符合食品添加剂 E558 中明确的纯度标准 |
| A | 高岭土 | | × | 蜂胶[1]；<br>符合食品添加剂 E559 中明确的纯度标准 |
| A | 纤维素 | × | × | 白明胶的生产[1] |
| A | 硅藻土 | × | × | 白明胶的生产[1] |
| A | 珍珠岩 | × | × | 白明胶的生产[1] |
| A | 榛子壳 | × | | |
| A | 米粉 | × | | |
| A | 蜂蜡 | × | | 释放剂 |
| A | 巴西棕榈蜡 | × | | 释放剂 |

(1) 该限制仅适用于动物产品。

(2) 该限制仅适用于植物产品。

## 附则Ⅸ

## 第28条中所提及的不按照有机方法生产的农业来源配料

**1. 未加工的植物产品，包括由此加工的产品：**

**1.1 可食用水果、坚果和籽实：**

——橡树果 *Quercus* spp.

——可乐豆 *Cola acuminate*

——醋栗 *Ribes uva-crispa*

——鸡蛋果（西番莲果）*Passiflora edulis*

——干树莓 *Rubus idaeus*

——红穗醋栗 *Ribes rubrum*

**1.2 可食用的香料和香草：**

——秘鲁胡椒 *Schinus molle* L.

——山葵/辣根籽 *Armoracia rusticana*

——小高粱姜 *Alpinia officinarum*

——红花 *Carthamus tinctorius*

——水田芹 *Nasturtium officinale*

**1.3 杂项：**

常规食品制备中允许使用的藻类，包括海藻。

**2. 植物性产品**

**2.1 来自植物的、未被化学方法处理的、经提炼的或未被提炼的脂肪和油：**

——可可豆 *Theobroma cacao*

——椰子 *Cocos nucifera*

——橄榄 *Olea europaea*

——向日葵 *Helianthus annuus*

——棕榈 *Elaeis guineensis*

——油菜 *Brassica napus*，*rapa*

——红花 *Carthamus tinctorius*

——芝麻 *Sesamum indicum*

——大豆 *Glycine max*

**2.2 糖、淀粉、来自禾谷和块根块茎类的其他产品：**

——果糖

——米纸

——未发酵的面包纸

——非化学改性的大米和蜡质玉米淀粉

**2.3　杂项：**

——豌豆蛋白 *Pisum* spp.

——朗姆酒，仅采用甘蔗汁酿制的

——樱桃酒，采用水果和第 27 条第 1 款（c）中提及的调味料酿制的。

**3. 动物性产品**

非水产养殖的及在常规食品生产中允许使用的水生生物

——凝胶

——乳清粉“*herasuola*”

——肠衣

## 附则Ⅹ

有机生产的种子或种用马铃薯在拥有足够的数量和第 45 条第 3 款中提及的各方面拥有可观数量的种类情况下是可用的。

## 附则Ⅺ
## 第 57 条所提及的共同体标识

**A. 共同体标识**

**1. 共同体标识使用和说明的条件**

1.1　上面提及的共同体标识应该由本附则 B.2 部分的样式组成。

1.2　必须包括在标识中的说明列在本附则 B.3 部分。欧盟标准 EC 834/2007 附则的说明可以和标识结合使用。

1.3　在使用共同体标识和本附则 B.3 部分提及的说明时，应该遵从本附则 B.4 部分图解指南中制定的技术复制规则。

B.2　样式（彩图见文前）

B.3　插入共同体标识中的说明

B.3.1　单一说明

BG：БИОЛОГИЧНО ЗЕМЕДЕЛИЕ

ES：AGRICULTURA ECOLÓGICA

CS：EKOLOGICKÉ ZEMĚDĚLSTVÍ

DA：ØKOLOGISK JORDBRUG

DE：BIOLOGISCHE LANDWIRTSCHAFT or ÖKOLOGISCHER LANDBAU

ET：MAHEPÕLLUMAJANDUS VÕIÖKOLOOGILINE PÕLLUMAJANDUS

EL：ΒΙΟΛΟΓΙΚΗ ΓΕΩΡΓΙΑ

EN：ORGANIC FARMING

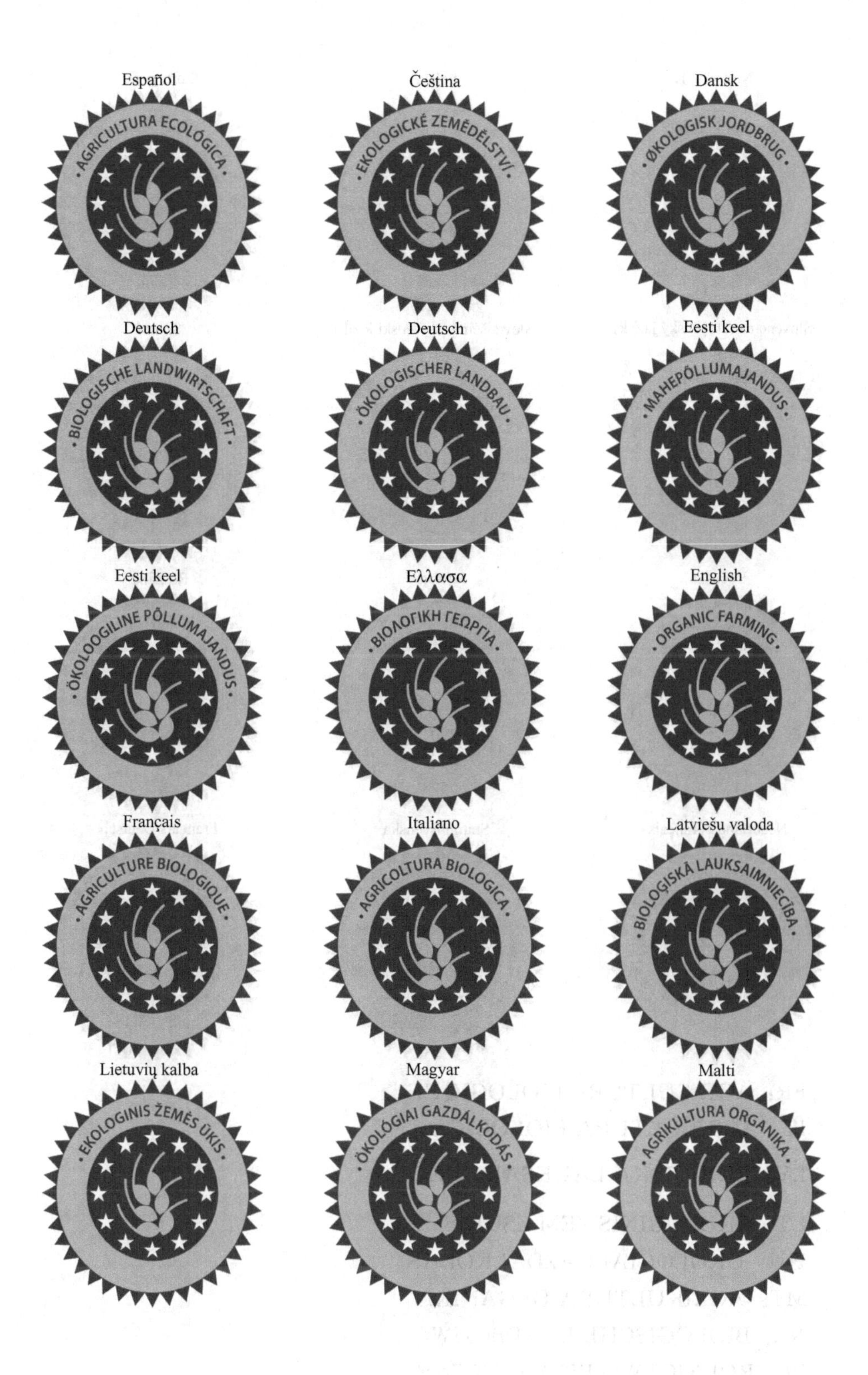

Español
·AGRICULTURA ECOLÓGICA·
Čeština
·EKOLOGICKÉ ZEMĚDĚLSTVÍ·
Dansk
·ØKOLOGISK JORDBRUG·
Deutsch
·BIOLOGISCHE LANDWIRTSCHAFT·
Deutsch
·ÖKOLOGISCHER LANDBAU·
Eesti keel
·MAHEPÕLLUMAJANDUS·
Eesti keel
·ÖKOLOOGILINE PÕLLUMAJANDUS·
Ελλασα
·ΒΙΟΛΟΓΙΚΗ ΓΕΩΡΓΙΑ·
English
·ORGANIC FARMING·
Français
·AGRICULTURE BIOLOGIQUE·
Italiano
·AGRICOLTURA BIOLOGICA·
Latviešu valoda
·BIOLOĢISKĀ LAUKSAIMNIECĪBA·
Lietuvių kalba
·EKOLOGINIS ŽEMĖS ŪKIS·
Magyar
·ÖKOLÓGIAI GAZDÁLKODÁS·
Malti
·AGRIKULTURA ORGANIKA·

FR：AGRICULTURE BIOLOGIQUE

IT：AGRICOLTURA BIOLOGICA

LV：BIOLĞISKĀ LAUKSAIMNIECīBA

LT：EKOLOGINIS ŽEM ĖSŪKIS

HU：ÖKOLÓGIAI GAZDÁLKODÁS

MT：AGRIKULTURA ORGANIKA

NL：BIOLOGISCHE LANDBOUW

PL：ROLNICTWO EKOLOGICZNE

PT：AGRICULTURA BIOLÓGICA

RO：AGRICULTURĂ ECOLOGICĂ

SK：EKOLOGICKÉPOL'NOHOSPODáRSTVO

SL：EKOLOŠKO KMETIJSTVO

FI：LUONNONMUKAINEN MAATALOUSTUOTANTO

SV：EKOLOGISKT JORDBRUK

B.3.2　两个说明的结合

B.3.1 中提到的说明两种语言可以结合使用，遵从下列例子：

NL/FR：BIOLOGISCHE LANDBOUW-AGRICULTURE BIOLOGIQUE

FI/SV：LUONNONMUKAINEN MAATALOUSTUOTANTO—EKOLOGISKT JORDBRUK

FR/DE：AGRICULTURE BIOLOGIQUE—BIOLOGISCHE LANDWIRTSCHAFT

B.4　图解指南

注解

1. 介绍

2. 标识的使用规则

2.1　彩色标识（参考色）

2.2　单一颜色标识：灰色和白色标识

2.3　与背景色有反差

2.4　印刷样式

2.5　语言

2.6　缩小尺寸

2.7　标识使用的特殊要求

3. 原始标识

3.1　两种颜色选择

3.2　轮廓

3.3　单一颜色：灰色和白色标识

3.4　颜色列表

1. 介绍

图解指南是操作者复制标识的指南书。

2. 标识的使用规则

2.1　彩色标识（参考色）

当使用彩色标识时，标识中出现的颜色必须使用直接的颜色（潘通色卡）或是四色的处理。参考色如下：

潘通色卡

四色处理

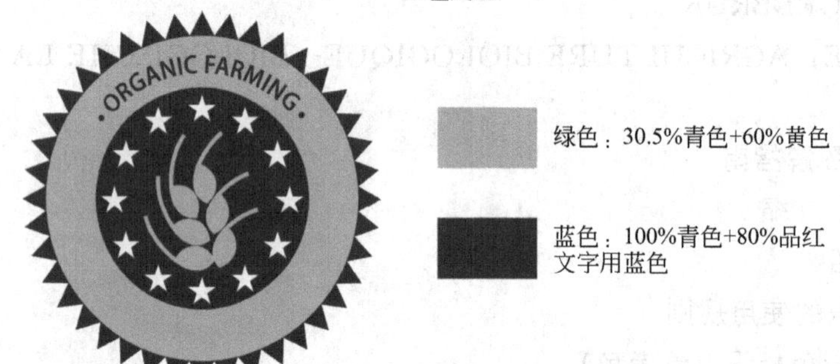


2.2　单一颜色标识：灰色和白色标识

灰色和白色标识使用如下：

2.3　与背景色有反差

如果所使用的标识在彩色的底色中很难辨别，需使用外圆界来围绕标识，以便与底色形成反差，如下所示（彩图见文前）：

彩色背景下的标识

2.4 印刷样式

Frutiger或是Myriad大写加粗字体用于标识中的文字。

文字的字母尺寸应根据2.6款的要求缩减。

2.5 语言

可以使用各类语言形式或根据B.3说明中的形式来选择。

2.6 尺寸缩小（彩图见文前）

如果标识在不同类型标签实际应用中有必要缩小，最小尺寸应为：

(a) 对于单一说明的标识：直径最小为20mm。

(b) 两个说明结合的标识：直径最小为40mm。

2.7 标识使用的特殊要求

标识的使用给予了产品特殊的价值，对于标识最深的印象就在于颜色，因此使顾客很容易并能快速的认出标识。

在2.2款中单一颜色（黑和白）标识的使用只是推荐使用，但不实用。

3. 原始标识

3.1 两种颜色选择

——各种语言的单一说明。

——B.3.2中提到的两个说明结合的样本。(省略)

## 附则Ⅻ

## 根据欧盟标准EC 834/2007中第29条第1款，在第68条所提及的对于操作者的证明文件模板

<table>
<tr><td colspan="2">根据欧盟标准EC834/2007中第29条第1款规定操作者的证明文件<br>文件编号：</td></tr>
<tr><td>操作者名称和地址：<br>主要活动(生产者、加工者、出口商等等)：</td><td>认证机构名称、地址和地区代码：</td></tr>
<tr><td>生产活动：<br>—植物和植物产品：<br>—畜禽和畜禽产品：<br>—加工产品：</td><td>界定：<br>按照欧盟标准EC 834/2007第11章从事有机生产,转换期产品生产;非有机生产,平行生产/加工</td></tr>
<tr><td>有效期：<br>植物产品从_到_<br>畜禽产品从_到_<br>加工产品从_到_</td><td>认证日期：</td></tr>
<tr><td colspan="2">此文件的签发是基于欧盟标准EC834/2007第29条第1款和欧盟有机条例EC889/2008。操作者声明他的活动服从认证机构的控制,且满足指定标准的要求。<br>日期、地点：<br>认证机构代表签字</td></tr>
</table>

## 附ⅩⅢ

## 第69条提及的卖方声明的模板

<table>
<tr><td colspan="2">根据欧盟标准EC 834/2007第9条第3款规定的卖方声明</td></tr>
<tr><td colspan="2">卖方名称、地址：</td></tr>
<tr><td>证明(例如批号或物料编号)：</td><td>产品名称：</td></tr>
<tr><td colspan="2">成分：<br>详细说明所有存在于产品中或是用于最后产品加工中的成分<br>..................<br>..................<br>..................<br>..................<br>..................</td></tr>
<tr><td colspan="2">我声明此产品没有使用欧盟标准EC 834/2007第2条和第9条提及的转基因生物或是来自于传基因生物的物质制造。<br>因此,我声明以上指定的产品符合欧盟标准EC 834/2007第9条对于禁止使用转基因的规定。<br>如果此声明被撤回或是被修改,或是显露任何破坏准确性的信息,我保证立即通知我的客户以及他的认证机构。<br>我委托认证机构或是权威机构,依据欧盟标准EC 834/2007　第2条规定来监督我的客户审核声明的准确性,如必要的话可对分析结果进行取样调查。我同样接受这项工作由认证机构委派一个独立的机构来完成。<br>如下签名将对声明的准确性负责。</td></tr>
<tr><td>城市、地点、日期、卖方签字：</td><td>卖方公司盖章(如适用)：</td></tr>
</table>

# 附录14　有机产品认证机构
# （国家认监委网站，2011年6月30日止）

附表1

| 机构名称 | 批准号 | 证书有效期 | 法人 | 电话 | 地址 | 邮编 |
| --- | --- | --- | --- | --- | --- | --- |
| 中国质量认证中心 | CNCA-R-2002-001 | 2014年12月10日 | 王克娇 | 010-83886666 | 北京市丰台区南四环西路188号9区 | 100070 |
| 方圆标志认证集团有限公司 | CNCA-R-2002-002 | 2014年12月10日 | 张伟 | 010-88411888 | 北京市海淀区增光路33号 | 100048 |
| 广东中鉴认证有限责任公司 | CNCA-R-2002-007 | 2014年12月10日 | 胡苏山 | 020-87369002 | 广东越秀区广州大道中路227号华景大厦四楼 | 510620 |
| 浙江公信认证有限公司 | CNCA-R-2002-013 | 2014年12月10日 | 邓东旺 | 0571-85067941 | 浙江省杭州市密渡桥路15号新世纪大厦25楼（杭州市1250信箱） | 310005 |
| 杭州万泰认证有限公司 | CNCA-R-2002-015 | 2014年12月10日 | 汤凯珊 | 0571-87901598 | 浙江省杭州市滨江区江南大道588号恒鑫大厦主楼1702-1708室、18层 | 310052 |
| 北京中安质环认证中心 | CNCA-R-2002-028 | 2014年12月10日 | 任庆才 | 010-58673399 | 北京市朝阳区东三环南路58号富顿中心1号楼22层 | 100022 |
| 中食恒信（北京）质量认证中心有限公司 | CNCA-R-2002-084 | 2014年12月10日 | 王贵际 | 010-52227546 | 北京市丰台区南四环西路188号七区7号楼3层 | 100070 |
| 黑龙江省农产品质量认证中心 | CNCA-R-2002-089 | 2014年12月10日 | 赵晓光 | 0451-87979267 | 黑龙江省哈尔滨市香坊区香顺街49号 | 150036 |
| 杭州中农质量认证中心 | CNCA-R-2003-096 | 2015年5月6日 | 杨亚军 | 0571-86650449 | 浙江省杭州市云栖路1号 | 310008 |
| 北京中绿华夏有机食品认证中心 | CNCA-R-2002-100 | 2014年12月10日 | 韩沛新 | 010-64270308 | 北京市海淀区学院南路59号 | 100081 |
| 中环联合（北京）认证中心有限公司 | CNCA-R-2002-105 | 2014年12月10日 | 唐丁丁 | 010-59205880 | 北京市朝阳区育慧南路1号A座10层 | 100029 |
| 北京五洲恒通认证有限公司 | CNCA-R-2003-115 | 2015年6月24日 | 李国秋 | 010-63180681 | 北京市丰台区角门18号枫竹苑二区1号楼3层303室 | 100066 |

续表

| 机构名称 | 批准号 | 证书有效期 | 法人 | 电话 | 地址 | 邮编 |
|---|---|---|---|---|---|---|
| 辽宁方园有机食品认证有限公司 | CNCA-R-2004-122 | 2012 年 3 月 24 日 | 井元山 | 024-86806565 | 辽宁沈阳市皇姑区黄河南大街 106 号丽阳商务大厦 A 座 11 层(辽宁大厦对面) | 110031 |
| 黑龙江绿环有机食品认证有限公司 | CNCA-R-2004-123 | 2012 年 3 月 24 日 | 陈晓梅 | 0451-86484811 | 黑龙江省哈尔滨市南岗区教化街 98 号 | 150006 |
| 辽宁辽环有机食品认证中心 | CNCA-R-2004-128 | 2012 年 3 月 24 日 | 徐田伟 | 024-31200366 | 辽宁省沈阳市皇姑区崇山东路 32 号 | 110032 |
| 北京五岳华夏管理技术中心 | CNCA-R-2004-129 | 2012 年 3 月 24 日 | 赵晨 | 010-63310558 | 北京市宣武区南滨河路 23 号 1 座 5 层 02 号房 | 100055 |
| 新疆生产建设兵团环境保护科学研究所 | CNCA-R-2004-131 | 2012 年 3 月 24 日 | 万勤 | 0991-2819402 | 新疆维吾尔自治区乌鲁木齐市水磨沟区红山路 159 号 | 830002 |
| 西北农林科技大学认证中心 | CNCA-R-2004-133 | 2012 年 3 月 24 日 | 孙武学 | 029-87091495 | 陕西杨凌西农路 28 号西北农林大学测试中心(植物所校区) | 712100 |
| 南京国环有机产品认证中心 | CNCA-R-2004-134 | 2012 年 3 月 24 日 | 肖兴基 | 025-5411206 | 江苏南京市玄武区蒋王庙 8 号 | 210042 |
| 北京东方嘉禾认证有限责任公司 | CNCA-R-2006-145 | 2014 年 9 月 29 日 | 严冰珍 | 010-69973476 | 北京市海淀区肖家河天秀路 10 号办公行政楼 5015 室 | 100193 |
| 北京中合金诺认证中心有限公司 | CNCA-R-2007-151 | 2015 年 6 月 13 日 | 张祥茂 | 010-88851460 | 北京市朝阳区左家庄 15 号 1 号楼 3 层 311、307、304 房 | 100028 |

**附表 2**

| 机构名称 | 批准号 | 证书有效期 | 法人 | 电话 | 地址 | 邮编 |
|---|---|---|---|---|---|---|
| 北京爱科赛尔认证中心有限公司(法国 ECOCERT 设立认证机构) | CNCA-RF-2006-45 | 2012 年 4 月 10 日 | 威廉姆·维达 | 010-62827070 | 北京市海淀区天秀路 10 号中国农业大学(西校区)国际创业园 4015 室 | 100091 |
| 南京英目认证有限公司(瑞士生态基金公司设立认证机构) | CNCA-RF-2006-46 | 2011 年 9 月 13 日 | 丁维 | 025-83212780 84535312 | 江苏省南京市鼓楼区中央路 399 号天正国际广场 06 幢 404 室 | 210037 |
| 湖南欧格有机认证有限公司(德国 BCS 设立认证机构) | CNCA-RF-2006-47 | 2011 年 9 月 26 日 | 张涤平 | 0731-84637041 | 湖南省长沙市芙蓉区东湖南 | 410127 |
| 上海色瑞斯认证有限公司(德国 CERES 设立认证机构) | CNCA-RF-2007-50 | 2012 年 12 月 16 日 | 袁才勇 | 021-61483660 | 上海市杨浦区控江路 1023 号 5 楼 505 室 | 200093 |

注：以上机构认证产品仅限出口。

## 主要参考文献


[1] 陈宗懋，孙晓玲，金珊．茶叶科技创新与茶产业可持续发展．茶叶科学，2011，31（5）：463-472．
[2] 陈宗懋．我国茶产业质量安全和环境安全问题研究．农产品质量与安全，2011，（3）：5-7．
[3] 高宇，孙晓玲，金珊，等．我国茶园蜘蛛生态学研究进展．茶叶科学，2012，32（2）：160-166．
[4] 黎星辉，黄启为主编．有机茶生产的原理与技术．长沙：湖南科技出版社，2003．
[5] 许允文，韩文炎主编．有机茶开发技术指南．北京：中国农业出版社，2001．
[6] 卢振辉主编．有机茶无公害茶生产技术．杭州：杭州出版社，2001．
[7] 李扬汉．中国杂草志．北京：中国农业出版社，1998．
[8] 中国农业科学院茶叶研究所主编．中国茶树栽培学．上海：上海科学技术出版社，1995．
[9] 中华人民共和国国家质量监督检验检疫总局．中华人民共和国国家质量监督检验检疫总局令（2004年67号）：有机产品认证管理办法．
[10] 中国国家认证认可监督管理委员会．国家认监委［2011］第34号公告：关于发布《有机产品认证实施规则》的公告．
[11] 中华人民共和国国家质量监督检验检疫总局，中国国家标准化管理委员会．中华人民共和国国家标准 GB/T 19630.1—2011 有机产品 第1部分．生产．
[12] 中华人民共和国国家质量监督检验检疫总局，中国国家标准化管理委员会．中华人民共和国国家标准 GB/T 19630.2—2011 有机产品 第2部分．加工．
[13] 中华人民共和国国家质量监督检验检疫总局，中国国家标准化管理委员会．中华人民共和国国家标准 GB/T 19630.3—2011 有机产品 第3部分．标识与销售．
[14] 中华人民共和国国家质量监督检验检疫总局，中国国家标准化管理委员会．中华人民共和国国家标准 GB/T 19630.4—2011 有机产品 第4部分．管理体系．
[15] 中华人民共和国农业部．中华人民共和国农业行业标准．NY 5196—2002 有机茶．
[16] 中华人民共和国农业部．中华人民共和国农业行业标准．NY/T 5197—2002 有机茶生产技术规程．
[17] 中华人民共和国农业部．中华人民共和国农业行业标准．NY/T 5198—2002 有机茶加工技术规程．
[18] 中华人民共和国农业部．中华人民共和国农业行业标准．NY 5199—2002 有机茶产地环境条件．
[19] 秦志敏，John Tanui，冯卫英等．遮光对丘陵茶园茶叶产量指标和内含生化成分的影响［J］．南京农业大学学报，2011，34（5）：47-52．
[20] 王辉，徐仁扣，黎星辉．施用碱渣对茶园土壤酸度和茶叶品质的影响［J］．生态与农村环境学报，2011，27（1）：75-78．
[21] 季小明，宋储君，杨路成等．茶园对氮素的生物拦截作用综述［J］．江苏农业科学，2010，（1）：14-17．
[22] 毛佳，徐仁扣，黎星辉．氮形态转化对豆科植物物料改良茶园土壤酸度的影响［J］．生态与农村环境学报，2009，25（4）：42-45，99．
[23] 王辉，王宁，徐仁扣等．茶树叶和刺槐叶对茶园土壤酸度的改良效果．农业环境科学学报，2009，28（8）：1597-1601．
[24] 向佐湘，肖润林，王久荣等．间种白三叶草对亚热带茶园土壤生态系统的影响［J］．草业学报，2008，17（1）：29-35．
[25] 肖润林，王久荣，单武雄等．不同遮荫水平对茶树光合环境及茶叶品质的影响［J］．中国生态农业学报，2007，15（6）：6-11．
[26] 丁岩钦．论害虫种群的生态控制．生态学报，1993，13（2）：99-105．
[27] 戈锋．害虫生态调控的原理和方法．生态学杂志，1998，98（2）：122-125．
[28] 汲长岁．山地茶园覆草效应的研究．茶业通报，1995，（4）：15．
[29] 谭济才，邓欣，袁哲明．不同类型茶园昆虫、蜘蛛群落结构分析．生态学报，1998，17（3）：289-294．
[30] 谭济才，邓欣，袁哲明等．南岳茶场害虫天敌群落结构及季节动态．植物保护学报，1997，24（4）：340-345．
[31] 吴洵．有机茶生产的土壤管理和施肥．中国茶叶，2000，（5）：36-37．
[32] 肖强．有机茶园病虫害的控制．中国茶叶，2001，（1）：34-35．
[33] 许宁．有机茶生产中虫害的防治原理和技术．中国茶叶，1999，（2）：10-12．
[34] 张觉晚．茶园小绿叶蝉的生态控制．生态学杂志，1994，94（5）：145-147．
[35] 张宁珍，谢建春，胡岳峰．沼肥的利用与肥效研究．江西农业学报，1999，11（增刊）：152-156．
[36] 文兆明．有机茶标准化栽培的土壤管理及施肥技术．广西农学报，2008，23（002）：42-45．
[37] 李良活．有机茶生产管理体系建设实践与体会．广西农业科学，2009，40（008）：1098-1100．
[38] 彭思求，谭济才，赵叶茂等．湖南省有机茶开发现状与主要技术措施及展望．湖南农业科学，2009，（3）：100-102．
[39] 万思谦．有机茶病虫害防治技术．农技服务，2007，24（6）：58．
[40] 姜爱芹，余琼蕾，金建忠等．中国有机茶发展现状和国内市场开发策略．中国茶叶，2009，（012）：22-24．
[41] 阮旭，张玥，杨忠星等．果茶间作模式下茶树光合特征参数的日变化．南京农业大学学报，2011，34（5）：53-57．
[42] 马跃，刘志龙，虞木奎等．不同郁闭度林茶复合模式对茶树光合日变化的影响．中国农学通报，2011，27（16）：52-56．
[43] 秦志敏，付晓青，肖润林等．不同颜色遮阳网遮光对丘陵茶园夏秋茶和春茶产量及主要生化成分的

影响. 生态学报，2011，31（16）：4509-4516.
[44] 冯海强，潘志强，于翠平等. 利用 $N^{15}$ 自然丰度法鉴别有机茶的可行性分析. 核农学报，2011，25（2）：0308-0312.
[45] 吴成建. 有机产品与有机茶的认证历史和现状. 中国茶叶，2009，（012）：12-14.
[46] 沈星荣，汪秋红. 有机认证对茶叶企业效益增长的影响——基于有机茶认证企业问卷调查分析. 茶叶，2011，37（4）：244-249.
[47] 宁静，李健权，晏资元. 我国有机茶生产现状及前景分析. 茶业通报，2008（01）：21-23.
[48] 谢李崧，肖荣芳，吴伟标. 有机茶栽培技术要点. 福建农业科技，2010，（03）：19-21.
[49] 唐慧敏，秦伟，宋甫林等. 植物源农药苦参碱成分分析及在有机茶生产中的应用研究. 农业环境与发展，2011，28（5）：115-117.
[50] 贺忠善，秦国杰，易丽君等. 白云山有机茶科技示范基地的建设与经验. 茶叶通讯，2012，38（4）：34-35.
[51] 吴光远，曾明森，王庆森等. 有机茶生产及其关键技术害虫生物防治研究. 贵州科学，2008，26（2）：25-29.
[52] 高香凤，王庆森. 台湾有机茶经验对我省茶叶发展的启示. 茶叶科学技术，2009，（004）：44-48.
[53] 丁周祥. 有机茶叶开发的意义，现状及对策建议——金寨县开发有机茶为例. 安徽农学通报，2011，17（14）：38-39.
[54] 林淦，吴传兵，王海燕. 混合微生物对茶树土壤中氯氰菊酯的降解作用. 湖北农业科学，2007，46（4）：576-577.
[55] 伍丽，余有本，周天山等. 茶树根际土壤因子对根际微生物数量的影响. 西北农业学报，2011，20（4）：159-163.
[56] 郭春芳，孙云，张木清. 不同土壤水分对茶树光合作用与水分利用效率的影响. 福建林学院学报，2008，28（4）：333-337.
[57] 杨扬，刘炳君，房江育等. 不同植茶年龄茶树根际与非根际土壤微生物及酶活性特征研究. 中国农学通报，2011，27（27）：118-121.
[58] 周勋，肖保国，郑国淳. 茶树主要病虫的发生及防治. 湖北植保，2008，（01）：10-11.
[59] 金志凤，黄敬峰，李波等. 基于 GIS 及气候-土壤-地形因子的浙江省茶树栽培适宜性评价. 农业工程学报，2011，27（3）：231-236.
[60] 彭晚霞，宋同清，邹冬生等. 覆盖与间作对亚热带丘陵茶园生态的综合调控效果. 中国农业科学，2008. 41（8）：2370-2378.
[61] 孙立涛，王玉，丁兆堂. 地表覆盖对茶园土壤水分，养分变化及茶树生长的影响. 应用生态学报，2011. 22（09）：2291-2296.
[62] 黎健龙，李家贤，唐劲驰等. 热旱对茶树产量的影响及防灾措施浅析. 茶叶科学技术，2007，（04）：9-10.
[63] 郭春芳，孙云，张云等. 茶树叶片抗氧化系统对土壤水分胁迫的响应. 福建农林大学学报：自然科学版，2008，37（06）：580-586.
[64] 王红娟，龚自明，刘明炎等. 夷陵区茶园土壤肥力及茶树营养状况分析. 中国农学通报，2011，27（13）：92-95.
[65] 郑雪芳，苏远科，刘波等. 不同海拔茶树根系土壤微生物群落多样性分析. 中国生态农业学报，2010，18（04）：866-871.
[66] 陈磊，林锻炼，高志鹏等. 稀土元素在茶园土壤和乌龙茶中的分布特性. 福建农林大学学报：自然科学版，2011，40（06）：595-601.
[67] 姚元涛，宋鲁彬，田丽丽. 山东泰安茶园土壤和茶树营养状况分析. 北方园艺，2010，（02）：54-56.
[68] 葛慈斌，林清，肖茂等. 福安坦洋菜茶等品种（系）茶树根际土壤养分状况的初步研究. 福建农业科技，2010，（05）：71-73.
[69] 王会，王玉，丁兆堂等. 越冬期茶园覆盖的生态效应及对茶树生理指标的影响. 北方园艺，2011，（24）：5-9.
[70] 殷坤山，唐美君，姚惠明等. 有机茶园三种主要害虫防治指标的初步研究. 中国茶叶，2011，（06）：16-18.
[71] 孙钦玉，张亮，袁争等. 植物源农药及其在茶树病虫治理中的应用. 福建茶叶，2010，（03）：24-28.
[72] 杨小录. 生物他感作用在防治茶树病虫草害中的初步探究. 生命世界，2008，（11）：83-85.
[73] 李齐，周红春，谭济才等. 湖南省茶园鳞翅类害虫发生种类与为害情况. 茶叶通讯，2012，38（04）：7-10.
[74] 姚雍静，牟小秋，赵志清等. 施肥技术对茶树主要病虫害及天敌田间发生量的影响. 贵州农业科学，2011，39（09）：84-87.
[75] 张正竹，李尚庆，吴卫国等. 茶叶现代化加工技术和装备的研究与推广. 中国茶叶，2009，（02）：4-6.
[76] 李荣林，周建涛，彭英. 茶叶加工技术的创新发展. 江西农业学报，2011，（10）：128-130.
[77] 莫婷，张婉璐，李平. 茶叶加工中品质关键组分的变化与调控机制. 中国食品学报，2012，11（09）：176-180.
[78] 浦绍柳，伍岗，王立波. 有机普洱紧压茶加工技术. 中国茶叶加工，2009，（03）：32-34.
[79] 金红伟. 我国茶叶加工机械行业现状与发展趋势. 农业机械，2009，（01）：36-37.
[80] 徐明珠，陈玉琼. 加工工艺对红茶品质的影响及新技术的应用. 中国茶叶加工，2010，（04）：33-35.
英文参考文献（略）